建设行业专业技术管理人员职业资格培训教材

防水施工员（工长）基础知识与管理实务

中国建设教育协会组织编写

朱馥林　编著

中国建筑工业出版社

图书在版编目（CIP）数据

防水施工员（工长）基础知识与管理实务/朱馥林编著．北京：中国建筑工业出版社，2009
建设行业专业技术管理人员职业资格培训教材
ISBN 978-7-112-11096-4

Ⅰ．防…　Ⅱ．朱…　Ⅲ．建筑防水-工程施工-技术培训-教材　Ⅳ．TU761.1

中国版本图书馆 CIP 数据核字（2009）第 112349 号

本教材为培训防水施工员（工长）而编写。是一本以防水识图、设计、施工技术、堵漏技术、质量管理、预算、岗位规范为内容的实用性教材。识图部分介绍了施工图识图方法，防水层、防水材料的确定方法；设计部分介绍了屋面、地下、室内、外墙、水池等细部构造的防水方案；施工和堵漏部分介绍了采用防水混凝土、砂浆、卷材、涂料、板材、毯、硬泡聚氨酯、密封材料、瓦等材料分别在屋面、地下、盾构法隧道、水利、水池、外墙工程的施工步骤、条件、要求、施工注意事项及堵漏方法；质量管理介绍了施工方案的编制、实施方法；预算部分介绍了预算准备、编制步骤、防水面积计算、确定分部分项子目、防水工程量计算、造价、防水材料计算等；岗位规范包括岗位职责、必备能力和必备知识。

本教材既可作为防水施工员（工长）的培训教材，也可作为广大建筑施工企业、防水材料生产厂、质检、监理、设计单位从事建筑防水管理、施工、设计人员和大专院校相关专业师生的阅读、培训参考书。

*　　*　　*

责任编辑：郦锁林　范业庶
责任设计：张政纲
责任校对：王金珠　孟　楠

建设行业专业技术管理人员职业资格培训教材
防水施工员（工长）基础知识与管理实务
中国建设教育协会组织编写
朱馥林　编著

*

中国建筑工业出版社出版、发行（北京西郊百万庄）
各地新华书店、建筑书店经销
霸州市顺浩图文科技发展有限公司制版
北京市书林印刷有限公司印刷

*

开本：787×1092 毫米　1/16　印张：15½　字数：377 千字
2009 年 9 月第一版　2009 年 9 月第一次印刷
定价：**35.00** 元

ISBN 978-7-112-11096-4
（18356）

建设行业专业技术管理人员职业资格培训教材
编审委员会

本书编委会

编委会主任：许溶烈

编委会副主任：耿品惠

编　　著：朱馥林

编　　委：（以姓名笔画为序）

朱馥林　李　平　陈永堂　陈虬生

郦锁林　徐宏峰　耿品惠　聂康生

出 版 说 明

由中国建设教育协会牵头、各省市建设教育协会共同参与的建设行业专业技术管理人员职业资格培训工作，经全国地方建设教育协会第六次联席会议商定，从今年下半年起，在条件成熟的省市陆续展开，为此，我们组织编写了《建设行业专业技术管理人员职业资格培训教材》。

开展建设行业专业技术管理人员职业资格培训工作，一方面是为了满足建设行业企事业单位的需要，另一方面也是为建立行业新的职业资格培训考核制度积累经验。

该套教材根据新制订的职业资格培训考试标准和考试大纲的要求，一改过去以理论知识为主的编写模式，以岗位所需的知识和能力为主线，精编成《专业基础知识》和《专业管理实务》两本，以供培训配套使用。该套教材既保证教材内容的系统性和完整性，又注重理论联系实际、解决实际问题能力的培养；既注重内容的先进性、实用性和适度的超前性，又便于实施案例教学和实践教学，具有可操作性。学员通过培训可以掌握从事专业岗位工作所必需的专业基础知识和专业实务能力。

由于时间紧，教材编写模式的创新又缺少可以借鉴的经验，难度较大，不足之处在所难免。请各省市有关培训单位在使用中将发现的问题及时反馈给我们，以作进一步的修订，使其日臻完善。

中国建设教育协会

2007 年 7 月

序

由中国建设教育协会组织编写的《建设行业专业技术管理人员职业资格培训教材》与读者见面了。这套教材对于满足广大建设职工学习和培训的需求，全面提高基层专业技术管理人员的素质，对于统一全国建设行业专业技术管理人员的职业资格培训和考试标准，推进行业职业资格制度建设的步伐，是一件很有意义的事情。

建设行业原有的企事业单位关键岗位持证上岗制度作为行政审批项目被取消后，对基层专业技术管理人员的教育培训尚缺乏有效的制度措施，而当前，科学技术迅猛发展，信息技术日益渗透到工程建设的各个环节，现在结构复杂、难度高、体量大的工程越来越多，新技术、新材料、新工艺、新规范的更新换代越来越快，迫切要求提高从业人员的素质。只有先进的技术和设备，没有高素质的操作人员，再先进的技术和设备也发挥不了应有的作用，很难转化为现实生产力。我们现在的施工技术、施工设备对生产一线的专业技术人员、管理人员、操作人员都提出了很高的要求。另一方面，随着市场经济体制的不断完善，我国加入 WTO 过渡期的结束，我国建筑市场的竞争将更加激烈，按照我国加入 WTO 时的承诺，我国的建筑工程市场将对外开放，其竞争规则、技术标准、经营方式、服务模式将进一步与国际接轨，建筑企业将在更大范围、更广领域和更高层次上参与国际竞争。国外知名企业凭借技术力量雄厚、管理水平高、融资能力强等优势进入我国市场。目前已有 39 个国家和地区的投资者在中国内地设立建筑设计和建筑施工企业 1400 多家，全球最大的 225 家国际承包商中，很多企业已经在中国开展了业务。这将使我国企业面临与国际跨国公司在国际、国内两个市场上同台竞争的严峻挑战。同国际上大型工程公司相比，我国的建筑业企业在组织机构、人力资源、经营管理、程序与标准、服务功能、科技创新能力、资本运营能力、信息化管理等多方面存在较大差距。所有这些差距都集中地反映在企业员工的全面素质上。最近，温家宝总理对建筑企业作了四点重要指示，其中强调要“加强领导班子建设和干部职工培训，提高建筑队伍整体素质。”贯彻落实总理指示，加强企业领导班子建设是关键，提高建筑企业职工队伍素质是基础。由此，我非常支持中国建设教育协会牵头把建设行业基层专业技术管理人员职业资格培训工作开展起来。这也是贯彻落实温总理指示的重要举措。

我希望中国建设教育协会和各地方的同行们齐心协力，规范有序地把这项工作做好，确保工作的质量，满足建设行业企事业单位对专业技术管理人员培训的需要，为行业新的职业资格培训考核制度的建立积累经验，为造就全球范围内的高素质建筑大军做出更大贡献。

姚兵

24/7/07.

前　言

本培训教材介绍了近年来我国防水工程中采用的常用防水材料，并详尽地介绍了采用这些材料相应的防水施工、堵漏技术。编写语言通俗，适合广大防水施工员（工长）使用。

本教材对防水识图、通过施工图确定所采用防水材料作了一定的介绍，虽着墨不多，但已相当明确。

为了提高防水施工员（工长）的综合技术水平，本教材对屋面、地下、室内、外墙防水工程的细部构造防水做法、平立面施工方法作了详细介绍。同时，为了保证施工质量，还编写了分部工程验收和防水工程施工质量管理的内容。防水施工方法，按屋面、地下、室内、外墙、水池等部位的不同分别介绍了采用刚性材料的施工方法；采用卷材类包括改性沥青类卷材的热熔、冷粘、冷热结合、自粘、反粘、湿铺施工方法；采用橡胶型合成高分子防水卷材的冷粘结施工方法、塑料防水板（土工膜）的单缝热风焊接施工和双缝热楔焊接施工方法、塑料型复合防水卷材的冷粘结施工方法、金属防水卷材的施工及覆盖保护层的施工方法等；涂料类包括有机防水涂料的防水施工方法和无机防水涂料的施工方法；硬质聚氨酯泡沫塑料防水保温涂料的施工方法；钠基膨润土防水材料的施工方法；建筑密封材料的施工方法；瓦屋面的施工方法；柔性防水层保护层的施工方法；盾构法隧道防水施工方法。介绍了屋面、地下、水利、水池、外墙工程渗漏水的查勘和堵漏修缮等方法。

本教材还介绍了“防水工程施工方案”的编制和实施方法，以提高防水工程施工质量；介绍了编制“防水工程预算书”的方法，内容包括预算前的准备工作、编制的步骤、防水工程面积的计算方法、防水工程造价、防水材料的计算等，以帮助投标和控制工程投资。

本教材详细地介绍了防水施工员（工长）的岗位职责、必备能力和必备知识，以指导防水施工员（工长）的日常工作。

本培训教材也可兼作广大防水设计、质检、监理、大专院校师生、质量管理人员的参考书。

本教材引用了有关书籍、厂家的数据和资料，在此一并致谢！编者虽竭尽了全力，但由于时间仓促，涉及内容广，难免有不当之处，敬祈广大同仁指正，所赐意见和建议通过电子邮件发给编者（E-mail：jsbzfl@yahoo. cn），不胜感激！

目　　录

1 建筑识图

读懂建筑工程设计图（即建筑工程设计文件）称为建筑识图。大型复杂工程设计一般经过初步设计和施工图设计两个阶段，小型工程只作施工图设计。

初步设计文件由设计说明书、设计图纸、主要设备、材料表和工程概算书等部分组成。

施工图设计文件由封面、目录、说明（或首页）、施工图及预算书等部分组成。

施工图由设计师根据建设单位的设计任务书绘制而成，是指导施工的重要依据，防水施工员（工长）必须学会识图。

1.1 物体的投影

设计人员是采用投影的方法在图纸上绘制出施工图的。投影分为中心投影（点投影）和平行投影，平行投影分为正投影和斜投影两种，建筑图一般采用平行投影的方法绘制。图 1-1 为一简单物体的正投影图，纸面上的阴影部分就是物体的投影，这是由于物体挡住了平行光线的缘故。施工图就是建筑物标明数据、文字的投影图，标准图（详图、大样图）一般是夸大了的节点投影图。

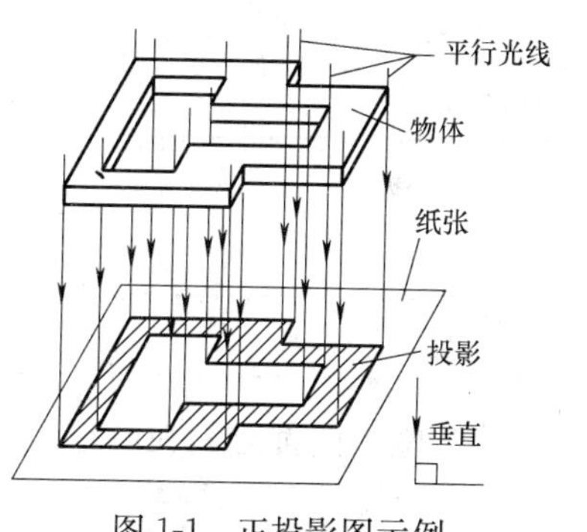

图 1-1 正投影图示例

1.2 施工图的组成

施工图由总平面图、建筑施工图、结构施工图、设备施工图组成。

（1）总平面图

标明建筑物、建筑群体的位置及与周围环境平面关系的平面图。一般包括：总平面布置图、竖向设计图、土方工程图、管道干线综合图、绿化布置图、详图等。山区还应标明等高线、注明水平标高。在图纸的右上角还标有指北针。

（2）建筑施工图

包括平面图、立面图、剖面图、地沟平面图、详图（大样图）以及材料做法表（用料说明）或文字说明等。建筑物的长、宽、高、轴线编号、细部构造等都体现在施工图上。这些图文资料是指导施工的重要依据。

（3）结构施工图

标明建筑物结构的所属类型为砖混结构、钢筋混凝土结构、钢结构或木结构等。一般通过各种结构类型的平面图、立面图、剖面图、构造详图等标明结构的做法、尺寸、材料标号、构件编号以及钢筋混凝土结构的配筋或钢结构部件、杆件的尺寸、型号、材质等。

（4）设备施工图

一般通过平面图、立面图、详图给出设备的平、立面位置。按专业的不同分为给排水图、电气图、弱电图、采暖通风图、动力图等。

1.3 识图基本知识

建筑施工图的画法执行现行国家标准《房屋建筑制图统一标准》GB 50001—2001 的规定。

（1）图纸幅面

图纸幅面见表 1-1。表中各代号的意义见图 1-2、图 1-3。一般短边不应加长，长边可按规定加长。

幅面及框图尺寸（mm） **表 1-1**

幅面代号 / 尺寸代号	A0	A1	A2	A3	A4
$b \times l$	841×1189	594×841	420×594	297×420	210×297
c	10			5	
a	25				

建筑施工图都绘制在图框线内，其余空白部位标绘一些详图或文字说明。

（2）标题栏与会签栏

标题栏位于图框线内的右下角，标明设计单位、工程名称、比例、主要设计人和审校人员等内容。会签栏位于图框线外的左上角或右上角，填写所有会签人员所代表的专业、姓名、日期（年、月、日）。见图 1-2、图 1-3。不需会签的图纸不设会签栏。

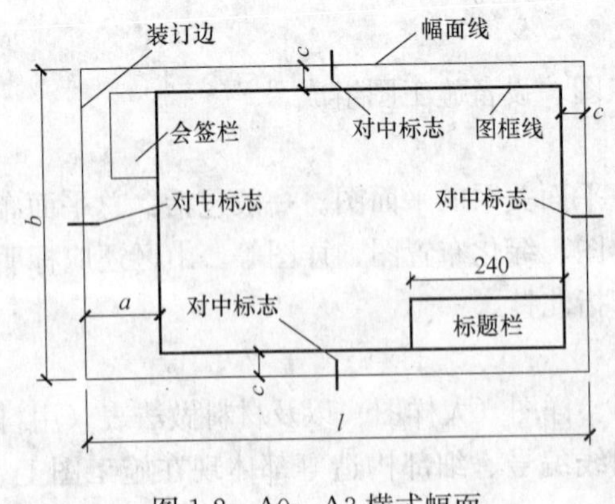

图 1-2　A0～A3 横式幅面

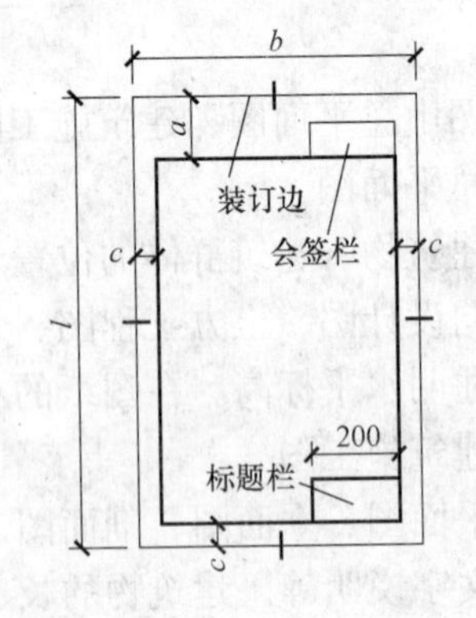

图 1-3　A0～A3 立式幅面

（3）比例

由于建筑物硕大无朋，故施工图均采用缩小比例的方法绘制。如 1：100，表明建筑物长度为 1m 时，图纸上的长度为 1cm。常用比例见表 1-2。

绘图所用的比例　　表 1-2

图　名	常 用 比 例	可 用 比 例
总平面图	1∶500,1∶1000,1∶2000	1∶2500,1∶5000,1∶10000～200000
总图专业的截面图	1∶100,1∶200,1∶1000,1∶2000	1∶500,1∶5000
平面、立面、剖面图	1∶50,1∶100,1∶200	1∶150,1∶250,1∶300
次要平面图①	1∶300,1∶400	1∶500
标准(详、大样)图	1∶1,1∶2,1∶5,1∶10,1∶20,1∶25②,1∶50	1∶3,1∶4,1∶30,1∶40

① 指屋面平面图、工业建筑中的地面平面图；
② 1∶25 仅适用于结构详图。

比例一般注写在图名的右侧，单一比例可标注在图标栏内图名的下方。详图的比例注写在索引标志的右下角，见图 1-4。

图 1-4　比例的注写
(a) 施工图注写；(b) 详图注写

(4) 图线

同一张图纸中，剖切到的结构轮廓线为基本粗实线宽 b，其余线条为 $0.5b$、$0.25b$，线条宽 b 依图样复杂程度和比例大小而定。同类图线的宽度应保持一致。不同类图线的宽度应有明显区别，常用线型的用途见表 1-3，图线的应用见图 1-5。

图线的选用　　表 1-3

名　称		线　型	线　宽	一 般 用 途
实线	粗		b	主要可见轮廓线
	中		$0.5b$	可见轮廓线
	细		$0.25b$	可见轮廓线,图例线
虚线	粗		b	见各有关专业制图标准
	中		$0.5b$	不可见轮廓线
	细		$0.25b$	不可见轮廓线,图例线
点画线	粗		b	见各有关专业制图标准
	中		$0.5b$	见各有关专业制图标准
	细		$0.25b$	中心线、对称线等
双点画线	粗		b	见各有关专业制图标准
	中		$0.5b$	见各有关专业制图标准
	细		$0.25b$	假想轮廓线,成型前原始轮廓线
折断线			$0.25b$	断开界线
波浪线			$0.25b$	断开界线

注：b 宽一般采用 2.0、1.4、1.0、0.7、0.5、0.35mm。

(5) 符号

施工图中的剖切、索引、详图、引出等都有规定的符号。

1) 剖切符号　施工图常用剖视的方法来反映建筑物的内在形状，剖视后绘成的图叫剖面图或断面图。剖视的剖切符号由两条正交的剖切位置线和投射方向线组成，均用粗实线绘制，剖切符号标注在±0.00 标高的平面图上，见图 1-6。断面的剖切符号只用剖切位置线表示，见图 1-7。当剖面图或断面图与被剖切图样不在同一张图纸上时，须在剖切位置线的另一侧注明其所在图纸的编号，如“结施-8”。

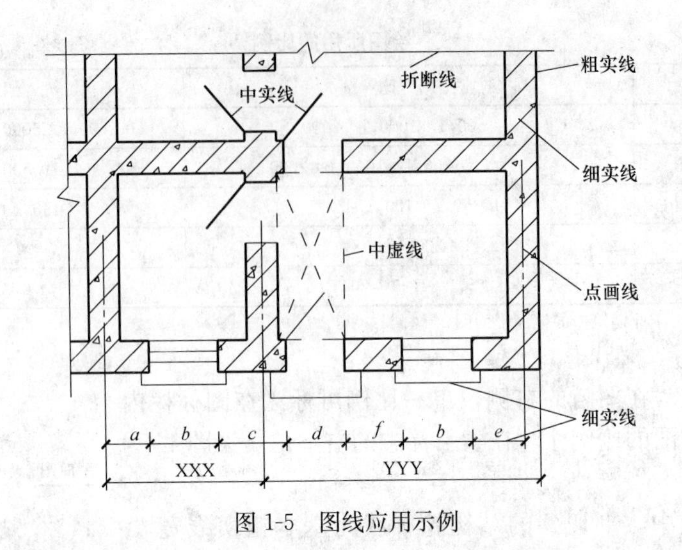

图 1-5　图线应用示例

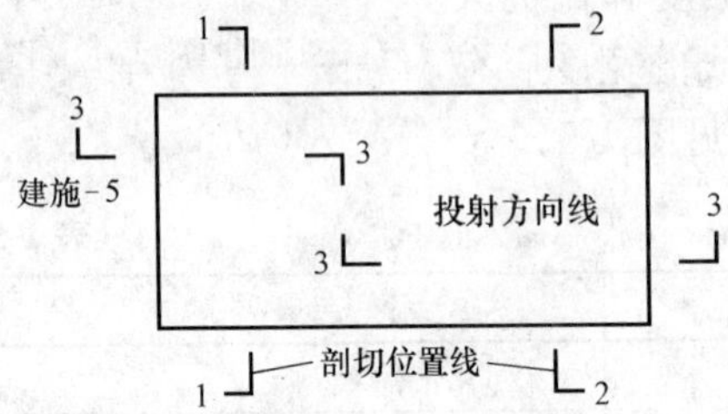

图 1-6　剖视的剖切符号

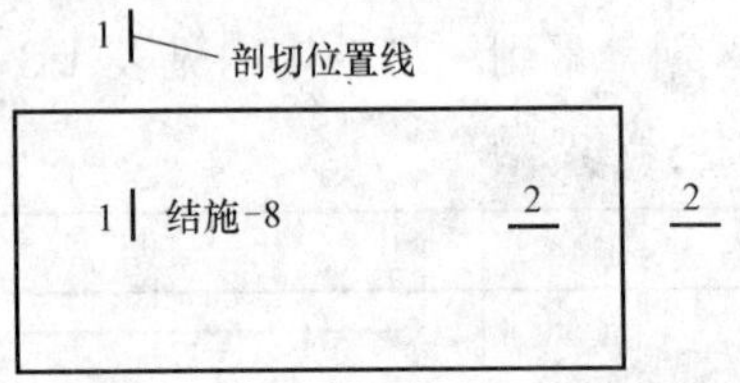

图 1-7　断面的剖切符号

2）索引符号与详图符号　要清晰地表示某一局部或构件，须用详图表示，由索引符号从图样中引出，再绘制出详图。

① 索引符号：由直径为 10mm 的圆和水平直径组成，用细实线绘制，见图 1-8。图 1-8（*a*）表示详图与被索引的图样在同一张图纸内，上半圆中的“5”表示该详图的编号，下半圆中的细实线“—”表示在同一张图纸内。图 1-8（*b*）表示详图与被索引图样不在同一张图纸内，下半圆中的“2”表示该详图在图纸的第 2 页。图 1-8（*c*）表示采用标准图，在水平直径的延长线上加注该标准图的编号。索引剖视详图的索引符号见图 1-9。钢筋、零件、构件、设备等的编号，用直径为 4～6mm 的细实线圆表示，见图 1-10。

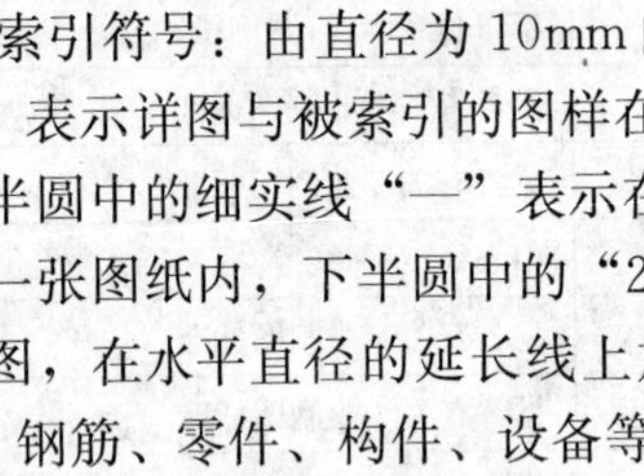

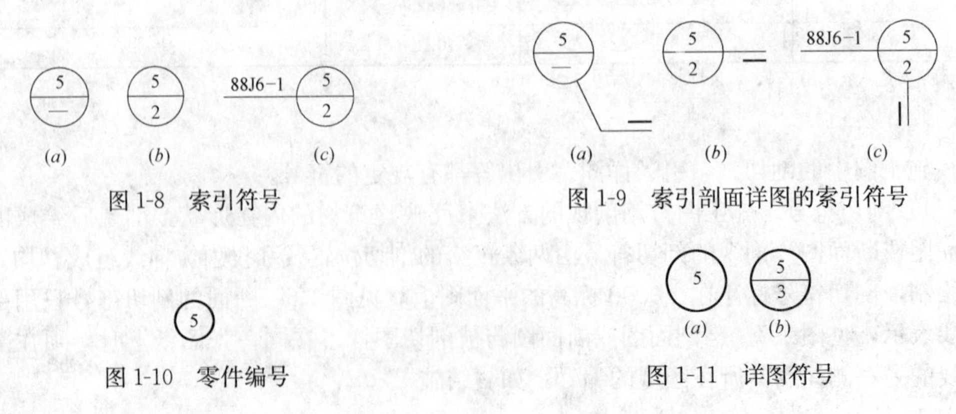

图 1-8　索引符号

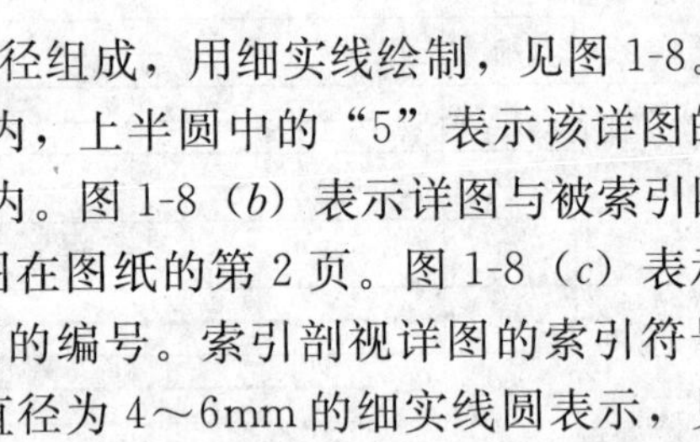

图 1-9　索引剖面详图的索引符号

图 1-10　零件编号

图 1-11　详图符号

② 详图符号：详图符号用直径为 14mm 的粗直线圆表示。不在同一张图纸内时，用一细实线在圆内画一直径。见图 1-11 详图符号

（6）引出线

施工图中某一部位、细部构造、零件等需要加注文字说明时，需画一细直线从该部位引出至图纸空白处，再加注文字说明。引出线的画法见图 1-12～图 1-14。

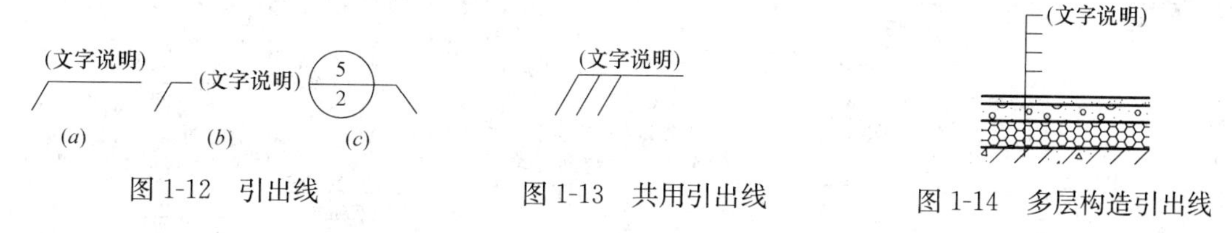

图 1-12　引出线　　图 1-13　共用引出线　　图 1-14　多层构造引出线

（7）定位轴线

施工图中的基础、墙、柱、梁等均应用轴线来表示其中心线位置，以便放线定位。定位轴线应编号，平面图上水平方向采用阿拉伯数字，自左向右依次编号，垂直方向采用大写拉丁字母，从下至上顺序编号，如图 1-15 所示。

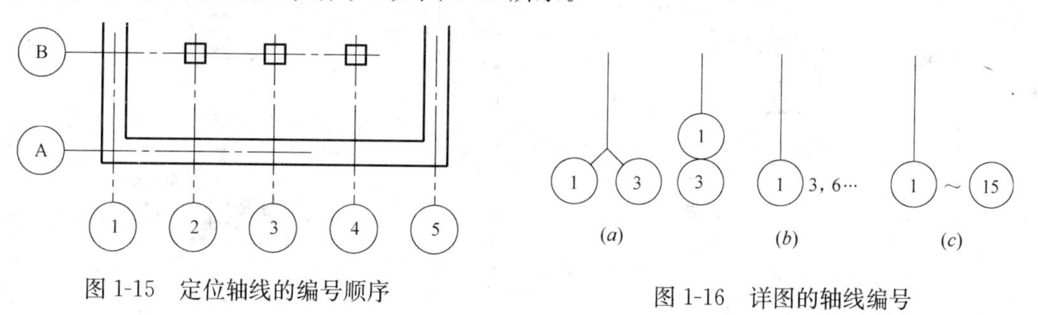

图 1-15　定位轴线的编号顺序

图 1-16　详图的轴线编号

(a) 用于 2 根轴线时；(b) 用于 3 根或 3 根以上轴线时；(c) 用于 3 根以上连续编号轴线时

当某个详图适用于几根轴线时，该详图应同时注明各有关轴线的编号，见图 1-16。

1.4　建筑图例

常用建筑材料、构件、器具等都有规定的图例画法。

（1）常用建筑材料图例

常用建筑材料图例见表 1-4。

（2）常用建筑构造图例

常用建筑构造图例见表 1-5。

（3）常用洁具图例

常用洁具图例见表 1-6。

（4）常用建筑门窗图例

常用建筑门窗图例见表 1-7。

（5）常用采暖设备图例

常用采暖设备图例见表 1-8。

常用建筑材料图例 表 1-4

序号	名称	图例	备注
1	自然土壤		包括各种自然土壤
2	夯实土壤		
3	砂、灰土	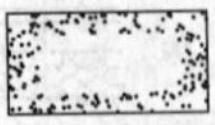	靠近轮廓线绘较密集的点
4	砂砾石、碎砖三合土	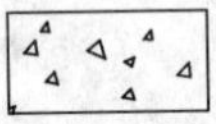	
5	天然石材		
6	毛石砌体		
7	普通砖	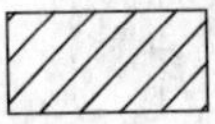	包括实心砖、多孔砖、砌块等砌体。断面较窄不易绘出图例线时，可涂红
8	耐火砖		包括耐酸砖等砌体
9	空心砖	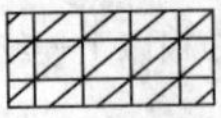	指非承重砖砌体
10	饰面砖	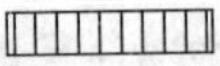	包括铺地砖、马赛克、陶瓷锦砖、人造大理石等
11	焦砟、矿渣	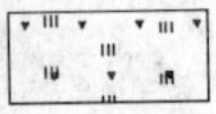	包括与水泥、石灰等混合而成的材料
12	混凝土	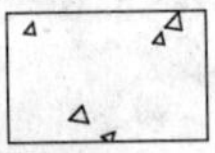	(1)本图例指能承重的混凝土及钢筋混凝土；(2)包括各种强度等级、骨料、外加剂的混凝土；(3)在剖面图上画出钢筋时，不画图例线；(4)断面图形小，不易画出图例线时，可涂黑
13	钢筋混凝土		
14	多孔材料		包括水泥珍珠岩、沥青珍珠岩、泡沫混凝土、非承重加气混凝土、软木、蛭石制品等
15	纤维材料	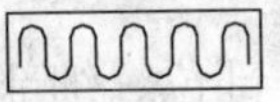	包括矿棉、岩棉、玻璃棉、麻丝、木丝板、纤维板等
16	泡沫塑料材料	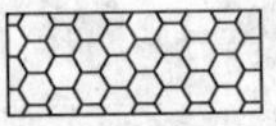	包括聚苯乙烯、聚乙烯、硬质聚氨酯等多孔聚合物类材料
17	木材	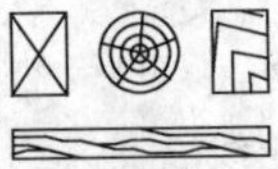	(1)上图为横断面，上左图为垫木、木砖或木龙骨；(2)下图为纵断面
18	胶合板	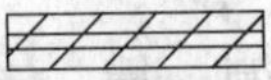	应注明为×层胶合板
19	石膏板	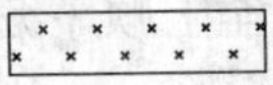	包括圆孔、方孔石膏板、防水石膏板等
20	金属	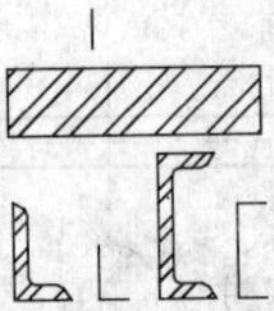	(1)包括各种金属；(2)图形小时，可涂黑
21	网状材料	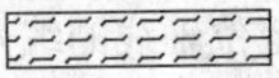 或	(1)包括金属、塑料网状材料；(2)应注明具体材料名称
22	液体	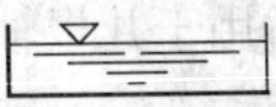	应注明具体液体名称
23	玻璃	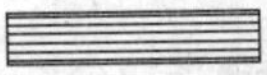	包括平板玻璃、磨砂玻璃、夹丝玻璃、钢化玻璃、中空玻璃、夹层玻璃、镀膜玻璃等
24	橡胶		
25	塑料		包括各种软、硬塑料及有机玻璃等
26	防水材料	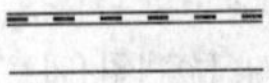	构造层次多或比例大时，采用上面图例
27	粉刷		本图例采用较稀的点

注：除序号 9 外，其他图例中的斜线、短斜线、交叉斜线等一律为 45°。

常用建筑构造图例 表1-5

序号	名称	图例	备注
1	新建建筑物、承重墙	8 ▲	(1)粗直线表示。以外墙轮廓线为准(±0.00处); (2)需要时,地面以上建筑用中实线表示,地下建筑用细虚线表示; (3)需要时,出入口用▲表示,层数在图形内右上角用点数或数字表示
2	原有建筑物、没剖切到的建筑物轮廓线		用细直线表示
3	隔墙		包括板条抹灰、木板、石膏板、金属材料等
4	计划扩建的预留地或建筑物		用中虚线表示
5	拆除的建筑物		用细直线表示
6	地下建筑物、构筑物		用粗虚线表示
7	地下通道		用粗虚线表示
8	冷却塔(池)		应注明冷却塔或冷却池
9	贮罐或水塔		左图为水塔或立式贮罐,右图为卧式贮罐
10	围墙		上图为实体性质围墙,下图为通透性质围墙。若仅表示围墙时,不画大门
11	挡土墙		被挡土在"凸出"一侧
12	坐标	X=105.00 Y=425.00 A=131.51 B=218.45	上图表示测量坐标,下图表示建筑坐标
13	地表排水方向		排水方向如箭头所示
14	洪水淹没线		阴影部分表示淹没区,(可在底图背面涂红)
15	截水沟或排洪沟	1 40.00	阴影部分表示淹没区,(可在底图背面涂红)
16	急流槽		箭头表示水流方向
17	跌水		箭头表示水流方向
18	排水明沟	170.5 1 40.00 1 40.00	(1)上图用于大比例图面,下图用于小比例图面; (2)"1"表示1%沟底纵向坡度,"40.00"表示变坡点间距离,箭头表示流水方向; (3)"107.5"表示沟底标高
19	有盖的排水沟	1 40.00 1 40.00	同上
20	雨水井		
21	检查孔		左图为可见检查孔,右图为不可见检查孔
22	孔洞		阴影部分可涂色代替
23	坑槽	槽底标高	
24	墙预留洞		
25	墙预留槽		
26	墙内烟道		阴影部分可涂色代替
27	通风道		左、中图为墙内通风道,右图为墙外通风道
28	楼梯		(1)上图为底层楼梯平面,中图为中间层楼梯平面,下图为顶层楼梯平面; (2)楼梯、栏杆扶手形式及步数按实际情况而定

常用洁具图例

表 1-6

序号	名称	图 例	备 注	序号	名称	图 例	备 注
1	洗脸盆		左图为台式洗脸盆，右图为立式洗脸盆	5	化验盆、洗涤盆		
2	盆		左图为浴盆，右图为妇女卫生盆	6	淋浴喷头		
3	小便器		左图为立式小便器，右图为壁挂式小便器	7	圆形地漏		(1)通用；(2)如为无水封，地漏应加存水弯
4	大便器		左图为蹲式大便器，右图为坐式大便器	8	污水池		

常用建筑门窗图例

表 1-7

序号	名称	图 例	备 注	序号	名称	图 例	备 注
1	单扇门		包括平开或单面弹簧	9	单扇双层门		
2	双扇门		包括平开或单面弹簧	10	双扇双层门		
3	墙外单扇推拉门			11	转门		
4	墙外双扇推拉门			12	卷门		
5	墙内单扇推拉门			13	空门洞	h=	h 为门洞高
6	墙内双扇推拉门			14	玻璃窗		
7	单扇双面弹簧门			15	双扇推拉玻璃窗		
8	墙外单扇推拉门						

注：门的代号用“M”表示，窗的代号用“C”表示。

常用采暖设备图例

表 1-8

序号	名称	图 例	备 注	序号	名称	图 例	备 注
1	散热器		左图：平面 右图：立面	4	过滤器		
2	集气罐			5	除污器		左图：平面 右图：立面
3	管道泵			6	暖风机		

1.5 施工图所表述的内容

建筑平、立、剖面图和详图、构件图等能充分地表达建筑物内、外部形状。

建筑平、立、剖面图

1）平面图：假如把一栋房屋的窗台以上部分水平地切割并移走，剩下部分的水平投影图就是平面图，见图 1-17。

平面图有总平面图、基础平面图、楼板平面图、屋顶平面图、吊顶和天棚仰视图等，工地上的放线、砌墙、支模板、安装门窗、防水施工等都要用到平面图。

2）立面图：将房屋的立面进行投影，可分别绘制出东、西、南、北方向立面图。图 1-18 是一栋房屋的东、南立面图。

立面图能表明建筑物的外部形状，长、宽、高尺寸，屋顶形式，门窗洞口位置，外墙饰面材料及做法等。

3）剖面图：如将一栋房屋沿垂直方向切开，绘制切开后的正立面投影图叫剖面图，如图 1-19 所示。

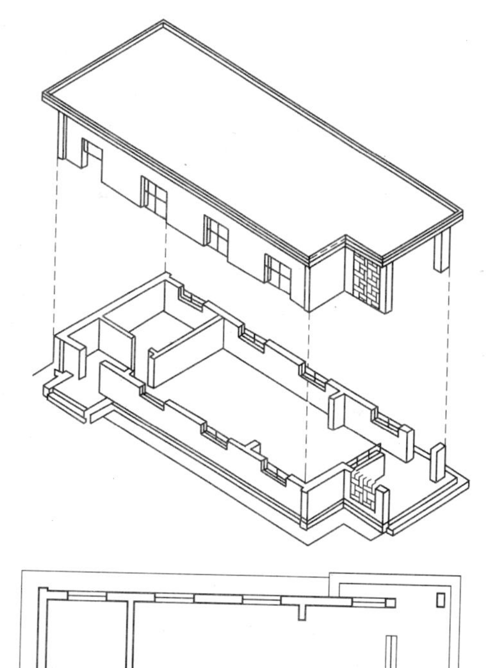

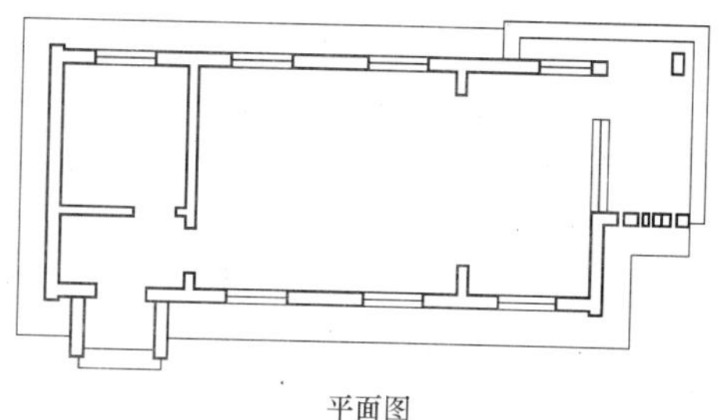

图 1-17　平面图

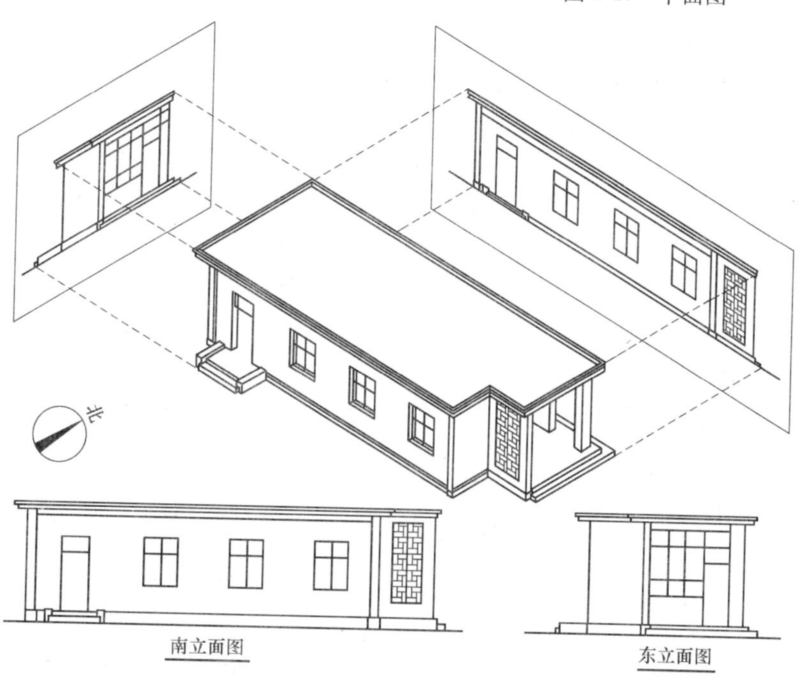

图 1-18　立面图

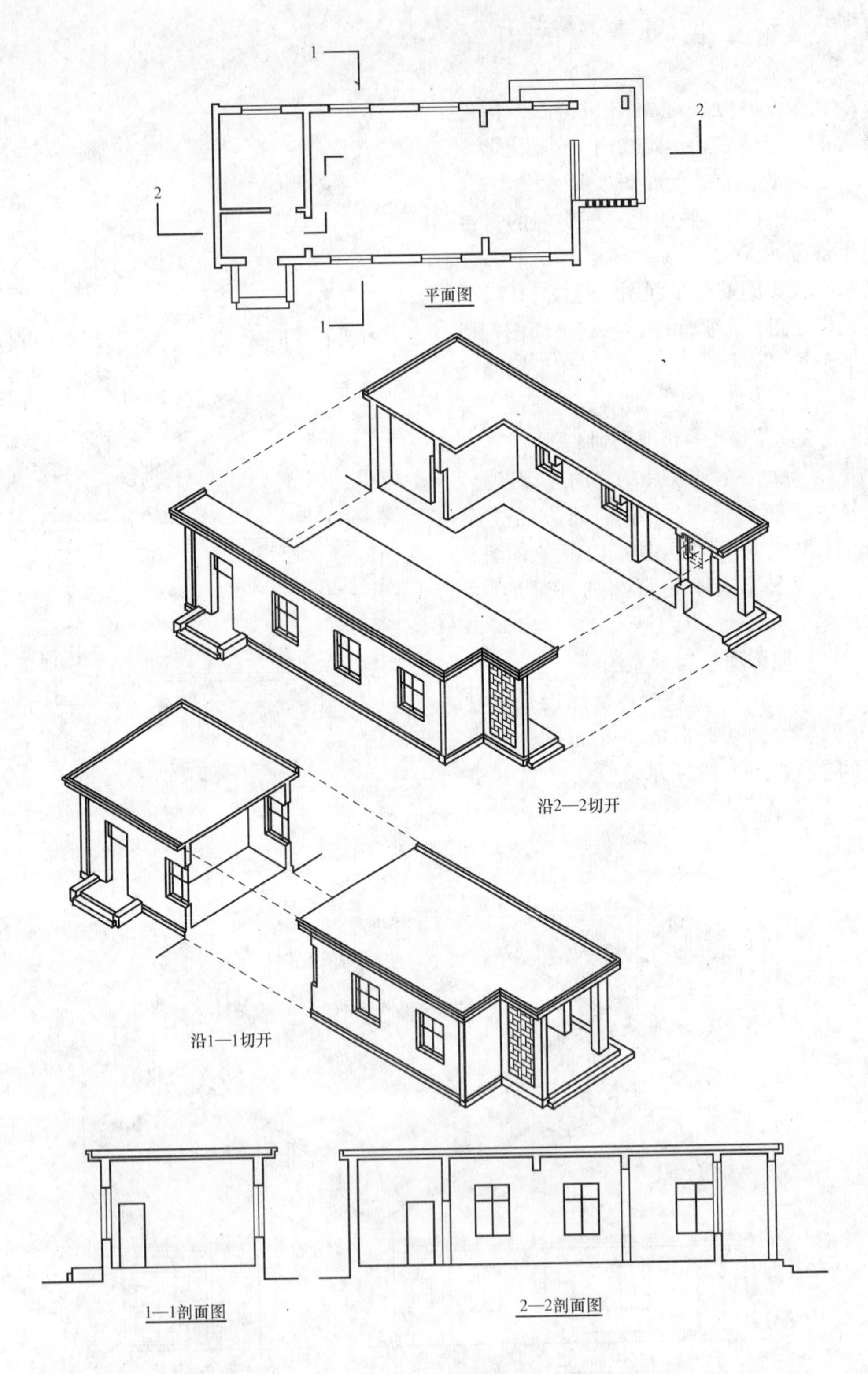

图 1-19　剖面图

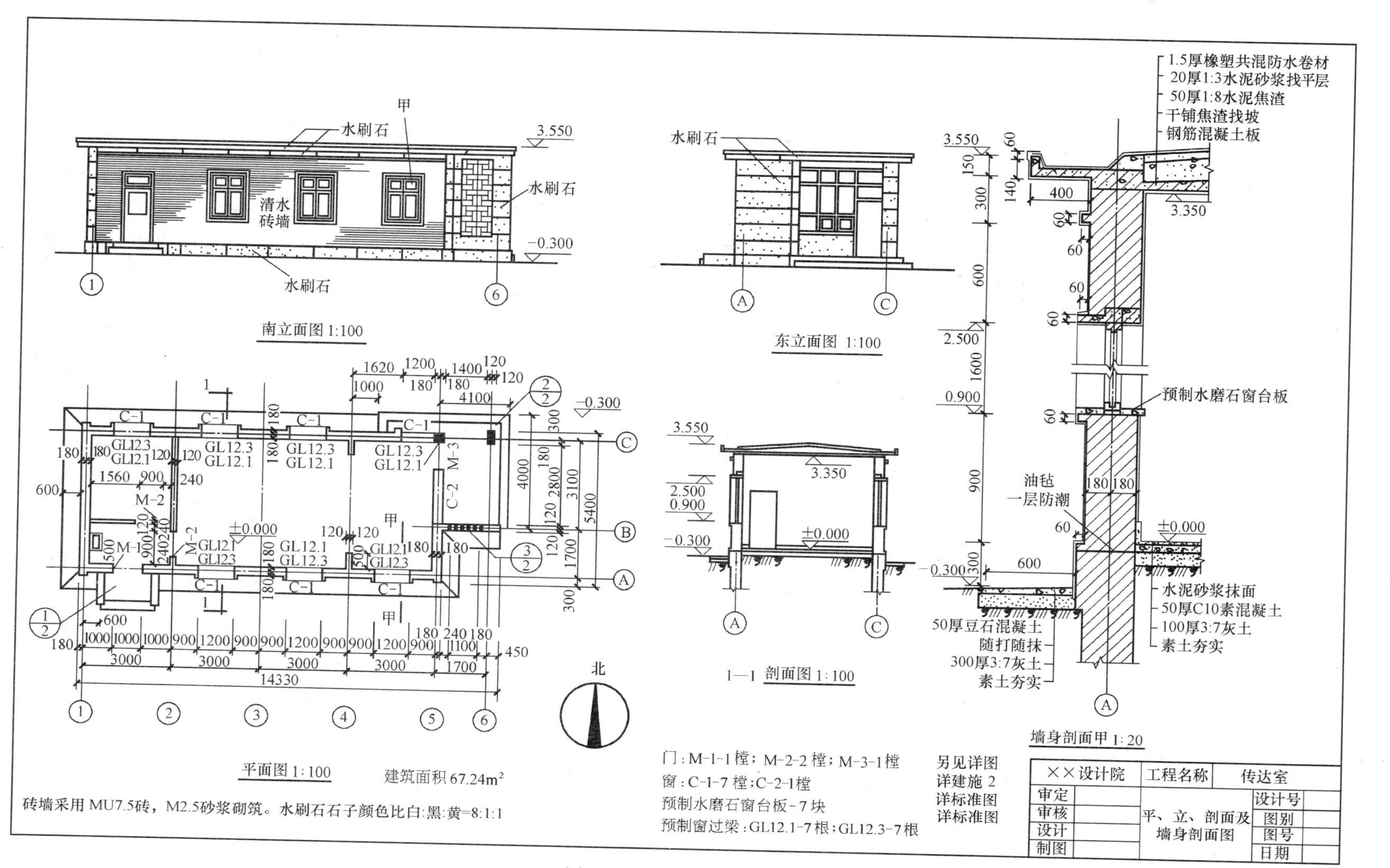

图 1-20 某传达室施工图

剖面图能表明建筑物内部在垂直方向的情况，如屋顶坡度，楼房层数，房间、门窗、梁等各部分高度，楼板、屋顶、梁、底板等厚度，还能表示出建筑物的结构形式。

上述平、立、剖面图只是建筑物的投影图，在这些图中填入尺寸、标高、注释文字、名称、编号、材料、做法等就成为施工图了。顾名思义，施工图就是指导施工的图纸。图1-20为某传达室的施工图，墙身1—1剖面图就是平面图上1—1剖面的详图。

1.6 建筑工程防水识图

防水施工员（工长）在了解了施工图的基础上，必须完全看懂防水设计图和节点做法施工图，其中最主要的是节点做法施工图。一般通过以下两条途径来识防水图：

一是从建筑施工图的用料说明中确定所用防水材料的名称和防水层的构造层次。例如一栋地下、地上各为一层的钢筋混凝土建筑，各层次的用料说明为：

（1）基础：100mm厚C15混凝土垫层、20mm厚1∶2.5水泥砂浆找平层、2×3mm厚SBS改性沥青卷材防水层、50mm厚C20细石混凝土保护层、(底板）。

（2）地下室墙体：(250mm厚、C20、P6）墙体、20mm厚1∶2.5水泥砂浆找平层、2×3mm厚SBS改性沥青卷材防水层、50mm厚聚苯板保护层、800mm宽2∶8灰土，分层夯实。

（3）地面以上墙体：(240mm厚、C20）墙体、聚合物砂浆粘结层、20mm厚聚苯板保温层（6～8个胀栓/m^2、专用胶固定)、10mm厚聚合物水泥砂浆找平层、瓷砖饰面层。

……

（20）屋面：30mm厚≥20kg/m^3 聚苯板保温层、20mm厚1∶3水泥砂浆找平层、1.5mm厚三元乙丙橡胶卷材防水层。

……

以上第（1)、(2)、(20）项给出了地下室底板下、地下室外墙和屋面三部位所用防水材料的名称和防水层在构造层次中所处的位置。

二是直接从防水施工图中确定防水材料和施工做法。大多数设计单位不进行防水设计，而是直接采用当地建筑标准化设计办公室出版的防水标准图和通用图，施工技术人员应熟练掌握建筑防水标准图的应用。

1.6.1 防水层的画法

防水层横截面的投影即为线条，从表1-4常用建筑材料图例中知道，当构造层次多或比例较大时，采用铁路线表示，构造层次少、比例小时用中实线表示。

1.6.2 识读防水施工图

防水层是通过铺、涂、刷、抹、喷、刮、浇筑等方法形成防水整体。结构之间还有找平层、保温层（屋面、外墙工程)、找坡层（屋面工程)、保护层等。怎样来识图呢？通过以下两个实例来介绍。

（1）地下工程“一般钢筋混凝土外墙防水构造”，见图1-21。

识图时，首先对图纸作一粗略审视，图中清楚地绘制出了底板、外墙、防水层、保护

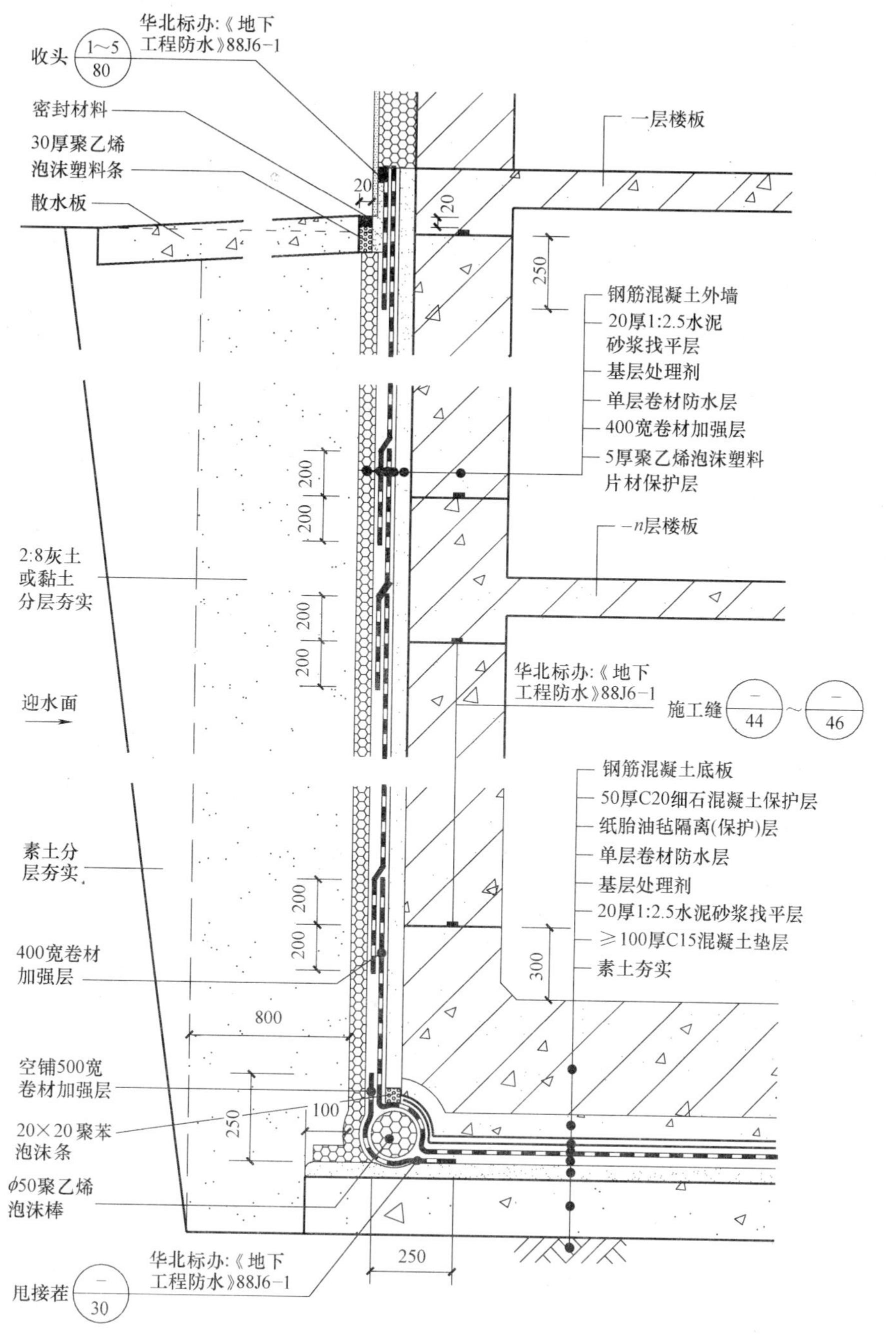

图 1-21　一般钢筋混凝土外墙防水构造

层等构造层次，再经由外墙引出线可知外墙的构造层次，从左至右依次为5mm厚聚乙烯泡沫塑料片材保护层、400mm宽卷材加强层、单层卷材防水层、基层处理剂、20mm厚1：2.5水泥砂浆找平层和钢筋混凝土外墙。同样经由底板引出线可知底板的构造层次，从上至下依次为钢筋混凝土底板、50mm厚C20细石混凝土保护层、纸胎油毡隔离（保护）层（注：也可用其他低档卷材或塑料薄膜）、单层卷材防水层、基层处理剂、20mm厚1：2.5水泥砂浆找平层、≥100mm厚C15混凝土垫层和素土夯实。构造层次了解清楚

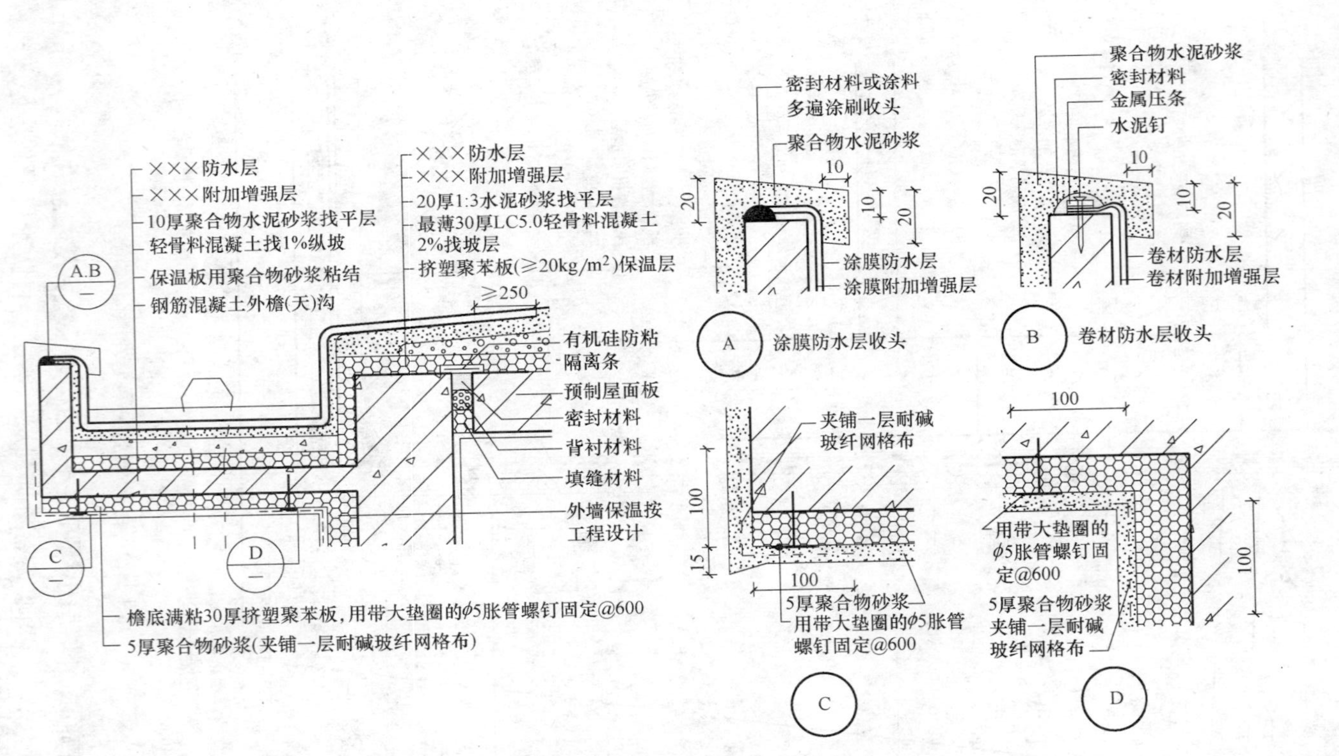

图 1-22　保温挑檐装配式屋面防水构造

后，就可以看细部构造的防水做法了。图中底部转角（俗称刚性角）部位防水层的甩接茬按华北标办《地下工程防水》88J6-1 标准图（以下简称 88J6-1）第 30 页的方法进行施工，施工缝的做法按 88J6-1 第 44 页至第 46 页的方法进行施工，左上角防水层的“收头”按 88J6-1 第 80 页详图 1 至详图 5 的方法进行施工。其余做法按图纸中引出线的文字说明进行施工就行了，像位于迎水面部位密封材料的嵌填尺寸、2∶8 灰土或黏土分层夯实的范围、素土分层夯实的范围、聚乙烯泡沫棒和聚乙烯泡沫条的设置等。

（2）屋面工程“保温挑檐装配式屋面防水构造”，见图 1-22。

图 1-22 是防水层为外露的外檐沟（天沟）屋面防水构造图，由节点施工构造图和四个放大的细部构造图组成。节点施工构造图的文字说明分为外檐（天）沟构造和屋面构造两部分。外檐沟（天沟）的构造层次由上至下为防水层、附加增强层、10mm 厚聚合物水泥砂浆找平层、轻质混凝土找 1%纵坡层、保温层和现浇钢筋混凝土外檐（天）沟（与结构外墙连体）。屋面构造层次由上至下依次为防水层、附加增强层、20mm 厚 1∶3 砂浆找平层、最薄 30mm 厚 LC5.0 轻集料混凝土 2%找坡层、保温层和屋面板。四个放大的细部构造图，非常清楚地绘制出了涂膜、卷材防水层的收头（图 A、图 B）和外檐沟（天沟）底部保温层的固定方法（图 C、图 D）。为防止外檐沟（天沟）外表面 5mm 厚 1∶2.5 聚合物水泥砂浆在应力突变部位随保温层因气候变化发生胀缩而开裂，在转角部位粘贴（夹铺）耐碱玻纤网格布进行加强。

以上各构造层的施工可能涉及几个工种，防水施工员（工长）应与其他工种进行有效协调，确保防水层不被其他工种交叉施工时遭到损坏。

2 常用建筑防水材料

常用建筑防水材料按物态的不同可分为柔性防水材料和刚性防水材料两类；按材料性质的不同可分为有机防水材料和无机防水材料两类；按种类的不同可分为卷材、涂料、密封材料、刚性材料、堵漏材料、金属材料六大系列的防水材料。

2.1 防水卷材、防水毯、防水板材

防水卷材在建筑防水材料的应用中处于主导地位，在建筑防水的措施中起着重要作用。常用的卷材有高聚物改性沥青防水卷材、合成高分子防水卷材（片材）和金属防水材料、沥青类油毡等。

2.1.1 沥青类油毡

沥青对水来说是一种不浸润物质。人们利用沥青的这一特性，被广泛用来当作防水、防腐和粘结材料。单从沥青的不浸润特性来说，似乎是一种“理想”的防水材料，但其耐高低温性能很差，通常80℃以上就会流淌，10℃以下就会龟裂，都不符合我国大部分地区的使用条件，已被淘汰、限制使用。

（1）石油沥青纸胎油毡（《石油沥青纸胎油毡、油纸》GB 326）：

石油沥青纸胎油毡是先将原纸用低软化点的石油沥青浸渍成油纸，然后用高软化点的石油沥青涂盖在油纸两面，再在表面涂刷或铺撒隔离层材料制作而成。

纸胎油毡的综合防水性能较差，采用热油施工，严重污染环境，严禁在市区使用。并不得用于防水等级为一、二级的建筑屋面及各类地下防水工程。工程上通常只被用来作其他柔性防水材料的保护层、隔离层。当在偏远地区用于三级防水屋面时，其设计不应少于三毡四油，其中，500号粉毡用于“三毡四油”的面层，350号粉毡用于里层和下层，200号油毡用于简易、临时性建筑防水、防潮及包装等。

（2）沥青复合胎柔性防水卷材（《沥青复合胎柔性防水卷材》JC/T 690）：

以橡胶、树脂等高聚物作沥青改性剂，以两种材料复合毡作胎体，以细砂、矿物粒（片）料、聚酯膜、聚乙烯膜作覆面材料，经浸涂、滚压等工艺制作而成。

该卷材不得用于防水等级为一、二级的建筑屋面、地下、水池等防水工程。在防水等级为三级的屋面工程使用时，必须采用三层叠加（即“三毡四油”）构成一道防水层；可用作地下工程的防潮层、屋面工程的隔汽层。

2.1.2 高聚物改性沥青防水卷材

为了改变纯沥青类油毡高温容易流淌、低温容易龟裂，弹塑性、柔韧性和防水性能很差的劣性，常用弹性体或塑性体高聚物对沥青进行改性，再采用聚酯胎或玻纤胎作胎基，

从而获得中、高档改性沥青防水材料。其主要物理性能见表 2-1。

高聚物改性沥青防水卷材主要物理性能 **表 2-1**

项目		性能要求				
		弹性体改性沥青防水卷材			本体自粘聚合物沥青防水卷材	
		聚酯毡胎体	玻纤毡胎体	聚乙烯膜胎体	聚酯毡胎体	无胎体
可溶物含量 (g/m^2)		3mm 厚，≥2100 4mm 厚，≥2900			3mm 厚，≥2100	—
拉伸性能	拉力 (N/50mm)	≥800 (纵横向)	≥500(纵向)	≥140(纵向)	≥450 (纵横向)	≥180 (纵横向)
			≥300(横向)	≥120(横向)		
	延伸率 (%)	最大拉力时，≥40(纵横向)	—	断裂时，≥250(纵横向)	最大拉力时，≥30(纵横向)	断裂时，≥200(纵横向)
低温柔度(℃)		−25，无裂纹				
热老化后低温柔度(℃)		−22，无裂纹				
不透水性		压力 0.3MPa，保持时间 120min，不透水				

2.1.2.1 弹性体改性沥青防水卷材（GB 18242）

弹性体（SBS）改性沥青防水卷材（简称 SBS 卷材）以苯乙烯-丁二烯-苯乙烯（SBS）共聚热塑性弹性体作沥青的改性剂，以聚酯胎或玻纤胎为胎体，以聚乙烯膜、细砂、粉料或矿物粒（片）料作卷材两面的覆面材料。

（1）特点

1）SBS 嵌段共聚物橡胶，常温下具有橡胶状的弹性，高温下又具有塑料状的热塑性和熔融流动性。在沥青中加入 10%～15%的 SBS 作卷材的浸涂层，可提高卷材的弹塑性、耐疲劳性和耐老化性，延长卷材的使用寿命等综合性能。

2）以长纤维聚酯毡（长 PY）作胎基的 SBS 改性沥青防水卷材具有拉伸强度高、延伸率大、耐腐蚀、胎体易浸渍、耐霉变、含水率和吸水率小、尺寸热稳定性能好（耐候性能好），对基层伸缩变形或开裂的适应性较强等特点。

3）以无碱玻纤毡（无碱 G）作胎基的 SBS 改性沥青防水卷材具有拉伸强度高、尺寸热稳定性能好、耐腐蚀、耐霉变、耐候性能好等特点。

4）该卷材在−25℃的低温下，仍具有良好的防水性能，如有特殊需要，在−50℃时仍然有一定的防水功能。且在 100℃气温条件下不起泡、不流淌。

（2）施工方法

既可热熔施工，又可用胶粘剂冷粘结施工，还能自粘施工。

（3）类型、规格、标记，适用范围

1）类型

① 按胎基分为聚酯胎（PY）和玻纤胎（G）两类；

② 按上表面隔离材料分为聚乙烯膜（PE）、细纱（S）、矿物粒（片）料（M）三种；

③ 按物理力学性能分为Ⅰ型和Ⅱ型；

④ 卷材按不同胎基、不同上表面材料分为六个品种，见表 2-2。

SBS卷材品种 **表 2-2**

上表面材料＼胎基	聚酯胎	玻纤胎
聚乙烯膜	PY-PE	G-PE
细纱	PY-S	G-S
矿物粒(片)料	PY-M	G-M

2）规格

① 幅宽：1000mm；

② 厚度：聚酯胎卷材：3mm 和 4mm；玻纤胎卷材：2mm、3mm 和 4mm；

③ 面积：每卷面积分为 15m^2、10m^2 和 7.5m^2。

3）标记

① 标记顺序：弹性体改性沥青防水卷材、型号、胎基、上表面材料、厚度和本标准号。

② 标记示例：4mm 厚砂面聚酯胎Ⅰ型弹性体改性沥青防水卷材标记为：SBS Ⅰ PY S4 GB 18242。

4）适用范围

① 长纤维聚酯毡（长 PY）胎基 SBS 改性沥青防水卷材适用于防水等级为一、二级的工业与民用建筑屋面、地下、水池、大型污水池等防水工程及防腐工程。

② 无碱玻纤毡（无碱 G）胎基 SBS 改性沥青防水卷材适用于结构稳定的一般建筑屋面、地下、水池等防水工程。

③ 适用于寒冷、严寒地区条件下的防水工程。

（4）技术要求

1）卷重、面积及厚度，见表 2-3。

SBS改性沥青防水卷材的卷重、面积及厚度 **表 2-3**

规格(公称厚度)(mm)		2		3			4					
上表面材料		PE	S	PE	S	M	PE	S	M	PE	S	M
面积(m^2/卷)	公称面积	15		10			10			7.5		
	偏差	±0.15		±0.10			±0.10			±0.10		
最低卷重(kg/卷)		33.0	37.5	32.0	35.0	40.0	42.0	45.0	50.0	31.5	33.0	37.5
厚度(mm)	平均值,≥	2.0		3.0		3.2	4.0		4.2	4.0		4.2
	最小单值	1.7		2.7		2.9	3.7		3.9	3.7		3.9

2）外观

① 成卷卷材应卷紧卷齐，端面里进外出不得超过 10mm；

② 任一产品的成卷卷材在 4～50℃温度范围内展开，在距卷芯 1000mm 长度外不应有 10mm 以上的裂纹或粘结；

③ 胎基应浸透，不应有未被浸渍的条纹；

④ 卷材表面必须平整，不允许有孔洞、缺边和裂口，矿物粒（片）料粒度应均匀一致并紧密地粘附于卷材表面；

⑤ 每卷接头不应超过一个，较短的一段不应少于 1150mm，其中 150mm 为搭接宽度，搭接边应剪切整齐。

3）物理力学性能，见表 2-4。

SBS 改性沥青防水卷材物理力学性能 **表 2-4**

序号	胎基			PY(聚酯胎)		G(玻纤胎)	
	型号			Ⅰ	Ⅱ	Ⅰ	Ⅱ
1	可溶物含量(g/m²)≥		2mm	—		1300	
			3mm	2100			
			4mm	2900			
2	不透水性	压力(MPa)≥		0.3	0.2	0.3	
		保持时间(min)≥		30			
3	耐热度(℃)			90	105	90	105
				无滑动、流淌、滴落			
4	拉力(N/50mm) ≥		纵向	450	800	350	500
			横向			350	300
5	最大拉力时延伸率(%)≥		纵向	30	40	—	
			横向				
6	低温柔度(℃)			−18	−25	−18	−25
				无裂纹			
7	撕裂强度(N)≥		纵向	250	350	250	350
			横向			170	200
8	人工气候加速老化	外观		1 级			
				无滑动、流淌、滴落			
		拉力保持率(%)≥	纵向	80			
		低温柔度(℃)		−10	−20	−10	−20
				无裂纹			

注：表中 1～6 项为强制性项目。

(5) 包装、标志、贮存与运输

1）包装

卷材可用纸包装或塑料袋成卷包装。纸包装时应以全柱面包装，柱面两端未包装长度总计不应超过 100mm。

2）标志

A. 生产厂名；

B. 商标；

C. 产品标记；

D. 生产日期或批号；

E. 生产许可证号；

F. 贮存与运输注意事项。

3）贮存与运输

① 贮存与运输时，不同类型、规格的产品应分别堆放，不应混杂。避免日晒雨淋，注意通风，贮存温度不应高于50℃。立放贮存时，高度不应超过两层；

② 当用轮船或火车运输时，卷材必须立放，堆放高度不应超过两层，防止倾斜或横压，必要时加盖苫布；在正常贮存、运输条件下，贮存期自生产日起为一年。

2.1.2.2 塑性体改性沥青防水卷材（GB 18243—2000）

塑性体（APP、APAO、APO）改性沥青防水卷材（统称APP类卷材）以无规聚丙烯（APP）或聚烯烃类聚合物（APAO、APO）作沥青的改性剂，以聚酯胎或玻纤胎为胎基，以聚乙烯膜、细砂、矿物粒（片）料作卷材两面的覆面材料。

以其他改性沥青、胎基和上表面材料制成的卷材不属于APP类卷材。

塑性体改性沥青防水卷材的特点是耐高温性能良好，气温110～130℃塑性体分子结构不会重新排列，适宜在强烈阳光照射下的炎热地区使用。一般老化期在20年以上。

2.1.2.3 自粘聚合物改性沥青聚酯胎防水卷材（JC 898—2002）

以SBS橡胶或其他优质橡胶作沥青的改性剂，以聚酯毡为胎基（或无胎体），卷材上下两面涂覆粘结层（胶粘剂），以聚乙烯膜或隔离纸作隔离覆面材料。

2.1.2.4 湿铺法自粘橡胶改性沥青防水卷材

以SBS橡胶或其他优质橡胶作沥青的改性剂，以聚酯毡为胎基（或无胎体），卷材上下两面涂覆湿面粘结层（胶粘剂），以聚乙烯膜或隔离纸作隔离覆面材料。

该卷材可直接在潮湿无过多明水的基层铺贴。用水泥净浆、水泥砂浆作粘结层，也可直接在随浇筑随找平的混凝土基层上满粘铺贴，粘结牢固可靠。

2.1.2.5 其他改性沥青类防水卷材

其他改性沥青类防水卷材的物理性能应分别符合《石油沥青玻璃纤维胎油毡》GB/T 14686、《石油沥青玻璃布胎油毡》JC/T 84、《铝箔面油毡》JC 504、《改性沥青聚乙烯胎防水卷材》GB 18967、《自粘橡胶沥青防水卷材》JC 840的要求。

2.1.2.6 改性沥青胶粘剂、冷底子油

改性沥青胶粘剂是沥青油毡和改性沥青类卷材的粘结材料。

（1）玛琋脂

一般有橡胶、再生胶、PVC树脂改性沥青冷胶粘剂（俗称冷玛琋脂）和在熔化的石油沥青中掺入矿质填充料的热胶粘剂（俗称热玛琋脂）两种。

冷玛琋脂用溶剂溶解石油沥青，冷施工；热玛琋脂用锅灶或熔化炉现场熬制熔化石油沥青，并趁热施工。两者的剥离强度不应小于8N/10mm。

（2）冷底子油

冷底子油用10号或30号石油沥青溶解于柴油、汽油等有机溶剂配制而成，也可将改性沥青胶粘剂经稀释而成。用于在基层表面涂刷改性沥青胶粘剂前的打底基料，起隔绝基层潮气、增强胶粘剂与基层粘结力的作用。

1）外观质量：

① 沥青应全部溶解，不应有未溶解的沥青硬块；

② 所用溶剂应洁净，不应有木屑、碎草、砂土等杂质；

③ 在符合配比的前提下，冷底子油宜稀不宜稠，以便于涂刷；

④ 所用溶剂应易于挥发；

⑤ 涂布于基层的冷底子油经溶剂挥发后，沥青应具有一定的软化点。

2）物理性能

固含量应大于20%，干燥时间根据需要参照表2-5配制。

冷底子油参考成分 **表2-5**

项目		10号或30号石油沥青(%)		性能	干燥时间(h)	适用范围
		30	40			
溶剂(%)	汽油	70		快挥发性	5～10	终凝后的混凝土、砂浆基层
	煤油或轻柴油		60	慢挥发性	12～48	终凝前的混凝土、砂浆基层

注：也可采用丙酮、120溶剂油配制干燥时间为4h的速干性冷底子油，适用于金属配件基层。

2.1.3 合成高分子防水卷材（片材）(GB 18173.1—2000)

2.1.3.1 合成高分子防水卷材（片材）的分类和技术性能

这类卷材以合成橡胶、合成树脂或两者的共混体为基料，掺入适量的化学助剂和填充剂，经过混炼、塑炼、压延或挤出成型、硫化（或非硫化）、定型生产的均质片材（简称均质片）及以高分子材料复合（包括带织物加强层）的复合片材（简称复合片）。主要用于建筑物屋面、地下、水利、水工、市政等工程的防水。

用纤维毡或纤维织物复合在硫化橡胶类、非硫化橡胶类或树脂类卷材的中间层、单表面或双表面，制成增强型防水片材。以提高片材的抗拉、抗撕裂强度。

（1）产品分类

常用高分子片材的分类与产品代号见表2-6。

片材的分类 **表2-6**

分类		代号	主要原材料
均质片	硫化橡胶类	JL1	三元乙丙橡胶
		JL2	橡胶(橡塑)共混
		JL3	氯丁橡胶、氯磺化聚乙烯、氯化聚乙烯等
		JL4	再生胶
	非硫化橡胶类	JF1	三元乙丙橡胶
		JF2	橡塑共混
		JF3	氯化聚乙烯
	树脂类	JS1	聚氯乙烯等
		JS2	乙烯醋酸乙烯、聚乙烯等
		JS3	乙烯醋酸乙烯改性沥青共混等
复合片	硫化橡胶类	FL	乙丙、丁基、氯丁橡胶、氯磺化聚乙烯等
	非硫化橡胶类	FF	氯化聚乙烯、乙丙、丁基、氯丁橡胶、氯磺化聚乙烯等
	树脂类	FS1	聚氯乙烯等
		FS2	聚乙烯等

（2）产品标记

1）标记方法：按类型代号、材质（简称或代号）、规格（长度×宽度×厚度）标记，并可根据需要增加标记内容。

2）标记示例：长度为20000mm，宽度为1000mm，厚度为1.2mm的均质硫化型三元乙丙橡胶（EPDM）片材标记为：JL1-EPDM-20000mm×1000mm×1.2mm。

（3）技术要求

1）片材的规格：片材的规格尺寸及允许偏差应符合表2-7和表2-8的规定，特殊规格由供需双方商定。

片材的规格尺寸 **表2-7**

项　目	厚度(mm)	宽度(m)	长度(m)
橡胶类	1.0,1.2,1.5,1.8,2.0	1.0,1.1,1.2	20以上
树脂类	0.5以上	1.0,1.2,1.5,2.0	

注：橡胶类片材在每卷20m长度中允许有一处接头，且最小块长度应不小于3m，并应加长150mm备作搭接；树脂类片材每卷至少20m长度内不允许有接头。

片材允许偏差 **表2-8**

项　目	厚　度	宽　度	长　度
允许偏差(%)	−10～+15	>−1	不允许出现负值

2）外观质量：

① 片材表面应平整，边缘整齐，不能有裂纹、机械损伤、折痕、穿孔及异常粘着部分等影响使用的缺陷。

② 片材在不影响使用的条件下，表面缺陷应符合下列规定：

A. 凹痕深度不得超过片材厚度的30%，树脂类片材不得超过5%；

B. 所含杂质，每$1m^2$不得超过$9mm^2$；

C. 气泡深度不得超过片材厚度的30%，每平方米不得超过$7mm^2$，但树脂类片材不允许。

3）片材的物理性能：

① 均质片的物理性能应符合表2-9的规定，复合片的物理性能应符合表2-10的规定，以胶断伸长率为其扯断伸长率；

② 片材横纵方向的性能均应符合①的规定；

③ 带织物加强层的复合片材，其主体材料厚度小于0.8mm时，不考虑胶断伸长率；

④ 厚度小于0.8mm的物理性能允许达到规定性能的80%以上。

均质片物理性能 **表2-9**

项　目		指　标										适用试验条目
		硫化橡胶类				非硫化橡胶类			树脂类			
		JL1	JL2	JL3	JL4	JF1	JF2	JF3	JS1	JS2	JS3	
断裂拉伸强度(MPa)	常温≥	7.5	6.0	6.0	2.2	4.0	3.0	5.0	10	16	14	5.3.2
	60℃≥	2.3	2.1	1.8	0.7	0.8	0.4	1.0	4	6	5	
扯断伸长率(%)	常温≥	450	400	300	200	450	200	200	200	550	500	
	−20℃≥	200	200	170	100	200	100	100	15	350	300	
撕裂强度(kN/m)≥		25	24	23	15	18	10	10	40	60	60	5.3.3

续表

项目		指标										适用试验条目
		硫化橡胶类				非硫化橡胶类			树脂类			
		JL1	JL2	JL3	JL4	JF1	JF2	JF3	JS1	JS2	JS3	
不透水性①(MPa) 30min无渗漏		0.3	0.3	0.2	0.2	0.3	0.2	0.2	0.3	0.3	0.3	5.3.4
低温弯折②(℃)≤		−40	−30	−30	−20	−30	−20	−20	−20	−35	−35	5.3.5
加热伸缩量(mm)	延伸<	2	2	2	2	2	4	4	2	2	2	5.3.6
	收缩<	4	4	4	4	4	6	10	6	6	6	
热空气老化(80℃×168h)	断裂拉伸强度保持率(%)≥	80	80	80	80	90	60	80	80	80	80	5.3.7
	扯断伸长率保持率(%)≥	70	70	70	70	70	70	70	70	70	70	
	100%伸长率外观	无裂纹	无裂纹	无裂纹	无裂纹	无裂纹	无裂纹	无裂纹	无裂纹	无裂纹	无裂纹	5.3.8
耐碱性[10%$Ca(OH)_2$常温×168h]	断裂拉伸强度保持率(%)≥	80	80	80	80	80	70	70	80	80	80	5.3.9
	扯断伸长率保持率(%)≥	80	80	80	80	90	80	70	80	90	90	
臭氧老化③(40℃×168h)	伸长率(40%，500pphm)	无裂纹	—	—	—	无裂纹	—	—	—	—	—	5.3.10
	伸长率(20%，500pphm)	—	无裂纹	—	—	—	—	—	—	—	—	
	伸长率(20%，200pphm)	—	—	无裂纹	—	—	—	—	无裂纹	无裂纹	无裂纹	
	伸长率(20%，100pphm)	—	—	—	无裂纹	—	无裂纹	无裂纹	—	—	—	
人工候化	断裂拉伸强度保持率(%)≥	80	80	80	80	80	70	80	80	80	80	5.3.11
	扯断伸长率保持率(%)≥	70	70	70	70	70	70	70	70	70	70	
	100%伸长率外观	无裂纹	无裂纹	无裂纹	无裂纹	无裂纹	无裂纹	无裂纹	无裂纹	无裂纹	无裂纹	
粘合性能	无处理	自基准线的偏移及剥离长度在5mm以下，且无有害偏移及异状点										5.3.12
	热处理											
	碱处理											

注：1. ①、②日本标准无此两项；③日本标准中规定臭氧浓度为75pphm；

2. 人工候化和粘合性能项目为推荐项目。

复合片物理性能　　表 2-10

项目			指标				适用试验条目
			硫化橡胶类	非硫化橡胶类	树脂类		
			FL	FF	FS1	FS2	
断裂拉伸强度(N/cm)	常温	≥	80	60	100	60	5.3.2
	60℃	≥	30	20	40	30	
胶断伸长率(%)	常温	≥	300	250	150	400	
	−20℃	≥	150	50	10	10	
撕裂强度(N)		≥	40	20	20	20	5.3.3
不透水性①(MPa,30min)无渗漏			0.3	0.3	0.3	0.3	5.3.4
低温弯折②(℃)		≤	−35	−20	−30	−20	5.3.5
加热伸缩量(mm)	延伸	<	2	2	2	2	5.3.6
	收缩	<	4	4	2	4	
热空气老化(80℃×168h)	断裂拉伸强度保持率(%)	≥	80	80	80	80	5.3.7
	胶断伸长率保持率(%)	≥	70	70	70	70	
耐碱性[10%Ca(OH)$_2$常温×168h]	断裂拉伸强度保持率(%)	≥	80	60	80	80	5.3.9
	胶断伸长率保持率(%)	≥	80	60	80	80	
臭氧老化③(40℃×168h,200pphm)			无裂纹	无裂纹	无裂纹	无裂纹	5.3.10
人工候化	断裂拉伸强度保持率,%	≥	80	70	80	80	5.3.11
	胶断伸长率保持率,%	≥	70	70	70	70	
粘合性能	无处理		自基准线的偏移及剥离长度在5mm以下,且无有害偏移及异状点				5.3.12
	热处理						
	碱处理						

注：1. ①、②日本标准无此两项；③日本标准中规定臭氧浓度为75pphm；
2. 人工候化和粘合性能项目为推荐项目，带织物加强层的复合片不考核粘合性能。

(4) 标志、包装、运输、贮存

1) 片材应缠绕在硬质芯材上，并应卷紧卷齐，外用适宜材料包装。

2) 每一独立包装应有合格证，并注明产品名称、产品标记、商标、制造厂名、厂址、生产日期、产品标准编号等。

3) 片材在运输与贮存时，应注意勿使包装损坏，放置于通风、干燥处，贮存垛高不应超过平放五个片材卷高度。堆放时，应衬垫平坦的木板，离地面20cm，并应隔离热源、避免阳光直射，禁止与酸、碱、油类及有机溶剂等接触。

4) 在遵守第3款规定的条件下，自生产之日起在不超过一年的保存期内产品性能应符合《高分子防水材料　第一部分 片材》GB 18173.1—2000 的规定。

2.1.3.2　橡胶类合成高分子防水卷材（片材）

(1) 三元乙丙橡胶（EPDM）防水卷材（代号：JL1、JF1）

三元乙丙橡胶（EPDM）防水卷材是以三元乙丙橡胶为主体，掺入适量丁基橡胶、硫化剂、促进剂、软化剂、补强剂和填充剂等辅料，经过配料、密炼、拉片、过滤、挤出（或压延）成型、硫化（或非硫化）、检验、分卷、包装等工序加工制成的高弹性、耐老化性能优异的高档防水材料。可分为硫化型和非硫化型两种产品，其中硫化型产量最大。硫化型三元乙丙橡胶防水卷材属均质片材，是得到推广应用的防水材料。

1）特点：

① 耐老化性能好，使用寿命上。三元乙丙橡胶分子结构中的主链上只有单键无双键，属高度饱和的有机高分子材料，所以结构稳定，当受到臭氧、紫外线、湿热、化学介质作用时，主链不易断裂，其耐老化性能优异。一般情况下，三元乙丙橡胶防水卷材的使用寿命长达40余年。

② 拉伸强度高、延伸率大。该卷材的拉伸强度高，断裂伸长率相当于改性沥青类卷材的15～30倍，所以其抗裂性能好，能适应基层伸缩或局部开裂变形的需要。

③ 耐高低温性能好。在低温－40～48℃时仍不脆裂，在高温80～120℃（加热5h）时仍不起泡、不粘连。所以，有极好的耐高低温性能，能在严寒和酷暑的气候条件下长期使用。

④ 施工方便简单。采用冷粘法施工，不污染环境。但接缝技术要求高。

2）适用范围：

属高档防水材料，适用于作防水等级为一、二级的工业与民用建筑的屋面、地下室及大型水池、游泳池和隧道等市政工程的防水层。

（2）氯化聚乙烯-橡胶共混防水卷材（代号：JL2、JF2）（JC/T 684—1997）

氯化聚乙烯-橡胶共混防水卷材，是以氯化聚乙烯树脂和合成橡胶为主体，掺入适量硫化剂、促进剂、稳定剂、软化剂和填充剂等，经过塑炼、混炼、过滤、压延成型、硫化、检验、分卷、包装等工序制成的高弹性防水卷材，属高档防水材料。

1）特点：

① 综合性能优异。氯化聚乙烯树脂和合成橡胶两种材料经过共混改性处理后，形成高分子“合金”，兼有塑料和橡胶的双重特性，既具有氯化聚乙烯的高强度和耐老化性能，还具有橡胶类材料的高弹性和高延伸性。

② 良好的耐高低温特性。能在－40～80℃温度范围内正常使用，高低温特性良好。

③ 良好的粘结性和阻燃性。氯化聚乙烯树脂的含氯量为30%～40%。氯原子的存在，使共混卷材具有良好的粘结性和阻燃性。

④ 稳定性好、使用寿命长。氯化聚乙烯树脂的分子结构，主链以单键连接，属高饱和稳定结构，具有良好的耐油、耐酸碱、耐臭氧、耐紫外线照射等特性，在大气中的稳定性好、使用寿命长。

⑤ 施工方便简单。采用冷粘法施工。

2）适用范围：

适用于作防水等级为一、二级的工业与民用建筑的屋面、地下室及大型水池、泳池等工程和隧道等市政工程的防水层。

（3）其他橡胶类合成高分子防水卷材（片材）

其他橡胶类合成高分子防水卷材（片材）还有：氯磺化聚乙烯（CSPE）防水卷材（代号：JL3、FL、FF）、氯化聚乙烯橡胶（CPE）防水卷材（代号：JL3、JF3、FF）、氯丁橡胶（CR）防水卷材（代号：JL3、FL、FF）、丁基橡胶（IIR）防水卷材（代号：FL3、FL、FF）、TPO弹性橡胶防水卷材（代号JL2、JF2）等。

2.1.3.3 树脂类合成高分子防水卷材（片材）

树脂类合成高分子防水卷材（片材）以高分子树脂为基料，掺入其他助剂、填充剂，按塑料加工工艺生产制成的均质片或复合片防水材料。

均质型树脂片材的产品有：聚氯乙烯（PVC）（代号：JS1、FS1）、乙烯醋酸乙烯共聚物（EVA）（代号：JS2）、高密度聚乙烯（HDPE）（代号：JS2）、中密度聚乙烯（MDPE）（代号：JS2）、低密度聚乙烯（LDPE）（代号：JS2）、线性低密度聚乙烯（LL-DPE）（代号：JS2）、乙烯醋酸乙烯改性沥青共混（ECB）（代号：JS3）等塑料防水板（片材）等。均质塑料片材在水利、垃圾填埋等市政工程界又称土工膜。这类片材的共有特性是：延伸率大。适用于初次衬砌为粗糙基面的涵洞、隧道、地下连续墙、喷射混凝土等防水工程。其规格：幅宽宜为2～4m、厚度宜为1～2mm，并具有耐穿刺性好、耐久性、耐水性、耐腐蚀性、耐菌性好等特点。

复合增强型树脂片材是在树脂类卷材（片材）的中间层、单表面或双表面复合纤维毡或纤维织物，以提高片材的抗拉和抗撕裂强度，增强片材适应基层变形的能力。这类产品有：复合型两布一膜聚氯乙烯（PVC）防水片材（代号：FS1）、聚乙烯膜（PE）丙纶纤维复合防水卷材（代号：JS2）、TS双面纤维复合高分子防水卷材［该类卷材是以线性高密度聚乙烯（LHDPE）和乙烯醋酸乙烯共聚物（EVA）（代号：FS2）及多种助剂作主料，以聚酯长丝无纺布作增强层材料］等。

（1）聚氯乙烯（PVC）防水卷材（代号：JS1、FS1）

以增塑聚氯乙烯树脂为主要原料，掺入适量填充剂、改性剂、增塑剂、抗氧化剂、紫外线吸收剂等辅料，用塑料工艺加工而成的热塑性防水材料。产品分为无复合均质片（N类）（代号为JS1）、用纤维单面复合（L类）和织物内增强（W类）（代号为FS1）等三类。适用于建筑屋面、地下、水利（水库、水坝、水渠）等防水工程，也适用于种植屋面作防水层。

（2）聚乙烯丙纶复合防水卷材（代号：FS2）

以线性低密度聚乙烯树脂（LLDPE）为主防水层原料，掺入增加卷材柔韧性和粘结性的增塑剂等辅料及提高抗老化性能的炭黑、抗氧化剂、光稳定剂等助剂。经混料、加热、塑化、搅拌、压缩、挤出等塑料加工工艺，在热熔状态下，将丙纶长丝无纺布辊压复合在聚乙烯膜片的上下层表面，作增强层和粘结层。这是一种一次复合热压成型的片材，用于防水工程时应符合以下规定：

1）在屋面和地下防水工程中选用聚乙烯丙纶复合防水卷材时，单层卷材必须采用一次成型工艺生产且聚乙烯膜层厚度不小于0.5mm的片材，双层卷材聚乙烯膜层总厚度不小于0.6mm的片材，并应满足屋面和地下防水工程技术规范的要求。

2）采用二次加热或粘结复合成型工艺生产的聚乙烯丙纶复合防水卷材，不能用于房屋建筑的防水工程。

（3）TPO热塑性弹性防水卷材（代号：JS1、JS2等）

由橡胶和树脂等原料，按一定比例混合，采用聚合技术，按塑料加工工艺制成热塑性弹性体防水卷材。适用于屋面、地下、水利、水池、污水池、隧道等工程防水。

（4）（预铺反粘、湿铺）自粘胶膜高密度聚乙烯防水卷材（代号：FS_2）

在一定厚度的HDPE板表面涂覆一层压敏胶，再在其上涂覆一层耐候胶（搭接边不涂），上表面用塑料膜隔离。在地下工程垫层上进行预铺反粘施工时，揭起塑料膜，露出耐候胶，施工人员可在其上自由走动，进行绑扎钢筋等项目的施工。卷材的厚度一般≥1.2mm。

2.1.3.4 合成高分子防水卷材胶粘剂（JC 863）

合成高分子防水卷材必须采用与卷材材性相容的胶粘剂进行卷材与卷材、卷材与基层的粘结铺贴。一般来说，橡胶型或橡塑共混型合成高分子防水卷材应选用橡胶型胶粘剂，塑料型合成高分子防水卷材应选用树脂型胶粘剂（或采用焊接连接）。粘结后的剥离强度不应小于15N/10mm，浸水168h后的粘结剥离强度的保持率不应小于70%。

（1）分类

按固化机理的不同可分为单组分（Ⅰ）和双组分（Ⅱ）两个类型。

（2）品种

按粘结基面的不同可分为基层处理剂、基层胶粘剂［基底胶（J）］、卷材搭接胶粘剂［搭接胶（D）］或通用胶（T）和卷材接缝密封剂等品种。

基底胶（J）用于卷材与基层之间的粘结，搭接胶（D）用于卷材与卷材之间的粘结，通用胶（T）兼有基底胶和搭接胶的功能。

（3）标记

按名称（含卷材名称）、类型、品种、标准号的顺序标记。如氯化聚乙烯防水卷材用单组分基底胶粘剂标记为：氯化聚乙烯防水卷材胶粘剂　Ⅰ　J　JC 863—2000。

（4）物理力学性能

应符合JC 863的规定。

（5）各类胶粘剂

1）基层处理剂：基层处理剂是在涂刷基层胶粘剂之前的一道基层稀涂料。起隔绝基层潮气和增强卷材与基层粘结力的作用。一般可通过稀释胶粘剂（如聚氨酯、氯丁胶乳液、硅橡胶涂料）来获得。

2）基底胶（J）：基底胶涂刷在基层及卷材表面，可称为满粘法的大面胶粘剂。

3）搭接胶（D）：涂刷在卷材与卷材搭接边的结合面，是保证卷材防水层不在搭接边渗漏的关键胶粘剂。

4）通用胶（T）：通用胶用于基层与卷材、卷材搭接边的粘结，其性能应符合卷材搭接胶的质量要求。

5）卷材接缝密封材料：为增强卷材搭接边的密封性能，搭接胶粘结后，还应用密封材料对接缝进行密封处理。密封宽度不应小于10mm。依粘结工艺的不同，有的采用内密封胶（密封搭接边内侧的接缝）和外密封胶（密封搭接边外侧的接缝）两种胶粘剂。有的只采用外密封胶一种胶粘剂。

2.1.3.5 丁基橡胶防水密封胶粘带（JC/T 942—2004）

丁基橡胶防水密封胶粘带（简称丁基胶粘带）以饱和聚异丁烯橡胶、丁基橡胶、氯丁橡胶为主要原料，以超细硅氧化物（纳米级材料）为填料，以耐水性能优异的卤化丁基橡胶为改性材料制成的带状材料。

丁基胶粘带与大多数防水材料、建筑基料（橡胶、塑料、混凝土、金属、木材等）都有良好粘结性能。主要用于同种或异种卷材与卷材之间、涂膜与卷材之间、金属防水板材与板材之间的防水密封搭接粘结。

丁基橡胶防水密封胶粘带分为单面胶粘带和双面胶粘带两种。双面胶粘带的剥离强度不应小于6N/10mm，浸水168h后的粘结剥离强度的保持率不应小于70%。

粘结面用隔离纸隔离，使用时，隔离纸能很容易地从胶粘带上揭去。单面胶粘带表面贴有布、薄膜、金属箔等覆面材料。双面胶粘带不宜外露使用。

(1) 分类

1) 按粘结面分为：

① 单面胶粘带，代号1；

② 双面胶粘带，代号2。

2) 单面胶粘带产品按覆面材料分为：

① 单面无纺布覆面材料，代号1W；

② 单面铝箔覆面材料，代号1L；

③ 单面其他覆面材料，代号1Q。

3) 按用途分为：

① 高分子防水卷材用，代号R；

② 金属板屋面用，代号M。

4) 规格、允许偏差：

① 厚度：1.0、1.5、2.0mm，允许偏差为±10%；

② 宽度：15、20、30、40、50、60、80、100mm，允许偏差为±5%；

③ 长度：10、15、20m，不允许有负偏差。

5) 产品标记：

① 标记方法：产品按名称、粘结面、覆面材料、用途、规格（厚度-宽度-长度）、标准号的顺序进行标记。

② 标记示例：厚度1.0mm、宽度30mm、长度20m金属板屋面用双面丁基橡胶防水密封胶粘带的标记为：

丁基橡胶防水密封胶粘带 2M 1.0-30-20 JC/T 942—2004

(2) 质量要求

1) 外观：

① 丁基胶粘带应卷紧卷齐，在5～35℃环境温度下易于展开，开卷时无破损、粘连或脱落现象。

② 丁基胶粘带表面应平整，无团块、杂物、孔洞、外伤及色差。

③ 丁基胶粘带的颜色与供需双方商定的样品颜色相比无明显差异。

2) 理化性能：

应符合表2-11的规定。彩色涂层钢板以下简称彩钢板。

(3) 标志、包装、运输及贮存

1) 标志：

①产品名称；②产品标记；③商标；④数量；⑤色别；⑥生产厂名称和地址；⑦使用说明及注意事项；⑧生产日期、批号及保质期。

2) 包装：

丁基胶粘带理化性能　　**表 2-11**

试验项目				技术指标
持粘性(min)			≥	20
耐热性(80℃,2h)				无流淌、龟裂、变形
低温柔性(−40℃)				无裂纹
剪切状态下的粘合性①(N/mm)		防水卷材	≥	2.0
剥离强度②(N/mm)		防水卷材	≥	0.4
		水泥砂浆板	≥	0.6
		彩钢板	≥	
剥离强度保持率②(%)	热处理,80℃、168h	防水卷材	≥	80
		水泥砂浆板	≥	
		彩钢板	≥	
	碱处理,饱和氢氧化钙溶液、168h	防水卷材	≥	80
		水泥砂浆板	≥	
		彩钢板	≥	
	浸水处理,168h	防水卷材	≥	80
		水泥砂浆板	≥	
		彩钢板	≥	

① 仅测试双面胶粘带。
② 中，测试R类试样时采用防水卷材和水泥砂浆板基材，测试M类试样时采用彩钢板基材。

采用纸箱包装，胶粘带上下层之间应垫放隔离材料。包装箱除应有标志外，还应有防雨、防日晒、防撞击标志。出厂包装箱应附有产品合格证。

3）运输：

运输过程中应防止日晒雨淋、撞击、挤压包装。按非危险品运输。包装箱堆码层数不多于四层。

4）贮存：

① 产品应在不高于35℃的干燥场所贮存，避免接触挥发性溶剂。包装箱堆码层数不多于四层。

② 产品自生产之日起，保质期不少于12个月。

2.1.4　天然钠基膨润土防水材料［《钠基膨润土防水毯》(JC/T 193—2006)］

亿万年前天然形成的膨润土，矿物学名为蒙脱石，其分子粒径为10^{-11}～10^{-9}m，属纳米级材料。按矿物组成，通常分为钠基、钙基、铝镁基三种类型，其中天然钠基膨润土可制成永久性的防水材料—膨润土防水毯、防水板。

膨润土具有特别强的吸水膨胀特性，吸水24h后开始水化，体积膨胀4～5倍，48h后完成水化，体积膨胀10～20倍，呈粘结性能良好凝胶体，渗水率降至10^{-9}cm/s，似一堵防水墙阻止水分子通过。凝胶体的耐久性可达200年。

膨润土防水材料的性能指标应符合表2-12的规定。

膨润土防水材料防水层应用于pH值为4～10的地下环境，含盐量较高的地下环境应采用经过改性处理的膨润土，并应经检测合格后方可使用。采用机械固定法将其铺设在主体结构的迎水面，两侧夹持力不应小于0.014MPa。

膨润土防水材料的性能指标 **表 2-12**

项目		技术指标		
		GCL-NP	GCL-OF	GCL-AH
单位面积质量(g/mm²、干重)		≥4000		
膨润土膨胀指数(mL/2g)		≥24		
吸蓝量(g/100g)		≥30		
拉伸强度(N/100mm)		≥600	≥700	≥600
最大负荷下伸长率(%)		≥10	≥10	≥8
剥离强度(N/10cm)	非织造布与编织布	≥40	≥40	—
	PE 膜与非织造布	—	≥30	—
渗透系数(m/s)		$\leqslant 5.0\times10^{-11}$	$\leqslant 5.0\times10^{-12}$	$\leqslant 1.0\times10^{-12}$
耐静水压		0.4MPa,1h,无渗漏	0.6MPa,1h,无渗漏	
流失量(mL)		≤18		
膨润土耐久性(mL/2g)		≥20		

膨润土防水材料有以下三种：

(1) 针刺法钠基膨润土防水毯

又名土工织物膨润土防水衬垫，是用针刺（≥20 万针/m²）的方法将天然钠基膨润土颗粒填充在聚丙烯织布和非织布之间制作而成，用 GCL-NP 表示，见图 2-1 所示。具有防水功能长久、维修方便、安全环保、施工简便等特点。防水毯只需用钢钉和垫圈钉压固定即可。用于房屋建筑地下工程，水利、桥涵和垃圾填埋场等市政工程。

(2) 针刺覆膜法钠基膨润土防水毯

在膨润土防水毯的基础上，在非织造土工布外表面复合一层 0.6～1.0mm 厚的高密度聚乙烯（HDPE）薄膜，以进一步提高防水、抗渗性能。用 GCL-OF 表示，见图 2-2 所示。

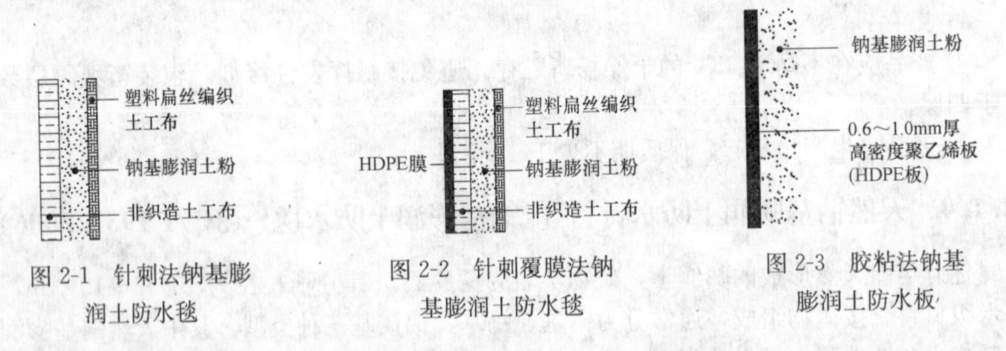

图 2-1 针刺法钠基膨润土防水毯

图 2-2 针刺覆膜法钠基膨润土防水毯

图 2-3 胶粘法钠基膨润土防水板

(3) 胶粘法钠基膨润土防水板

用胶粘剂把膨润土颗粒粘结到 0.6～1.0mm 厚的高密度聚乙烯（HDPE）板上，压缩生产而成。用 GCL-AH 表示，见图 2-3 所示。

2.1.5 金属防水板、卷材

金属防水板材在市政地下工程和国防地下工程采用较多，民用地下工程采用较少。用于防水的金属材料有板材、卷材等。

(1) 金属板材

1）主体防水材料：

常用的金属板材有碳素结构钢和低合金高强度结构钢。用于民用建筑地下工程时，厚度一般取3～6mm；用于国防、市政、工业建筑地下工程时，厚度一般取8～12mm。

2）接缝焊接材料：

采用E43焊条对钢板接缝进行焊接。贮存、运输时应防潮，宜置于干燥箱中存放。

3）防锈材料：

防锈、防腐蚀油漆、涂料。其种类应根据地下水质的具体情况确定。

（2）不锈钢薄板防水卷材

不锈钢薄板具有突出的不生锈特性，防水性能可靠。一般成卷材状贮存与运输。

1）规格：

① 厚度：0.6～0.8mm；

② 宽度：500～1000mm；

③ 长度：成百米卷成圆柱状。

2）成型：

通过辊压机滚压成两侧边呈凸肋的长条形平面板材，板与板之间通过滚焊、啮合连接。

2.2 防水涂料

建筑防水涂料是在常温下呈无固定形状的黏稠状液态高分子合成材料或粉料复合体。经涂布后，通过溶剂的挥发或水分的蒸发或反应固化后，在基层表面形成柔韧或坚韧、无接缝的防水膜（层）的材料的总称。在涂膜中夹铺胎体增强材料，可提高防水层的抗拉、抗撕裂强度。

2.2.1 防水涂料的分类和性能

（1）防水涂料的分类

1）按材性的不同，可分为有机防水涂料和无机防水涂料两类。有机防水涂料包括水乳型、反应型[包括固化剂固化型和湿气（水）固化型两类]和聚合物水泥防水涂料；无机防水涂料包括掺外加剂、掺合料的水泥基防水涂料、水泥基渗透结晶型防水涂料。

2）按组分的不同，一般可分为单组分防水涂料和多组分防水涂料两类。单组分防水涂料按成膜类型不同，一般有水乳型和湿气固化型两种。多组分涂料属于反应型防水涂料。

（2）防水涂料及胎体材料的性能指标

1）用于非长期浸水部位：高聚物改性沥青防水涂料的质量应符合表2-13的要求；反应固化型合成高分子防水涂料的质量应符合表2-14的要求；挥发固化型合成高分子防水涂料的质量应符合表2-15的要求。

2）用于长期浸水部位：用于地下、水池、游泳池等防水工程时，有机防水涂料的物理性能应符合表2-16的规定，无机防水涂料的物理性能应符合表2-17的规定。

高聚物改性沥青防水涂料质量要求　　表 2-13

项目			质量要求	
			水乳型	溶剂型
固体含量(%)		≥	43	48
耐热度(80℃,5h)			无流淌、起泡、滑动	
低温柔度(℃,2h)			−10,绕 φ20mm 圆棒无裂纹	−15,绕 φ10mm 圆棒无裂纹
不透水性	压力(MPa)	≥	0.1	0.2
	保持时间(min)	≥	30	30
延伸性(mm)		≥	4.5	—
抗裂性(mm)			—	基层裂缝 0.3mm,涂膜无裂纹

反应固化型合成高分子防水涂料质量要求　　表 2-14

项目			质量要求	
			Ⅰ类	Ⅱ类
拉伸强度(MPa)		≥	1.9(单、多组分)	2.45(单、多组分)
断裂伸长率(%)		≥	550(单组分),450(多组分)	450(单、多组分)
低温柔度(℃,2h)			−40(单组分),−35(多组分),弯折无裂纹	
不透水性	压力(MPa)	≥	0.3(单、多组分)	
	保持时间(min)	≥	30(单、多组分)	
固体含量(%)		≥	80(单组分),92(多组分)	

注：产品按拉伸性能分为Ⅰ、Ⅱ两类。

挥发固化型合成高分子防水涂料质量要求　　表 2-15

项目			质量要求
拉伸强度(MPa)		≥	1.5
断裂伸长率(%)		≥	400
低温柔度(℃,2h)			−20,绕 φ10mm 圆棒无裂纹
不透水性	压力(MPa)	≥	0.3
	保持时间(min)	≥	30
固体含量(%)		≥	65

有机防水涂料物理性能　　表 2-16

涂料种类	可操作时间(min)	潮湿基面粘结强度(MPa)	抗渗性(MPa)			浸水 168h 后拉伸强度(MPa)	浸水 168h 后断裂伸长率(%)	耐水性(%)	表干(h)	实干(h)
			涂膜(30min)	砂浆迎水面	砂浆背水面					
反应型	≥20	≥0.5	≥0.3	≥0.8	≥0.3	≥1.7	≥400	≥80	≤12	≤24
水乳型	≥50	≥0.2	≥0.3	≥0.8	≥0.3	≥0.5	≥350	≥80	≤4	≤12
聚合物水泥	≥30	≥1.0	≥0.3	≥0.8	≥0.6	≥1.5	≥80	≥80	≤4	≤12

注：1. 浸水 168h 后的拉伸强度和断裂伸长率是在浸水取出后只经擦干即进行试验所得的值。

2. 耐水性指标是指材料浸水 168h 后取出擦干即进行试验，其粘结强度及抗渗性的保持率。

无机防水涂料物理性能　　表 2-17

涂料种类	抗折强度（MPa）	粘结强度（MPa）	一次抗渗性（MPa）	二次抗渗性（MPa）	冻融循环（次）
掺外加剂、掺合料水泥基防水涂料	＞4	＞1.0	＞0.8	—	＞50
水泥基渗透结晶型防水涂料	≥4	≥1.0	＞1.0	＞0.8	＞50

3）胎体增强材料的质量应符合表 2-18 的规定。

胎体增强材料质量要求　　表 2-18

项　　目			质　量　要　求	
			聚酯无纺布	化纤无纺布
外观			均匀，无团状，平整无折皱	
撕裂强度（N/5mm）	纵向	≥	150	45
	横向	≥	100	35
延伸率（%）	纵向	≥	10	20
	横向	≥	20	25

2.2.2　常用有机防水涂料

有机防水涂料可分三类，一类是以合成橡胶或合成树脂为主要成膜物质，加入其他辅料而配制成的单组分或多组分合成高分子防水涂料；另一类是以合成橡胶对沥青进行改性后制得的水乳型或溶剂型改性沥青防水涂料；还有一类是沥青基防水涂料，沥青基涂料一般只适用于屋面，并且厚度必须达到数毫米后才能起到防水作用。常用有机防水涂料的品种见表 2-19。

常用有机防水涂料品种　　表 2-19

种类	品种	组分	名　　称
合成高分子类	橡胶类	单组分	溶剂型：氯磺化聚乙烯橡胶、乙丙橡胶等 水乳型：硅橡胶、丙烯酸酯、三元乙丙、丁苯、羰基丁苯、氯丁橡胶等 反应型：单组分聚氨酯
		双组分	反应型：聚硫橡胶、聚氨酯、沥青聚氨酯等
	合成树脂类	单组分	溶剂型：丙烯酸酯、聚氯乙烯等 水乳型：丙烯酸酯、丁苯等
		双组分	反应型：聚硫环氧
	聚合物乳液类	单组分	水乳型：丙烯酸酯、乙烯醋酸乙烯共聚物（EVA）-丙烯酸酯改性乳液等
聚合物水泥类		双组分	水性：丙烯酸酯等乳液-水泥
橡胶改性沥青类		单组分	溶剂型：SBS 改性沥青、丁基橡胶沥青、氯丁橡胶沥青、再生橡胶沥青等 水乳型：氯丁橡胶沥青、羰基氯丁橡胶沥青、再生橡胶沥青等
沥青基类		单组分	溶剂型：沥青涂料、冷底子油等 水分散型：膨润土沥青、石棉沥青等

（1）聚氨酯防水涂料（GB/T 19250—2003）

是一种反应固化型防水涂料，分为单组分（S）和多组分（M）两种固化类型。单组分中的聚氨酯预聚体（异氰酸酯：—R—NCO），经现场涂刷后，与空气中的水分和基层内的潮气发生固化反应，形成弹性涂膜防水层，或在涂布前，加入适量水搅拌均匀，涂布后形成涂膜。多组分中的聚氨酯预聚体与固化剂（非液态水）、增混剂，按规定的配比混合搅拌均匀，涂布后，涂层发生化学反应，固化成具有一定弹性的涂膜防水层。产品按拉伸性能分为Ⅰ、Ⅱ两类。Ⅱ类拉伸强度比Ⅰ类大。

（2）硅橡胶防水涂料

以硅橡胶胶乳以及其他乳液的复合物为主要基料，掺入无机填料及各种助剂配制而成的乳液型防水涂料。该涂料兼有涂膜防水和渗入基层密封防水的优良特性。有Ⅰ型和Ⅱ型两个品种。Ⅰ型涂料和Ⅱ型涂料均由 1 号涂料和 2 号涂料组成，并均为单组分，涂布时进行复合使用，1 号涂料一般涂布于底层和面层，2 号涂料涂布于中间层，对于多遍涂刷的涂层，1 号涂料亦可夹涂于中间层。Ⅰ型硅橡胶防水涂料适用于地下、游泳池、水池等长期接触水的防水工程，Ⅱ型硅橡胶防水涂料适用于建筑屋面、厕浴间、厨房等非长期接触水的防水工程。特别适宜作轻型、薄壳、异形屋面的防水层。

（3）水乳型丙烯酸酯防水涂料

以纯丙烯酸酯乳液为基料，掺加合成橡胶乳液改性剂、胶粘剂、增塑剂、分散剂、成膜剂、消泡剂、无机填充料、颜料和适量防霉剂、乳化剂等助剂配制成的水乳型防水涂料。适于作厕浴间、厨房、屋面、地下和异形结构室内工程的防水。

（4）水乳型三元乙丙橡胶防水涂料

采用耐老化性能优异的三元乙丙橡胶作基料，添加 10 多种配合剂制成混炼胶，以水作溶剂而制成。适用于屋面、地下室、厕浴间、厨房等工程的防水。防水层的厚度要求不小于 3mm，涂液太稠可用稀释液（自来水：氨水＝100：0.5）稀释，稀释液应缓慢断续地加入，边加入边连续不断地搅拌均匀，否则容易发渣，产生沉淀，影响防水效果。

（5）聚氯乙烯（PVC）弹性防水涂料

以增塑聚氯乙烯为基料，加入改性材料和各类助剂配制而成（亦称 PVC 冷胶料）的热塑型和热熔型防水涂料。适用于一般工业与民用建筑屋面、地下室、厕浴间等防水、防潮工程；化工车间屋面、室内地面的防腐工程；屋面板接缝、水落管接口嵌缝密封等。

（6）聚氯乙烯（PVC）耐酸防水涂料

以聚氯乙烯为基料，掺入耐酸改性材料和其他助剂配制而成。适用于生产酸性化工原材料厂家的屋面、地下室、贮存间等场所的防水、防腐工程；桥梁、涵洞、路基等防水工程；寒冷地区的防水工程。

（7）聚合物乳液（PEW）建筑防水涂料（JC/T 864—2000）

以各类聚合物乳液为主要原料，加入其他添加剂而制得的单组分水乳型防水涂料。

1）特点：

聚合物乳液建筑防水涂料的防水性能随着聚合物种类的不同而不同。

2）适用范围：

① 适用于屋面、墙面、室内等非长期浸水环境下的建筑防水工程。

② 如用于地下及其他长期浸水环境下的防水工程，其技术性能应符合相关技术规程

的规定，并应采取相应技术措施。

3）分类：

① 类型：按物理力学性能分为Ⅰ类和Ⅱ类；

② 标记方法：按产品代号（PEW）、类型、标准号的顺序标记；

③ 标记示例：Ⅰ类聚合物乳液建筑防水涂料标记为：PEW - Ⅰ - JC/T 864—2000

4）外观：

产品经搅拌后应无结块、无杂质、无沉淀、不分层，呈均匀状液态。

（8）聚合物水泥（JS）防水涂料（JC/T 894—2001）

以丙烯酸酯等聚合物乳液和水泥为主要原料，加入其他外加剂制得的双组分水性建筑防水涂料。所用原材料不应对环境和人体健康构成危害。

1）特点：

① 随着聚合物掺量的改变，防水性能也随之改变。当聚灰比大于50%时，涂料主要呈现聚合物的特性。

② 当聚灰比为10%～25%时，主要表现为刚性特性。

2）适用范围：

用于屋面或地下、水池等防水工程。

3）分类、用途、产品标记：

① 类型、用途：按聚合物掺量的不同，产品分为Ⅰ型和Ⅱ型两种。Ⅰ型是以聚合物为主的防水涂料，主要用于非长期浸水环境下的防水工程；Ⅱ型是以水泥为主的防水涂料，适用于长期浸水环境下的防水工程；②产品标记：

A. 标记方法：按名称、类型、标准号的顺序标记。

B. 标记示例：Ⅰ型聚合物水泥防水涂料标记为：JS　Ⅰ　JC/T 894-2001。

4）外观：

产品的两组分经分别搅拌后，其液体组分应无杂质、无凝胶的均匀乳液；固体组分应为无杂质、无结块的粉末。

（9）橡胶改性沥青防水涂料

主要产品有溶剂型橡胶沥青防水涂料、水乳型再生橡胶改性沥青防水涂料、水乳型氯丁橡胶改性沥青防水涂料、水乳型丁苯橡胶改性沥青防水涂料、SBS橡胶弹性沥青防水胶等。这类防水涂料属中、低档防水涂料。

2.2.3　常用无机防水涂料（材料）

2.2.3.1　掺外加剂、掺合料的水泥基防水涂料

亦称结晶型防水涂料。这类涂料以水泥为基料，掺入各类外加剂和掺合料，施工时，用水搅拌成涂料。涂刷于混凝土或水泥砂浆基层表面，生成一系列不溶性盐晶体，堵塞在基面的毛细孔隙中，起到抗渗防水效果。结晶生成后，外加剂被消耗掉，不能向混凝土或水泥砂浆内部迁移，结晶体仅凝结在基层表面，不具有向内部渗透的特性，故称为水泥基防水涂料。

水泥基防水涂料目前无统一的建材行业标准，各生产厂家都制定有本企业的标准，应用时，可参照《砂浆、混凝土防水剂》（JC 474—1999）的规定执行。

2.2.3.2 渗透结晶型防水材料

具有向混凝土或水泥砂浆内部深处渗透结晶的特性，分为水泥基渗透结晶型防水材料和水基（液态）渗透结晶型防水涂料两大类型。前者水泥基渗透结晶型防水材料的性能指标执行《水泥基渗透结晶型防水材料》GB 18445—2001 的技术标准。

（1）水泥基渗透结晶型防水材料（GB 18445—2001）

以硅酸盐水泥或普通硅酸盐水泥、石英粉为基料，掺入阳离子型、阴离子型、阴阳离子型或非离子型四类表面活性物质（选择的表面活性剂应防止与其他防水剂产生副作用）、催化剂，有的还掺有早强剂、减水剂等外加剂，外观为粉末状的无机防水材料。当水泥品种、规格不同时，具有不同的渗透特性，贮存期亦不同。按照使用方法不同分为水泥基渗透结晶型防水涂料（C）和水泥基渗透结晶型防水剂（A）（掺在混凝土中使用）两种材料。

1）水泥基渗透结晶型防水涂料（C）：

将粉状材料用水拌合而成浆状涂料后，涂布于混凝土基面，亦可直接将干粉撒布在未完全凝固的混凝土表面，再将其压入混凝土表层内使用。按物理性能分为Ⅰ型、Ⅱ型两种类型。

① 标记方法：按产品名称、类型、型号、标准号的排列顺序标记。

② 标记示例：Ⅰ型水泥基渗透结晶型防水涂料标记为：CCCW　C Ⅰ GB 18445。

2）水泥基渗透结晶型防水剂（A）：

是一种掺入混凝土（或砂浆）中，和混凝土（或砂浆）一起搅拌的粉末状外加型防水材料。

① 标记方法：按产品名称、类型、标准号的排列顺序标记。

② 标记示例：水泥基渗透结晶型防水剂标记为：CCCW　A　GB 18445。

3）技术要求：

① 均质性指标，见表 2-20。

均质性指标　　表 2-20

序　号	试 验 项 目	指　标
1	含水量	应在生产厂控制值相对量的 5%之内，并应符合混凝土外加剂的使用要求
2	总碱量($Na_2O+0.65K_2O$)	
3	氯离子含量	
4	细度(0.315mm 筛)	应在生产厂控制值相对量的 10%之内

注：生产厂控制值应在产品说明书中告知用户。

② 水泥基渗透结晶型防水涂料的物理力学性能，见表 2-21。

③ 水泥基渗透结晶型防水剂的物理力学性能，见表 2-22。

（2）水基（液态）渗透结晶型防水涂料

以水作载体，以硅酸钠（水玻璃）为主剂，以表面活性剂为助剂。溶液的 pH 值不小于 12，呈强碱性。使用时应防止碱集料反应（AAR）的发生。目前无国家标准。企业产品物理力学性能指标见表 2-23。

水泥基渗透结晶型防水涂料物理力学性能（GB 18445）　　表 2-21

序号	试验项目			性能指标	
				Ⅰ	Ⅱ
1	安定性			合格	
2	凝结时间	初凝时间(min)	≥	20	
		终凝时间(h)	≤	24	
3	抗折强度(MPa)	7d	≥	2.80	
		28d		3.50	
4	抗压强度(MPa)	7d	≥	12.0	
		28d		18.0	
5	潮湿基面粘结强度(MPa)		≥	1.0	
6	抗渗性	第一次抗渗强度(28d)(MPa)	≥	0.8	1.2
		第二次抗渗强度(56d)(MPa)	≥	0.6	0.8
		渗透强度比(28d)(%)	≥	200	300

注：第二次抗渗强度是指第一次抗渗试验透水后的试件置于水中继续养护 28d，再进行第二次抗渗试验所测得的抗渗强度值。

水泥基渗透结晶型防水剂物理力学性能（GB 18445）　　表 2-22

序号	试验项目			性能指标
1	减水率(%)		≥	10
2	泌水率比(%)		≤	70
3	抗压强度比	(7d)(%)	≥	120
		(28d)(%)	≥	120
4	含气量(%)		≤	4.0
5	凝结时间	初凝(min)	>	−90
		终凝(min)		—
6	收缩率比(28d)(%)		≤	125
7	渗透强度比(28d)		≥	200
8	第二次抗渗强度(56d)(MPa)		≥	0.6
9	对钢筋的锈蚀作用			对钢筋无锈蚀危害

注：第二次抗渗强度是指第一次抗渗试验透水后的试件置于水中继续养护 28d，再进行第二次抗渗试验所测得的抗渗强度值。

2.2.3.3 水泥基聚合物改性复合防水材料

水泥基聚合物改性复合材料（华鸿高分子益胶泥）是在工厂内将不同的聚合物干粉、辅料及水泥、细粉骨料等各种成分经密封搅拌而成。水泥在密闭状态下经专用聚合物改性后，毛细管状微观结构转化为球状或近似球状的闭合孔洞形态，其刚、柔互穿网状啮链结构使涂层具有良好的抗渗性、粘结性和适宜的施工性。与施工现场拌制的同种材料相比，避免了配合比精确度低、均匀度差、砂浆质量得不到保证的缺点。

拌制后的浆料能在干燥或潮湿基面施工，涂层达 2～3mm 时，就能满足防水要求，用料省。初凝时间长，终凝时间短，可缩短工期，适宜大面积施工。按双面涂层法操作，能在完成防水作业的同时完成贴面作业，即“防水粘贴一道成活”，所用瓷砖、石材还不用浸泡。

水基（液态）渗透结晶型防水涂料物理力学性能 **表 2-23**

序 号	试 验 项 目			性 能 指 标
1	外观			无色透明、无气味、无毒、不燃的水溶液
2	密度(g/cm³)			1.09～1.105
3	pH			13±1
4	黏度(MPa·s)			11.0±1.5
5	表面张力(mN/m)		≤	26.0
6	凝胶化时间(h)	初凝		2.0±0.5
		终凝		3.0±0.5
7	渗透深度(mm)		≥	2.0
8	抗渗性	第一次抗渗强度(28d)(MPa)	≥	0.8
		第二次抗渗强度(56d)(MPa)	≥	0.6
		渗透强度比(28d)(%)	≥	200

注：第二次抗渗强度是指第一次抗渗试验透水后的试件置于水中继续养护 28d，再进行第二次抗渗试验所测得的抗渗强度值。

该材料适用于地下室、屋面、卫生间、游泳池、贮水池、外墙等建筑工程部位的防水、抗渗，可设置在结构主体的迎水面或背水面，也可用于外墙外保温系统的粘结和抗裂抗渗。

建设部以建质［2005］26 号文规定该材料执行《益胶泥》DB 35/516—2005 标准，见表 2-24。

高分子益胶泥技术性能指标 **表 2-24**

项 目			指 标	
			Ⅰ型(底层稀料)	Ⅱ型(面层稠料)
抗压强度(3d)(MPa)		≥	11.0	9.0
抗渗性(涂层厚 3mm,7d)(MPa)		≥	0.6	1.0
凝结时间	初凝时间(min)	≥	180	240
	终凝时间(min)	≤	600	660
粘结强度(7d)(MPa)		≥	1.2	1.5
抗折强度(7d)(MPa)		≥	3.5	3.0
耐水性(%)		≥	80	
耐碱性(10%NaOH 溶液浸泡 48h)			无变化	

2.3 硬泡聚氨酯保温防水材料

达到一定密度的（喷涂）硬泡聚氨酯是一种既具有保温隔热功能，又具有一定防水功能的合成高分子材料。是采用异氰酸酯、多元醇及发泡剂等添加剂，经高压喷涂反应固化成型的微孔高分子泡沫聚合物。分为喷涂硬泡聚氨酯和硬泡聚氨酯板材两种产品。

硬泡聚氨酯在额定荷载作用下不会发生变形，超过额定荷载时，发生永久性变形不再复原，保温防水性能遭一定程度破坏或失去保温防水性能。

（1）特点

1）硬泡体闭孔率达95%以上，且微孔与微孔之间互不连通，并具有自结皮性能，在泡沫体外表形成一层致密光滑的膜；

2）导热性低，导热系数仅为0.018～0.024W/(m·K)。

（2）分类

1）现场喷涂硬泡聚氨酯按物理性能分为Ⅰ型、Ⅱ型和Ⅲ型三种类型。Ⅰ型用于屋面和外墙的保温层，不起防水作用；Ⅱ型用于屋面防水、保温工程，应在其表面刮抹抗裂聚合物水泥砂浆保护层；Ⅲ型用于屋面防水、保温工程，应在其表面涂刷耐候性好的涂膜保护层。

2）硬泡聚氨酯板材由工厂预制，作屋面和外墙的保温层。

（3）物理性能指标

屋面用喷涂硬泡聚氨酯的物理性能见表2-25；外墙用（Ⅰ型）硬泡聚氨酯的物理性能见表2-26；抗裂聚合物水泥砂浆物理性能见表2-27。

屋面用喷涂硬泡聚氨酯物理性能　　表2-25

项　目	性能要求		
	Ⅰ型	Ⅱ型	Ⅲ型
密度(kg/³)	≥35	≥45	≥55
导热系数[W/(m·K)]	≤0.024		
压缩性能(变形10%)/MPa	≥0.15	≥0.2	≥0.3
不透水性(无结皮)(0.2MPa,30min)	—	不透水	
尺寸稳定性(70℃,48h)/(%)	≤1.5	≤1.5	≤1.0
闭孔率(%)	≥92	≥92	≥95
吸水率(%)	≤3	≤2	≤1

外墙用（Ⅰ型）喷涂硬泡聚氨酯的物理性能　　表2-26

项　目	性能要求
密度(kg/³)	≥35
导热系数[W/(m·K)]	≤0.024
压缩性能(变形10%)(MPa)	≥0.15
尺寸稳定性(70℃,48h)(%)	≤1.5
拉伸粘结强度(与水泥砂浆,常温)(MPa)	≥0.10并且破坏部位不得位于粘结界面
吸水率(%)	≤3
氧指数(%)	≥26

抗裂聚合物水泥砂浆物理性能　　表2-27

项　目	性能要求	试验方法
粘结强度(MPa)	≥1.0	JC/T 984
抗折强度(MPa)	≥7.0	JC/T 984
压折比	≤3.0	JC/T 984
吸水率(%)	≤6	JC 474
抗冻融性(−15℃～+20℃,25次循环)	无开裂、无粉化	JC/T 984

抗裂砂浆所用原材料要求：①聚合物乳液的外观质量应均匀，无颗粒、异物和凝固物，固体含量应大于45%；②宜采用强度等级不低于32.5MPa的普通硅酸盐水泥，不得使用过期或受潮结块水泥；③宜采用细砂，含泥量不应大于1%；④采用无有害物质的洁净水搅拌；⑤增强纤维宜采用短切聚酯或聚丙烯等纤维。

(4) 适用范围

1) 屋面（地下室顶板）、要求承载低荷载的轻型框架建筑屋面、大跨度工业厂房和高层建筑等屋面；

2) 游泳池、蓄水池等防水保温工程；

3) 穿墙套管与穿墙管（穿地下室外墙、穿水池、游泳池池壁等）之间的密封防水。

2.4 刚性防水材料

2.4.1 刚性防水材料的种类

刚性防水材料一般包括两大类：一类是防水混凝土，另一类是防水砂浆。由水泥、砂、石等基准材料组成的刚性防水材料称为普通刚性防水材料；另一类是在基准材料中掺入各类外加剂或掺合料，如：混凝土膨胀剂、防水剂、渗透结晶剂、引气剂、减水剂、缓凝剂、早强剂、防冻剂、泵送剂、速凝剂、密实剂、复合型外加剂、掺合料等，由各类外加剂组成的刚性防水材料称为掺外加剂刚性防水材料。

2.4.2 常用混凝土基准材料

水泥、砂、石为基准防水材料，其中石料（粗骨料）按粒径的不同分为细石混凝土骨料和普通（粗石）混凝土骨料。质量要求参见“3.2.5 地下工程柔性防水材料及混凝土材料的选择”。

2.4.3 常用混凝土外加剂

(1) 混凝土膨胀剂（JC 476—2001）

混凝土膨胀剂是指与水泥、水拌合后经水化反应生成钙矾石、钙矾石和氧化钙或氢氧化钙，使混凝土产生膨胀的粉状外加剂。其品种有三类：

1) 硫铝酸钙类混凝土膨胀剂（与水泥经水化反应生成钙矾石）；

2) 硫铝酸钙-氧化钙类混凝土膨胀剂（与水泥经水化反应生成钙矾石和氢氧化钙）；

3) 氧化钙类混凝土膨胀剂（与水泥经水化反应生成氢氧化钙）。

含氧化钙的混凝土膨胀剂用于地下工程时，应做水泥安定性检验，合格后方可使用，并不得用于海水或有侵蚀性介质水的地下工程，因水化后生成的$Ca(OH)_2$的化学稳定性、胶凝性均较差，不会固结在混凝土表面，会与水中的侵蚀性介质Cl^-、SO^{-2}、Na^+、Mg^{+2}等离子产生置换反应，形成的膨胀性晶体极容易被溶析，使混凝土产生缝隙或麻面。

掺入膨胀剂的混凝土，使混凝土的收缩应力得到补偿，使混凝土不裂不渗或少裂少渗，所以加入膨胀剂的混凝土亦称补偿收缩混凝土。掺膨胀剂混凝土的适用范围见表2-28。膨胀剂的性能指标见表2-29。

掺膨胀剂混凝土的适用范围　　表 2-28

名　　称	适　用　范　围
补偿收缩混凝土	地下、水中、海水中、隧道等构筑物，大体积混凝土（除大坝外），配筋路面和板、屋面与厕浴间防水、构件补强、渗漏修补、预应力混凝土、回填槽等。
填充用膨胀混凝土	结构后浇带、隧洞堵头、钢管与隧道之间的填充等
灌浆用膨胀砂浆	机械设备的底座灌浆、地脚螺栓的固定、梁柱接头、结构拼接缝、裂缝、构件补强、加固等
自应力混凝土	仅用于常温下使用的自应力钢筋混凝土压力管

混凝土膨胀剂性能指标　　表 2-29

项　　目					指　标　值
化学成分	氧化镁(%)			≤	5.0
	含水率(%)			≤	3.0
	总碱量(%)			≤	0.75
	氯离子(%)			≤	0.05
物理性能	细度	比表面积(m^2/kg)		≥	250
		0.08mm 筛筛余(%)		≤	12
		1.25mm 筛筛余(%)		≤	0.5
	凝结时间	初凝(min)		≥	45
		终凝(h)		≤	10
	限制膨胀率(%)	水中	7d	≥	0.025
			28d	≤	0.10
		空气中	21d	≥	−0.020
	抗压强度(MPa) ≥	7d			25.0
		28d			45.0
	抗折强度(MPa) ≥	7d			4.5
		28d			6.5

注：细度用比表面积和 1.25mm 筛筛余或 0.08mm 筛筛余表示，仲裁检验用比表面积和 1.25mm 筛筛余。

（2）砂浆、混凝土防水剂（JC 474—1999）

砂浆、混凝土防水剂是指能适当延长砂浆、混凝土的耐久性，降低在静水压力下透水性的外加剂。

水泥水化后，其固相体积大约减小 6%～8%，因而混凝土中形成许多孔隙，防水剂掺入后形成某种结晶体、凝胶或络合物，起到填充、切断毛细孔隙的作用，从而提高不透水性能。有的防水剂含有憎水材料，与水泥水化时产生的 $Ca(OH)_2$ 起反应，生成钙盐沉淀在毛细管壁上，形成憎水层，使混凝土由亲水性变成憎水性。

防水剂以材质不同分为四类：

1）无机化合物类：氯化铁、硅灰粉末、锆化合物等；

2）有机化合物类：脂肪酸及其盐类、有机硅表面活性剂（甲基硅醇钠、乙基硅醇钠、聚乙基羟基硅氧烷）、石蜡、地沥青、橡胶、聚合物乳液以及水溶性树脂乳液等；

3）混合物类：无机类混合物、有机类混合物、无机类与有机类混合物等；

4）复合类：上述各类与引气剂、减水剂、调凝剂等外加剂复合的复合型防水剂。

防水剂按形态分有粉状和液体两种形式，其掺量一般为水泥用量的5%以下。

各类防水剂的性能及适用范围参见表2-30。

各类防水剂性能及适用范围 表2-30

品　种	性能及适用范围
无机类化合物	与水泥具有相容性。氯盐类能促进水泥的水化硬化，在早期就能获得较高的抗渗强度，故适用于要求早期就具有较好防水性能的工程，但氯离子会腐蚀钢筋和金属构件，收缩率也大，后期防水作用不大。故可用于素混凝土工程、地面以上钢筋混凝土工程，严禁用于预应力混凝土工程、地下钢筋混凝土工程、大体积混凝土工程及对钢筋、金属构件产生腐蚀作用的工程
有机类化合物	属憎水性表面活性物质，防水性能较好，但大多数会降低混凝土的强度
混合物类	具有有机、无机及有机与无机防水剂的综合性能
复合类	与引气剂复合使用，能使混凝土降低泌水性，并引入大量细小气泡，隔断毛细管细微裂缝，减少混凝土渗水通道，降低沉降量等性能。 与减水剂复合使用，除了具有防水剂本身的防水性能外，还起减水作用，改善混凝土的和易性，使混凝土容易浇捣密实，起到更好的防水效果

（3）减水剂

在混凝土中掺入减水剂能显著减少混凝土的拌合用水量，改善和易性，降低水灰比，利于混凝土振捣密实，改善孔隙结构，改善混凝土的黏聚性和保水性。减水剂的掺量一般为水泥用量的0.5%～1.0%。几种常用减水剂的特性见表2-31。不同混凝土减水剂的性能指标见表2-32。

几种减水剂的特性 表2-31

种类		优　点	缺　点	适应范围
木质素磺酸钙M		有增塑及引气作用，能最为显著地提高抗渗性能； 有缓凝作用，可推迟水化热峰值出现； 可减水10%～15%，增强10%～20%； 价格低廉、货源充足	分散作用不如NNO、MF、JN等高效减水剂； 温度较低时，强度发展缓慢。故温度较低天气须与早强剂复合使用	一般防水工程均可使用，更适用于大坝、大型设备基础等大体积混凝土工程 适宜夏天施工
多环芳香族磺酸钠	NNO MF	均为高效减水剂，减水12%～20%，增强15%～20%； 可显著改善和易性，提高抗渗性； MF、JN有引气作用，抗冻性、抗渗性较NNO好； JN的减水剂在同类减水剂中的价格最低	货源少、价格较贵； 生成气泡较大，需用高频振捣器排除气泡，以保证混凝土质量	防水混凝土工程均可使用 冬季低气温天气使用更为适宜
	JN FDN UNF			
糖蜜		分散作用及其他性能均同木质素磺酸钙； 掺量少，经济效果显著； 有缓凝作用	由于可从糖蜜中提取酒精、丙酮等副产品，所以货源日趋减少	宜就地取材，配制防水混凝土

减水剂性能指标（GB 8076—1997）[①] 表 2-32

<table>
<tr><th colspan="2" rowspan="3">项　目</th><th colspan="12">指　标[②]</th></tr>
<tr><th colspan="2">普通减水剂</th><th colspan="2">高效减水剂</th><th colspan="2">早强减水剂</th><th colspan="2">缓凝高效减水剂</th><th colspan="2">缓凝减水剂</th><th colspan="2">引气减水剂</th></tr>
<tr><th>一等品</th><th>合格品</th><th>一等品</th><th>合格品</th><th>一等品</th><th>合格品</th><th>一等品</th><th>合格品</th><th>一等品</th><th>合格品</th><th>一等品</th><th>合格品</th></tr>
<tr><td colspan="2">减水率(%)</td><td>≥8</td><td>≥5</td><td>≥12</td><td>≥10</td><td>≥8</td><td>≥5</td><td>≥12</td><td>≥10</td><td>≥8</td><td>≥5</td><td>≥10</td><td>≥10</td></tr>
<tr><td colspan="2">泌水率比(%)</td><td>≤95</td><td>≤100</td><td>≤90</td><td>≤95</td><td>≤95</td><td>≤100</td><td colspan="2">≤100</td><td colspan="2">≤100</td><td>≤70</td><td>≤80</td></tr>
<tr><td colspan="2">含气量(%)</td><td>≤3.0</td><td>≤4.0</td><td>≤3.0</td><td>≤4.0</td><td>≤3.0</td><td>≤4.0</td><td colspan="2"><4.5</td><td colspan="2"><5.5</td><td colspan="2">>3.0</td></tr>
<tr><td rowspan="2">凝结时间[③]之差(min)</td><td>初凝</td><td colspan="2" rowspan="2">−90～+120</td><td colspan="2" rowspan="2">−90～+120</td><td colspan="2" rowspan="2">−90～+90</td><td colspan="2">>+90</td><td colspan="2">>+90</td><td colspan="2" rowspan="2">−90～+120</td></tr>
<tr><td>终凝</td><td colspan="2">—</td><td colspan="2">—</td></tr>
<tr><td rowspan="4">抗压强度比(%)</td><td>1d</td><td>—</td><td>—</td><td>≥140</td><td>≥130</td><td>≥140</td><td>≥130</td><td colspan="2">—</td><td colspan="2">—</td><td colspan="2">—</td></tr>
<tr><td>3d</td><td>≥115</td><td>≥110</td><td>≥130</td><td>≥120</td><td>≥130</td><td>≥120</td><td>≥125</td><td>≥120</td><td colspan="2">≥100</td><td>≥115</td><td>≥110</td></tr>
<tr><td>7d</td><td>≥115</td><td>≥110</td><td>≥125</td><td>≥115</td><td>≥115</td><td>≥110</td><td>≥125</td><td>≥115</td><td colspan="2">≥110</td><td colspan="2">≥110</td></tr>
<tr><td>28d</td><td>≥110</td><td>≥105</td><td>≥120</td><td>≥110</td><td>≥105</td><td>≥100</td><td>≥120</td><td>≥110</td><td>≥110</td><td>≥105</td><td colspan="2">≥100</td></tr>
<tr><td>收缩率比(%)</td><td>28d</td><td colspan="2">≤135</td><td colspan="2">≤135</td><td colspan="2">≤135</td><td colspan="2">≤135</td><td colspan="2">≤135</td><td colspan="2">≤135</td></tr>
<tr><td>相对耐久性指标(%)[④],200次</td><td>—</td><td colspan="2">—</td><td colspan="2">—</td><td colspan="2">—</td><td colspan="2">—</td><td colspan="2">≥80</td><td colspan="2">≥60</td></tr>
<tr><td colspan="2">对钢筋锈蚀作用</td><td colspan="12">应说明对钢筋有无锈蚀危害</td></tr>
</table>

注：1. ①本表摘自《混凝土外加剂》(GB 8076—1997)。②除含气量外，表中所列数据为掺外加剂混凝土与基准混凝土的差值或比值。③凝结时间指标“−”号表示提前，“+”号表示延缓。④相对耐久性指标一栏中，表示将28d龄期的掺外加剂混凝土试件冻融循环200次后，动弹性模量保留值≥80%、≥60%。

2. 对于可以用高频振捣排除由外加剂所引入的气泡的产品，允许用高频振捣，达到某类型性能指标要求的外加剂，可按本表进行命名和分类，但须在产品说明书和包装上注明“用于高频振捣的××剂”。

3. 用于地下防水工程时，所选减水剂应符合国家标准一等品及以上的质量要求。

（4）防冻剂

寒冷地区搅拌混凝土使用的防冻剂有强电解质无机盐类、水溶性有机化合物类、有机化合物与无机盐类复合类和复合型防冻剂等四类。各类防冻剂都有严格的使用要求。

（5）泵送剂

主要由普通（或高效）减水剂、缓凝剂、引气剂和保塑剂等复合而成。适用于工业与民用建筑及其他构筑物的泵送施工的混凝土、大体积混凝土、高层建筑和超高层建筑混凝土、滑模施工混凝土、水下灌注桩混凝土工程。

（6）速凝剂

一般在喷射混凝土工程中被广泛地采用，共分为粉状速凝剂和液体速凝剂两类。适用于喷射混凝土工程、需要速凝的堵漏工程、地下工程支护、灌注工程等。

（7）水泥基渗透结晶型防水剂

参见“2.2.3.2 渗透结晶型防水材料”。

（8）水泥品种和混凝土外加剂、掺合料的选用

混凝土外加剂具有减水、膨胀、引气、堵塞毛细孔隙等的功能。而掺合料（粉煤灰、粒化高炉矿渣、硅粉等）与水泥一起起胶凝作用，能增加混凝土的密实性、减少混凝土的毛细孔隙、降低早期水化热（早期不参与水化反应）、提高浇筑流动性及配制高强、薄壁、抗渗性能的混凝土。故胶凝材料是掺合料和水泥的合称。

1）水泥品种的选用：

硅酸盐水泥不含任何掺合料，普通硅酸盐水泥仅含5%～10%的掺合料，而矿渣硅酸

盐、粉煤灰硅酸盐、火山灰质硅酸盐水泥在生产时都掺有20%～50%的掺合料，这些掺合料的品种、质量、数量各不相同，使生产出的水泥性能差异很大。在防水工程中，主要采用硅酸盐水泥和普通硅酸盐水泥，再掺入掺合料进行配制。当采用其他三种水泥时，要经过试验确定其配合比，以确保防水混凝土质量。

2）混凝土掺合料选用：

① 粉煤灰可有效地改善混凝土的抗化学侵蚀性（如氯化物侵蚀、碱—骨料反应、硫酸盐侵蚀等），掺入粉煤灰后混凝土的强度发展较慢，故掺量不宜过多，以20%～30%为宜。粉煤灰对水胶比非常敏感，在低水胶比（0.40～0.45）时，粉煤灰才能充分发挥作用。用于防水工程时，粉煤灰的级别不应低于二级。

② 掺入硅粉可明显提高混凝土强度及抗化学腐蚀性，但随着硅粉掺量的增加其需水量随之增加，混凝土的收缩也明显加大，当掺量大于8%时强度会降低，因此，硅粉掺量不宜过高，以2%～5%为宜。

2.5 建筑密封、止水材料

建筑密封材料是指用于建筑物或构筑物接缝、门窗框周边接缝和玻璃镶嵌接缝等部位的密封，起到水密、气密和阻止粉尘通过的材料。

密封材料按形态的不同，分为不定型密封材料和定型密封、止水材料两类。

2.5.1 不定型建筑密封材料的有关规定、分类、级别及性能特点

2.5.1.1 不定型密封材料的分类

（1）按用途分类

1）G类——镶嵌玻璃接缝用玻璃密封材料；

2）F类——建筑接缝用密封材料。

（2）按原材料、固化机理及施工性分类

1）油性类密封材料，如防水油膏、油灰腻子等；

2）溶剂型建筑密封膏，如丁基、氯基、氯磺化橡胶建筑密封膏等；

3）热塑型或热熔型防水接缝材料，如聚氯乙烯建筑防水接缝材料；

4）水乳型建筑密封膏，如丙烯酸酯建筑密封膏；

5）化学反应型建筑密封膏，如硅酮、聚氨酯、聚硫密封膏等。

2.5.1.2 不定型密封材料的分级

根据密封材料在接缝中位移能力的大小进行分级，见表2-33。

不定型建筑密封胶（膏）的分级 **表2-33**

级别	试验拉压幅度(%)	位移能力(%)	级别	试验拉压幅度(%)	位移能力(%)
25	±25	25	12.5	±12.5	12.5
20	±20	20	7.5	±7.5	7.5

25级和20级适用于G类和F类，12.5级和7.5级适用于F类密封胶（膏）。

25级和20级密封材料按其拉伸模量划分次级别：1）低模量，记号为LM；2）高模

量，记号为HM。

如果拉伸模量测试超过下述一个或两个试验温度下的规定值，该密封材料应确定为高模量。规定模量值k为：在23℃时：0.4N/mm^2；在-20℃时：0.6N/mm^2。

12.5级密封材料按其弹性恢复率又分为：弹性体（E），其弹性恢复率≥40%；塑性体（P），其弹性恢复率<40%。

按结构接缝用密封材料（F）分级为：25级：25LM级、25HM级；20级：20LM级、20HM级；12.5级：12.5E级、12.5P级；7.5级：7.5P级。

2.5.1.3 性能特征

（1）具有优良的粘结性、施工性，能使被粘结物之间形成防水的连续体。

（2）具有良好的拉伸性能，能经受建筑物因温度、湿度、风力、地震等引起的接缝变形。

（3）具有可变温度下的粘结性、耐水性及浸水后的粘结性，在室外长期受日照、雨雪、寒暑等条件作用下，能保持长期的粘结性。

2.5.2 按用途分类的不定型建筑密封材料

按用途分类，与屋面、地下工程有关的密封材料有：《混凝土建筑接缝用密封胶》JC/T 881、《石材用建筑密封胶》JC/T 883、《彩色涂层钢板用建筑密封胶》JC/T 884。

2.5.2.1 混凝土建筑接缝用密封胶（JC/T 881—2001）

（1）适用范围

适用于混凝土建筑接缝密封防水。

（2）产品品种、分类和级别

1）按反应机理分类，有化学反应型（单组分和双组分）、水乳型、溶剂型密封胶（膏）等；

2）按施工性分类，有用于垂直接缝的N型密封胶（膏）、用于水平接缝的L型、自流平型密封胶（膏）等。

混凝土建筑接缝用密封胶级别见表2-34。

混凝土建筑接缝用密封胶级别 **表2-34**

级别	试验拉压幅度(%)	位移能力(%)	主要建筑密封胶(膏)品种
25LM 25HM	±25	25	建筑用硅酮结构密封胶，聚氨酯建筑密封胶，聚硫建筑密封胶
20LM 20HM	±20	20	
12.5E 12.5P	±12.5	12.5	丙烯酸酯建筑密封胶、丁基密封膏、聚氯乙烯建筑防水接缝材料、建筑防水沥青嵌缝油膏
7.5P	±7.5	7.5	

（3）物理性能

见表2-35。

混凝土建筑接缝用密封胶物理力学性能 表 2-35

项目			技术指标						
			25LM	25HM	20LM	20HM	12.5E	12.5P	7.5P
流动性	下垂度(N型)(mm)	垂直	≤3						
		水平	≤3						
	流平性(S型)		光滑平整						
弹性恢复率(%)			≥80		≥60		≥40	<40	<40
挤出性(mL/min)			≥80		≥60		≥80		
拉伸粘结性	拉伸模量(MPa)	23℃ -20℃	≤0.4 和≤0.6	>0.4 和>0.6	≤0.4 和≤0.6	>0.4 和>0.6	—		
	断裂伸长率(%)		—					≥100	≥20
定伸粘结性			无破坏					—	
浸水后定伸粘结性			无破坏					—	
拉伸-压缩后粘结性			—					无破坏	
热压、冷拉后粘结性			无破坏					—	
浸水后断裂伸长率(%)			—					≥100	≥20
质量损失率①(%)			≤10					—	
体积收缩率(%)			≤25②					≤25	

①乳胶型和溶剂型产品不测质量损失率；②仅适用于乳胶型和溶剂型产品。

2.5.2.2 石材用建筑密封胶（JC/T 883）

（1）适用范围

适用于天然石材接缝及承受荷载的结构接缝的密封。

（2）产品品种、分类和级别

1）按组分分为单组分和多组分；

2）按固化机理，以化学反应型为主；

3）按聚合物区分，有硅酮、聚氨酯、聚硫及其经改性后的密封胶；

4）按位移能力的大小分为 25、20、12.5 三个级别。

2.5.2.3 彩色涂层钢板用建筑密封胶《彩色钢板建筑密封胶》（JC/T 884）

（1）应用范围

适用于彩板屋面及彩板墙体接缝嵌填密封。其他金属板接缝密封可参照使用。

（2）产品品种、分类和级别

主要有硅酮建筑密封胶、聚氨酯建筑密封胶、聚硫建筑密封胶及硅酮改性建筑密封胶。以上产品均为化学反应型，其中有单组分，也有双组分，均为非下垂型。

用于彩色钢板密封胶按位移能力分为 25、20、12.5 三个级别与低模量（LM）和高模量（HM）两个级别。

2.5.3 按聚合物分类的建筑密封胶（膏）

建筑密封胶（膏）按聚合物分类的行业标准有《建筑防水沥青嵌缝油膏》JC/T 207、《聚氯乙烯建筑防水接缝材料》JC/T 798、《聚氨酯建筑密封胶》JC/T 482、《硅酮建筑密封胶》GB/T 14683、《丙烯酸酯建筑密封膏》JC/T 484、《聚硫建筑密封膏》JC 483 等。

2.5.3.1 不同类型密封胶（膏）的性能比较

不同类型密封胶（膏）性能比较见表 2-36。

不同固化机理密封胶（膏）性能比较　　表 2-36

项　　目	油性嵌缝膏	溶剂型密封膏	热塑型防水接缝胶	水乳型密封膏	化学反应型密封膏
密度(g/cm³)	1.50～1.69	1～1.4	1.35～1.4	1.3～1.4	1～1.5
价格	低	低—中	低	中	高
施工方式	冷施工	冷施工	热施工	冷施工	冷施工
储存寿命	中—优	中—优	优	中—优	中—差
弹性	低	低—中	中	中	优
耐久性	差—中	差—中	中	中—优	优
充填后体积收缩	大	大	中	大	小
长期使用温度(℃)	－20～40	－20～50	－10～80 －20	－10～80 －20	－30～100 －40
施工气候限制	中—优	中—优	中	差	差—中
位移能力(%)	±5	±7.5～±12.5	±7.5	±7.5～±12.5	±20,±25

2.5.3.2 建筑防水沥青嵌缝油膏（JC/T 207—1996）

以石油沥青为基料加入合成橡胶、再生胶粉等改性材料及助剂、油料、填料组成，经热熔共混后制成的冷施工嵌缝膏。

（1）特点

1）冷施工，施工简便。

2）以塑性为主，延伸性好，回弹性差。

3）具有优良的粘结性、防水性、低温柔性，耐久性较好。

（2）用途

适用于混凝土屋面、墙板接缝防水密封及混凝土构件的缝隙、孔洞的嵌填。

（3）使用要点

1）使用时不得用汽油、煤油等稀料稀释，也不得用沾有滑石粉的手套施工，以防降低油膏与基层的粘结性。

2）施工时遇到气温过低，膏体变稠，难以施工时，可采取间接加热方法，增加油膏的粘结性。

3）贮存及操作时，应远离明火，产品应在 5～25℃室温中贮放，贮存期为 6～12 个月。

2.5.3.3 聚氯乙烯建筑防水接缝材料（JC/T 798—1997）

以聚氯乙烯树脂为基料，加以适量的改性剂及添加料配制而成（简称 PVC 接缝材料），分 801 型（耐热 80℃、低温－10℃）和 802 型（耐热 80℃、低温－20℃）2 个型号，按施工工艺分为热塑型（J 型）和热熔型（G 型）2 种。

（1）特点

1）优良的弹性、粘结性和良好的耐候性。

2）对钢筋无锈蚀作用。

3）热熔或热塑施工，或制作定型嵌缝条，热熔法施工，可有效克服环境污染。

（2）用途

适用于建筑物与构筑物的建筑防水接缝密封。

（3）使用要点

1）施工时应使用专用施工设备，以减少环境污染。

2）可在工厂制作定型条状制品，用热熔法施工。

3）热塑型产品长时间贮存时，有沉淀现象，使用前应搅匀后使用。产品贮存期为一年，若超过一年需进行复验后方可使用。

4）产品运输及贮存时，应离开热源与火源，避免雨淋或阳光直晒。

2.5.3.4　氯磺化聚乙烯建筑密封膏

以耐候性优良的氯磺化聚乙烯橡胶为基料，加入适量的助剂和填充料，经混炼、研磨而制成的黏稠膏状体。

（1）特点

1）经过交联反应形成网状分子结构的橡胶状弹性密封膏，具有优良的弹性和较高的内聚力。

2）氯磺化聚乙烯橡胶是不含双键的饱和合成橡胶，以其为主基的密封膏，具有优良的耐臭氧、耐紫外线、耐湿热特性，使用寿命长。

3）由于氯含量高（29%～34%），从而具有难燃性能，属自熄性材料，而且氯原子的存在使分子结构具有很强的极性基团，因此除了对硅、氟橡胶以外的极性与非极性材料外，均具有良好的粘结性。

4）可配制成多种色彩密封膏。

（2）用途

适用于装配式外墙板、屋面、混凝土变形缝和窗、门框周围缝隙及玻璃安装工程。

（3）使用要点

1）基层应干燥，无尘土、杂物。

2）采用专用底涂进行基层处理，待干燥后嵌填密封膏。

3）表干时间为24～48h，实干为30～60d，表干后，方可刷表面涂料。

2.5.3.5　丙烯酸酯建筑密封膏（JC/T 484—1996）

以丙烯酸酯为胶粘剂，添加多种助剂及填充料、颜料等配制而成。

（1）特点

1）无污染、无毒、不燃，安全可靠、具有较低的黏度，易于施工。

2）经水分蒸发固化后的密封膏，具有优良的粘结性、弹性、低温柔性及良好的耐候性。

（2）用途

钢筋混凝土屋面板、楼板及墙板的接缝密封防水，门、窗框与墙体四周缝隙的嵌填。

（3）使用要点

1）丙烯酸酯建筑密封膏用于7.5%～12.5%位移幅度的接缝。

2）用于10mm以下宽度接缝时，宜用支装密封膏（330mL）；用于10mm以上宽度的接缝时，宜用桶装密封膏（5kg、10kg、25kg）。

3）施工适宜温度为15～30℃，不宜在冬期施工，以防成膜温度过低而影响其物理力学性能。

2.5.3.6　硅酮建筑密封胶（GB/T 14683—2003）

以聚硅氧烷为主要成分的建筑密封胶，目前我国以单组分普通酸性密封胶和中性密封胶产品为主。

（1）分类

1）按用途分为G类—镶装玻璃用和F类—建筑接缝用。

2）按固化机理分为A型—酸性和N型—中性两类。

3）按位移和拉伸模量分为25HM（高模量）、25LM（低模量）、20HM（高模量）、20LM（低模量）。位移能力分别达到25%和20%。

（2）特点

1）优良的耐候性及物理力学性能，施工方便，贮存稳定性好。

2）化学结构与玻璃、陶瓷相似，与其有极佳的粘结性能。用于其他基层时需有专用底涂料。

3）固化后的密封胶，具有宽广的使用温度范围，在－50～150℃范围内保持弹性。

（3）用途

1）中性硅酮建筑密封胶主要用于建筑接缝。

2）高模量型主要用于建筑物的结构型密封部位，背水面建筑接缝等。

3）低模量型主要用于建筑物非结构型密封部位，迎水面建筑接缝等，根据使用部位与要求，选用不同型号与固化机理的密封胶。

（4）使用要点

1）金属及混凝土、硅酸钙等基层，应避免使用酸型硅酮建筑密封胶。

2）对不同基层应采用与产品配套的打底料。

3）贮存温度应控制在35℃以下。运输时避免太阳直晒，宜放在阴凉处。

2.5.3.7　聚氨酯建筑密封胶（JC/T 482—1996）

以氨基甲酸酯为主要成分，添加各种助剂和填充料配制而成。

（1）分类

1）按固化机理分为两类：湿气固化的单组分型和由预聚体主剂和多元醇固化剂反应的双组分型。

2）按施工性分为非下垂型（N）和自流平型（L）两个类型。

3）按模量和位移分为25LM（低模量）、20LM（低模量）和20HM（高模量）3个类型，位移能力分别达到25%和20%。

（2）特点

1）具有良好的弹性、粘结性、拉伸性及耐候性。

2）使用时的固化环境对聚氨酯建筑密封膏的质量至关重要，湿气过大或遇水，会使密封膏固化时产生气泡而影响质量。

（3）用途

适用于各种装配式建筑的屋面板、楼板、墙板、阳台、门窗框、卫生间等部位的防水密封，给排水管道、贮水池、游泳池、引水渠以及公路、桥梁、机场跑道的嵌缝密封。

(4) 使用要点

1) 双组分聚氨酯建筑密封膏的使用期受环境温度影响较大，气温高，施工期短，因此，施工时，两组分产品拌合量应控制好，气温高时，一次拌合量宜少不宜多。

2) 施工时应避开高温及潮湿环境。

2.5.3.8 聚硫建筑密封膏（JC/T 483—1996）

以液态聚硫橡胶为基料在常温下形成的弹性体。我国聚硫建筑密封膏以双组分为主。

(1) 分类

1) 按伸长率和模量分为A类和B类；A类是指高模量低伸长率的聚硫密封膏、B类是指高伸长率低模量的聚硫密封膏；

2) 按流变性可分为非下垂型（N型）和自流平型（L型）。

3) 按试验温度及拉伸压缩百分率分为9030、8020、7010三个级别。

(2) 特点

1) 具有优良的耐候性、耐水、耐燃性、耐湿热和耐低温性能，使用温度范围为−40～90℃；

2) 对金属材料及各种建筑材料有良好的粘结性，对不同基材需用专用基层处理剂；

3) 无毒、无溶剂污染，使用安全，可靠。

(3) 用途

适用于预制混凝土、金属屋面及幕墙、中空玻璃中间层、游泳池、贮水槽、道路及其他构筑物与建筑物的接缝密封防水。

(4) 使用要点

1) A、B（固化剂）组分以10∶(1～2)（质量比）的比例搅拌均匀，人工搅拌时间不少于8min，机械搅拌时间不少于5min，随用随拌。

2) 表干时间约为2h，7d后强度达到70％，10d后才能试水。

2.5.4 定型密封、止水材料

定型密封材料从形状分类有密封（止水）条、密封（止水）带、密封圈、密封垫及各种异形定型密封材料；从材质分类有塑料、橡胶、遇水膨胀橡胶及橡胶复合类定型密封材料。定型密封材料具良好的硬度、韧性，不致因构件的变形、振动而发生脆裂和脱落的特点，并且具有防水、密封、耐热和耐低温性能；具有压缩变形和回弹性；由工厂批量生产、尺寸精确、外形规整。

2.5.4.1 止水带

止水带又称封缝带，是用于建筑物或构筑物，尤其是用于地下工程各类接缝（如伸缩缝、变形缝、施工缝、诱导缝、拼接缝等）的制品型定型止水材料。按材质不同分为塑料止水带、橡胶止水带和带有钢边的橡胶止水带等。

塑料、橡胶止水带表面不允许有开裂、缺胶、海绵状等影响使用的缺陷，中心孔偏心不允许超过管状断面厚度的1/3；止水带表面允许有深度不大于2mm、面积不大于16mm^{2}的凹坑、气泡、杂质、明疤等缺陷，但不超过4处。

(1) 塑料止水带

是以聚氯乙烯树脂为基料，加入各种助剂等原料，经塑炼、造粒、挤出等工艺加工而成。

1）特点

具有良好的物理力学性能，耐久性好，优良的防腐、防霉性能；材料来源丰富，价格低廉，产品规格齐全。

2）用途

工业和民用建筑的地下防水工程，隧道、涵洞工程及坝体、泄洪道、河渠等水工构筑物的变形缝防水。

3）物理力学性能

见表 2-37。

塑料止水带物理力学性能 **表 2-37**

<table>
<tr><th colspan="3">项　目</th><th>物理力学性能指标</th></tr>
<tr><td colspan="3">抗拉强度(MPa)</td><td>≥12</td></tr>
<tr><td colspan="3">100%拉伸定伸强度(MPa)</td><td>≥45</td></tr>
<tr><td colspan="3">相对伸长率(%)</td><td>≥300</td></tr>
<tr><td colspan="3">硬度(邵氏)(度)</td><td>60～75</td></tr>
<tr><td rowspan="6">耐久性</td><td rowspan="2">热老化 70℃,360h</td><td>抗拉强度</td><td>老化系数 0.95 以上</td></tr>
<tr><td>相对伸长率</td><td>老化系数 0.95 以上</td></tr>
<tr><td rowspan="2">1%碱溶液(KOH、NaOH)</td><td>拉伸强度</td><td>老化系数 0.95 以上</td></tr>
<tr><td>相对伸长率</td><td>老化系数 0.95 以上</td></tr>
<tr><td rowspan="2">1%碱溶液(60～65℃,30d)</td><td>拉伸强度</td><td>老化系数 0.95 以上</td></tr>
<tr><td>相对伸长率</td><td>老化系数 0.95 以上</td></tr>
</table>

4）使用要点：塑料止水带应尽量采用专用 T 形、十字连接件、直角连接件并由专用模具热接，既有助于混凝土的咬合，又可使混凝土保护层不受影响。

（2）橡胶止水带

是以天然橡胶或合成橡胶为主要原料，添加多种助剂及填充料，经混炼、塑炼、压延、硫化、成型等工序加工成定型密封条，也可根据工程所需的异形尺寸，定型制作。

橡胶止水带按其用途分为三类：适用于变形缝用止水带，用 B 表示；适用于施工缝用止水带，用 S 表示；适用于有特殊耐老化要求的接缝用止水带，用 J 表示。

1）特点

橡胶止水带具有弹性好，强度大，延伸性、耐低温性、耐候性、耐水性好等特点，该产品以优质橡胶为原料，具有高弹性和压缩性，能在各种荷载下，产生压缩变形，与混凝土构件连成一体，起到防水密封作用。

2）用途

用于建筑工程的地下构筑物、小型水坝、贮水池、游泳池、屋面及其他建筑物的变形缝。

3）物理力学性能

见表 2-38。

橡胶止水带物理性能　表 2-38

项目				指标[1]		
				B	S	J
硬度(邵尔 A)度				60±5	60±5	60±5
拉伸强度(MPa)			≥	15	12	10
扯断伸长率(%)			≥	380	380	300
压缩永久变形	(70℃,24h)(%)		≤	35	35	35
	(23℃,168h)(%)		≤	20	20	20
撕裂强度[2],(kN/m)			≥	30	25	25
脆性温度(℃)			≤	−45	−40	−40
热空气老化[3]	70℃,168h	硬度变化(邵尔 A)度	≤	+8	+8	—
		拉伸强度(MPa)	≥	12	10	
		扯断伸长率(%)	≥	300	300	
	100℃,168h	硬度变化(邵尔 A)度	≤	—	—	+8
		拉伸强度(MPa)	≥			9
		扯断伸长率(%)	≥			250
臭氧老化(50pphm,20%,48h)				2级	2级	0级
橡胶与金属粘合				断面在弹性体内		

注：1. 橡胶与金属粘合项仅适用于带有钢边的止水带。
2. 若有其他特殊需要时，可由供需双方协议适当增加检验项目，如根据用后需求可酌情考核霉菌试验，其防霉性能应等于或高于2级。
3. 1〕德国标准不分类；2〕此项指标高于德国标准；3〕J类产品试验温度高于德国标准。

4）使用要点：

① 对于地下防水工程变形缝，中埋式、外埋式止水带宽度应控 280 ～500mm，其中以 320～350mm 居多。视水压大小调整宽窄。

② 变形缝中止水带类别、材质等应视工程情况而定，如水压大、变形大的可选用钢边橡胶止水带；地下水有腐蚀介质的选用氯丁橡胶、三元乙丙橡胶止水带。

2.5.4.2　遇水膨胀橡胶、腻子（胶）

遇水膨胀橡胶是用水溶性聚氨酯预聚体、丙烯酸钠高分子吸水性树脂等吸水性材料与天然橡胶、氯丁橡胶等合成橡胶制成。可制成条、圈等定型规格产品，也可以根据不同工程要求定制所要求的模式与规格。

（1）分类

1）按工艺不同分为制品型（PZ）和腻子型（PN）两类。

2）按其在静态蒸馏水的体积膨胀倍率（%）可分为：制品型：150%～250%、250%～400%、400%～600 %、≥600% 四类。腻子型：≥15%、≥220%、≥300%三类。

（2）特点

1）遇水膨胀橡胶遇水后，体积可胀大 2～3 倍，能充满密封基面的不规则表面空穴和间隙，同时产生阻挡压力，阻止水分渗漏，并且具有长期使用性能。

2）具有优良的可塑性和弹性、耐久性和耐腐蚀性、优良的物理力学性能，足以长期承受阻挡外来水与化学物质的渗透。

（3）用途

遇水膨胀橡胶广泛应用于钢筋混凝土建筑防水工程的变形缝、施工缝、穿墙管线的防水密封，盾构法钢筋混凝土管片的接缝防水密封垫，顶管工程的接口材料，明挖法箱涵、地下管线的线口密封，水利、水电、土建工程防水密封等。

（4）物理性能

1）遇水膨胀橡胶密封垫物理性能、尺寸允许公差应符合 GB 50208 的规定；

2）腻子型膨胀橡胶物理性能应符合 GB/T 18173.3 的规定。

（5）使用要点

1）由于遇水膨胀橡胶（或腻子）止水条施工前遇到水会提前膨胀，失去密封性能。因此施工时要采用缓膨胀型的遇水膨胀止水条（胶），或采用涂有足够厚度缓膨胀剂涂层（薄膜）的遇水膨胀止水条（胶），7d 的净膨胀率不宜大于最终膨胀率的 60%，最终膨胀率宜大于 220%，可采用合成纤维或金属纤维网夹在或覆合在遇水止水条上，以控制膨胀方向，限制膨胀速率；或采用其他非膨胀合成橡胶与遇水膨胀橡胶或腻子复合，以其特殊的构造形式控制膨胀。

2）盾构法隧道衬砌接缝用遇水橡胶作为密封垫时，应采用低、中膨胀率的遇水膨胀橡胶；对于有酸性、碱性的地层，应参照遇水膨胀橡胶在不同介质下的膨胀率，再加以选用；采用普通合成橡胶与高膨胀率橡胶的复合橡胶制品。

2.6 瓦

瓦用于屋面，除了起防水作用外，还起排水作用，且“排水”是瓦的主要功能。

2.6.1 平　瓦

平瓦主要是指传统的机制黏土平瓦和混凝土平瓦。

（1）机制黏土瓦（烧结瓦）（《烧结瓦》JC 709—1998）

尺寸允许偏差见表 2-39。

烧结瓦尺寸允许偏差（mm）　　**表 2-39**

外形尺寸范围	优等品	一等品	合格品
$L(b)\geqslant350$	±5	±6	±8
$250\leqslant L(b)<350$	±4	±5	±7
$200\leqslant L(b)<250$	±3	±4	±5
$L(b)<200$	±2	±3	±4

（2）混凝土瓦（JC 746—1999）

混凝土瓦是由混凝土制成的屋面瓦和配件瓦的统称，亦称水泥瓦。它是以水泥、砂子为基料，加入金属氧化物、化学增强剂并涂饰透明层涂料制成的瓦材。可用于普通民用住宅、公用建筑、高档公寓、别墅和庭院建筑。

1）特点：

混凝土瓦采用半干挤压成型和湿压工艺制成。具有防水、抗风、隔热、抗冻融、耐火、抗生物作用、耐久等特点。

2）规格：

混凝土瓦一般的规格为420mm×330mm，单块瓦质量为4.3～4.8kg。

3）品种：按瓦型分类，常见的品种有双罗马、威尼斯、大波瓦三种。

2.6.2 油毡瓦（JC/T 503—1996）

油毡瓦是以玻璃纤维毡为主要胎基材料，经浸渍和涂盖优质氧化沥青后，上表面粘结彩色矿物粒料或片料，下表面覆细砂隔离材料和自粘结点并覆防粘膜，经切割制成瓦状屋面防（排）水材料。用于民用住宅、公用设施、别墅等建筑物的坡屋面，具有防水和装饰的双重功能。

油毡瓦的长为1000mm，宽为333mm，厚度不小于2.8mm，形状见图2-4。

为达到美观效果，油毡瓦还可做成圆角形、蜂巢形、鱼鳞形、梯字形等多种形状，见图2-5，但是长、宽尺寸除异形部位特殊需要外，都应符合如图2-4中所示的要求。

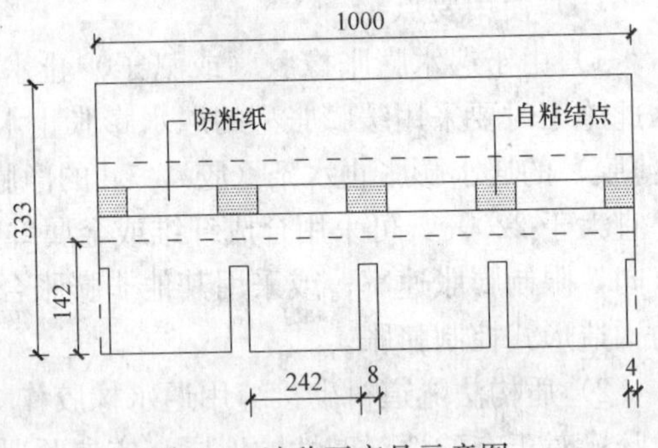

图2-4　油毡瓦产品示意图

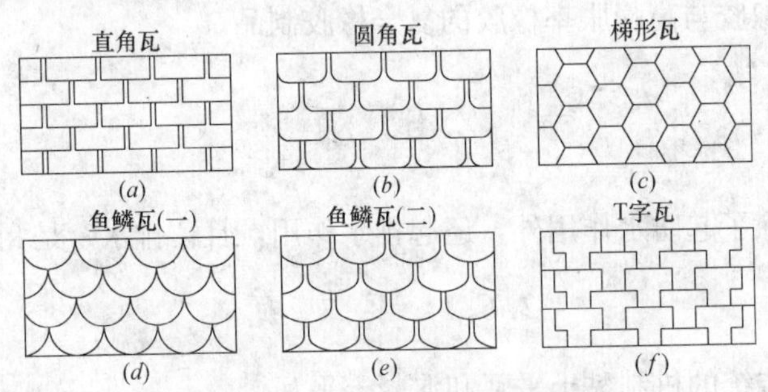

图2-5　几种常见油毡瓦的形状

(*a*) 直角瓦；(*b*) 圆角瓦；(*c*) 梯形瓦；(*d*) 鱼鳞瓦（一）；(*e*) 鱼鳞瓦（二）；(*f*) T字瓦

2.6.3 金属瓦

金属瓦是以金属板为基材，经过滚压或冲压成型后，在表面喷涂彩色漆或粘结彩色矿物颗粒制成的屋面瓦。适用于各类工业、民用建筑，特别适合轻型结构房屋和平屋顶改建坡屋顶结构。

2.7 渗、排水材料

地下工程除了使用防水材料对结构主体进行防水外，低地下水位地区，还常使用渗、排水材料尽快地将地表水、雨水降低至底板高程以下，以使地下工程外设防水层免遭地下水的长期侵蚀，提高防水层及主体结构的使用寿命。

2.7.1 高分子渗、排水材料

(1) 土工布（织物）

土工布（织物）渗排水（过滤）材料有聚酯无纺布、丙纶纤维或涤纶纤维织物布等。这些土工布的抗化学腐蚀能力强，能抵抗混凝土、水泥砂浆、岩石渗漏水中 $Ca(OH)_2$、碳酸盐、硫酸盐、氢离子的侵蚀，并且具有一定的力学强度及弹性。工程上常用来作土工膜防水层的缓冲层，保护土工膜不被刺破、硌穿，也常作为过滤层材料来使用。

（2）夹层塑料排水板（凸缘式塑料排水板）

夹层塑料排水板（凸缘式塑料排水板）采用抗高压、高冲击力的聚苯乙烯板制成。其表面均匀分布有圆形小凸缘，凸缘间的空隙形成多方向的排水通道。外形构造示意如图 2-6 所示。另外，还有呈蜂窝式排列的六角形蓄排水槽及其他网状蓄排水板等。

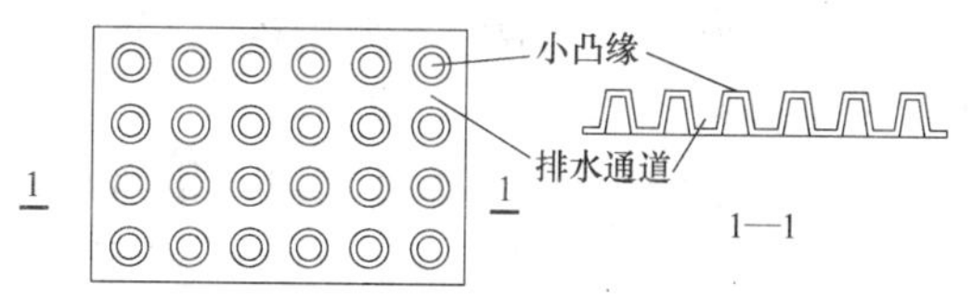

图 2-6 凸缘式塑料排水板构造示意

2.7.2 无机渗、排水材料

（1）天然渗排水（滤水）材料

主要有卵石、碎石、碎石状废混凝土、细石、砂子等。

（2）制品型排水管材

主要有无砂混凝土管、打孔混凝土管、打孔硬塑料管等。

（3）干砌成型排水沟

主要有干垒砖沟、干摆空心砌块等。

2.8 堵漏、注浆材料

堵漏、注浆材料用于对渗漏工程的修缮。

2.8.1 堵漏材料

堵漏材料分为无机和有机两类，但以无机材料为多，有的无机堵漏材料配以有机材料复合使用，在经济实用的前提下，能起到良好的堵漏效果。

（1）无机堵漏材料

一般由硅酸盐水泥（或特种水泥）、速凝剂及其他助剂构成，按组分可分为双组分和单组分，按作业面积大小和操作方法的不同可分为涂抹和嵌填两种产品，有的产品涂抹和嵌填合二为一。主要产品有水泥基渗透结晶型堵漏剂、水泥基结晶型堵漏剂等。天然钠基膨润土采取一定措施亦可作为堵漏材料使用。

（2）有机堵漏材料

一般是指高分子浆材，遇水后发生聚合反应，形成有弹性、不溶于水的固体，有的还具有微膨胀特性。主要材料有水溶性聚氨酯堵漏剂、丙烯酰胺堵漏剂、丙烯酸类堵漏剂、环氧树脂堵漏剂等。

2.8.2 注浆材料

注浆材料一般用于地下工程、水利工程和长期接触水工程，一般由主剂（原材料）、溶剂（水或其他有机溶剂）及外加剂混合而成。通常所说的注浆材料是指的浆液中的主剂。固化是注浆材料的必要特征。

（1）注浆材料分类

注浆材料按材质不同可分为无机系注浆材料（粉、粒状材料）和有机系注浆材料（化学浆料）两大类。一般将水泥中掺入有机、无机外加剂（附加剂、添加剂）的材料称为无机注浆材料。

1）无机注浆材料：单液水泥、超细水泥、水泥黏土、水泥水玻璃、水玻璃类（水玻璃-氯化钙、水玻璃-铝酸钠、水玻璃-硅氟酸、水玻璃-乙二醛）浆液等。

2）有机注浆材料：丙烯酰胺类、丙烯酸类、木质素类、聚氨酯类浆液及其他有机类注浆材料（脲醛树脂类、环氧树脂类、聚酯树脂类浆液）等。

（2）注浆材料的选择

注浆材料应根据工程地质、水文地质条件、注浆目的、注浆工艺、设备和成本等因素选用。

1）预注浆和衬砌前围岩注浆，宜采用水泥浆液、水泥-水玻璃浆液、超细水泥浆液、超细水泥-水玻璃浆液等，必要时可采用有机系浆液。

2）衬砌后围岩注浆，宜采用水泥浆液、超细水泥浆液、自流平水泥浆液等。

3）回填注浆宜选用水泥浆液、水泥砂浆或掺有膨润土的水泥浆液。

4）衬砌内注浆宜选用超细水泥浆液、自流平水泥浆液、有机系浆液。

（3）注浆材料的质量要求

水泥类注浆材料宜选用强度等级不低于32.5MPa的普通硅酸盐水泥，其他浆液材料应符合有关规定。使用前应熟悉浆液的性能指标和基本特征，浆液的配合比、凝胶时间、组成、配方等必须经现场试验后确定。

3 防水规范、设防要求

防水施工员除了应具有非常精通的施工知识外，还应熟知国家和地方颁布的防水规范和设计人员对防水的设防要求，才能得心应手地开展工作。防水规范和设防要求一般按建筑物的部位来划分。

3.1 屋面工程防水规范、设防要求

3.1.1 屋面工程防水等级、设防原则和设防要求

（1）屋面工程防水等级

按《屋面工程质量验收规范》的规定，划分为四个防水等级。

1）特别重要或对防水有特殊要求的建筑物，防水等级为Ⅰ级。

2）重要的建筑和高层建筑，防水等级为Ⅱ级。

3）一般建筑，如房屋、校舍、厂房、候车棚、库房等划分为Ⅲ级。

4）临时性建筑划分为Ⅳ级。

（2）设防原则

应遵循“细部构造重点设防、防排结合”的设防原则。

（3）设防要求

防水等级和设防要求见表3-1。

屋面工程防水等级和设防要求　　表3-1

项　目	屋面防水等级			
	Ⅰ级	Ⅱ级	Ⅲ级	Ⅳ级
建筑物类别	特别重要或对防水有特殊要求的建筑	重要的建筑和高层建筑	一般的建筑	临时建筑
防水层合理使用年限	25年	15年	10年	5年
设防要求	三道或三道以上防水设防	二道防水设防	一道防水设防	一道防水设防
防水层选用材料	宜选用合成高分子防水卷材、高聚物改性沥青防水卷材、金属板材、合成高分子防水涂料、细石防水混凝土等材料	宜选用高聚物改性沥青防水卷材、合成高分子防水卷材、金属板材、合成高分子防水涂料、高聚物改性沥青防水涂料、细石防水混凝土、平瓦、油毡瓦等材料	宜选用高聚物改性沥青防水卷材、合成高分子防水卷材、三毡四油沥青防水卷材、金属板材、高聚物改性沥青防水涂料、合成高分子防水涂料、细石防水混凝土、平瓦、油毡瓦等材料	可选用二毡三油沥青防水卷材、高聚物改性沥青防水涂料等材料

注：1. 本规范中采用的沥青均指石油沥青，不包括煤沥青和煤焦油等材料；
2. 石油沥青纸胎油毡和沥青复合胎柔性防水卷材，系限制使用材料，其中石油沥青纸胎油毡不得用于防水等级为Ⅰ、Ⅱ级的建筑屋面及各类地下防水工程；沥青复合胎柔性防水卷材不得用于防水等级为Ⅰ、Ⅱ级的建筑屋面及各类地下防水工程，在防水等级为Ⅲ级的屋面使用时，必须采用三层叠加（三毡四油）构成一道防水层；
3. 在Ⅰ、Ⅱ级屋面防水设防中，如仅做一道金属板材时，应符合有关技术规定。

3.1.2 防水材料的选择

选择防水材料有两个原则：一个是根据基层的特性、环境因素、水文地质状况等因素来选择防水材料，另一个是根据建筑物的防水等级选择相应档次的防水材料。

（1）Ⅰ级建筑应选择高档防水材料

如橡胶型合成高分子防水卷材，聚酯胎（长丝）改性沥青防水卷材，有机、无机防水涂料，金属材料，刚性材料（细石混凝土）等。可作三道或三道以上防水层。选择金属材料时，一道即可，但应符合相关技术要求。

（2）Ⅱ、Ⅲ级建筑可选择中档防水材料

如氯丁橡胶，氯磺化聚乙烯，氯化聚乙烯片材，玻纤胎改性沥青防水卷材，有机、无机防水涂料，金属板材，细石混凝土防水材料，或瓦形排水材料等。可作二道或一道防水层。

（3）Ⅳ级建筑可选择低档材料

如改性沥青防水卷材（涂料）、二毡三油防水层等。

3.1.3 设置保温层、隔汽层、排汽屋面

（1）设置保温层

北方地区冬季室内取暖，为使热量不从屋顶向外散发，节约能源，阻止室外冷空气向室内传递，需在屋顶设置保温层。

保温材料按形态不同可分为松散材料、板状材料（包括板状制品材料和整体现浇、喷雾发泡材料）两大类。

1）常用松散保温材料：

主要有沥青（水泥）膨胀蛭石、沥青（水泥）膨胀珍珠岩等。

2）常用板状保温材料：

分为板状制品型和整体现浇或现喷板材两类。

① 板状制品保温材料：有制品型膨胀蛭石（珍珠岩）、闭孔泡沫玻璃、聚苯乙烯泡沫塑料板等，聚苯板有挤出和模压两种产品，其中以挤出成型的保温性能最好。

② 整体现浇（喷）板状保温材料：有沥青膨胀蛭石、沥青膨胀珍珠岩、微孔混凝土等；现场喷涂硬质聚氨酯泡沫塑料板等。常用板状保温材料的质量要求见表3-2。

常用板状保温材料质量要求 表3-2

项目	聚苯乙烯泡沫塑料类		硬质聚氨酯泡沫塑料	泡沫玻璃	微孔混凝土类	膨胀珍珠岩（蛭石）制品
	挤压	模压				
表观密度(kg/m³)	≥32	15～30	≥30	≥150	500～700	300～800
导热系数[W/(m·K)]	≤0.03	≤0.041	≤0.027	≤0.062	≤0.22	≤0.26
抗压强度(MPa)	>0.1	>0.1	>0.2	≥0.4	≥0.4	≥0.3
在10%变形下的压缩应力(MPa)	≥0.15	≥0.06	≥0.15	—	—	—
尺寸变化率(70℃,48h后)(%)	≤2.0	≤5.0	≤5.0	≤0.5	—	—
吸水率(V/V,%)	≤1.5	≤6	≤3	≤0.5	—	—
外观质量	板的外形基本平整，无严重凹凸不平；厚度允许偏差为5%，且不大于4mm					

3）保温屋面的分类：

分为正置式屋面和倒置式屋面两种类型。正置式屋面的防水层在上，保温层在下，如图 3-1 所示；倒置式屋面的保温层在上，防水层在下，如图 3-2 所示。

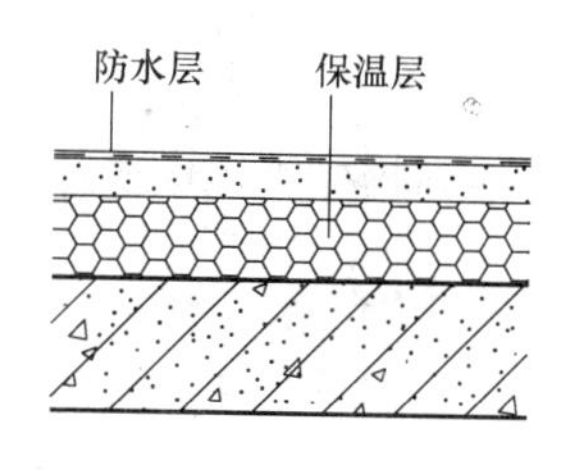

图 3-1 正置式屋面

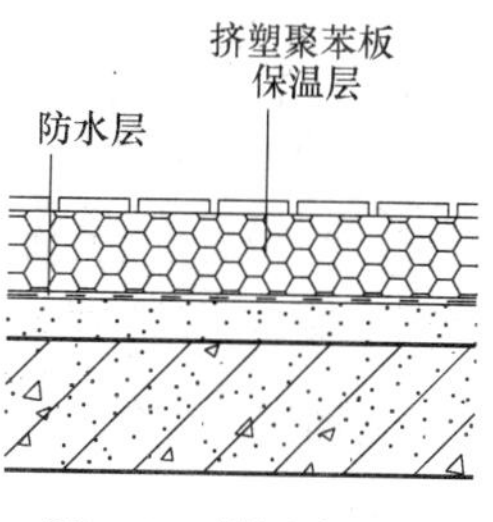

图 3-2 倒置式屋面

（2）设置隔汽层

在正置式屋面的基层与保温层之间设置隔汽层，是阻止保温层吸收室内潮气的有效方法。像公共浴室、桑拿房、室内游泳池、大型饭店厨房的保温屋面应设置隔汽层。

隔汽层可采用气密性好的单层卷材、塑料薄膜或防水涂料。采用卷材、塑料薄膜时应空铺，卷材搭接宽度不得小于 70mm，塑料薄膜搭接宽度不得小于 100mm；采用沥青基防水涂料时，其耐热度应比室内或室外的最高温度高出 20～25℃。

当用带有棱角的材料作保温层时，保温层与防水层之间应设置隔离层，一般可选择低档卷材或水泥砂浆作隔离层。

设置隔汽层时，在屋面与凸出屋面的连接处，隔汽层应沿立面向上连续铺设，高出防水层上表面不得小于 150mm，如图 3-3、图 3-4 所示。对于整体现浇屋面板或板缝密封良好的装配式屋面板，当水汽不易通过时，一般可不设隔汽层。

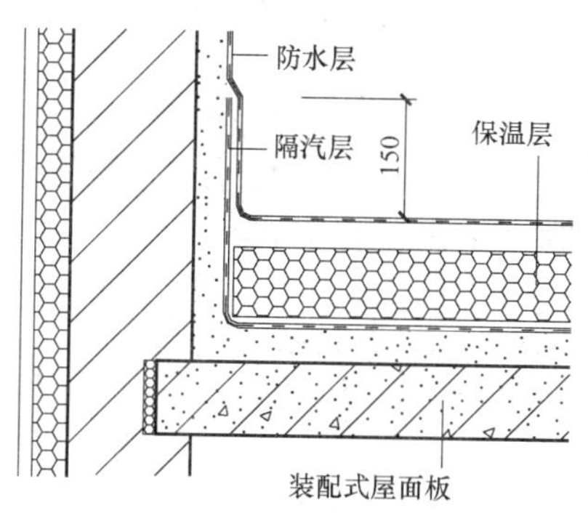

图 3-3 女儿墙部位隔汽层设置方法

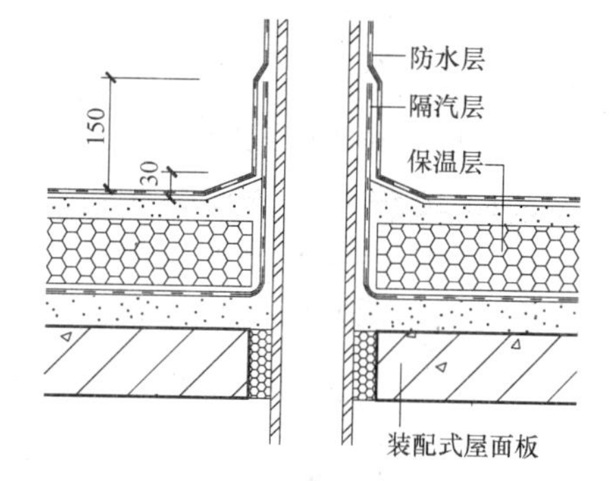

图 3-4 伸出屋面的管道隔汽层设置方法

（3）设置排汽屋面

正置式屋面的保温层应保持干燥，以提高保温性能。为使室内潮气排向室外，可设置排汽屋面。方法是将找平层留设的分格缝兼作排汽道，排汽道的宽约为 40mm（图 3-5），排汽道纵横缝的最大间距：水泥砂浆或细石混凝土找平层不宜大于 6m。在排汽道的纵横交叉处，设置排汽管（图 3-6）。

排汽管的常见设置方法有向上排汽法和向下排汽（水）法两种。

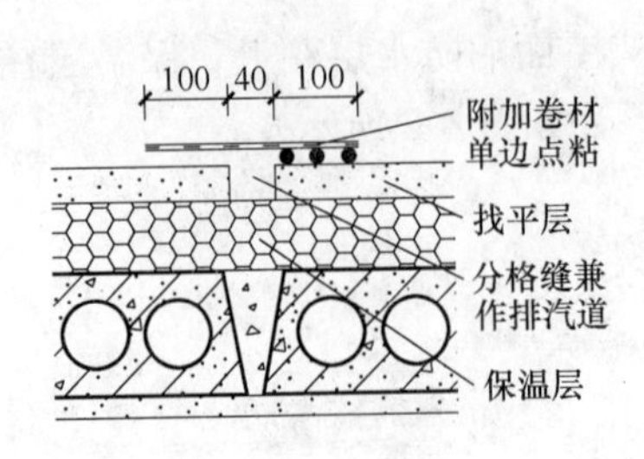

图 3-5　排汽道做法

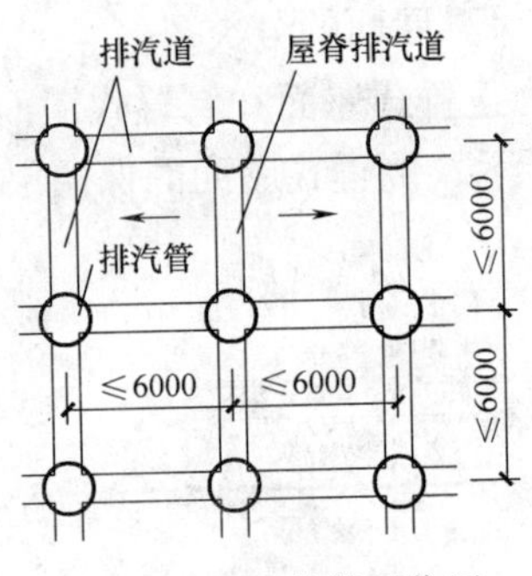

图 3-6　排汽管设置位置

1）向上排汽法：

排汽管子从保温层底部向上穿过保温层、找平层和防水层，伸向大气。一般有以下两种做法：

① 圆形排汽管。如图 3-7、图 3-8 所示。

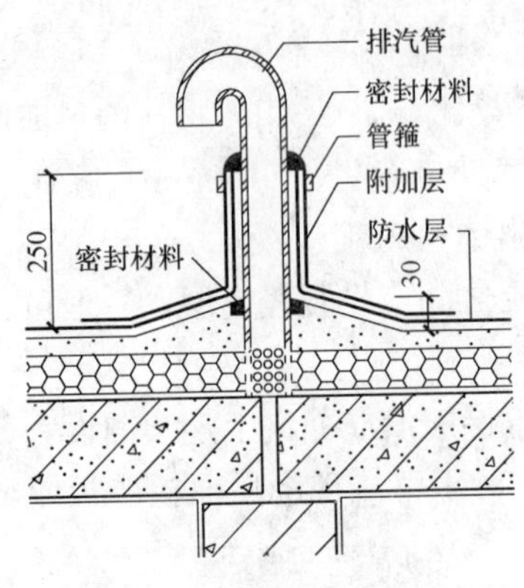

图 3-7　圆形排汽管做法（一）

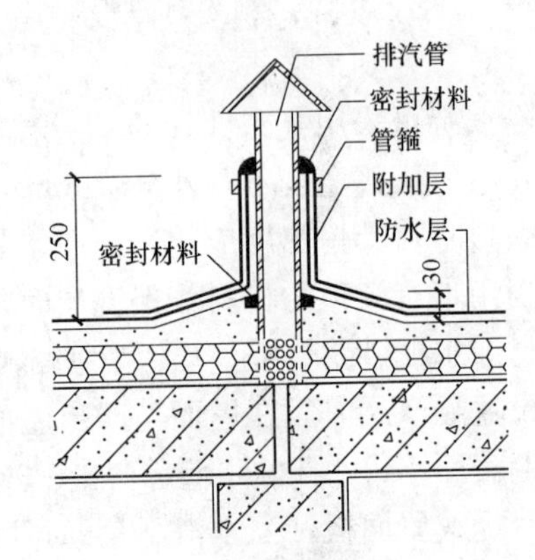

图 3-8　圆形排汽管做法（二）

② 圆锥形排汽管。如图 3-9 所示。这种排汽管排汽效果良好，防水层原有的鼓泡现象均消失，排汽管的设置也很稳固，不会倾斜和倒伏。

2）向下排汽（水）法：

如图 3-10、图 3-11 所示。如需在人员经常活动的场所使用向下排汽管，应对排汽管进行改造，使下端上翘（图 3-12），这样就不会落下水珠，只排走潮汽。

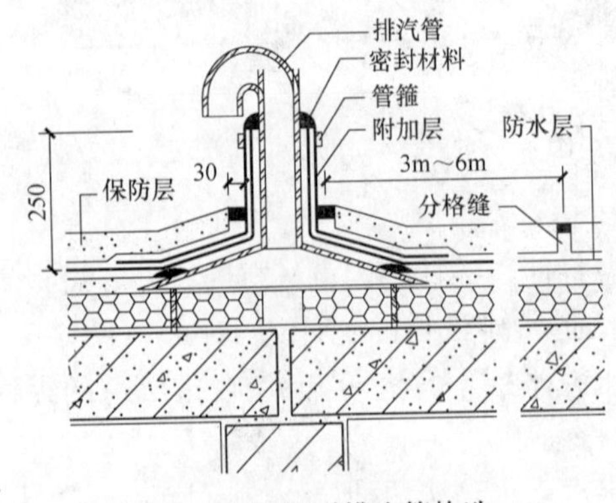

图 3-9　圆锥形排汽管构造

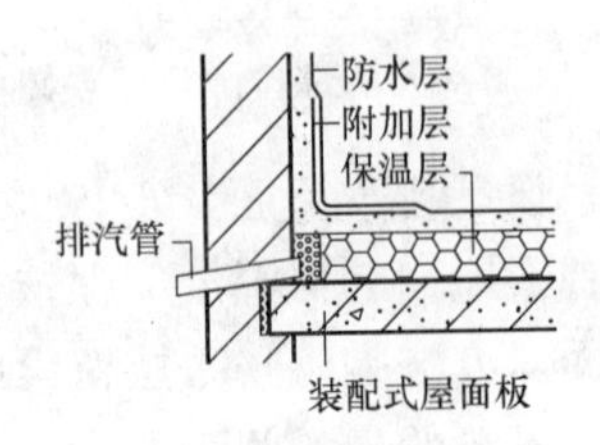

图 3-10　排汽管伸向室外（一）

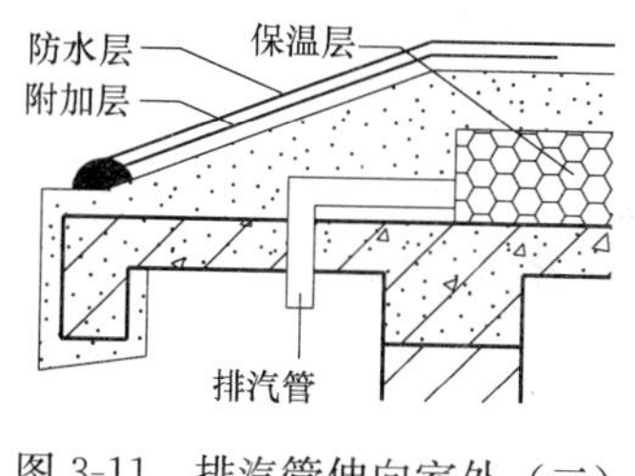

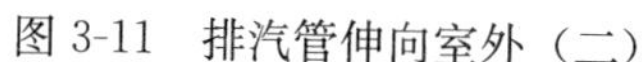
图 3-11　排汽管伸向室外（二）

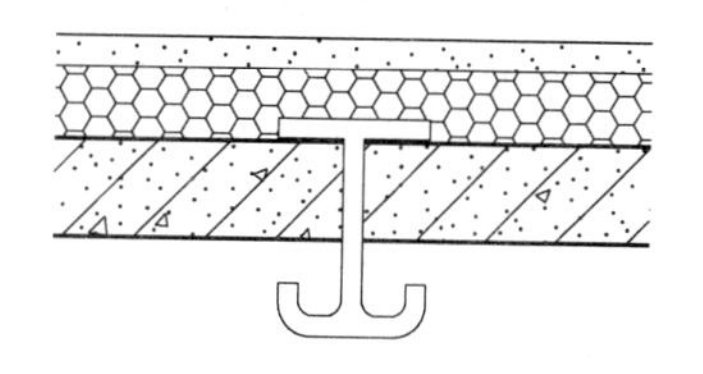
图 3-12　室内排汽管下端上翘

3.1.4　找平层的质量要求

屋面技术和验收规范将找平层分为水泥砂浆、细石混凝土、整体现浇混凝土随浇随抹和沥青砂浆四种。

（1）找平层的厚度和技术要求

见表 3-3。

找平层的厚度和技术要求　　表 3-3

找平层类别	基层种类	厚度(mm)	技术要求
水泥砂浆找平层	整体现浇混凝土	15～20	1∶3～1∶2.5(水泥∶砂)体积比,宜掺抗裂纤维。水泥强度等级不低于32.5级
	整体或板状材料保温层	20～25	
	装配式混凝土板,松散材料保温层	20～30	
细石混凝土找平层	板状、松散材料保温层	30～35	混凝土强度等级不低于 C20
混凝土随浇随抹	整体现浇混凝土	—	原浆表面抹平、压光
沥青砂浆找平层	整体现浇混凝土	15～20	1∶8(沥青∶砂)质量比
	装配式混凝土板,整体或板状材料保温层	20～25	

（2）找平层的排水坡度、找坡方法和技术要求

1）排水坡度、找坡方法：

① 在结构允许的条件下，坡度应尽量大些，以有利于排水。大坡度屋面，应采用结构找坡。

② 单坡跨度大于 9m 的屋面宜作结构找坡，坡度不应小于 3%，以便于找坡准确。

③ 采用材料找坡时，可用轻质材料或保温层找坡，坡度宜为 2%，以利于减轻屋面荷载。

④ 天沟、檐沟纵向找坡不应小于 1%，为保证在下暴雨时能及时将雨水排走，沟底的水落差不得超过 200mm，亦即水落口离沟底分水线的距离不得超过 20m；天沟、檐沟排水不得流经变形缝和防火墙。

2）设置分格缝：

找平层易产生干缩裂缝，防水层易被拉裂，故应将其分割为若干板块，使每个板块不裂，防水层也因此不裂不渗。板块之间的凹槽称分格缝。

找平层在屋面板端缝处应设置分格缝，并以此将找平层分割，纵横缝间距不宜大于 6m，缝宽宜为 5～20mm，缝内应嵌填密封材料。分格缝兼作排汽道时，可加宽至 40mm，以利于排汽。

3）找平层的平整度：

平整度的允许偏差为5mm。

（3）找平层兼作刚性防水层

灰砂质量比为1∶2.5～1∶1.5，抗渗强度达到规定值时，可兼作防水层。

3.1.5　卷材防水层

Ⅰ级或Ⅱ级屋面采用多道设防时，可采用卷材与卷材复合，卷材与涂料、金属、细石混凝土、瓦形材料等复合使用。

（1）材料要求

柔性卷材所选用的基层处理剂、接缝胶粘剂、密封材料等配套材料应与所铺卷材的材性相容。

（2）普通屋面卷材防水层的厚度

每道卷材防水层的厚度选用参见表3-4。

卷材厚度选用表　　**表3-4**

屋面防水等级	设防道数	合成高分子防水卷材	高聚物改性沥青防水卷材	沥青防水卷材和沥青复合胎柔性防水卷材	自粘聚酯胎改性沥青防水卷材	自粘橡胶沥青防水卷材
Ⅰ级	三道或三道以上设防	不应小于1.5mm	不应小于3mm	—	不应小于2mm	不应小于1.5mm
Ⅱ级	二道设防	不应小于1.2mm	不应小于3mm	—	不应小于2mm	不应小于1.5mm
Ⅲ级	一道设防	不应小于1.2mm	不应小于4mm	三毡四油	不应小于3mm	不应小于2mm
Ⅳ级	一道设防	—	—	二毡三油	—	—

（3）种植屋面卷材防水层、耐根穿刺防水材料的厚度

种植屋面的设防等级在Ⅱ级以上，防水耐久年限不少于15年。在设置了普通防水层的基础上，还要采用柔性或刚性耐根穿刺防水材料来解决植物根系的穿刺问题。普通防水层一道防水材料的厚度见表3-5，耐根穿刺防水材料的厚度参见表3-6。严格说，只有不裂不渗、足够厚度的防水砂浆、防水细石混凝土才能真正起到耐根穿刺的作用，才可种植高大的乔木和根系穿刺性强的植物。表3-6参考选用。

种植屋面卷材（含涂膜）防水层的厚度（mm）　　**表3-5**

卷材名称	改性沥青防水卷材	高分子防水卷材	自粘聚酯胎改性沥青防水卷材	自粘聚合物改性沥青聚酯胎防水卷材	高分子防水涂膜
厚度(mm)	4	1.5	3	2	2

种植屋面耐根穿刺防水材料的厚度（mm）　　**表3-6**

材料名称	厚度(mm)	材料名称	厚度(mm)
铅锡锑合金防水卷材	0.5	聚乙烯胎高聚物改性沥青防水卷材	4/胎厚0.6
复合铜胎基SBS改性沥青防水卷材	4	聚氯乙烯防水卷材(内增强型)	1.2
铜箔胎SBS改性沥青防水卷材	4	高密度聚乙烯土工膜	1.2
SBS改性沥青耐根穿刺防水卷材	4	铝胎聚乙烯复合防水卷材	1.2
APP改性沥青耐根穿刺防水卷材	4	聚乙烯丙纶＋聚合物水泥胶结料(双层)	膜厚0.6＋1.3

3.1.6 涂膜防水层

涂膜防水层可作为Ⅰ级、Ⅱ级屋面多道复合防水设防中的一道防水，Ⅲ级、Ⅳ级屋面的一道防水。

（1）材料要求

宜采用合成高分子防水涂料和高聚物改性沥青防水涂料作屋面防水层，不宜选用无机盐类防水涂料作防水层。

（2）普通屋面涂膜防水层的厚度

普通屋面涂膜防水层厚度选用参见表 3-7。

涂膜厚度选用表　　表 3-7

屋面防水等级	设防道数	高聚物改性沥青防水涂料	合成高分子防水涂料和聚合物水泥防水涂料
Ⅰ级	三道或三道以上设防	—	不应小于 1.5mm
Ⅱ级	二道设防	不应小于 3mm	不应小于 1.5mm
Ⅲ级	一道设防	不应小于 3mm	不应小于 2mm
Ⅳ级	一道设防	不应小于 2mm	—

种植屋面采用合成高分子防水涂料作防水层时，厚度应不小于 2mm。

3.1.7 刚性材料防水层

细石混凝土和密封材料用作屋面刚性防水层的防水材料和嵌缝材料。适用于防水等级为Ⅰ～Ⅲ级的屋面防水；不适用于铺有松散材料保温层的屋面以及受较大震动或冲击的和坡度大于 15%的建筑屋面。

刚性防水层受大气温度变化的影响大，容易出现温差裂缝，所以，应设分格缝，分格缝中嵌入密封材料。刚性防水层与基层之间应设隔离层。

（1）材料要求

1）水泥、粗细骨料、拌合水等的性能要求与地下工程相同，粗骨料的最大粒径不宜大于 15mm。

2）密封材料应符合有关规范、标准要求。

（2）防水设计

1）刚性防水屋面应采用结构找坡，坡度宜为 2%～3%。

2）细石混凝土防水层的厚度不应小于 40mm，并应配置直径为 4～6mm、间距为 100～200mm 的双向钢筋网片。钢筋网片在分格缝处应断开，其保护层厚度不应小于 10mm，防水混凝土的强度等级不应低于 C20，抗渗等级不应低于 P6。

3）刚性防水层分格缝的宽度宜为 5～30mm，纵横间距不宜大于 6m，分格缝应设在屋面板的支承端、屋面转折处，以及防水层与凸出屋面结构的交接处，并应与板缝对齐。分格缝内嵌填密封材料，上部设置柔性保护层。

4）补偿收缩混凝土的自由膨胀率应为 0.05%～0.1%。

5）细石混凝土防水层与女儿墙、立墙及凸出屋面结构交接处等部位，均应留宽度为 30mm 的凹槽，并作柔性密封处理。

6）细石混凝土防水层与基层间应设置隔离层。隔离层材料参见表3-8。

常用隔离层材料 **表3-8**

序号	材 料	配 比	厚度(mm)
1	纸胎油毡		1
2	聚氯乙烯薄膜		0.25～0.4
3	石膏灰：砂	1：3或1：4	10～20,上罩纸筋灰
4	石膏灰：砂：黏土	1：2.4：3.6	10～20
5	石膏灰：黄泥	1：3或1：4	10～20
6	纸筋灰、麻刀灰		
7	无纺布		

7）刚性屋面细石混凝土参考配合比见表3-9。

防水混凝土配合比参考表 **表3-9**

防水混凝土种类	混凝土材料用量(kg/m³)							坍落度(mm)
	水泥	砂	石子	水	膨胀剂	防水剂	减水剂	
补偿收缩防水混凝土	300	788	1182	170	30～35	—	—	40～60
防水剂防水混凝土	330	788	1182	165	—	—	10～15	40～60
减水剂防水混凝土	330	788	1182	150	—	1.5～1.8	—	40～60
普通防水混凝土	350	790	1190	180	—	—	—	40～60

3.2 地下工程防水规范、设防要求

3.2.1 地下工程防水层设防高度、设防原则

地下工程防水层的设防高度，应视工程类型的不同来确定。

(1) 市政工程隧道、坑道等单建式地下工程应采用全封闭、部分封闭的防排水设计，部分封闭只在地层渗透性较好时或有自流排水条件时采用。

(2) 房屋建筑全地下工程应采用全封闭防排水设计。

(3) 附建式的全地下或半地下工程的设防高度，应高出室外地坪高程500mm以上。

(4) 遵循"防、排、截、堵相结合，刚柔相济，因地制宜，综合治理"的设防原则。

3.2.2 地下工程防水标准和防水等级

(1) 地下工程防水标准，根据允许渗漏水量划分四个等级，见表3-10。

地下工程防水等级标准 **表3-10**

防水等级	标 准
一级	不允许渗水，结构表面无湿渍
二级	不允许漏水，结构表面可有少量湿渍 工业与民用建筑：总湿渍面积不应大于总防水面积（包括顶板、墙面、地面）的1/1000；任意100m² 防水面积上的湿渍不超过1处，单个湿渍的最大面积不大于0.1m² 其他地下工程：总湿渍面积不应大于总防水面积的6/1000；任意100m² 防水面积上的湿渍不超过4处，单个湿渍的最大面积不大于0.2m²；其中，隧道工程还要求平均渗水量不大于0.05L/(m²·d)，任意100m² 防水面积上的渗水量不大于0.15L/(m²·d)

续表

防水等级	标　　准
三级	有少量漏水点，不得有线流和漏泥砂 任意 100m² 防水面积上的漏水或湿渍点数不超过 7 处，单个漏水点的最大漏水量不大于 2.5L/d，单个湿渍的最大面积不大于 0.3m²
四级	有漏水点，不得有线流和漏泥砂 整个工程平均漏水量不大于 2L/(m²·d)；任意 100m² 防水面积上的平均漏水量不大于 4L/(m²·d)

（2）地下工程防水等级的确定，应根据工程的重要性和使用防水要求按表 3-11 确定。

不同防水等级的适用范围　　　表 3-11

防水等级	适 用 范 围
一级	人员长期停留的场所；因有少量湿渍会使物品变质、失效的贮物场所及严重影响设备正常运转和危及工程安全运营的部位；极重要的战备工程、地铁车站
二级	人员经常活动的场所；在有少量湿渍的情况下不会使物品变质、失效的贮物场所及基本不影响设备正常运转和工程安全运营的部位；重要的战备工程
三级	人员临时活动的场所；一般战备工程
四级	对渗漏水无严格要求的工程

（3）房屋建筑分区分级设防时应注意防止防水等级低的部位出现的渗漏水现象而影响防水等级高的部位正常使用。若无法防止，应统一按防水等级高的部位的要求设防。

3.2.3 地下结构防水设防要求

地下工程防水主要分为两大部分，一是钢筋混凝土结构主体防水，二是细部构造特别是施工缝、变形缝、诱导缝、后浇带等部位的防水。

细部构造如施工缝、变形缝、后浇带的渗漏水现象较多，有“十缝九漏”之说。为此，提高防水混凝土的抗裂性，采用刚柔相结合的设防方法，加强细部构造等薄弱部位的防水设计与做法，是确保地下工程防水质量的有效保证。

（1）设防要求

地下工程防水设防要求，必须根据工程使用功能、结构形式、环境条件、施工方法及材料性能等因素综合考虑合理确定。

明挖法、暗挖法地下工程防水设防要求分别按表 3-12 和表 3-13 选用。

明挖法地下工程防水设防要求　　　表 3-12

<table>
<tr><td colspan="2">工程部位</td><td colspan="6">主体</td><td colspan="5">施工缝</td><td colspan="4">后浇带</td><td colspan="7">变形缝、诱导缝</td></tr>
<tr><td colspan="2">防水措施</td><td>防水混凝土</td><td>防水砂浆</td><td>防水卷材</td><td>防水涂料</td><td>塑料防水板</td><td>金属板</td><td>遇水膨胀止水条</td><td>中埋式止水带</td><td>外贴式止水带</td><td>外抹防水砂浆</td><td>外涂防水涂料</td><td>膨胀混凝土</td><td>遇水膨胀止水条</td><td>外贴式止水带</td><td>防水嵌缝材料</td><td>中埋式止水带</td><td>外贴式止水带</td><td>可卸式止水带</td><td>防水嵌缝材料</td><td>外贴防水卷材</td><td>外涂防水涂料</td><td>遇水膨胀止水条</td></tr>
<tr><td rowspan="4">防水等级</td><td>1级</td><td>应选</td><td colspan="5">应选一至二种</td><td colspan="5">应选二种</td><td>应选</td><td colspan="3">应选二种</td><td>应选</td><td colspan="6">应选二种</td></tr>
<tr><td>2级</td><td>应选</td><td colspan="5">应选一种</td><td colspan="5">应选一至二种</td><td>应选</td><td colspan="3">应选一至二种</td><td>应选</td><td colspan="6">应选一至二种</td></tr>
<tr><td>3级</td><td>应选</td><td colspan="5">宜选一种</td><td colspan="5">宜选一至二种</td><td>应选</td><td colspan="3">宜选一至二种</td><td>应选</td><td colspan="6">宜选一至二种</td></tr>
<tr><td>4级</td><td>宜选</td><td colspan="5">—</td><td colspan="5">宜选一种</td><td>应选</td><td colspan="3">宜选一种</td><td>应选</td><td colspan="6">宜选一种</td></tr>
</table>

暗挖法地下工程防水设防要求 **表 3-13**

工程部位		主体				内衬砌施工缝					内衬砌变形缝、诱导缝				
防水措施		复合式衬砌	离壁式衬砌、衬套	贴壁式衬砌	喷射混凝土	外贴式止水带	遇水膨胀止水条	防水嵌缝材料	中埋式止水带	外涂防水涂料	中埋式止水带	外贴式止水带	可卸式止水带	防水嵌缝材料	遇水膨胀止水条
防水等级	1级	应选一种			—	应选二种					应选	应选二种			
	2级	应选一种			—	应选一至二种					应选	应选一至二种			
	3级	—	应选一种			宜选一至二种					应选	宜选一种			
	4级	—	应选一种			宜选一种					应选	宜选一种			

（2）多道设防

采用刚柔结合的设防措施，可相互取长补短，提高防水防腐能力。

（3）局部加强

其工程量相对于结构主体来说要小得多，增加的成本也不多，但对保证工程质量却起到了事半功倍的效果。

（4）侵蚀性介质的设防要求

应采用耐侵蚀的防水混凝土、防水砂浆、卷材或涂料等防水材料。

（5）冻土基础的抗冻融要求

混凝土的抗冻融循环不得少于 100 次。

（6）结构刚度较差或受振动作用工程的设防要求

应采用卷材、涂料等柔性材料作外防水层。

3.2.4 结构主体设防要求

钢筋混凝土结构主体防水包括刚性与柔性防水两大类。

（1）防水混凝土设防要点

1）防水混凝土的抗渗等级不得小于 P6。

2）按埋置深度选取防水混凝土的抗渗等级，见表 3-14。

抗渗等级按埋置深度选用表 **表 3-14**

地下工程埋置深度 H(m)	设计抗渗等级	地下工程埋置深度 H(m)	设计抗渗等级
$H<10$	P6	$20\leqslant H<30$	P10
$10\leqslant H<20$	P8	$H\geqslant 30$	P12

3）防水混凝土使用的环境温度不得高于 80℃；处于侵蚀性介质中防水混凝土的耐侵蚀系数不应小于 0.8。耐侵蚀系数是指防水混凝土试块在侵蚀性介质中和在饮用水中分别养护 6 个月后的抗折强度之比。

防水混凝土的抗渗性随温度升高而降低，温度越高抗渗性越低，当温度超过 250℃时，几乎失去抗渗能力。

4）防水混凝土结构底板的混凝土垫层，强度等级不应小于 C15，厚度不应小于 100mm，在较弱土层中不应小于 150mm。

5）防水混凝土结构设计应符合以下要求：

① 结构厚度不应小于 250mm。

② 裂缝宽度不得大于 0.2mm，并不得贯通。

③ 迎水面钢筋保护层厚度一般不应小于 50mm，当地下水无侵蚀作用时，可适当减小，但不应小于 40mm。

④ 地下结构采用普通防水混凝土时，底板和外墙应设后浇带。采用掺膨胀剂的补偿收缩混凝土时，底板后浇带可延长至 50～60m 分段，并可采用膨胀带（2m 宽）取代后浇缝，膨胀带可连续浇筑 100～150m，不留缝。但对于外墙，仍须以 30～50m 分段浇筑。

(2) 水泥砂浆防水设防要点

1) 防水砂浆包括聚合物水泥防水砂浆、掺外加剂或掺合料的防水砂浆。

2) 可用于地下工程主体结构的迎水面或背水面，不应用于环境有侵蚀性、受持续振动或温度高于 80℃的地下工程防水。

3) 防水层厚度应符合要求（参见“4.3.3 聚合物、掺外加剂、掺合料水泥砂浆防水层施工”）。

4) 基层混凝土强度或砌体用的砂浆强度均不应低于设计强度的 80%。

5) 改性后防水砂浆的性能应符合表 3-15 的规定。

改性后防水砂浆的主要性能　　表 3-15

改性剂种类	粘结强度(MPa)	抗渗性(MPa)	抗折强度(MPa)	干缩率(%)	吸水率(%)	冻融循环(次)	耐碱性	耐水性(%)
外加剂、掺合料	>0.6	≥0.8	同普通砂浆	同普通砂浆	≤3	>50	10%NaOH溶液浸泡14d无变化	—
聚合物	>1.2	≥1.5	≥8.0	≤1.5	≤4	>50		≥80

注：耐水性指标是指砂浆浸水 168h 后材料的粘结强度及抗渗性的保持率。

(3) 卷材防水设防要点

1) 适用于受侵蚀性介质作用或受振动作用的地下工程，应铺贴在混凝土结构主体的迎水面上，自底板至外墙顶端，在外围形成封闭的防水层。

2) 卷材防水层的厚度按表 3-16 采用。

不同品种卷材的使用厚度 (mm)　　表 3-16

卷材品种	高聚物改性沥青类防水卷材			合成高分子类防水卷材			
	弹性体改性沥青防水卷材、改性沥青聚乙烯胎防水卷材	本体自粘聚合物沥青防水卷材		三元乙丙橡胶防水卷材	聚氯乙烯防水卷材	聚乙烯丙纶复合防水卷材	高分子自粘胶膜防水卷材
		聚酯毡胎体	无胎体				
单层厚度(mm)	≥4	≥3	≥1.5	≥1.5	≥1.5	卷材:≥0.9 粘结料:≥1.3 芯材厚度≥0.6	≥1.2
双层总厚度(mm)	≥(4+3)	≥(3+3)	≥(1.5+1.5)	≥(1.2+1.2)	≥(1.2+1.2)	卷材:≥(0.7+0.7) 粘结料:≥(1.3+1.3) 芯材厚度≥0.5	—

注：带有聚酯毡胎体的本体自粘聚合物沥青防水卷材现执行《自粘聚合物改性沥青聚酯胎防水卷材》JC 898 标准；无胎体的本体自粘聚合物沥青防水卷材现执行《自粘橡胶沥青防水卷材》JC 840 标准。

3) 阴阳角应做成圆弧，尺寸视卷材品种而确定，在阴阳角等特殊部位应增设 1～2 层相同卷材加强层，宽度为 300～500mm。

4）采用与卷材材性相容的胶粘材料粘贴卷材，粘结质量应符合表 3-17 的要求。

防水卷材粘结质量要求 **表 3-17**

项目		本体自粘聚合物沥青防水卷材粘合面		三元乙丙橡胶和聚氯乙烯防水卷材胶粘剂	合成橡胶胶粘带	高分子自粘胶膜防水卷材粘合面
		聚酯毡胎体	无胎体			
剪切状态下的粘合性（卷材-卷材）	标准试验条件（N/10mm）≥	40 或卷材断裂	20 或卷材断裂	20 或卷材断裂	20 或卷材断裂	40 或卷材断裂
粘结剥离强度（卷材＝卷材）	标准试验条件（N/10mm）≥	15 或卷材断裂		15 或卷材断裂	4 或卷材断裂	—
	浸水 168h 后保持率（%）≥	70		70	80	—
与混凝土粘结强度（卷材-混凝土）	标准试验条件（N/10mm）≥	15 或卷材断裂		15 或卷材断裂	6 或卷材断裂	20 或卷材断裂

5）聚乙烯丙纶复合防水卷材应采用聚合物水泥防水粘结材料，其物理性能见表 3-18。

聚合物水泥防水粘结材料物理性能 **表 3-18**

项目		性能要求
与水泥基面的粘结拉伸强度（MPa）	常温 7d	≥0.6
	耐水性	≥0.4
	耐冻性	≥0.4
可操作时间(h)		≥2
抗渗性(MPa,7d)		≥1.0
剪切状态下的粘合性（N/mm，常温）	卷材与卷材	≥2.0 或卷材断裂
	卷材与基面	≥1.8 或卷材断裂

（4）涂料防水设防要点

1）无机防水涂料宜用在结构主体的背水面。品种包括掺外加剂、掺合料的水泥基防水涂料和水泥基渗透结晶型防水涂料。

2）有机防水涂料宜用在结构主体的迎水面。用于背水面时，应具有较高的抗渗性，且与基层有较强的粘结性。品种包括反应型、水乳型、聚合物水泥等涂料，聚合物水泥防水涂料应选用Ⅱ型产品。

3）潮湿基层宜选择与潮湿基面粘结力大的无机涂料或有机涂料，或采用先涂水泥基类无机涂料而后涂有机涂料的复合涂层。

4）冬期施工宜选择反应型涂料，如选用水性涂料，施工环境温度不得低于 5℃。

5）埋置较深的重要工程、有振动或有较大变形的工程宜选用高弹性防水涂料。

6）有腐蚀性的地下工程宜选用耐腐蚀性较好的有机防水涂料，并做刚性保护层。

7）采用有机防水涂料时，宜夹铺胎体增强材料，并应符合以下规定：

① 基层阴阳角应做成圆弧形，阴角直径不小于 50mm，阳角直径不小于 10mm。

② 在阴阳角及底板表面增加一层胎体增强材料，并增涂 2～4 遍防水涂料。

③ 同层相邻胎体材料的搭接宽度应≥100mm，上下层和相邻两幅胎体的接缝应错开 1/3～1/2 幅宽。

④ 夹铺胎体时，外墙外防外做宜铺贴于防水涂层表层，外防内做和底板下防水层宜

铺贴于涂层的中间层，最大限度地发挥涂膜良好的延伸性能。

⑤ 如因夹铺胎体而严重影响涂膜的延伸性能，在基层变形时会导致涂膜断裂，宜不设胎体。

8）掺外加剂、掺合料的水泥基防水涂膜的厚度不得小于 3.0mm；水泥基渗透结晶型防水涂料的用量不应小于 1.5kg/m^2，且厚度不应小于 1.0mm；有机防水涂料的涂膜厚度不得小于 1.2mm。

3.2.5 地下工程柔性防水材料及混凝土材料的选择

地下工程因常年埋置于地下，柔性防水材料受紫外线照射、温差变化的影响都较小，故耐老化性能已降为次要指标，而耐水性、抗渗压力、耐侵蚀性是主要指标。因此，选择防水材料有两个原则：一是根据建筑物的地基类型、环境条件、气温气候、水文地质状况等因素进行选择；另一个是根据建筑物的防水等级进行选择。

（1）根据建筑物地基类型、环境因素、水文地质状况选择防水材料

1）地基易沉降、地下水位高地区：可选择三元乙丙橡胶防水卷材、氯化聚乙烯-橡胶共混防水卷材、SBS 聚酯胎改性沥青防水卷材、硅橡胶防水涂料、丙烯酸酯防水涂料等。

2）地基易沉降、年降雨量少、地下水位低地区：可选择玻纤毡改性沥青防水卷材、聚乙烯胎改性沥青防水卷材、塑料型防水卷材、聚合物水泥防水涂料等。当选择卷材作防水层时，尽量采用空铺、点铺或条铺，以适应基层变形的需要。

3）地基较稳定、地下水位高、严寒地区：可选择 SBS 玻纤胎改性沥青防水卷材、氯化聚乙烯-橡胶共混防水卷材、聚氯乙烯防水卷材、聚乙烯丙纶复合防水卷材或其他塑料防水板、钠基膨润土防水毯（防水板）、聚合物水泥防水涂料、聚氨酯防水涂料作防水层、水泥基渗透结晶型防水涂料等。

4）地基较稳定、地下水位低地区：可选择延伸率、弹性较低的卷材、有机（无机）涂料或刚性材料作防水层。

5）严寒、寒冷地区择：可选择三元乙丙橡胶防水卷材、氯化聚乙烯-橡胶共混（等橡胶类）防水卷材、弹性体 SBS 改性沥青防水卷材（涂料）、膨润土防水材料、聚氨酯防水涂料、无机防水涂料、改性刚性材料作防水层。

6）炎热地区：可选择三元乙丙橡胶防水卷材、氯化聚乙烯-橡胶共混防水卷材、塑性体 APP（APAO、APO）改性沥青防水卷材、钠基膨润土防水毯（防水板）、聚合物乳液防水涂料、聚合物水泥防水涂料、硅橡胶防水涂料、丙烯酸酯防水涂料、无机防水涂料、改性刚性防水材料等。

7）潮湿（无明水）基层：可选用水乳型、水性防水涂料、无机防水涂料、刚性材料作防水层。在经过调整工艺方案、技术处理后亦可采用卷材作防水层，将卷材空铺。卷材铺贴后，白天因潮气受热膨胀使垫层表面的卷材防水层鼓泡，此时，不能浇筑底板混凝土，可在傍晚气温下降，鼓泡消失时再浇筑底板混凝土。

8）侵蚀性介质基层：对化工车间、盐渍地基、污水池、防腐池等含侵蚀性介质的基层，应选择耐侵蚀的防水材料作防水层。如高聚物改性沥青防水卷材（涂料）、合成高分子防水卷材及聚氨酯等耐腐蚀性较好的反应型、水乳型、聚合物水泥防水涂料等。涂料防水层应做刚性保护层。

9）振动作用基层：应选择高弹性防水卷材或涂料作防水层，不宜选择刚性材料作防水层。

（2）根据建筑物的防水等级选择防水材料

一级建筑应选择高档防水材料作防水层。二、三级建筑可选择中档防水材料作防水层，防水层可做二道或一道。四级建筑宜采用防水混凝土，迎（背）水面可不设柔性防水层，亦可选择低档材料作防水层，如改性沥青防水卷材（涂料）、水泥砂浆等。

（3）如何选择混凝土材料

正确选用混凝土材料及采用裂缝控制技术和重视养护工作对提高混凝土的抗渗性能都十分重要。首先应正确选择防水混凝土的原材料（基准材料）。

1）水泥的要求：

宜采用硅酸盐水泥、普通硅酸盐水泥。使用其他品种水泥时应由试验确定。不得使用过期或受湿结块的水泥，并应按冻融条件、是否存在侵蚀性介质等情况，参考表3-19选用。

防水混凝土水泥的选用 **表3-19**

环境条件	优先选用	可以使用	不宜使用
常温下不受侵蚀性介质作用	普通硅酸盐水泥、硅酸盐水泥、矿渣硅酸盐水泥（必须掺入高效减水剂）	粉煤灰硅酸盐水泥	火山灰质硅酸盐水泥
严寒地区露天、寒冷地区在水位升降范围内	硅酸盐水泥、普通硅酸盐水泥	矿渣硅酸盐水泥（必须掺入高效减水剂）	火山灰质硅酸盐水泥、粉煤灰硅酸盐水泥
严寒地区在水位升降范围内	普通硅酸盐水泥	—	火山灰质硅酸盐水泥、粉煤灰硅酸盐水泥、矿渣硅酸盐水泥
侵蚀性介质	按侵蚀性介质的性质选择相应水泥		

注：1. 常温系指最冷月份里的月平均温度＞－5℃；寒冷系指最寒冷月份里的月平均温度在－5℃～－15℃之间；严寒系指最寒冷月份里的月平均温度＜－15℃。
2. 所用水泥不得过期或受湿结块，不同品种、不同强度等级的水泥不得混用。

2）所选矿物掺合料要求：

① 粉煤灰质量应符合《用于水泥和混凝土中的粉煤灰》GB 1596的规定，级别不应低于Ⅱ级，烧失量不应大于5%，用量宜为胶凝材料总量的20%～30%，当水胶比小于0.45时，用量可适当提高。

② 硅粉的品质应符合表3-20的要求，用量宜为胶凝材料总量的2%～5%。

③ 粒化高炉矿渣粉的品质要求应符合《用于水泥和混凝土中的粒化高炉矿渣粉》GB/T 18046的规定。

④ 使用复合掺合料时，品种和用量应通过试验确定。

硅粉品质要求 **表3-20**

项 目	指 标
比表面积（m^2/kg）	≥15000
二氧化硅含量（%）	≥85

3）粗骨料（石子）要求：

坚固耐久、粒形良好、表面洁净，最大粒径为≤40mm，泵送时其最大粒径不应大于输送管道的1/4，吸水率不应大于1.5%。不得使用碱性骨料。质量应符合《普通混凝土用砂、石质量及检验方法标准》JGJ 52 的有关规定。

钢筋较密集或防水混凝土的厚度较薄时，应采用 5～25mm 粒径的细石料作混凝土的骨料。相应的混凝土称细石混凝土。

4）细骨料要求：

坚硬、抗风化性强、洁净的中粗砂，不宜选用海砂。其质量应符合《普通混凝土用砂、石质量及检验方法标准》JGJ 52 的规定。

5）拌合水要求：

应符合《混凝土用水标准》JGJ 63 的规定。

6）外加剂要求：为提高混凝土的抗渗性，可掺入减水剂、膨胀剂、防水剂、密实剂、引气剂、复合型外加剂及水泥基渗透结晶型材料；为提高混凝土的抗裂防渗性能，可掺入膨胀剂或膨胀剂和钢纤维（或化学纤维）；为提高混凝土的防冻融性能，可掺入防冻剂等。这些外加剂的品质和用量应经试验确定，技术性能应符合国家有关标准的质量要求。

7）总碱量、氯离子含量要求：防水混凝土中各类材料的总碱量（Na_2O 当量）不得大于 $3kg/m^3$；氯离子含量不应超过胶凝材料总量的 0.1%。

3.3 室内工程防水设防要求

厕浴间、厨房、浴室、水池、游泳池等室内防水工程应遵循“以防为主、防排结合、迎水面防水”的设计原则。

3.3.1 厕浴间、厨房防水设防要求

（1）厕浴间、厨房的墙体，宜设置高出楼地面 150mm 以上的与地面联体的现浇混凝土泛水。

（2）对于装配式房屋结构，厕所、厨房等部位楼板的混凝土应现浇。

（3）厕浴间、厨房四周墙根防水层泛水高度不应小于 250mm，其他墙面防水以可能溅到水的范围为基准向外延伸不应小于 250mm。浴室花洒喷淋的临墙面防水高度不得低于 2m（图 3-13）。

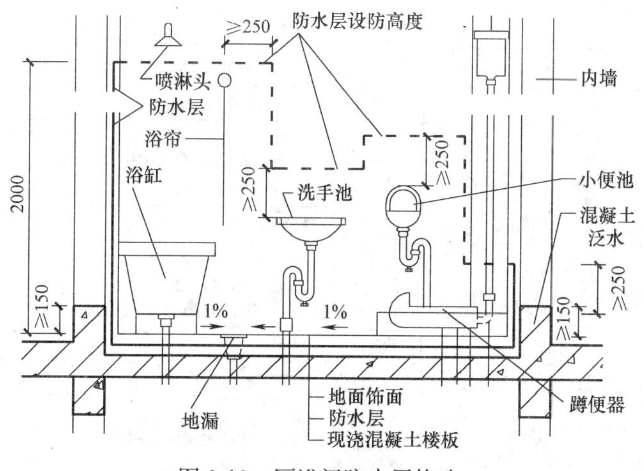

图 3-13 厕浴间防水层构造

(4) 有填充层的厨房、下沉式卫生间，宜在结构板面和地面饰面层下设置两道防水层。设一道防水层时，应设置在混凝土结构板面上。填充层应选用压缩变形小、吸水率低的轻质材料，表面应浇筑不小于 40mm 厚的钢筋细石混凝土地面。排水沟应采用现浇钢筋混凝土结构，坡度不应小于 1%，沟内应设防水层。

(5) 组装式厕浴间的结构地面与墙面均应设置防水层，结构地面应设排水措施。

(6) 墙体为现浇钢筋混凝土时，在防水设防范围内的施工缝应作防水处理。

(7) 长期处于蒸汽环境下的室内，所有的墙面、楼地面和顶面均应设置防水层。

(8) 室内防水应以耐穿刺、耐老化的刚性无机防水材料为主，亦可选择自愈合能力强、耐久性较好的卷材及涂料。

3.3.2 室内防水层设置保护层的规定

(1) 地面饰面层为石材、厚质地砖时，柔性防水层上应用不小于 20mm 厚的 1：3 水泥砂浆做保护层。

(2) 地面饰面为瓷砖、水泥砂浆时，柔性防水层上应用不小于 30mm 厚的水泥砂浆或细石混凝土做保护层。

(3) 室内地面向墙面翻转的防水层高程＞250mm 时，防水层上应采取防止饰面层起壳剥落的措施。

(4) 楼地面向地漏处的排水坡度不宜小于 1%，地面不得有积水现象。

(5) 地漏应设在人员不经常走动且便于维修和便于组织排水的部位。

(6) 铺贴墙（地）面砖宜用专用胶粘剂或符合粘贴性能要求的聚合物防水砂浆。

3.3.3 游泳池、水池防水设防规定

游泳池、水池防水设防与地下工程相同。池体水温高于 60℃时，防水层表面应做刚性或块体保护层。

3.3.4 室内工程防水材料的选择

室内工程防水材料应根据不同部位和使用功能，宜按表 3-21、表 3-22 的要求选用。

室内工程楼地面、顶面防水材料选用表 **表 3-21**

<table>
<tr><th>序号</th><th>部位</th><th>保护层、饰面层</th><th>楼地面(池底)防水层</th><th>顶面</th></tr>
<tr><td rowspan="2">1</td><td rowspan="2">浴厕间、厨房间</td><td>防水层表面直接贴瓷砖或抹灰</td><td>刚性防水材料、聚乙烯丙纶卷材</td><td rowspan="7">聚合物水泥防水砂浆、刚性无机防水材料</td></tr>
<tr><td>柔性材料用砂浆或细石混凝土作保护层</td><td>刚性防水材料、合成高分子涂料、改性沥青涂料、渗透结晶防水涂料、自粘卷材、弹(塑)性体改性沥青卷材、合成高分子卷材</td></tr>
<tr><td rowspan="2">2</td><td rowspan="2">蒸汽浴室、高温水池</td><td>防水层表面直接贴瓷砖或抹灰</td><td>刚性防水材料</td></tr>
<tr><td>柔性材料用砂浆或细石混凝土作保护层</td><td>刚性防水材料、合成高分子涂料、聚合物水泥防水砂浆、渗透结晶防水涂料、自粘橡胶沥青卷材、弹(塑)性体改性沥青卷材、合成高分子卷材</td></tr>
<tr><td rowspan="3">3</td><td rowspan="3">游泳池、水池(温常)</td><td>无饰面层</td><td>刚性防水材料</td></tr>
<tr><td>防水层表面直接贴瓷砖或抹灰</td><td>刚性防水材料、聚乙烯丙纶卷材</td></tr>
<tr><td>柔性材料用砂浆或细石混凝土作保护层</td><td>刚性防水材料、合成高分子涂料、改性沥青涂料、渗透结晶防水涂料、自粘橡胶沥青卷材、弹(塑)性体改性沥青卷材、合成高分子卷材</td></tr>
</table>

室内工程立面防水材料选用表　　表 3-22

序号	部位	保护层、饰面层	立面（池壁）
1	厕浴间厨房间	防水层面直接贴瓷砖或抹灰	刚性防水材料、聚乙烯丙纶卷材
		防水层面经处理或钢丝网抹灰	刚性防水材料、合成高分子防水涂料、合成高分子卷材
2	蒸汽浴室	防水层面直接贴瓷砖或抹灰	刚性防水材料、聚乙烯丙纶卷材
		防水层面经处理或钢丝网抹灰、脱离式饰面层	刚性防水材料、合成高分子防水涂料、合成高分子卷材
3	游泳池水池（常温）	无保护层和饰面层	刚性防水材料
		防水层面直接贴瓷砖或抹灰	刚性防水材料、聚乙烯丙纶卷材
		混凝土保护层	刚性防水材料、合成高分子防水涂料、改性沥青防水涂料、渗透结晶防水涂料、自粘橡胶沥青卷材、弹（塑）性体改性沥青卷材、合成高分子卷材
4	高温水池	防水层面直接贴瓷砖或抹灰	刚性防水材料
		混凝土保护层	刚性防水材料、合成高分子防水涂料、渗透结晶防水涂料、合成高分子卷材

注：1. 防水层外钉挂钢丝网的钉孔应进行密封处理，脱离式饰面层与墙体间的拉结件在穿过防水层的部位也应进行密封处理。钢丝网及钉子宜采用不锈钢质或进行防锈处理后使用。挂网粉刷可用钢丝网也可用树脂网格布；
2. 长期潮湿环境下使用的防水涂料必须具有较好的耐水性能；
3. 刚性防水材料主要指外加剂防水砂浆、聚合物水泥防水砂浆、刚性无机防水材料；
4. 合成高分子防水材料中聚乙烯丙纶防水卷材的材芯规格不应小于 250g/m²，其应用按相应标准要求。

3.3.5　室内工程防水层最小厚度

室内防水工程防水层最小厚度参见表 3-23。

室内防水工程防水层最小厚度（mm）　　表 3-23

序号	防水层材料类型		厕所、卫生间、厨房	浴室、游泳池、水池	两道设防或复合防水
1	聚合物水泥、合成高分子涂料		1.2	1.5	1.0
2	改性沥青涂料		2.0	—	1.2
3	合成高分子卷材		1.0	1.2	1.0
4	弹（塑）性体改性沥青防水卷材		3.0	3.0	2.0
5	自粘橡胶沥青防水卷材		1.2	1.5	1.2
6	自粘聚酯胎改性沥青防水卷材		2.0	3.0	2.0
7	刚性防水材料	掺外加剂、掺合料防水砂浆	20	25	20
		聚合物水泥防水砂浆Ⅰ类	10	20	10
		聚合物水泥防水砂浆Ⅱ类、刚性无机防水材料	3.0	5.0	3.0

3.4　外墙墙面防水设防要求

外墙面防水设防根据墙面材质的不同，分为非保温墙、内保温墙和外保温墙三类。

3.4.1　非保温墙防水设防要求

（1）现浇钢筋混凝土墙

1）将所有的孔洞按地下工程的封堵方法嵌填严密。

2）铺抹 20mm 厚 1∶2.5 水泥砂浆找平层（宜掺入化学纤维）。

3）涂刷有机或无机防水涂料。

如在找平砂浆中掺入防水剂，也可不涂刷防水涂料。如墙面按清水混凝土工艺浇筑，墙身无 0.2mm 以上的裂缝，也可不铺抹找平层，直接涂刷防水涂料。

（2）装配式混凝土墙板

在板缝中嵌填密封材料。

1）在接缝内嵌填聚乙烯泡沫棒作背衬材料，调整密封材料的嵌填深度。

2）按要求嵌填密封材料。

（3）砌块墙面

用加气混凝土砌块、混凝土空心砌块、陶粒空心砌块砌筑的墙面。

1）用灰浆填实砌体墙的空心垂直柱。

2）在砌块与梁柱的接缝内嵌填密封材料。

3）铺抹 20mm 厚 1∶2.5 水泥砂浆找平层（宜掺入化学纤维）。

4）涂刷有机或无机防水涂料。

如在找平砂浆中掺入防水剂，也可不涂刷防水涂料。

3.4.2　内保温墙防水设防要求

内保温墙（亦称复合墙体）的外侧为细石混凝土薄板、埃特板、空心砖、砌块等材料，保温层在内侧，再在室内做装饰层。墙体重量轻、刚度差。防水材料应选择具有高弹性、高延伸率、耐老化、耐酸碱性、优异的高低温特性和粘结强度高的有机防水涂料和密封材料。外墙面防水设防要求如下：

（1）在垂直缝和水平缝内嵌填密封材料。

（2）铺抹 20mm 厚 1∶2.5 水泥砂浆找平层（宜掺入化学纤维和防水剂）。

（3）涂刷高性能（延伸率达 500%）防水涂料。

（4）如不涂刷防水涂料，采用瓷砖饰面，则应用聚合物水泥砂浆粘贴，采用空挂花岗石块材时，挂钩根部应用密封材料封严。

3.4.3　外保温墙防水设防要求

外墙外保温系统是整个建筑节能工程重要的组成部分，而节能型外墙的防水功能是能否起到保温节能效果的关键环节。

（1）外墙面防水、保温设防要求

1）防水层与保温层之间应粘结牢固，无脱皮、空鼓及虚粘现象，表面无裂缝。

2）保温层与墙体以及各构造层之间用胶粘剂粘结及机械锚栓锚固牢固，无脱层、空鼓及裂缝。

3）墙面抹抗裂砂浆时，应在门窗洞口四角铺压耐碱网格布进行增强。

4）饰面砖用聚合物防水砂浆粘结牢固，无空鼓和裂缝。

（2）外墙窗框防水设防要求

窗框的防水设防应有利于排水，特别是对于砌体结构更应如此，窗台面应做成顺坡，窗眉外檐做滴水线。窗框四周与墙体的接缝用防水砂浆填实后再用密封材料封严。

3.4.4 外墙墙面防水材料的选择

（1）非保温墙、内保温墙防水材料的选择：

1）有机或无机防水涂料。

2）当清水混凝土墙面或找平层表面有细微裂缝时，应选择有机防水涂料。

3）当找平层砂浆配比低于1：2.5时，可选择环氧树脂防水涂料。

4）找平层内掺聚合物时，采用同种聚合物防水涂料。

（2）外保温墙保温、防水材料的选择：

粘结在外墙外表面的保温材料可选择聚苯乙烯泡沫塑料板、喷涂或制品型硬泡聚氨酯保温板、胶粉聚苯颗粒复合型保温板和岩棉保温板等。外墙外保温层表面的防水层具有防水和保护双重功能，是保证保温材料正常使用的关键，一般可采用内增塑型丙-苯系列聚合物水泥砂浆、外墙耐水腻子、外墙防裂防水砂浆、华鸿高分子益胶泥、RG聚合物水泥防水涂料和外墙防水涂料等，这些材料的性能应符合有关地方颁布的标准。

4 防水施工

(1) 防水施工的基本原则

1) 执行国家和地方建设部门制定的防水标准和规范。

2) 按施工图的要求进行施工。

3) 除了应遵循国家制定的防水施工原则外，还应遵循“按级选料、就地取材”的原则。

4) 应遵守国家及地方有关环境保护和建筑节能的规定。

5) 应采用经过试验、检测、实践和鉴定后的新材料、新技术、新工艺。

(2) 防水施工的气温条件

防水层的施工质量，受气候条件的影响很大，气温过低或过高，风雨天气，都会严重影响防水层的施工质量。应严禁在雨天、雪天和五级风及其以上的天气施工。施工环境气温条件应符合表4-1的规定。

防水施工环境气温条件 **表4-1**

防水材料名称	施工环境气温
沥青防水卷材	热粘法不低于5℃
高聚物改性沥青防水卷材	冷粘法不低于5℃，热熔法不低于－10℃
合成高分子防水卷材	冷粘法不低于5℃，热风焊接、热楔焊接法不低于－10℃
有机防水涂料	溶剂型－5～35℃，反应型和水溶型5～35℃，热熔型不低于－10℃
无机防水涂料	5～35℃
板状保温材料粘贴	有机胶粘剂不低于－10℃，水泥砂浆不低于5℃
喷涂硬质聚氨酯泡沫塑料	15～30℃
防水混凝土、水泥砂浆	5～30℃

4.1 细部构造防水做法

建筑工程防水施工分为屋面、地下、室内、外墙和坑池工程等。这些工程包括平面、立面防水施工和细部构造防水做法，其中细部构造防水做法尤为重要，只要将细部构造防水细心地做好了，平面、立面按规范要求施工，就能保证防水工程质量。

4.1.1 屋面工程细部构造防水做法

4.1.1.1 卷材、涂膜、刚性防水层细部构造防水做法

屋面工程细部构造应重点设防，在结构接缝部位应用密封材料进行密封防水，转角、收头部位增设附加防水层。

(1) 分格缝防水做法

1）柔性防水层的找平层分格缝内宜嵌填密封材料，沿缝单边点粘一条每侧均不小于100mm的增强卷材条，或夹铺胎体涂膜增强条，增强条与密封材料之间应设置有机硅薄膜隔离条，见图4-1。

2）普通细石混凝土和补偿收缩混凝土防水层的分格缝，设在屋面板的支承端、转折处、与凸出屋面结构的交接处，并应与板缝对齐。缝的纵横间距、宽度应符合设计要求，钢筋网片在分格缝处应断开，缝内嵌填密封材料，上部用本条第1）款的方法设置柔性附加层，见图4-2。

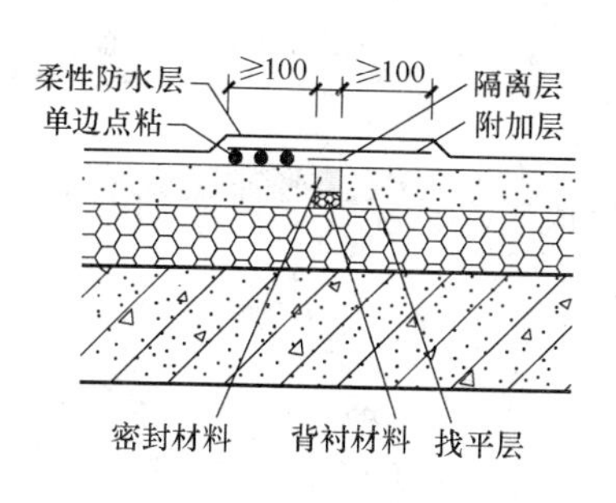

图4-1　柔性防水层分格缝

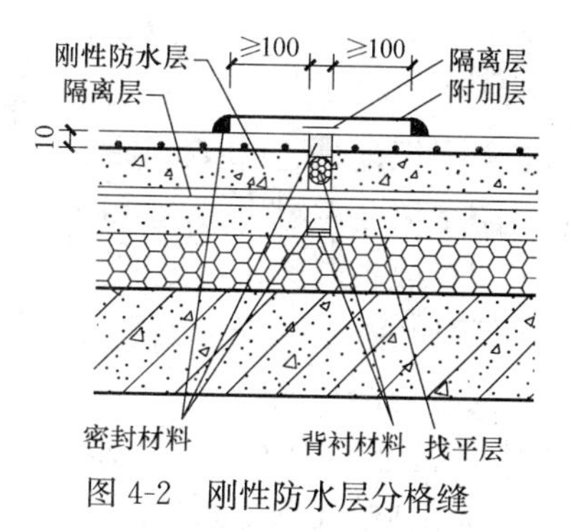

图4-2　刚性防水层分格缝

（2）天沟、檐沟防水做法

1）天沟（檐沟）应增铺附加层。沥青基防水卷材应增铺一层卷材；高聚物改性沥青防水卷材、合成高分子防水卷材或涂膜防水层，宜采用带胎体增强材料的防水涂膜作增强层，当采用卷材时，应从沟底开始铺贴，搭接缝宜留在屋面或天沟侧面，不宜留在沟底，如沟底过宽，卷材需纵向搭接时，搭接缝应用密封材料封严。

2）附加层应空铺，空铺宽度为200～300mm。卷材附加层在空铺范围内不涂刷基层胶粘剂，涂膜附加层在空铺范围内的基层空铺牛皮纸。如图4-3所示。

3）铺至混凝土檐口的卷材收头应裁齐，并用压条或带垫片钉子固定，最大钉距不应大于900mm。卷材边缘、钉眼用密封材料嵌填封严。涂膜防水层应多遍涂刷或用密封材料封边收头，见图4-4。

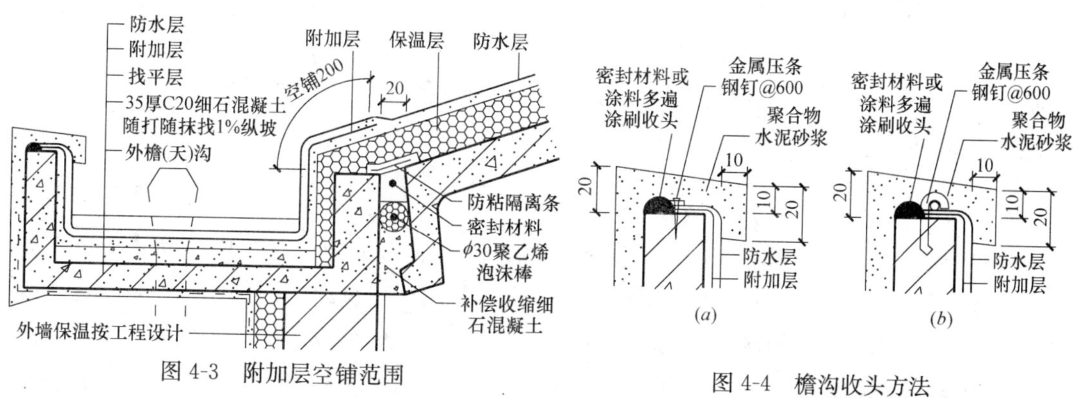

图4-3　附加层空铺范围

图4-4　檐沟收头方法

（*a*）金属压条固定；（*b*）钢筋压条固定

4）刚性防水层与天沟、檐沟内壁的交接应位于立面，并应挑出沟内壁不小于50mm，防水层底部与沟的内壁面应预留约20mm宽的凹槽，再用非下垂型密封材料封严。密封材料的嵌填深度宜不小于20mm，可用背衬材料调节，见图4-5。

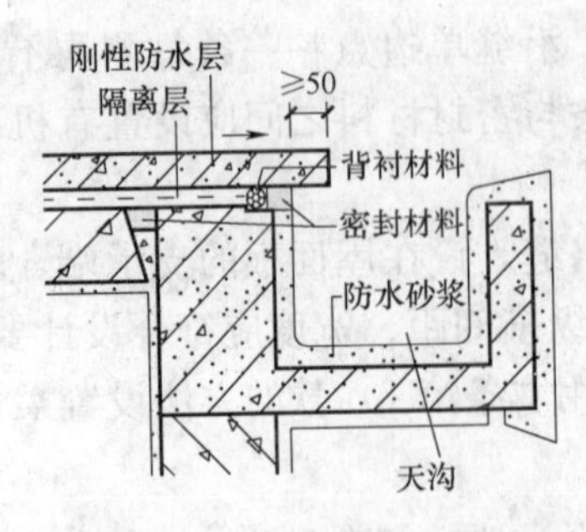

图 4-5　现浇天沟檐口滴水

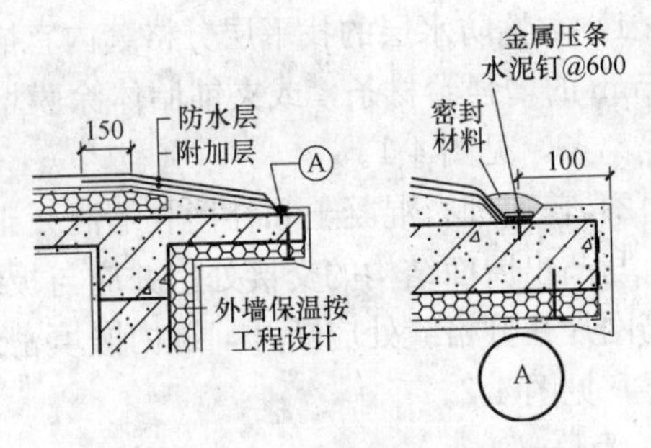

图 4-6　无组织排水檐口收头做法

（3）无组织排水檐口收头做法

卷材防水层在无组织排水檐口 800mm 范围内应采取满粘法铺贴，涂膜防水层与基层应粘结牢固；收头应严密，见图 4-6。

（4）柔性防水层在低跨屋面受水部位的防水做法

设有高、低跨结构的屋面，应对低跨屋面的受水部位进行保护。

1）当高跨屋面为无组织排水时，应在低跨屋面的受水部位增设一整幅卷材（约 1m 宽）或夹铺胎体的涂膜加强层，再铺设一条宽度为 300～500mm 的刚性板材（混凝土板等）保护带或铺抹 25mm 厚 1∶3 水泥砂浆保护带，见图 4-7。

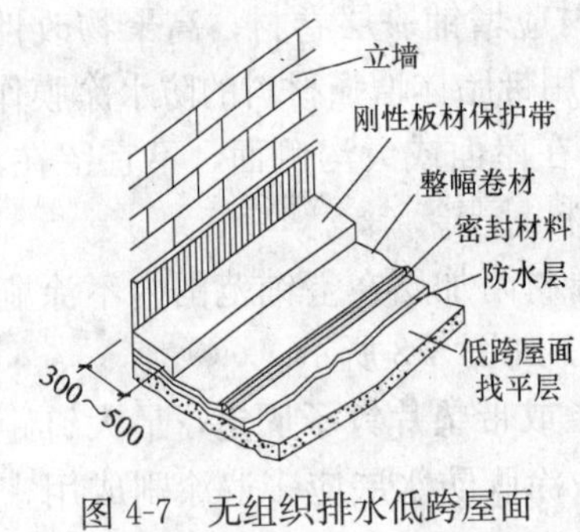

图 4-7　无组织排水低跨屋面设置刚性板材保护带

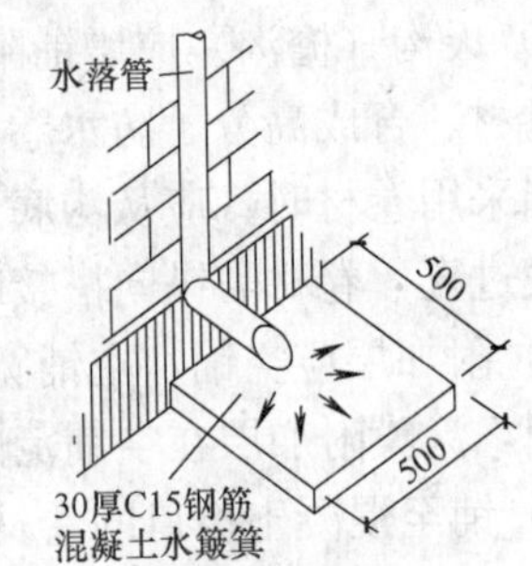

图 4-8　有组织排水低跨屋面受水部位设置水簸箕

2）当高跨屋面采用有组织排水时，应在水落管出口处下面的低跨屋面受水部位加设钢筋混凝土水簸箕，见图 4-8。水落管内径不应小于 75mm，一根水落管的屋面最大汇水面积宜小于 200m^2。排水口距水簸箕的高度不应大于 200mm。

（5）山墙、女儿墙泛水防水做法

1）墙体为砌体时：卷材、涂膜可直接在女儿墙压顶下收头。卷材用压条钉压固定，并用密封材料封严，涂膜可用涂料多遍涂刷密封收头（图 4-9），压顶应作防水处理。卷材收头也可压入砖墙凹槽内，用水泥钉钉压固定后再用密封材料封严，凹槽距屋面上表面高度不应小于 250mm，凹槽上部的墙体应作防水处理（图 4-10）。

2）墙体为混凝土时：

① 卷材、涂膜防水层可直接做至压顶下。做法同图 4-9。

② 卷材防水层可做至距屋面上表面 250mm 高程的凹槽内，做法同图 4-10。

③ 卷材防水层在距屋面上表面 250mm 高程的部位用金属压条、钢钉钉压固定，并用密封材料封严。上部用金属或合成高分子盖板保护，如图 4-11 所示。

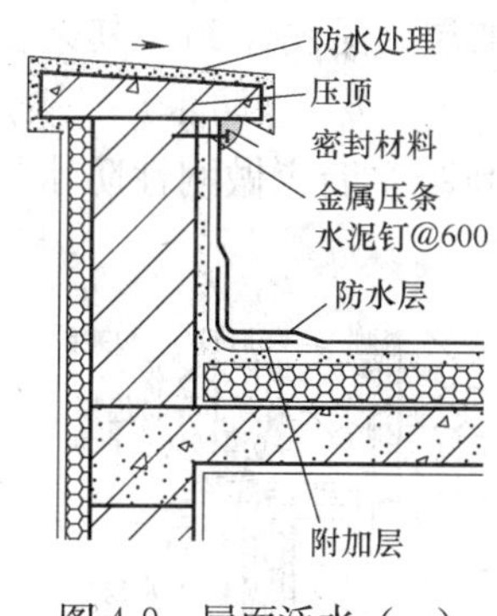

图 4-9　屋面泛水（一）

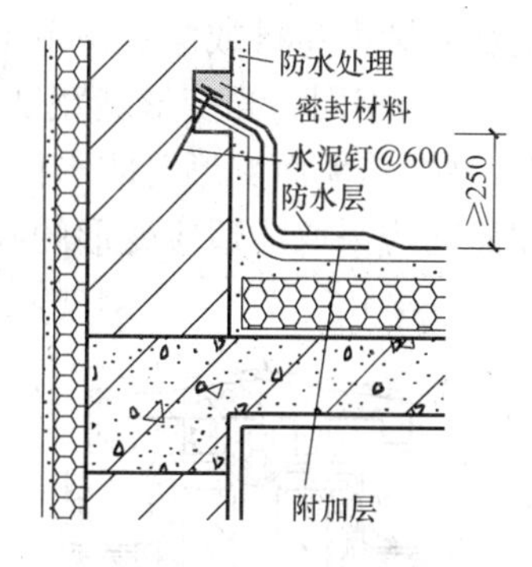

图 4-10　屋面泛水（二）

立面防水层宜采取隔热防晒措施，可采用抹水泥砂浆、浇筑细石混凝土或砌筑砌体的措施进行保护；亦可采用涂刷浅色涂料或粘贴铝箔等防晒措施。

3）刚性防水层与山墙、女儿墙交接处应留宽度为 30mm 的凹槽，槽内嵌填密封材料。泛水处铺设卷材或涂刷涂膜防水层，如图 4-12 所示。收头仍按第 1）、2）款方法。

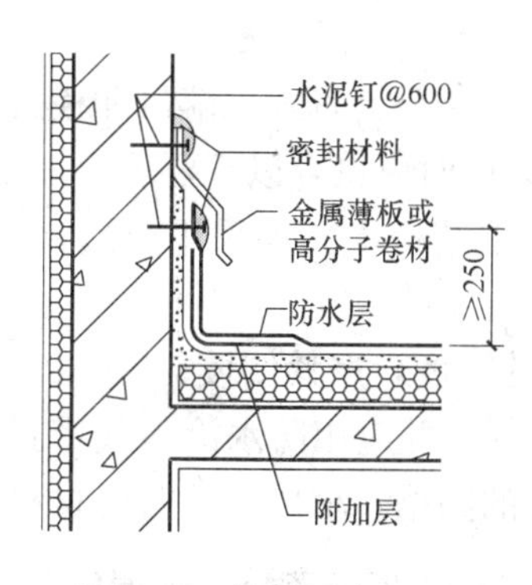

图 4-11　屋面泛水（三）

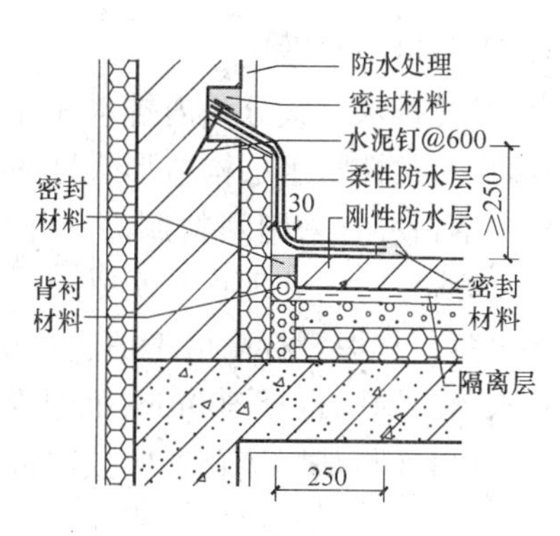

图 4-12　屋面泛水（四）

（6）压顶防水做法

女儿墙、山墙可采用现浇混凝土或预制混凝土块压顶，也可采用金属制品或合成高分子卷材封顶。

（7）变形缝防水做法

1）同跨变形缝防水做法：缝内填充泡沫塑料，卷材、涂膜防水层做至变形缝立墙上表面，再用卷材呈“U”形将两侧防水层连接成一体，中部放置一根圆形聚乙烯泡沫棒或聚苯高泡棒，上面再覆盖一“Ω”形封盖卷材，顶部加扣混凝土盖板或金属盖板，见图 4-13（*a*）。当变形缝宽度≤30mm 时，也可在变形缝内设置一聚乙烯泡沫塑料预制型材或聚乙烯泡沫圆棒，再在上面覆盖“Ω”形卷材条，见图 4-13（*b*）。

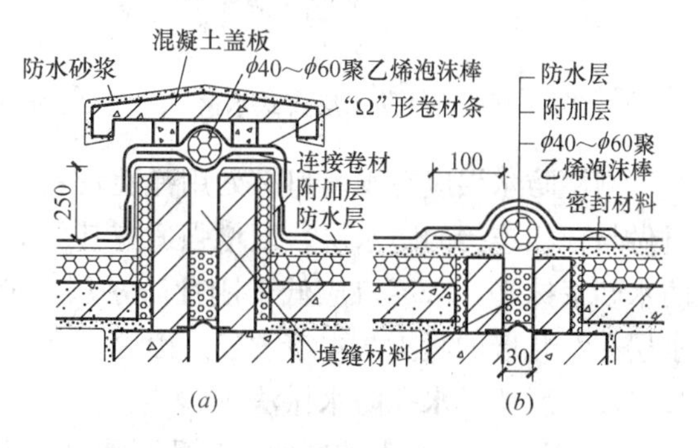

图 4-13　柔性防水层屋面变形缝
（*a*）普通做法；（*b*）简易做法

刚性防水层变形缝两侧墙体交接处应留宽度为 30mm 的凹槽，槽内嵌填密封材料。泛水处铺设卷材或涂刷涂膜防水层，阴角部位空铺附加层，见图 4-14。其余做法与图 4-13（*a*）相同。当变形缝宽度小于 30mm 时，仍可按图 4-13（*b*）做防水。

2）高低跨屋面变形缝防水做法：高低跨内排水屋面，高跨立墙应做刚性防水层，与低跨屋面间应采取能适应变形的收头密封处理，见图 4-15。

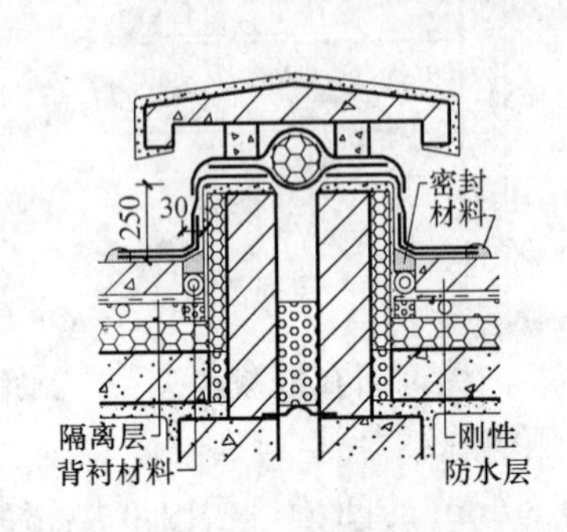

图 4-14　刚性防水层屋面变形缝

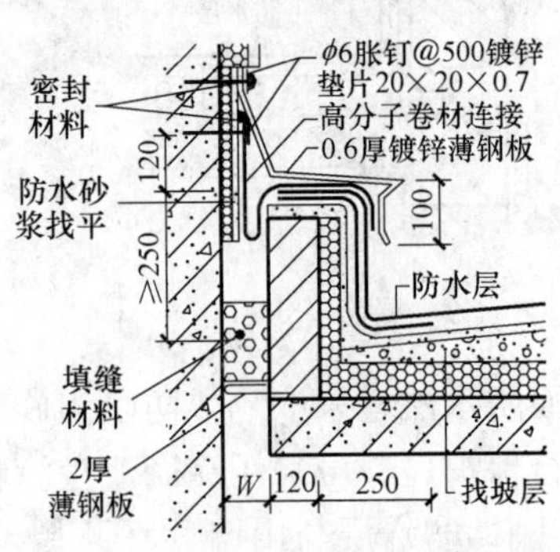

图 4-15　高低跨屋面变形缝

（8）水落口防水做法

水落口的排水方式分为内排水和外排水，相应的防水构造分为直式水落口和横式水落口两种形式，柔性防水层构造形式见图 4-16 和图 4-17。设计时应符合以下要求：

1）水落口杯宜采用塑料制品，并应牢固地固定在承重结构上。当采用金属制品时，所有零件均应作防锈处理；

2）水落口杯埋设标高应考虑附加层使排水坡度增加的厚度，严禁倒坡；

3）水落口周围直径 500mm 范围内的坡度不应小于 5%，并应用防水涂料或密封材料封严。水落口杯与基层接触处应预留宽 20mm、深 20mm 的凹槽，槽内嵌填密封材料。

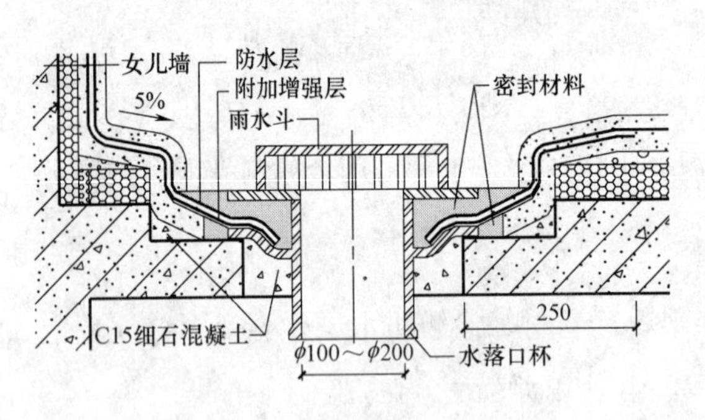

图 4-16　柔性防水层直式水落口

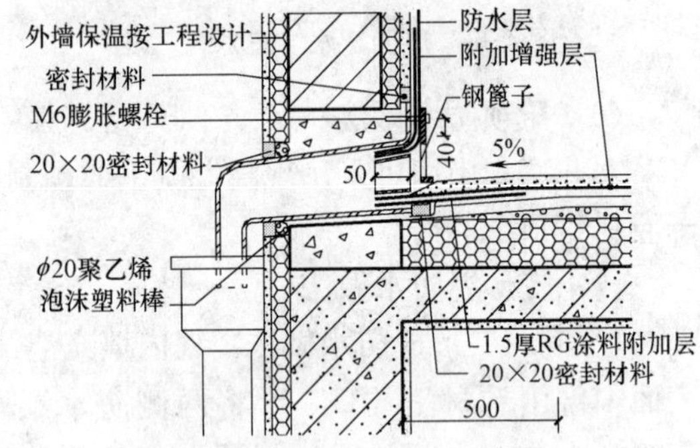

图 4-17　柔性防水层横式水落口

刚性防水层应在水落口杯处用弹性较好的二布三涂防水涂膜或双层合成高分子防水卷材做与杯相连接的防水层，以增强适应基层变形的能力。刚性防水层浇筑至杯边缘，再用防水砂浆抹平，水落口应低于刚性防水层，分别见图 4-18、图 4-19。横式水落口柔性防水层在女儿墙的收头与本节“（5）山墙、女儿墙泛水防水做法”相同。

（9）反梁过水孔防水做法

1）根据屋面排水坡度留设反梁过水孔。孔底标高是找坡后的标高。

2）方形过水孔高度不应小于 150mm，宽度不应小于 250mm。见图 4-20。

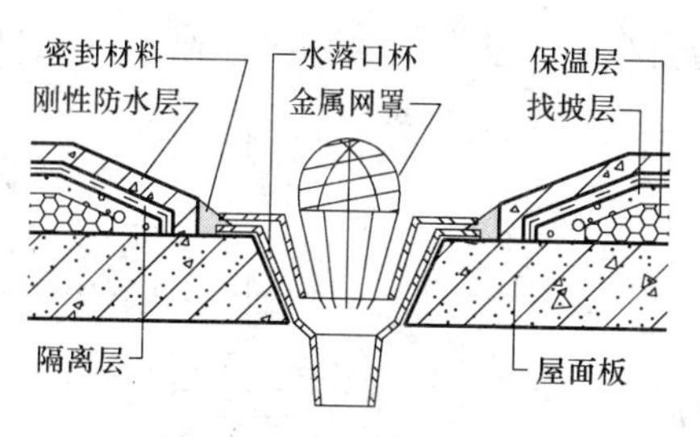

图 4-18 刚性防水层直式水落口

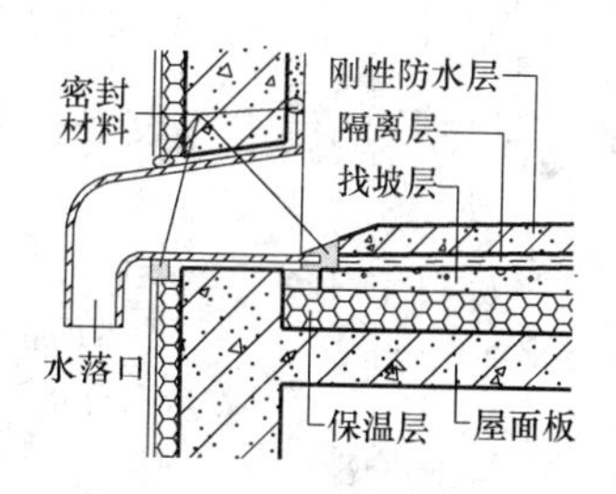

图 4-19 刚性防水层横式水落口

3）圆形预埋管的管径不得小于 75mm。管道两侧端部与混凝土接触的部位，应预留凹槽，槽内用密封材料封严，见图 4-21。

4）过水孔可采用涂料、卷材作防水层，接缝部位用密封材料封严。

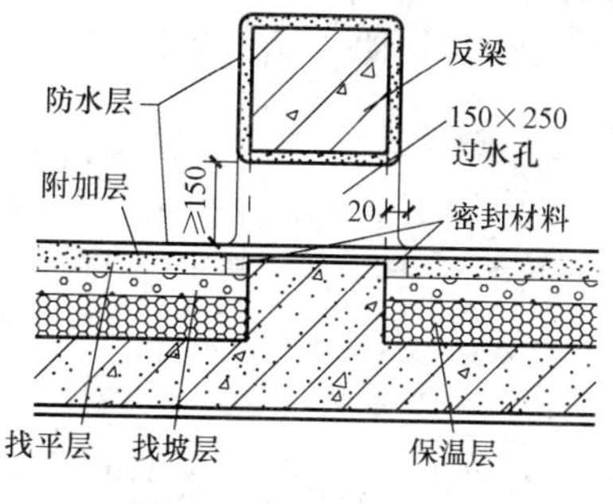

图 4-20 反梁过水孔

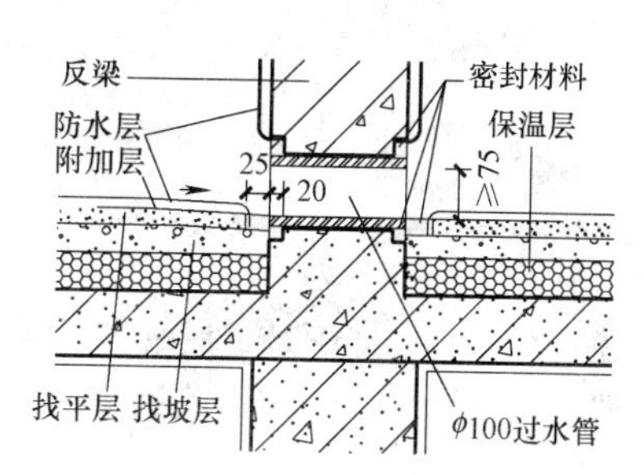

图 4-21 ϕ100PVC 或钢管过水孔

（10）伸出屋面管道防水做法

1）柔性防水层在伸出屋面管道根部的找平层应做成圆锥台。圆锥台上端面与管道间应留凹槽，槽内嵌填密封材料。卷材防水层收头处应用 8～10 号镀锌铁丝扎紧或管箍箍紧，并用密封材料封严，见图 4-22。

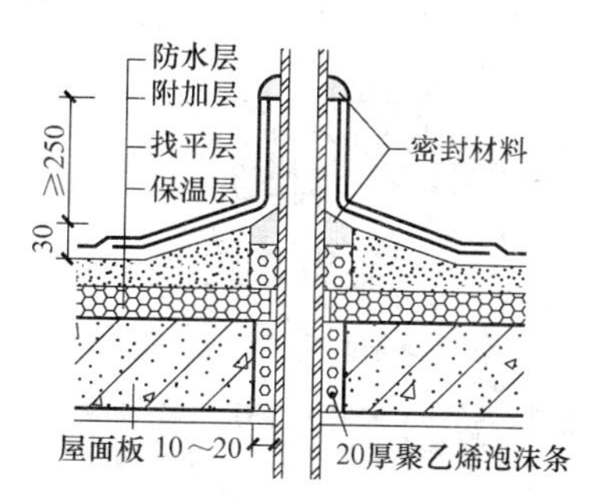

图 4-22 柔性防水层伸出管道

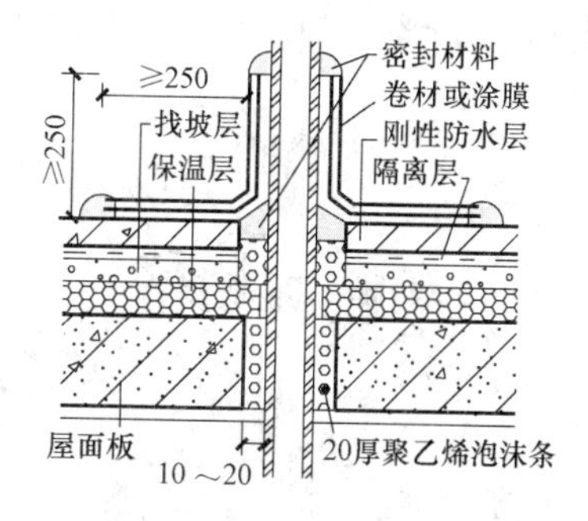

图 4-23 刚性防水层伸出管道

2）刚性防水层与伸出屋面管道的交接处应留设 30mm 的凹槽，槽内嵌填密封材料。管道周围和根部周围约 500mm 范围内用高弹性卷材或夹铺胎体的涂膜围裹，见图 4-23。

（11）排汽管防水做法

参见“3.1.3（3）设置排汽屋面”。

（12）出入口防水做法

1）屋面垂直出入口：防水层收头应压在混凝土压顶圈下，防水层与压顶圈之间应设置柔性保护层，压顶圈宜现浇，见图 4-24。

2）屋面水平出入口：防水层应做至水平出入口的混凝土踏步下，防水层应用柔性材料保护。防水层的泛水应设保护墙。附加增强防水层应比踏板略宽，见图 4-25。

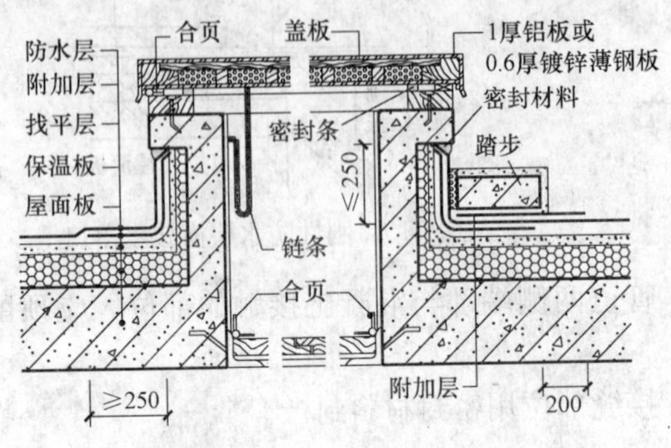

图 4-24　垂直出入口防水构造

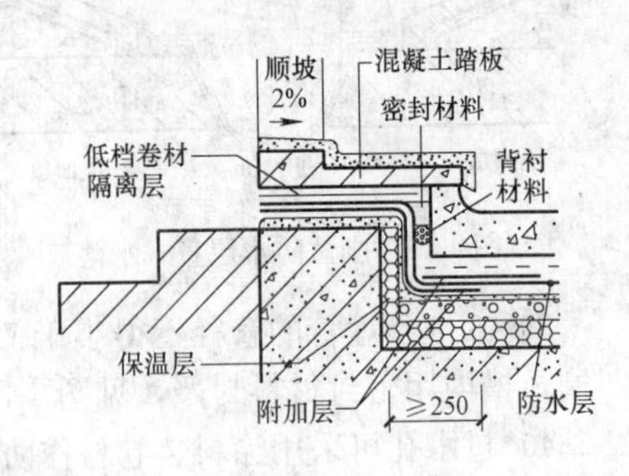

图 4-25　水平出入口防水构造

（13）卷材、涂膜夹铺胎体增强材料在最高封脊处的防水做法

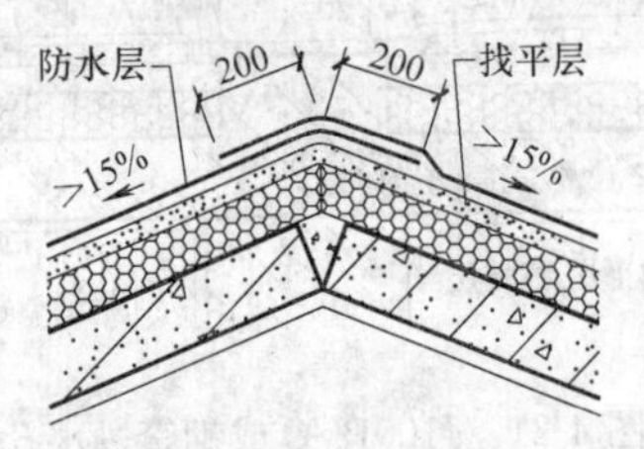

图 4-26　垂直于屋脊铺贴卷材封脊

1）卷材、胎体垂直于屋脊铺贴：为增强卷材、胎体在屋脊部位的抗拉强度，应在屋脊处进行搭接处理，见图 4-26。

2）卷材、胎体平行于屋脊铺贴：卷材、胎体在最高屋脊处留下的封脊间距宽度一般应不大于 1m 幅宽卷材的 2/3，然后用整幅卷材、胎体与两侧坡面防水层搭接，见图 4-27。

3）双层卷材、胎体平行于屋脊铺贴：先在屋脊处点铺一条 500～700mm 宽的附加增强卷材条（涂膜夹铺胎体时先空铺牛皮纸再点铺胎体），第一层卷材防水层按施工要求从一侧坡面铺贴至另一侧，第二层卷材在屋脊处断开，用封脊卷材（涂膜夹铺胎体增强材料）覆盖搭接，见图 4-28。也可按工程实际情况设计搭接方法。

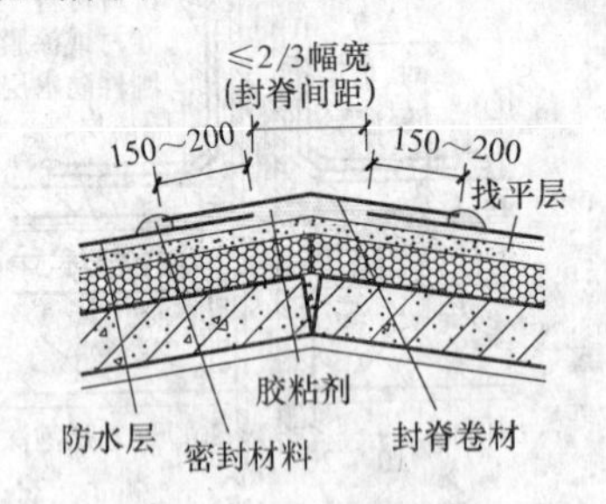

图 4-27　平行于屋脊铺贴卷材封脊

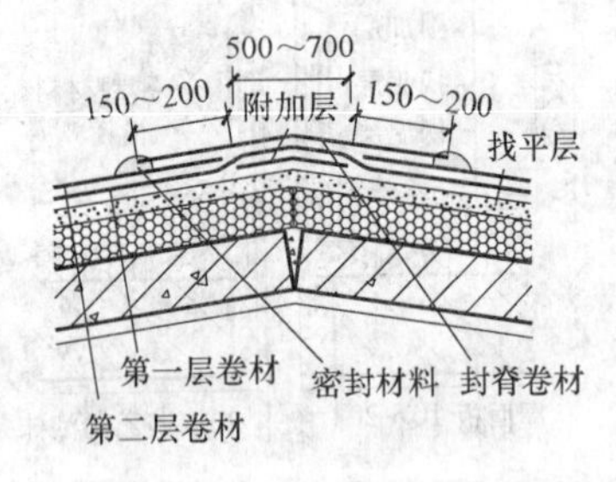

图 4-28　双层卷材封脊

（14）屋顶水池、水箱防水做法

水箱应有盖，且应密闭，以防小动物、昆虫、杂物、污物落入，污染水源。水箱宜用成品。

采用防水混凝土浇筑的水池、水箱，上部有进水管，下部有排水管和排水口，水池排水管连接种植用水系统；水箱排水管连接住户生活用水管道。排水口用于排出清洗池壁时的洗涤水。水池、水箱可只设内防水层。水池内防水层可涂刷水泥基渗透结晶型防水涂料，见图 4-29；水箱内防水层在涂刷水泥基渗透结晶型防水涂料的基础上，再涂刷瓷釉

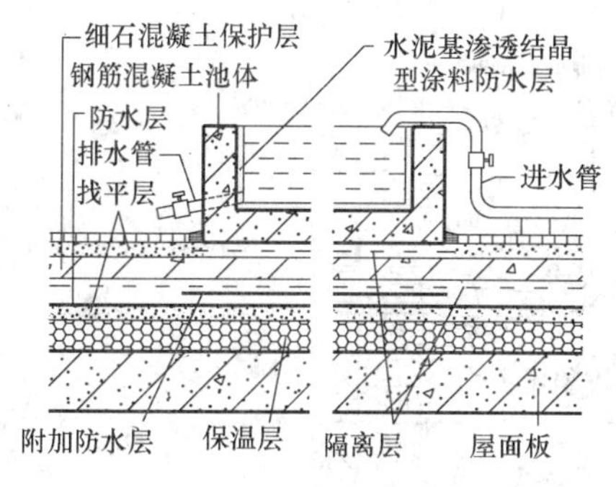

图 4-29　水池防水构造

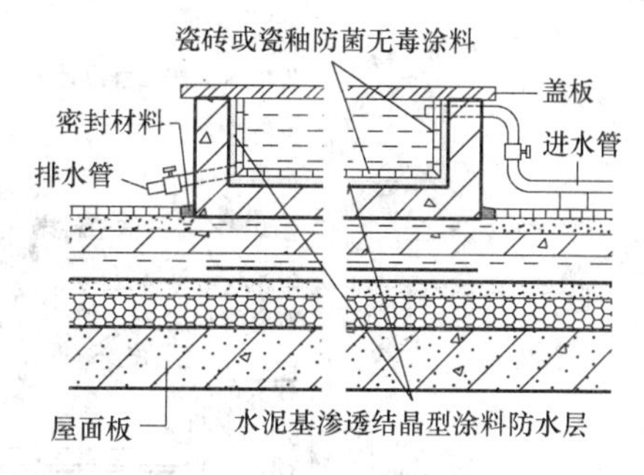

图 4-30　水箱防水构造

状防菌无毒涂料，以便于清洗，见图 4-30。屋面主体防水层在水池、水箱底部还应增设附加增强防水层和刚性保护层，非上人屋面，维修人员经常走动的路径也应设置附加增强防水层和刚性保护层。

（15）种植屋面防水做法

普通防水层可采用通常的方法施工，金属耐根穿刺防水材料采用焊接法施工。防水构造、做法见图 4-31～图 4-37。施工时，凡细部构造部位，如阴阳角、管道根、收头部位等都应与普通做法一样增设附加卷材，接缝处用密封材料封严。

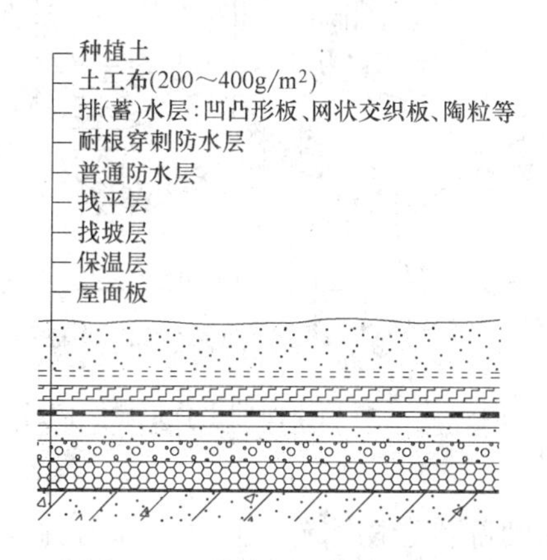

图 4-31　种植平屋面做法构造

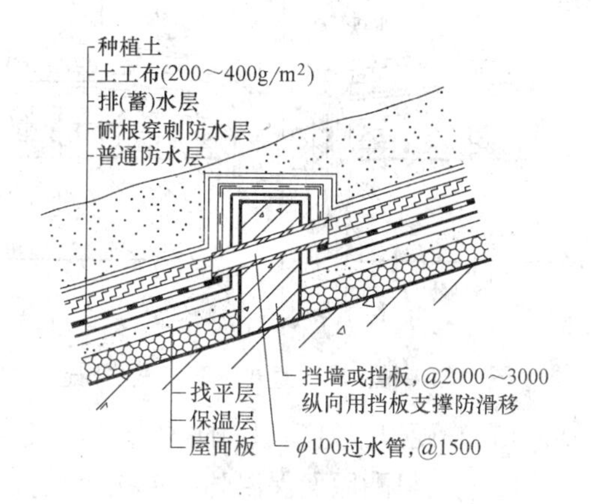

图 4-32　种植坡屋面做法构造

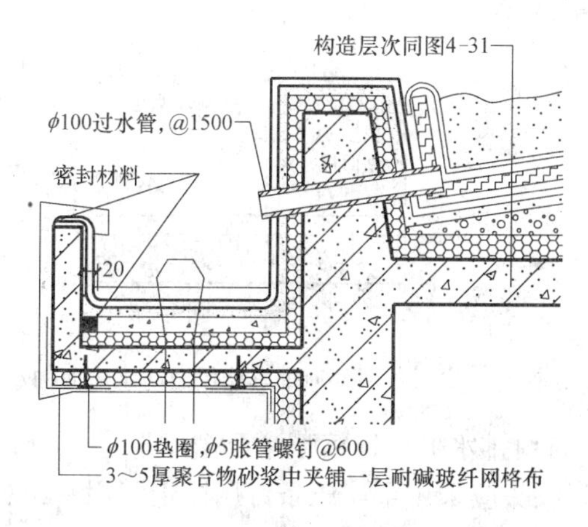

图 4-33　种植屋面檐口做法构造

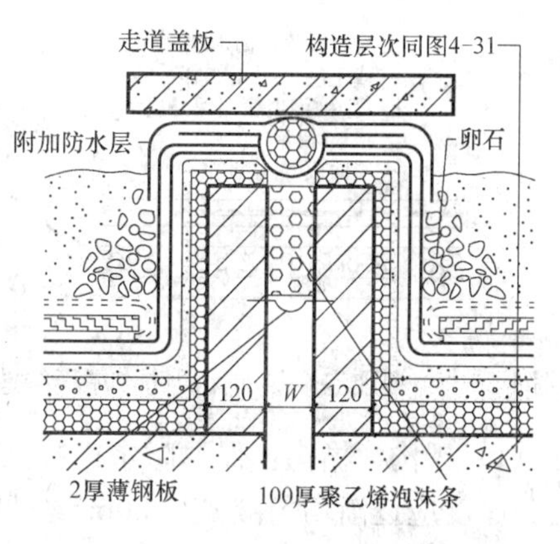

图 4-34　种植屋面变形缝做法构造

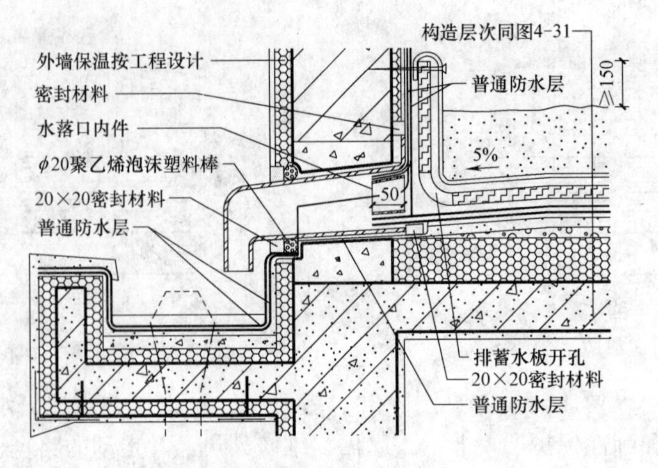

图 4-35　种植屋面横式水落口做法构造

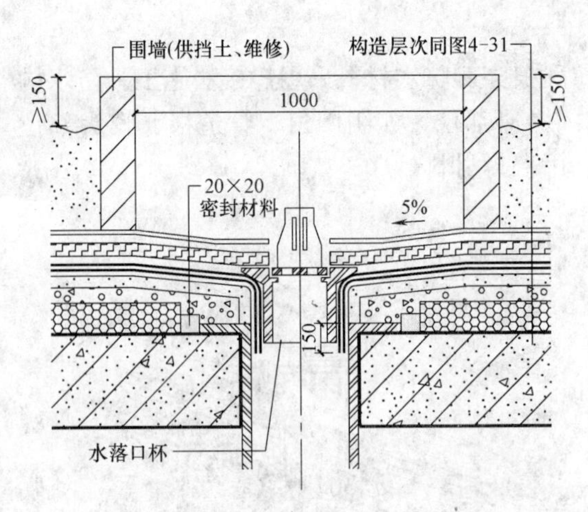

图 4-36　种植屋面直式水落口做法构造

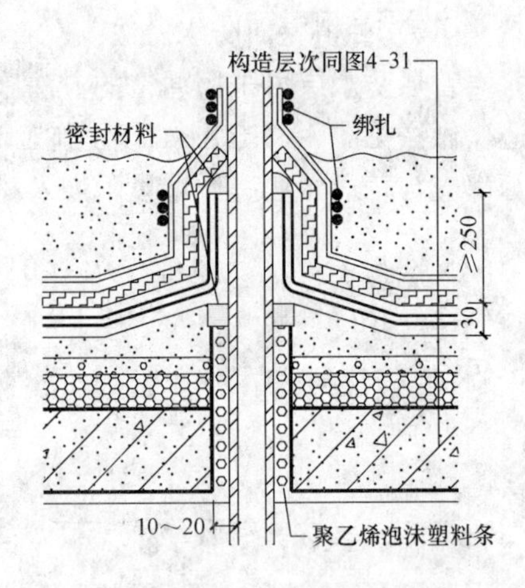

图 4-37　种植屋面伸出管道做法构造

（16）硬泡聚氨酯屋面防水施工

硬泡聚氨酯屋面保温防水应按屋面构造施工图和细部构造防水施工图进行喷涂施工。Ⅰ、Ⅱ、Ⅲ型喷涂硬泡聚氨酯保温防水屋面构造分别见图 4-38～图 4-41。

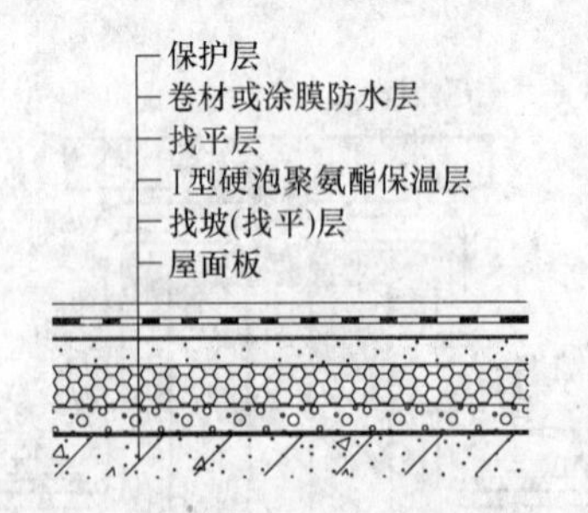

图 4-38　Ⅰ型硬泡聚氨酯保温防水屋面构造

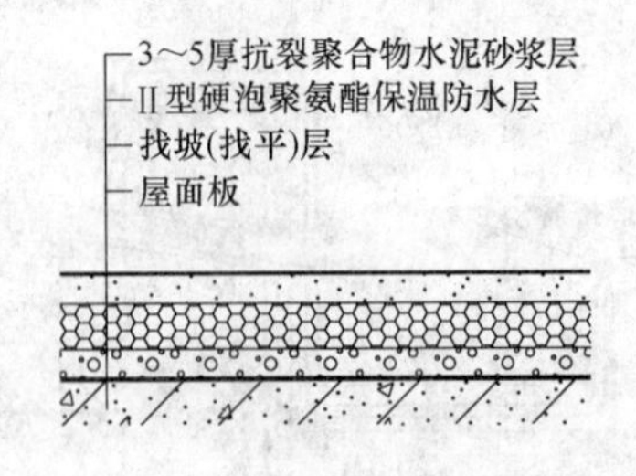

图 4-39　Ⅱ型硬泡聚氨酯保温防水屋面构造

1）天沟、檐沟：保温防水构造见图 4-42；自由排水檐口连续喷涂至檐口附近 100mm 处，厚度应逐渐均匀减薄至 20mm，见图 4-43。收头应采用金属压条钉压固定并用密封材料封严。

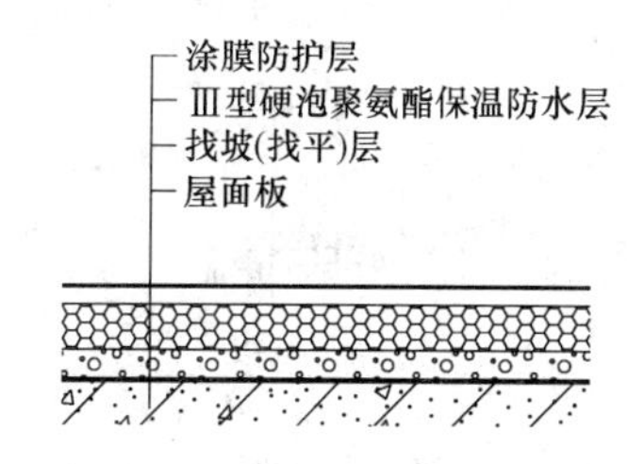

图 4-40 Ⅲ型硬泡聚氨酯保温防水屋面构造

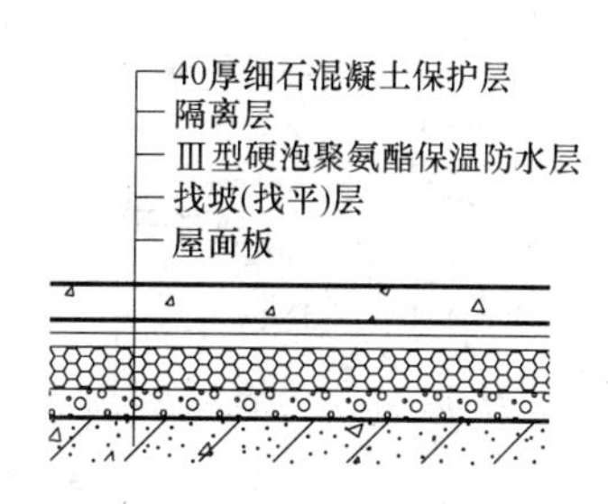

图 4-41 Ⅲ型硬泡聚氨酯保温防水上人屋面构造

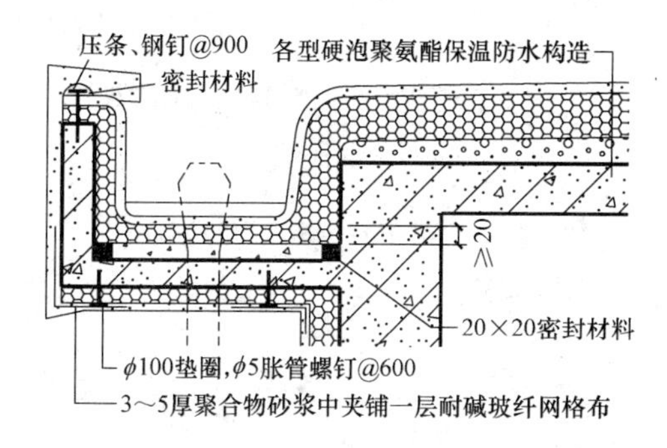

图 4-42 天沟、檐沟硬泡聚氨酯防水构造

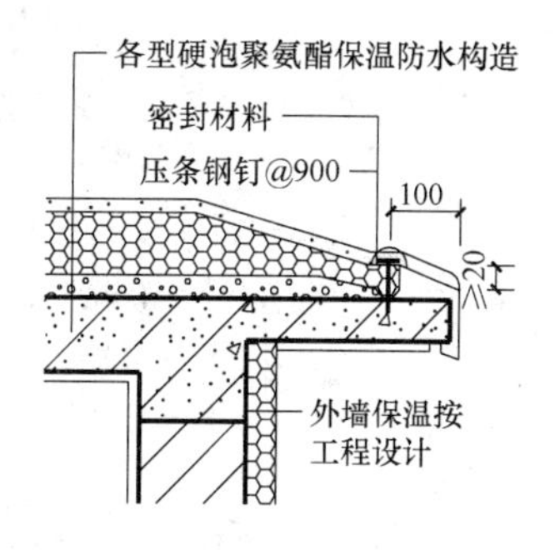

图 4-43 自由排水檐口硬泡聚氨酯防水构造

2）山墙、女儿墙泛水：见图 4-44、图 4-45。喷涂高度距屋面表层不小于 300mm，喷涂至砖墙、混凝土墙的收头处理与卷材相同。

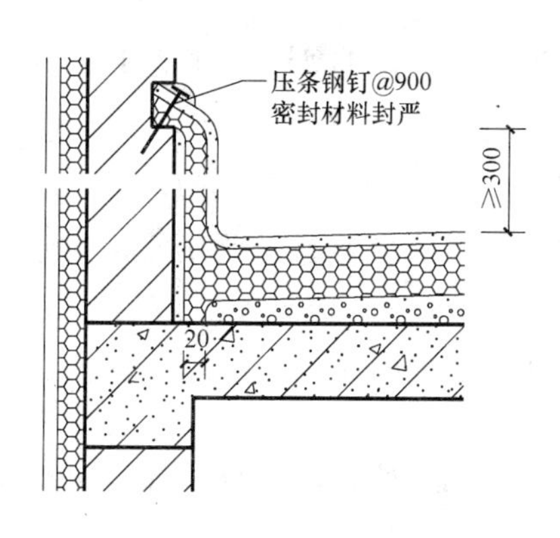

图 4-44 泛水硬泡聚氨酯防水构造（一）

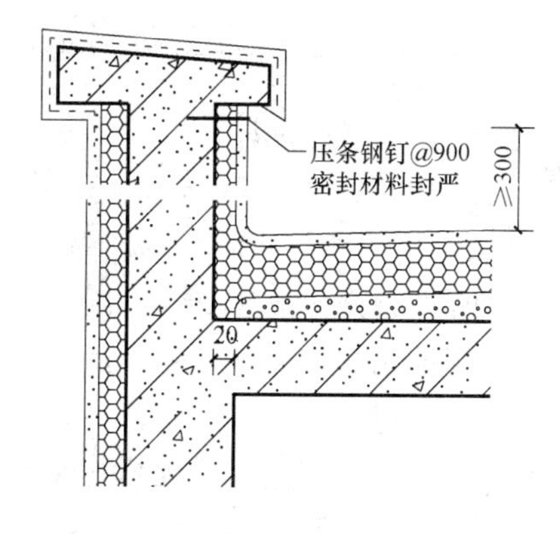

图 4-45 泛水硬泡聚氨酯防水构造（二）

3）变形缝：见图 4-46，喷涂至变形缝顶部。缝内与顶部防水处理与卷材相同。

4）伸出管道：见图 4-47，喷涂高度、收头处理与卷材相同。

5）水落口：见图 4-48、图 4-49。水落口周围直径 500mm 范围内的排水坡度不应小于 5%，最薄处厚度不小于 15mm。其余要求与卷材相同。

6）出入口：喷涂高度、收头处理、保护处理与卷材相同。

4.1.1.2 屋面接缝密封防水做法

屋面接缝密封防水与刚性、柔性防水屋面配套使用。

（1）材料要求

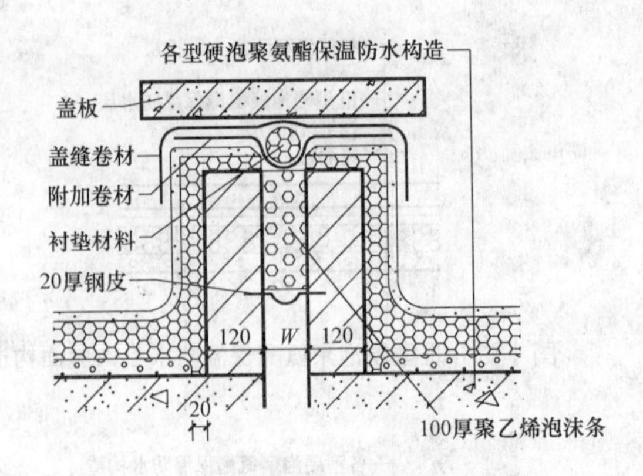

图 4-46　变形缝硬泡聚氨酯防水构造

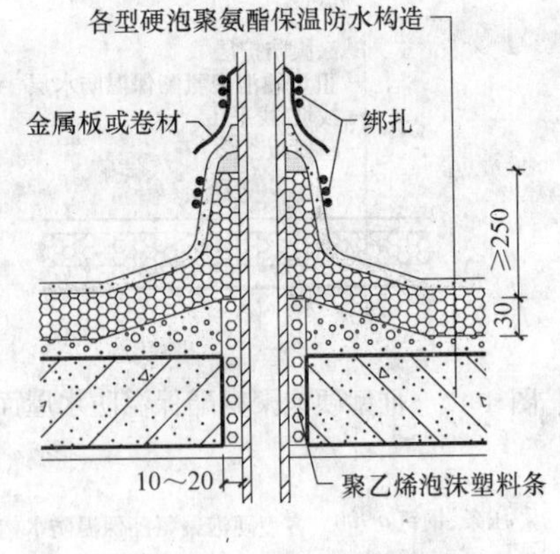

图 4-47　伸出管道硬泡聚氨酯防水构造

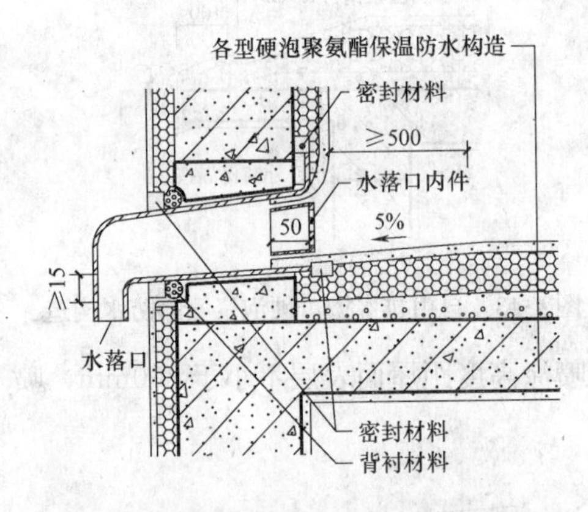

图 4-48　横式水落口硬泡聚氨酯防水构造

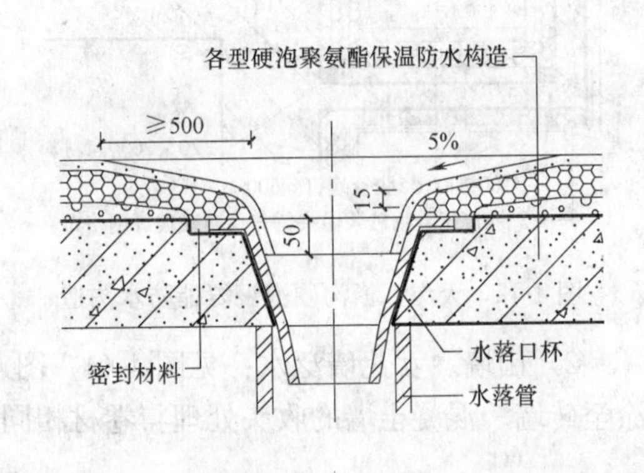

图 4-49　直式水落口硬泡聚氨酯防水构造

所用密封材料应符合设计要求。

(2) 密封防水做法

1) 屋面接缝密封防水、卷材搭接边密封防水、涂膜接缝密封防水、收头密封防水等选料、做法应符合设计要求，确保不渗水。

2) 密封防水的耐用年限与防水层一起应符合屋面防水等级的要求。

3) 屋面密封防水的接缝宽度宜为 5～30mm。密封深度：迎水面可取接缝宽度的 0.5～0.7 倍，并宜选择低模量密封材料嵌缝；背水面可取接缝宽度的 1.5～2 倍，并宜选择高模量密封材料嵌缝。

(3) 细部构造

装配式结构板缝中浇筑强度等级不小于 C20 的补偿收缩细石混凝土；当板缝宽度大于 40mm 或上窄下宽时，应在缝中放置构造钢筋；板缝上部留凹槽，按要求养护。凹槽底部填放背衬材料，上部嵌填密封材料。凹槽表面的密封材料，应用有机硅薄膜隔离条或其他隔离材料隔离，然后再覆盖一条宽度不小于 200mm 的卷材保护层，见图 4-50。水落口杯、

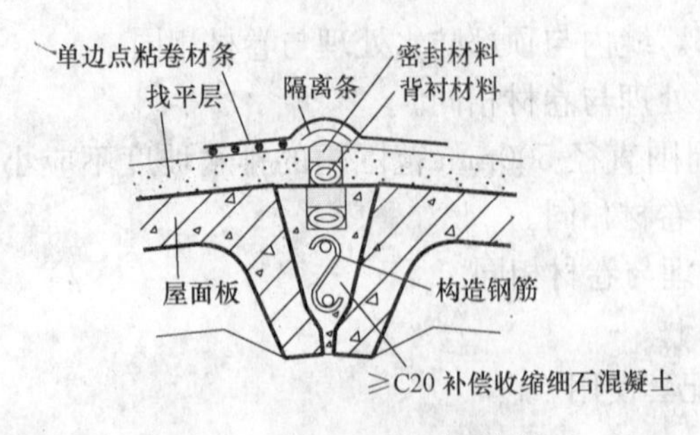

图 4-50　非保温屋面板缝增强

管道根、天沟、檐沟、檐口、泛水卷材收头、卷材搭接边、刚性材料凹槽等节点均应用密封材料嵌填严实。

4.1.1.3 瓦屋面细部构造防水做法

（1）设防要点

1）平瓦（机制黏土平瓦和混凝土平瓦）单独使用时，可用于防水等级为Ⅲ级、Ⅳ级的屋面防水，与防水卷材或防水涂膜复合使用时，可用于防水等级为Ⅱ级、Ⅲ级的屋面防水。

2）油毡瓦单独使用时，可用于防水等级为Ⅲ级的屋面防水，与防水卷材或防水涂膜复合使用时，可用于防水等级为Ⅱ级的屋面防水。

3）金属板材屋面适用于防水等级为Ⅰ级、Ⅱ级、Ⅲ级的屋面防水。

（2）瓦屋面的排水坡度

瓦屋面的排水坡度见表 4-2。

瓦屋面的排水坡度（%） **表 4-2**

材料种类	屋面排水坡度	材料种类	屋面排水坡度
平瓦	≥20	金属板材	≥10
油毡瓦	≥20		

当平瓦屋面坡度大于 50%，油毡瓦屋面坡度大于 150% 时，应采取固定加强措施。

（3）铺设要求

1）平瓦屋面应在基层上面先铺设一层卷材，卷材之间应顺流水方向搭接，搭接宽度不宜小于 100mm，并用顺水条将卷材压钉在基层上；顺水条的间距宜为 500mm，再在顺水条上铺钉挂瓦条。平瓦可采用在基层上设置泥背的方法铺设，泥背厚度宜为 30～50mm。

2）油毡瓦屋面应在基层上面先铺设一层卷材，卷材铺设在木基层上时，可用油毡钉固定卷材；卷材铺设在混凝土基层上时，可用水泥钉固定卷材。

（4）天沟、檐沟设防要求

可采用合成高分子防水卷材、高聚物改性沥青防水卷材或夹铺胎体的涂膜防水层，也可采用金属板材。

（5）细部构造做法

1）平瓦屋面的瓦头挑出封檐的长度宜为 50～70mm（图 4-51、图 4-52），油毡瓦屋面的檐口应设金属滴水板（图 4-53、图 4-54）。

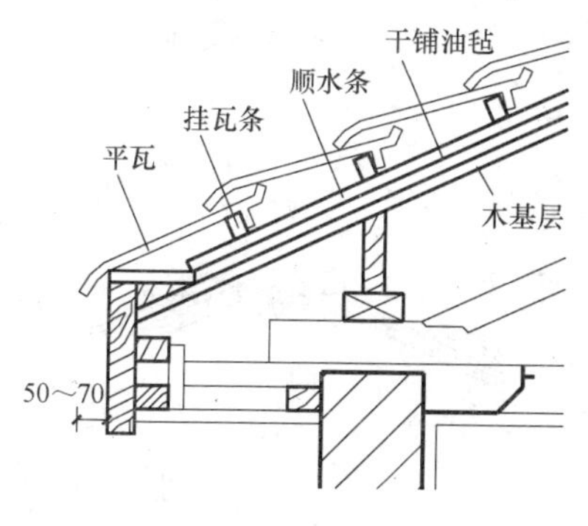

图 4-51 平瓦屋面檐口（一）

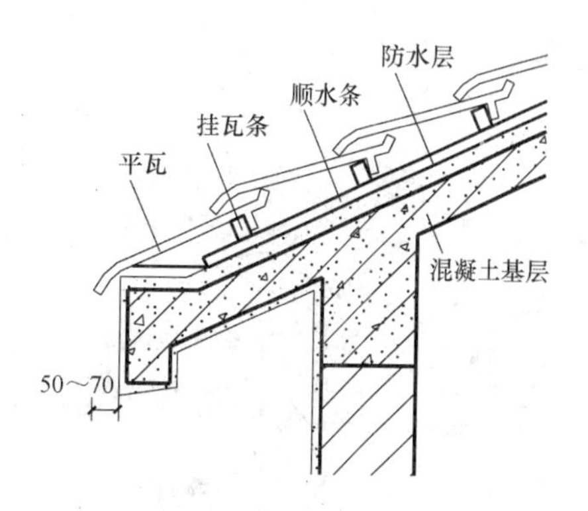

图 4-52 平瓦屋面檐口（二）

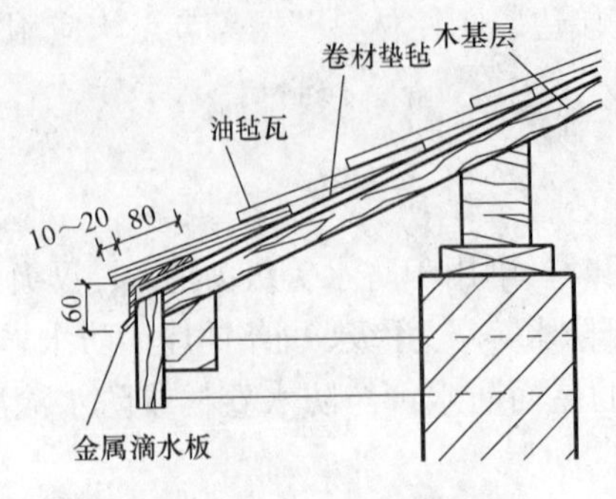

图 4-53　油毡瓦屋面檐口（一）

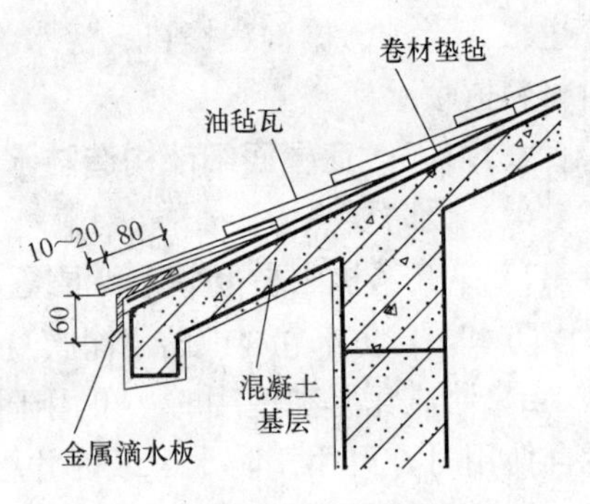

图 4-54　油毡瓦屋面檐口（二）

2）平瓦屋面的泛水，宜采用聚合物水泥砂浆或掺有纤维的混合砂浆分次抹成；烟囱与屋面的交接处，在迎水面中部应抹出分水线，并应高出两侧各 30mm（图 4-55）。油毡瓦屋面和金属板材屋面的泛水板，与凸出屋面的墙体搭接高度不应小于 250mm（图 4-56 和图 4-57）。

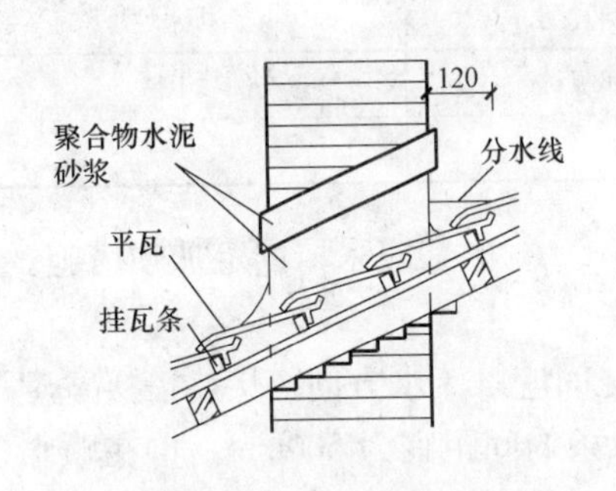

图 4-55　平瓦屋面烟囱泛水

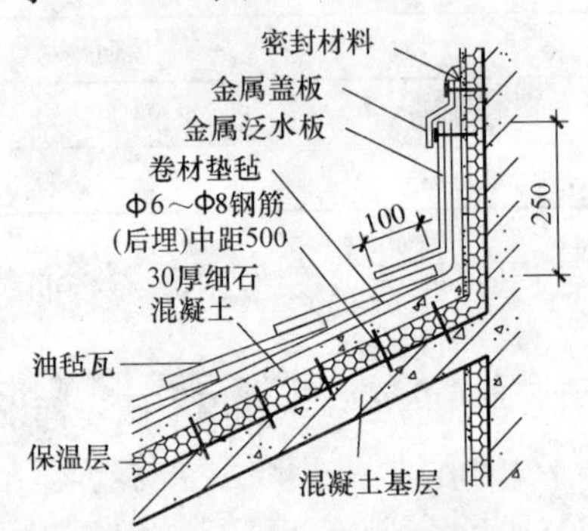

图 4-56　油毡瓦屋面泛水

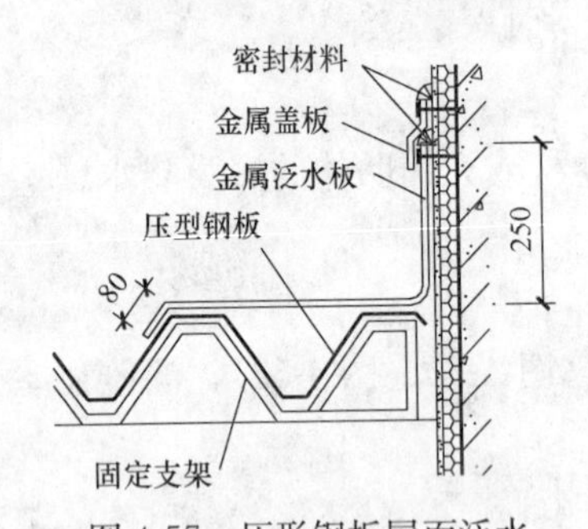

图 4-57　压形钢板屋面泛水

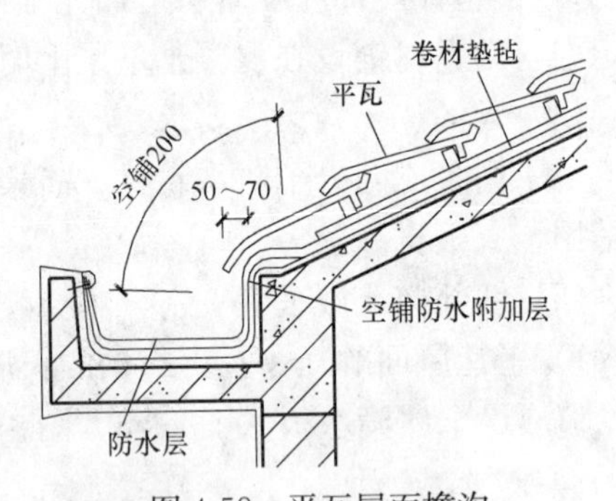

图 4-58　平瓦屋面檐沟

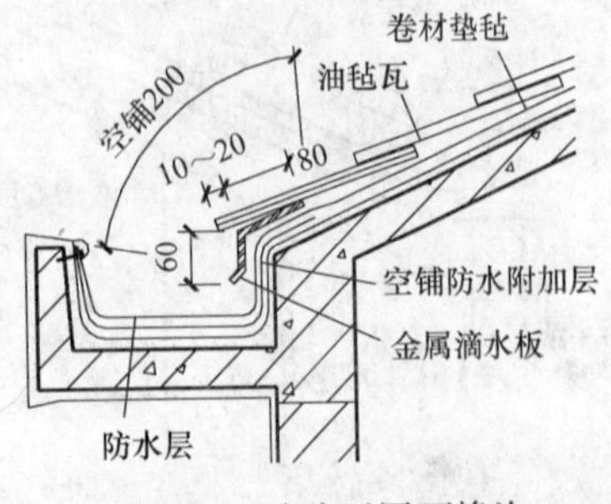

图 4-59　油毡瓦屋面檐沟

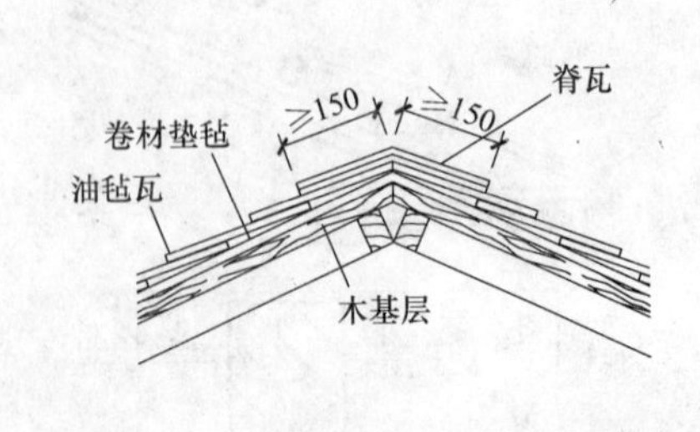

图 4-60　油毡瓦屋脊

3）平瓦伸入天沟、檐沟的长度宜为 50～70mm（图 4-58）；檐口卷材 200mm 范围内应空铺，油毡瓦与卷材之间应采用满粘法铺贴（图 4-59）。

4）平瓦屋面的脊瓦下端距坡面瓦的高度不宜大于 80mm，脊瓦在两坡面瓦上的搭盖宽度，每边不应小于 40mm。油毡瓦屋面的脊瓦在两坡面瓦上的搭盖宽度，每边不应小于 150mm（图 4-60）。

5）金属板材屋面檐口挑出的长度不应小于 200mm（图 4-61）；屋面脊部应用金属屋脊盖板，并在屋面板端头设置泛水挡水板和泛水堵头板（图 4-62）。

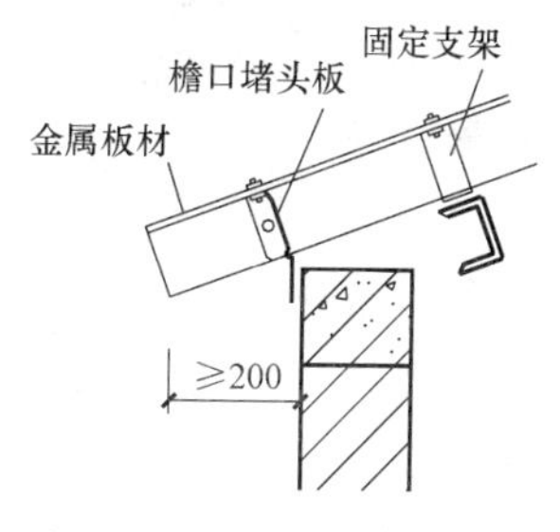

图 4-61　金属板材屋面檐口

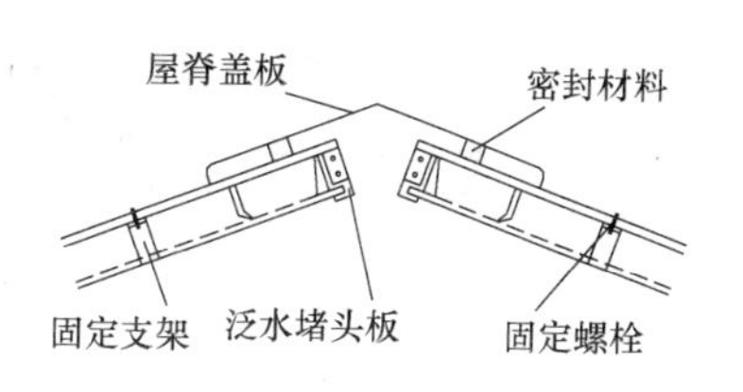

图 4-62　金属板材屋脊

6）平瓦、油毡瓦屋面与屋顶窗交接处，应采用金属排水板、窗框固定铁角、窗口防水卷材、支瓦条等连接（图 4-63、图 4-64）。

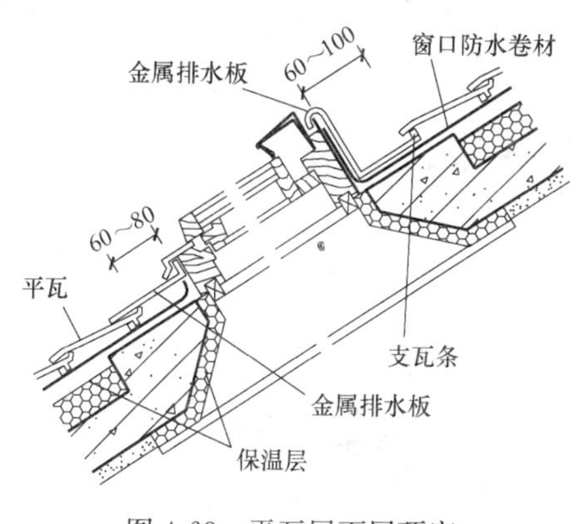

图 4-63　平瓦屋面屋顶窗

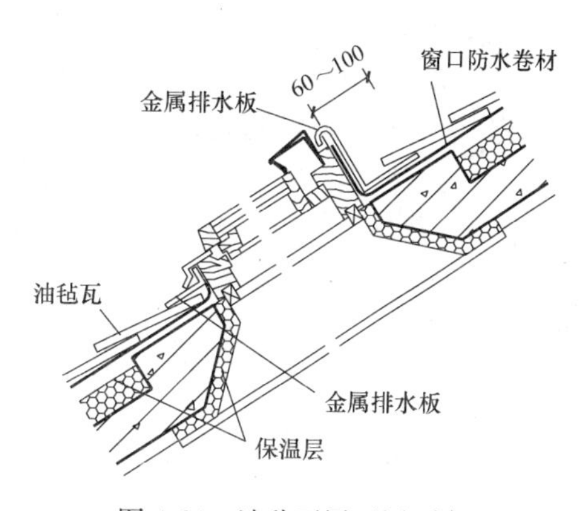

图 4-64　油毡瓦屋面屋顶窗

4.1.2　地下工程细部构造防水做法

地下工程在细部构造部位均应增设附加防水层。卷材与涂膜防水层的增强层材料宜选用加玻纤或无纺布胎体的同材质涂膜防水层，卷材防水层也可用同种卷材作增强层，但剪口应切实做好密封处理，以防出现"针眼"，造成渗漏。

4.1.2.1　房屋建筑地下工程细部构造防水做法

（1）施工缝防水做法

分为水平缝和垂直缝两个截面方向的防水做法。

1）水平施工缝：

应避免设在剪力与弯矩最大处或底板与侧墙的交接处，应留在高出底板表面不少于 300mm 的墙体上。拱（板）墙结合的水平施工缝，宜留在拱（板）墙接缝线以下 150～

300mm 处。距预留孔洞边缘不应小于 300mm。但水池宜只留在顶板梁下皮处；游泳池则不留，整体连续浇筑。水平施工缝的止水措施大致有四种，如图 4-65 所示。

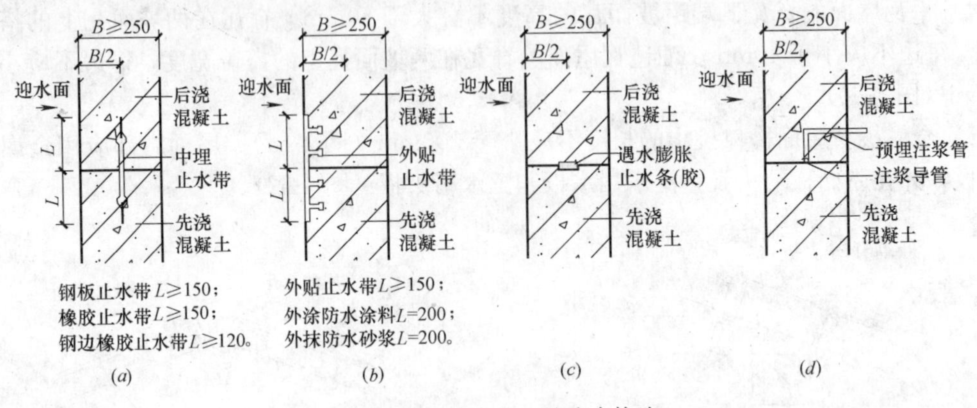

图 4-65　水平施工缝防水构造

① 中埋式止水带、注浆管应定位准确、固定牢固：A. 钢板止水带应采用搭接焊，焊缝部位用淋水或涂刷煤油的方法观察是否向背面渗透，如渗透应重焊，按施工缝留设部位的设计高程作为假想基面，用锚固筋将钢板焊接在横向钢筋上，假想基面的上下（水平缝）各占 1/2 板宽的钢板；B. 橡胶止水带用细钢丝悬挂在设计施工缝高程两侧的横向钢筋上；C. 注浆管的安装，需事先在设计施工缝高程的横向钢筋上绑扎细钢丝，待下部混凝土浇筑后，再行固定。

② 外贴式止水带的材性宜与柔性防水材料相容：A. 止水带的接缝宜为一处，应设在边墙较高的部位，不得设在结构的转角处。乙烯-共聚物沥青（ECB）止水带及塑料型止水带的接头应采用热熔焊接连接，橡胶型止水带的接头应采用热压硫化焊接；B. 利用止水带与柔性防水材料的相容特性，在止水带表面涂刷涂料或卷材胶粘剂进行粘结，塑料型防水卷材与塑料型止水带之间采用热熔焊接；C. 当柔性防水材料与外贴式止水带的材性不相容时，两者之间可采用卤化丁基橡胶防水胶粘剂粘结。

③ 遇水膨胀止水条（胶）施工：A. 用钢丝刷、凿子、小扫帚、吹风机等工具将混凝土基层的施工缝基层凸起部分凿平，扫去或吹尽浮灰等杂物；B. 粘贴遇水膨胀止水条（胶）；C. 用水泥钉将止水条钉压固定，钉间距宜为 800～1000mm。平面部位的钉压间距可宽些，立面、拐角部位的间距可窄些；D. 对遇水不具有缓膨胀特性的止水条涂刷缓膨胀剂。

④ 浇筑下部混凝土：混凝土浇筑的高度偏离施工缝留设基面（即假想基面）的误差不宜大于±20mm。浇筑高度的确定，可在模板上画线做好记号，作为浇筑时的高度依据。也可用模板的模数来作为施工缝的浇筑高度。

⑤ 浇筑上部混凝土：将基面清理干净，铺设净浆（充分湿润基面）或涂刷混凝土界面处理剂、水泥基渗透结晶型防水涂料，再浇筑 30～50mm 厚的 1∶1 或与混凝土同配合比的水泥砂浆接浆层，紧接着浇筑混凝土。接浆层砂浆拌制用量按下式计算：

$$m_B = (0.03 \sim 0.05) k \cdot B \cdot L \cdot (m_C + m_S + m_W)$$

式中　m_B——待浇施工缝长度范围内接浆层砂浆的所需拌制用量（kg）；

B——施工缝宽度（m）；

L——施工缝长度，环形施工缝为周长（m）；

m_C——每立方米混凝土的水泥用量（kg）；

m_S——每立方米混凝土的砂子用量（kg）；

m_W——每立方米混凝土的用水量（kg）；

k——系数，一般取 1.1～1.2。

2）垂直施工缝：

一般中小型地下工程结构墙体不设垂直施工缝。但有的大型地下工程采用“小节拍流水段”浇筑，形成大量垂直施工缝，一般可采用图 4-66 的方法在侧面敷设遇水膨胀止水条（胶）止水。垂直施工缝的位置，应避开地下水和裂隙水较多的地段，并宜与变形缝相结合。浇筑混凝土前，应清理干净基面，喷水湿润侧壁基面，再喷涂水泥基渗透结晶型防水涂料，或涂刷（喷涂）混凝土界面处理剂，紧接着浇筑混凝土。

3）施工缝质量检查：

① 检查施工缝的留设位置是否准确，离拱（板）墙接缝线以下是否在 150～300mm 范围内，距孔洞边缘是否在 300mm 以上；

② 止水带、注浆管、膨胀止水条（胶）的位置是否位于施工缝中央，膨胀止水条混凝土的保护层厚度是否大于 100mm；

③ 施工缝表面的浮灰、碎片等杂物是否已清理干净，对有凿毛工艺要求的基层，检查凿毛质量是否符合要求，基面是否已充分浇水湿润；

④ 涂刷（或喷涂）水泥剂渗透结晶型防水涂料、水泥净浆或混凝土界面处理剂涂刷质量是否符合要求，是否有漏涂（白斑）处；

⑤ 水平施工缝接浆层砂浆的配比是否符合要求，检查接浆层砂浆的拌制用量是否符合工程的实际用量；

⑥ 检查接浆层砂浆与混凝土之间是否连续浇筑；

⑦ 墙体混凝土拆模后，检查施工缝部位混凝土是否密实，孔眼、裂缝等质量缺陷应修复。

（2）后浇带、膨胀带防水做法

1）一般后浇带：应设在温度收缩应力较大、变截面或钢筋变化较大等部位，间距为 30～60m，宽度宜为 700～1000mm。防水构造基本形式如图 4-66 所示。后浇带的两条侧壁的施工缝与垂直施工缝基本相同。

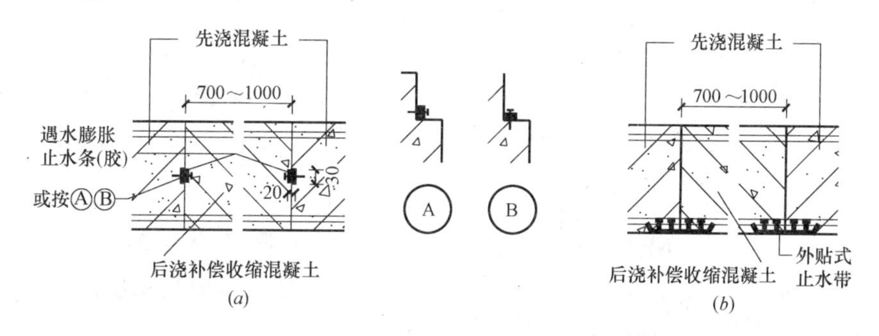

图 4-66　后浇带防水构造

后浇带应采用补偿收缩混凝土浇筑，其强度等级不应低于两侧混凝土。

后浇带应在两侧混凝土收缩变形基本稳定后再施工。混凝土的收缩变形在龄期为 6 周后才能基本稳定，因此规定龄期达 6 周后再施工。条件许可时，间隔时间越长越好。

2）超前止水后浇带：后浇带内建筑垃圾不易清理，对已经铺设的防水层不能有效保护。这些缺陷可以采用超前止水的办法加以解决。

超前止水后浇带部位的混凝土应局部加厚，并增设外贴式止水带或中埋式止水带，如图 4-67 所示。中埋式止水带适用于厚底板（1000～2000mm），底板在后浇带下延伸部分的板厚可为 250mm，止水带偏上埋置。

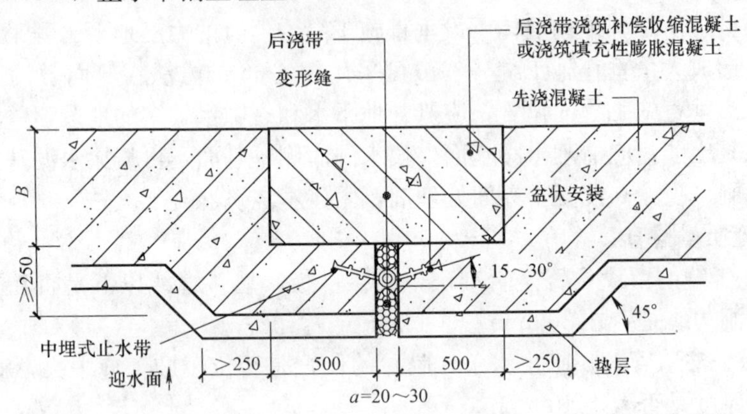

图 4-67　底板超前止水后浇带

采用预制钢筋混凝土板，是简便的超前止水构造，见图 4-68（*a*）。地下水无侵蚀性时，可用 5mm 厚钢板代替预制钢筋混凝土板，见图 4-68（*b*）。底板后浇带也可采用将带下垫层局部加筋、加厚、加强的简便做法。

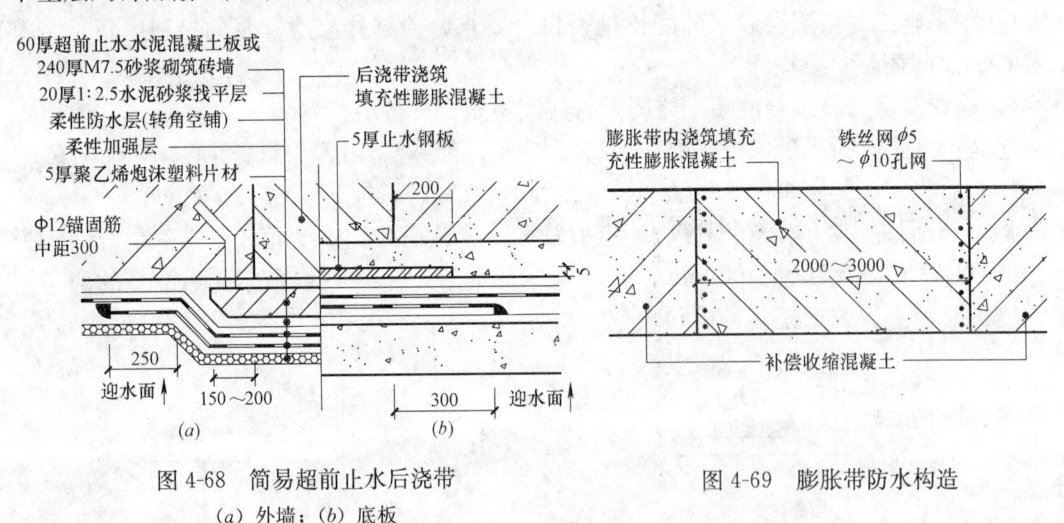

图 4-68　简易超前止水后浇带

（*a*）外墙；（*b*）底板

图 4-69　膨胀带防水构造

3）膨胀带：留设位置与后浇带相同，一般每隔 20～40m 左右设置一条，宽度 2000～3000mm，带内适当增加 10%～15%的水平温度钢筋，带的两侧分别架设孔径 $\phi5$～$\phi10$mm 的钢丝网，以防两侧混凝土滚入膨胀带，钢丝网用竖向 $\phi16$ 钢筋（间距 200～300mm）加以固定，钢丝网与上下水平钢筋及竖向筋绑扎牢固，并留出足够的保护层（图 4-69）。

膨胀带的两侧采用限制膨胀率为 0.025%～0.05%、自应力值为 0.2～0.7MPa 的补偿收缩混凝土浇筑，当浇筑到膨胀带位置时，改换成限制膨胀率为 0.04%～0.06%、自应力值为0.5～1.0MPa的填充性膨胀混凝土浇筑。带内、外混凝土浇筑一气呵成，不留施工缝。膨胀剂的具体掺量视产品的性能指标由试配确定。

（3）变形缝防水做法

变形缝两侧建筑容易产生不均匀沉降。一般的伸缩变形、温度变形，可采用诱导缝、膨胀带、后浇带等措施加以解决。用于沉降的变形缝，其最大允许沉降差值不应大于30mm。变形缝处混凝土结构的厚度不应小于300mm。变形缝的宽度宜为20～30mm，几种防水构造形式分别见图4-70～图4-72。止水带在水平结构变形缝呈盆状安装，使浇筑混凝土时带下不易积聚气泡，见图4-72。环境温度高于50℃时，中埋式止水带应采用镀锌钢板、铜板等金属材料制作。

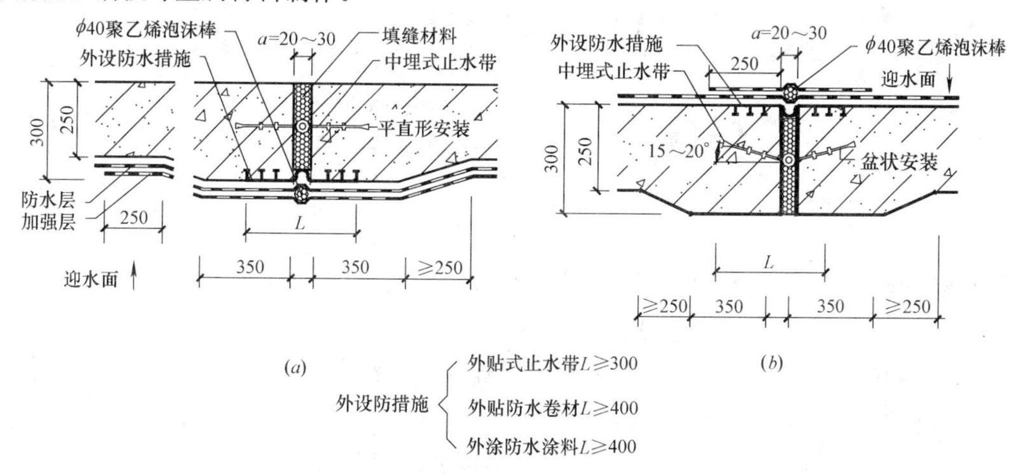

图4-70 中埋式止水带与外设防水措施复合使用

（a）外墙；（b）顶板

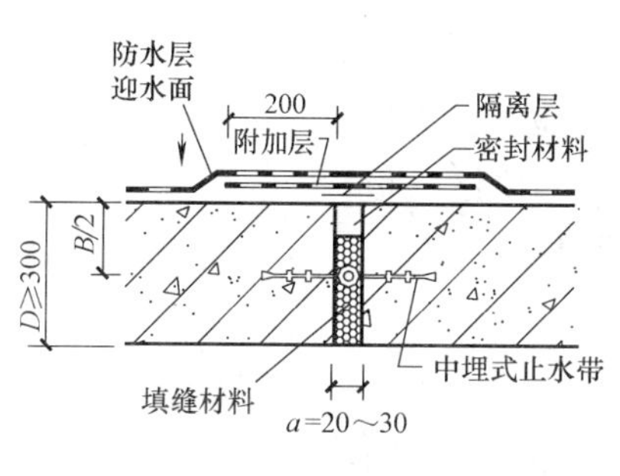

图4-71 中埋式止水带与嵌缝材料复合使用

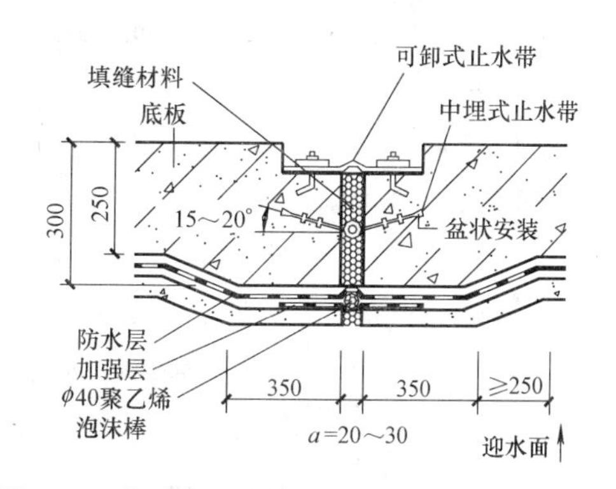

图4-72 中埋式止水带与可卸式止水带复合使用

1）安装止水带：

一般有五种方法，平直型安装有三种（图4-73～图4-75），盆型安装有两种（图4-76、图4-77）。

其中，图4-73平直型安装和图4-76盆型安装施工方法简单、省料，稳定性好。施工时，预先将φ6钢筋弯成一定角度并焊接在结构钢筋上，待止水带就位后，用套筒将φ6钢筋弯成钢筋卡，止水带便稳固在钢筋卡中。

图4-74用钢筋夹固定平直型止水带，施工复杂、费料，效果好。如采用焊接工艺将

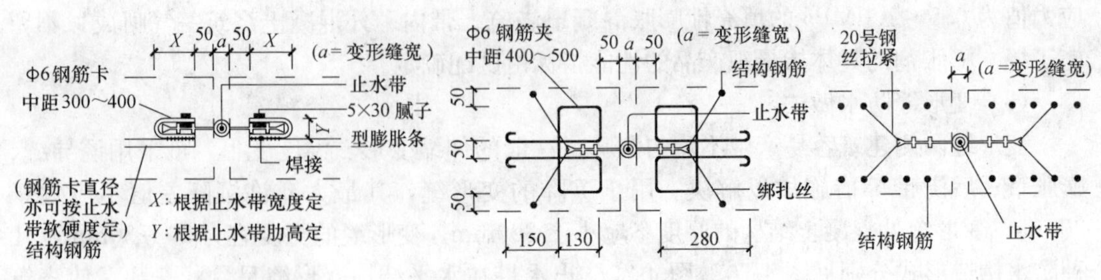

图 4-73 平直型安装（一） 图 4-74 平直型安装（二） 图 4-75 平直型安装（三）

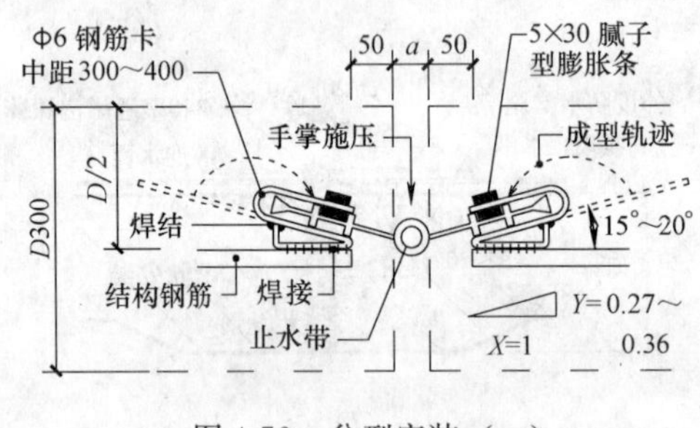

图 4-76 盆型安装（一）

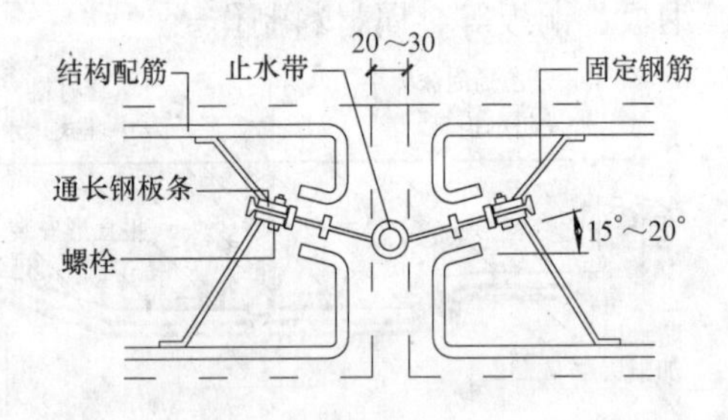

图 4-77 盆型安装（二）

钢筋夹焊接在结构钢筋上时，应防止电火花将止水带灼伤、灼穿或灼成麻面。

图 4-75 用钢丝固定止水带，施工简单、省料，但稳定性差。浇筑、振捣混凝土时，很可能会碰断固定用钢丝，使止水带掉落。

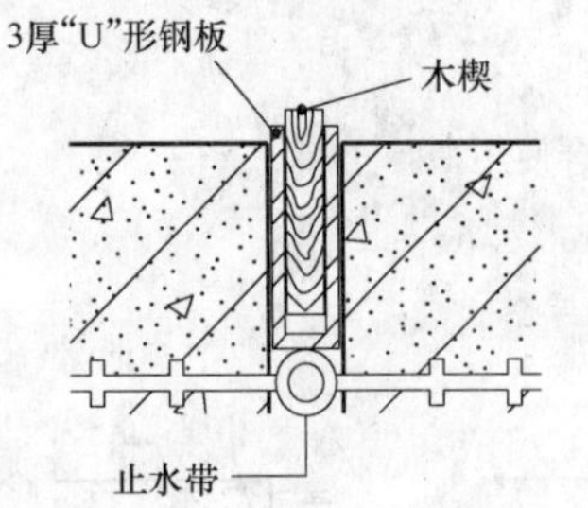

图 4-78 厚"U"形钢板构造

图 4-77 为盆型安装止水带方法，稳定性很好。但费工费料，需用五金件，且螺栓须穿过止水带，一旦锈蚀，孔眼就是渗水通路，留下隐患。焊接固定时，电火花可能会灼伤、灼穿止水带。

2）浇筑混凝土：

在止水带上部设置 3mm 厚"U"形钢板，见图 4-78。这是为了防止浇筑平面部位结构混凝土时，变形缝内因填充柔性填缝材料而导致两侧的混凝土不易振捣密实而采取的有效措施，待混凝土养护完毕再取出"U"形钢板，见图 4-79。

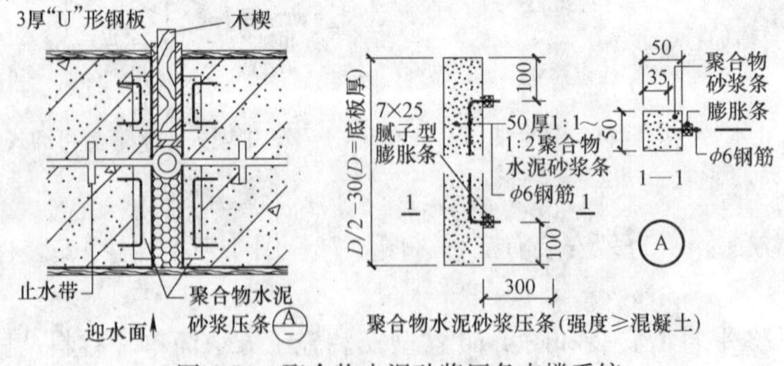

图 4-79 聚合物水泥砂浆压条支撑系统

3）变形缝质量检查：

① 止水带埋设位置是否准确，其中心圆环是否与变形缝中心线重合；

② 止水带固定是否牢固，顶、底板止水带是否呈盆形安装，盆形斜度是否符合设计要求；

③ 止水带的接缝是否在边墙较高位置上，并只有一处，转角处不得有接缝，接头是否用热压焊；

④ 采用与膨胀止水条复合的止水带，膨胀止水条的粘结是否牢固；

⑤ 中埋式止水带变形缝先施工一侧混凝土时，端模支撑是否牢固，模板拼缝是否严密，是否存在漏浆现象；

⑥ 变形缝两侧的混凝土凝固后是否密实；

⑦ 嵌缝材料与两侧基面粘结是否牢固，底部是否设有背衬材料，缝表面是否先设置隔离层后再设置卷材或涂料防水层；

⑧ 可卸式止水带的预埋金属配件、紧固件、螺栓、螺母是否有防止锈蚀的措施，是否定期涂刷机油，拆卸、安装是否容易；

⑨ 变形缝是否有渗漏现象，渗漏部位应予修复，修复前后均应按要求绘制“背水内表面的结构工程展开图”。

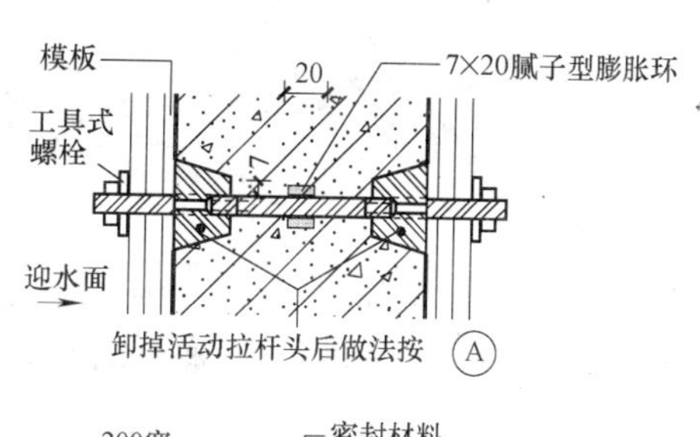

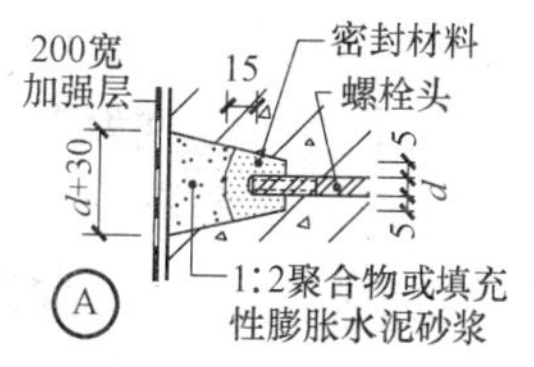

图 4-80　工具式螺栓构造

(4) 穿墙螺栓防水做法

防水混凝土结构内部设置的各种钢筋或绑扎钢丝，均不得接触模板，以防金属与混凝土之间细微的收缩缝隙形成贯通的渗水通路。

固定模板的螺栓必须穿过混凝土结构时，可采用工具式螺栓、木堵头或金属套管的构造形式，待拆模后，将留下的凹槽、孔洞封堵严实。其构造形式如图 4-80～图 4-82 所示。

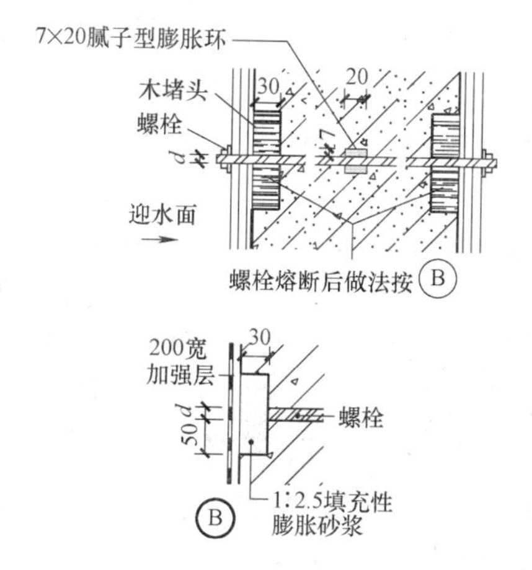

图 4-81　木堵头构造

图 4-82　金属套管构造

(5) 穿墙管防水做法

穿墙管应在浇筑混凝土前预埋、安装完毕。而不应当采用留洞口、装管后封堵混凝土或凿洞安装的方法。为了便于操作，穿墙管与内墙角、凹凸部位的距离应不小于 250mm。

管线较多时，宜采取穿墙盒的办法集中安装。安装时应采取适当措施，防止管道被撞击移位。

1）直埋式：结构变形较小或管道伸缩量较小时，采用直接埋入混凝土中的方法进行防水，穿墙管与混凝土交界处的迎水面基面应预留凹槽，槽内用低模量密封材料嵌实，管中部加设方形金属止水环或腻子型遇水膨胀止水条，其构造形式如图 4-83 所示。

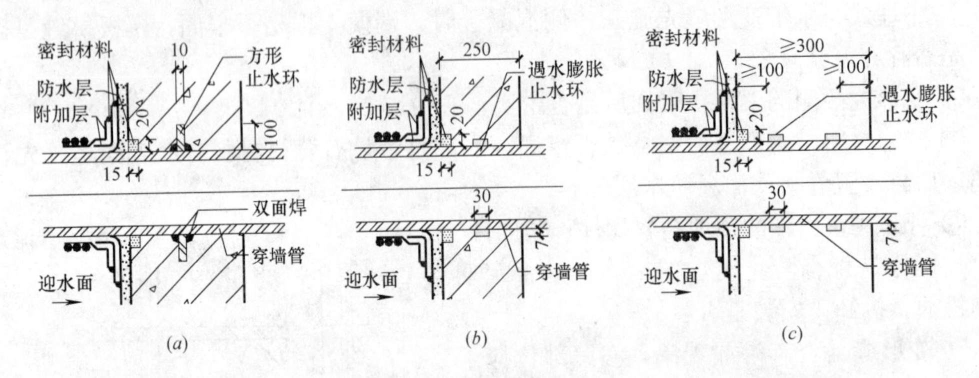

图 4-83　直埋式穿墙管防水构造

(a) 方形金属止水环止水；(b) 遇水膨胀止水环单圈止水；(c) 遇水膨胀止水环双圈止水

止水环采用外方内圆的形状可避免管道被外力撞击后引起转动。止水环需与穿墙管满焊密实。大管径的止水环可改为多边形。直径小于 50mm 的穿墙管宜选用遇水膨胀胶条，且居管中偏外设置，但距混凝土表面不宜小于 100mm。单独使用遇水膨胀止水条时，要采取防止管道转动的措施。相邻穿墙管间的外壁距离应大于 300mm。

止水环与遇水膨胀止水条复合使用，止水效果更好。这时，膨胀止水条应安装在止水环迎水面一侧，并紧贴止水环与穿墙管的焊接处。

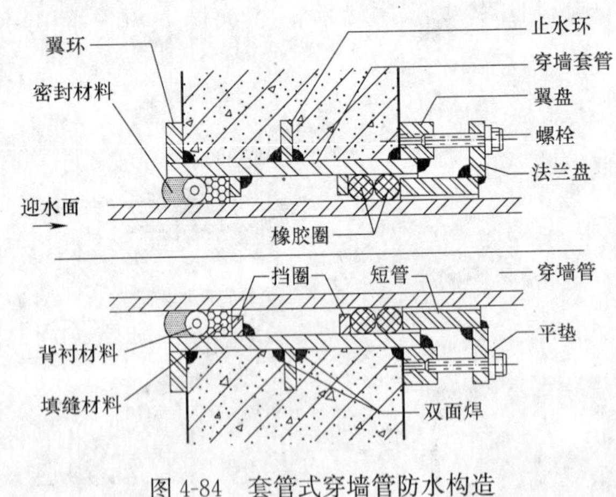

图 4-84　套管式穿墙管防水构造

直埋式金属管道进入室内时，为防止电化学腐蚀作用，还应在管道伸出室外段加涂树脂涂层，其宽度为管径的 10 倍。树脂涂层也可用缠绕自粘防腐带来代替。

2）套管式：结构变形较大或管道伸缩量较大及管道有更换要求时，应采用套管，套管应加焊止水环，如图 4-84 所示。套管外侧的翼环也应满焊密实，管与管之间的净距应大于 300mm。

大直径的预埋套管，管底宜适当开口，防止混凝土在此处虚空，如图 4-85 所示。

套管底部预开孔径的大小，视套管大小而定。在浇筑混凝土时，密切注意开孔处混凝土的浇筑状态，及时调整振捣操作，涌入套管内的混凝土应及时修平。采取自流平混凝土浇筑时，管底无需开孔。

（6）穿墙盒防水做法

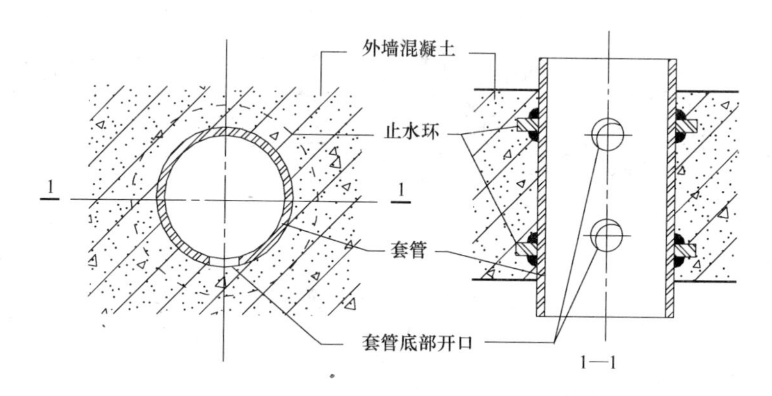

图 4-85　预埋大直径套管底部开口

穿墙盒适用于管径小、管线多而密的情况。

穿墙盒的封口钢板应与墙上的预埋角钢焊严，并从钢板上的预留浇筑孔注入改性沥青柔性密封材料或自流平细石混凝土，如图 4-86 所示。

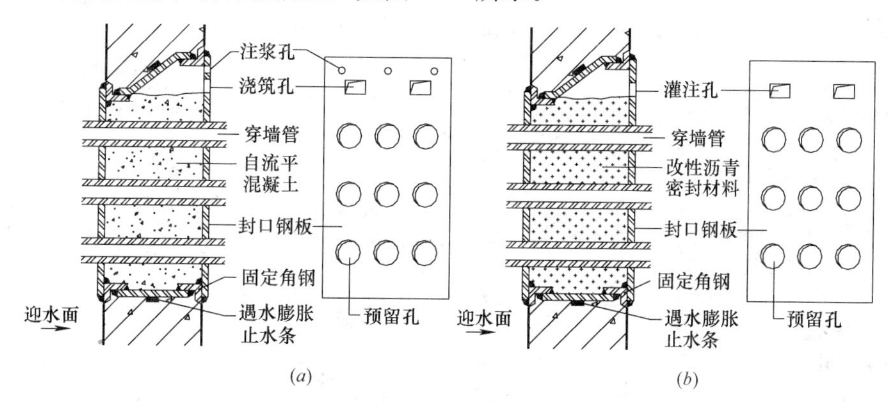

图 4-86　穿墙盒

(a) 浇筑自流平混凝土；(b) 灌注改性沥青密封材料

改性沥青密封材料适用于小盒；大盒应浇筑自流平细石混凝土，也可掺入水泥基渗透结晶型防水剂。如结构专业另有要求，墙体钢筋可在盒内或盒外作加强处理。

小型地下室，可以预制钢筋混凝土孔板，并且用聚合物水泥砂浆随墙砌入或直接浇入混凝土墙体之中。预制板按在穿墙管位置预埋钢套管，如图 4-87 所示。

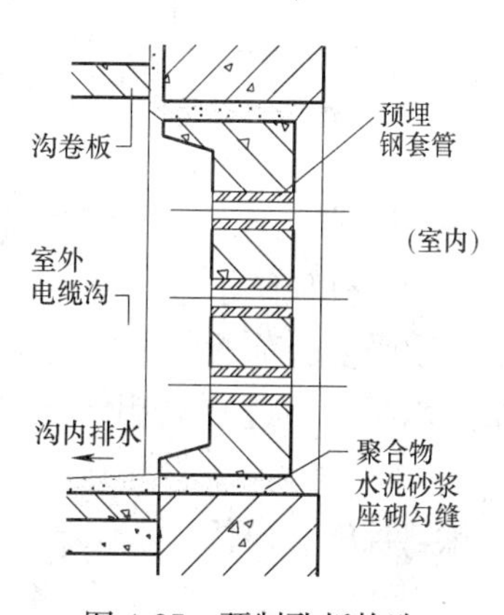

图 4-87　预制孔板构造

室外直埋电缆入户前宜设置接线井，室内电缆出户时，做好密封防水，室内外电缆在接线井内连接。

(7) 沟、孔、槽、埋设件防水做法

少量在结构主体上的埋设件应预埋。只有采用滑模施工，确无预埋条件时方可预留孔（槽）后埋，但必须采取有效的防水措施。

埋设件端部或预留孔（槽）底部的混凝土厚度不得小于 250mm，否则，应局部加厚，见图 4-88。采用刚性内防水时，预留孔（槽）内的防水层宜与结构防水层有效连接。

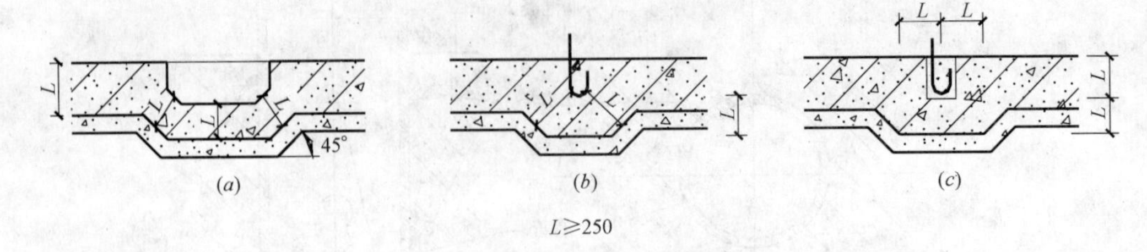

$L \geqslant 250$

图 4-88 预埋件、预留孔槽处理示意图

(a) 预留槽；(b) 预埋件；(c) 留孔后埋件

(8) 预留通道接头防水做法

分两次浇筑的地下工程通道，应按变形缝的构造做好接头的防水。先做的部分，应对防水层、防水构件做好预留与保护工作；后做的部分，应对预留的防水层、防水构件做好衔接工作。预留通道接头两侧结构的最大沉降差不得大于 30mm。接头采用复合防水措施，典型防水构造见图 4-89、图 4-90。图 4-89 中固定可卸式止水带的螺栓应预埋，否则，用金属或尼龙膨胀螺栓固定，金属螺栓可选用不锈钢产品或用金属涂膜、环氧涂层、防锈涂料等进行防锈处理。图 4-90 的接头混凝土施工前应将先浇结构混凝土表面的混凝土凿毛，露出预埋的钢筋或接驳器钢板，与后浇混凝土内的钢筋焊接（连接）牢固后再行浇筑。

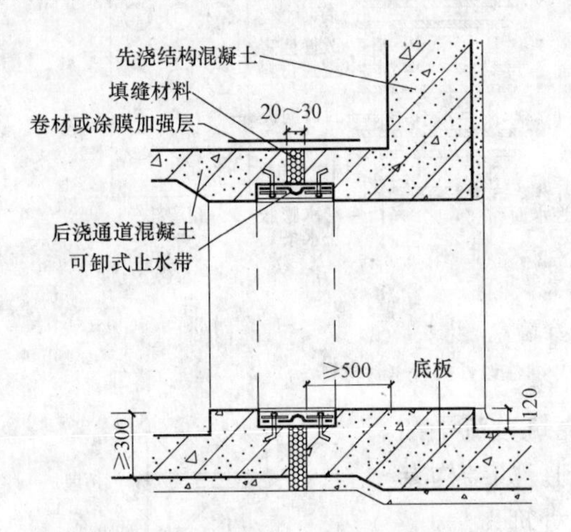

图 4-89 预留通道可卸式止水带止水

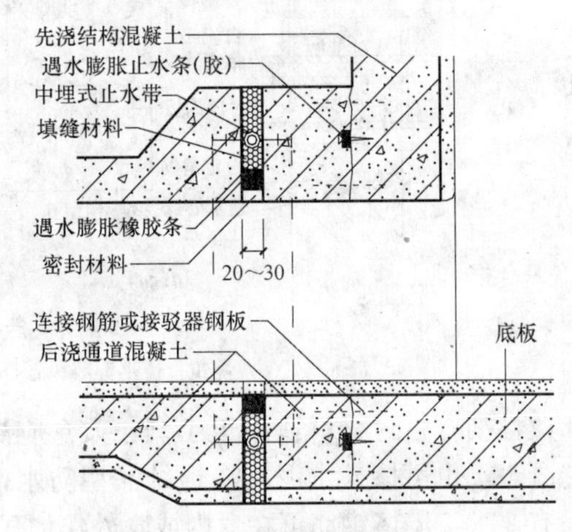

图 4-90 预留通道中埋式止水带止水

(9) 桩顶防水做法

承受复合荷载的桩顶一般采用刚性防水材料作防水层，如聚合物水泥砂浆、环氧砂浆、水泥基渗透结晶型防水涂料和水泥基渗透结晶型防水剂水泥砂浆等。其中以喷涂 30mm 厚 1∶1（或与混凝土同配比）水泥基渗透结晶型防水剂水泥砂浆的防水效果较为理想，且施工简便，水泥基渗透结晶型防水剂的掺量由实验确定。

刚性防水层从桩头经由桩壁与底板下的柔性防水层在垫层基面进行搭接，搭接宽度不小于 100mm，柔性防水层的收头用腻子型遇水膨胀止水条（胶）压实，如图 4-91 所示。

(10) 孔口、窗井（风井）防水做法

1) 孔口：

地下工程通向地面的各种孔口应设计防止地表水倒灌的措施：

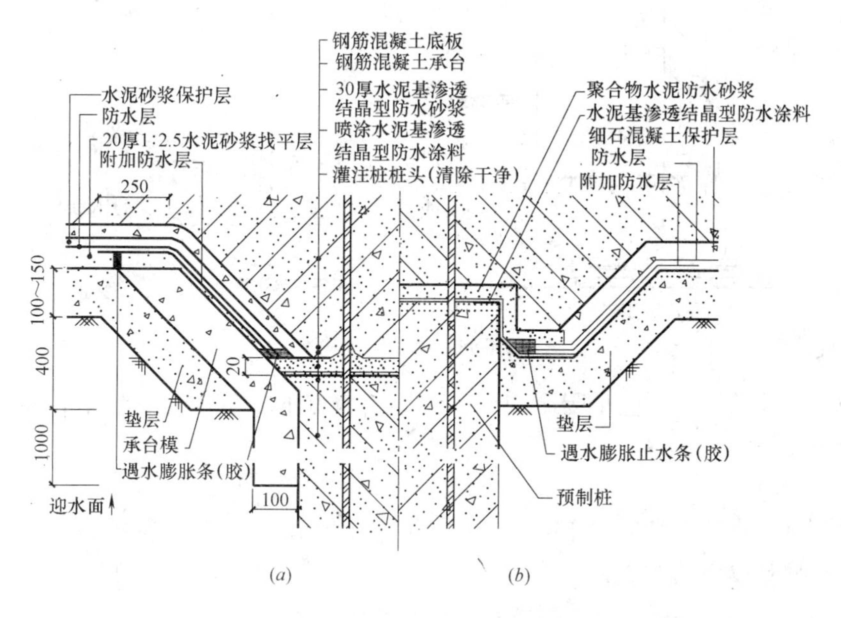

图 4-91 桩顶防水构造

(a) 灌注桩；(b) 预制桩

① 人员出入口，应设计高出地面不小于 500mm 的台阶，且在门上方设计雨篷。民防规范要求出入口设置坚固的带顶棚架，可同时满足设计雨篷的要求。

② 地下车库车道出入口处，应设计排水明沟，高出地面宜为 150mm，沟后设反坡（防雨水倒灌措施），反坡高度不宜小于 100mm。入口上方设置采光棚罩，减少雨水汇集面积，减轻地下室排水系统的运行。明沟只为排除暴雨积水而设，并不作为路面及广场的雨水口使用。

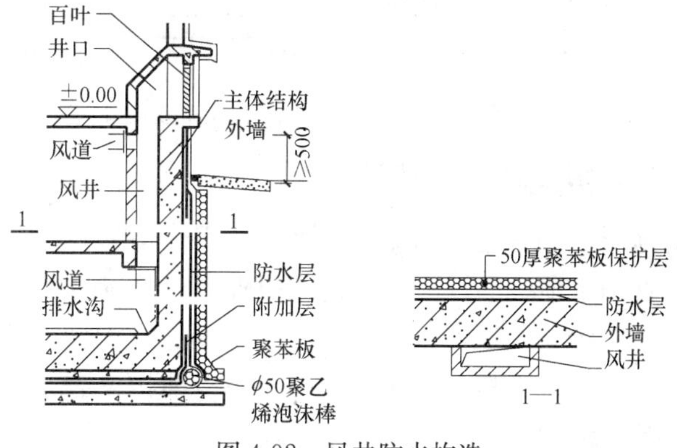

图 4-92 风井防水构造

2）风井、窗井：

① 风井或窗井的底部在最高地下水位以上时，底板和墙应作防水处理，并宜与主体结构断开。

② 底部在最高地下水位以下时，井体结构和主体结构连同防水层都应连成一体，如图 4-92、图 4-93 所示。窗井内应设集水井。

4.1.2.2 坑、池细部构造防水做法

坑、池结构应用防水混凝土一次浇筑完成，不留施工缝，并应避开变形缝、地基易开裂等部位。并应根据埋设深度，按表 3-14 确定坑、池结构抗渗等级。

地下坑、池的壁厚与房屋结构主体一样应大于 250mm；位于底板以下的坑、池，其局部底板必须相应降低，厚度应大于 250mm；池体裂缝宽度不得大于 0.2mm，并不得贯通；坑、池的垫层强度应大于 C15，底板强度应大于 C20。

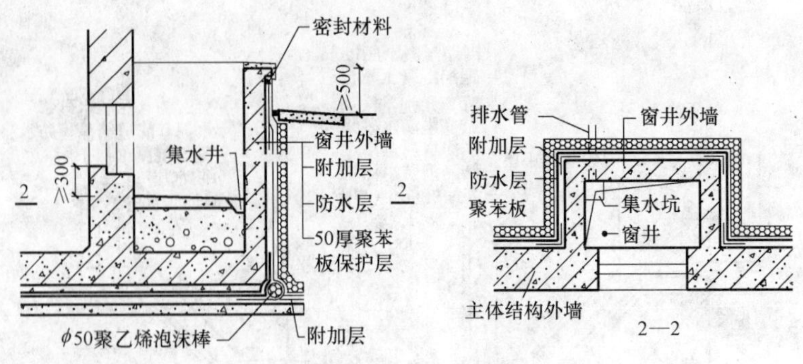

图 4-93 窗井防水构造

地面上水池的壁厚不应小于 200mm。对刚度较好的小型水池，池体混凝土厚度不应小于 150mm。

(1) 一般坑、池

内设刚性防水层；受振动作用时，可以设柔性防水层，但宜加做钢筋混凝土内衬。

设置在底板以下的坑、池，其防水层应保持连续，并应增设附加防水层，如图 4-94 所示。与地下室结构连在一起的水池，应在做好内防水的同时，做好外防水。

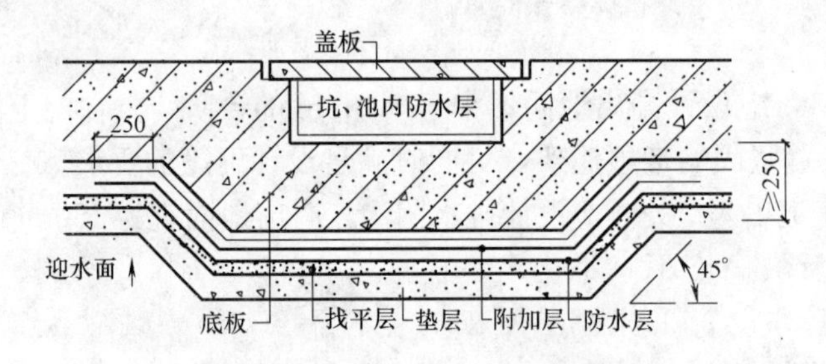

图 4-94 底板下坑、池防水构造

(2) 饮用水池

地下饮用水池不宜与消防水池合用。

饮用水池钢筋混凝土池壁的内外都应设置防水层，水池外宜设置柔性外防水层，所选材料应符合饮用水要求；水池内设置刚性防水层，应首选水泥基渗透结晶型防水涂料，并涂刷防菌无毒涂料，该涂料成膜后呈瓷釉状，憎水，清洗起来十分方便。

(3) 泳池

1) 地下泳池：池底板直接与地层接触，池四壁直接与回填土接触。应按地下室防水要求做好池体防水，可按二级设防标准选用。

泳池内防水很重要。一般要在池内壁和底板表面用硬质块材作饰面。因此，考虑内防水时，必须将块材的粘贴一并考虑。常用做法是：池壁防水混凝土按清水工艺浇筑，螺栓孔按图 4-80～图 4-82 方法封堵抹平；池内壁和底板表面涂水泥基渗透结晶型防水涂料，然后直接做 7mm 厚纤维聚合物水泥砂浆找平；最后，用 3mm 厚聚合物水泥砂（细砂）浆满浆粘贴面砖，聚合物水泥砂浆勾缝。聚合物可选用丙-苯系列。

寒冷地区的泳池，或者冬冷夏热地区的室外泳池，可根据需要，采用设置诱导缝的方法解决表面温度变形的问题。

泳池水下灯，适宜用成品，预先埋设。预埋的位置应保证不影响混凝土侧壁的有效防水厚度，如图 4-95 所示。

2）地上泳池：池四壁或四壁及底板外表面均为室内空间的泳池为地上泳池。地上泳池内防水与地下泳池完全相同。

地上泳池外壁应为清水防水混凝土，且在室内空间一侧的外壁外表面不应做任何防水层，也不应做任何饰面层，目的是方便维修，而只设内防水层。

地上泳池的池底，池壁外表面，在施工及整个使用期间，均不宜随意埋设挂件、螺栓孔；必须埋设时，也只能在梁底埋设，并对钻孔进行防水处理；如需在侧壁上埋设，则应在设计时就预先考虑好，比如将埋件部位混凝土局部加厚（向外），且在埋设时做好防水处理。

地上水池的水下观察窗（或水下灯），应预埋专用窗框（图 4-96）。

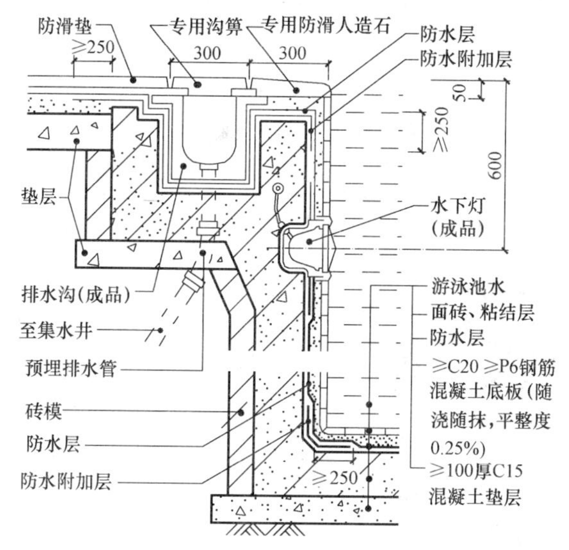

图 4-95　地下泳池防水构造

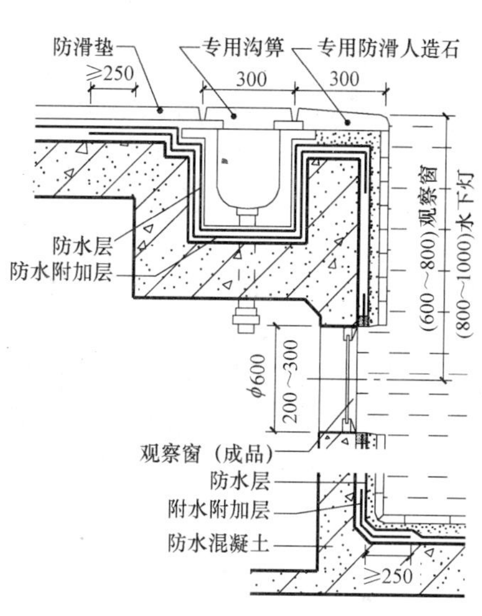

图 4-96　地上泳池防水构造

观察窗安装节点还有其他防水构造形式，不管采取哪种构造形式，均应订制、预埋。而不能采用先留洞口或只浇筑 50mm 厚的窗框池壁后凿洞，再装窗封堵的不规范做法。

（4）污水池

污水是指对混凝土无腐蚀性作用的生活废水。地上、地下污水池的池壁内表面可不设防水层，外表面可用防污柔性防水材料作防水层。

1）地上污水池：池壁外防水层应做至地坪以上 500mm 处，防水材料可选用高聚物改性沥青防水卷材或涂料，也可用 0.5mm 厚一次热压成型的聚乙烯丙纶复合防水卷材（用聚合物水泥粘结铺贴）等柔性防水材料作防水层，如图 4-97 所示。

2）地下污水池：池体应用防水混凝土浇筑，并应高出地坪以上 500mm，壁外可选用高聚物改性沥青防水卷材、膨润土防水毯或 0.5mm 厚聚乙烯丙纶复合防水卷材等柔性防水材料作防水层，如图 4-98 所示。

（5）防腐池

防腐池盛有腐蚀性化工废水，一般应设在地下，为防止化学废液腐蚀池壁，池壁内应设防腐层，池壁外应设防水层。壁外防水材料与地下污水池所选材料相同；壁内防腐材料

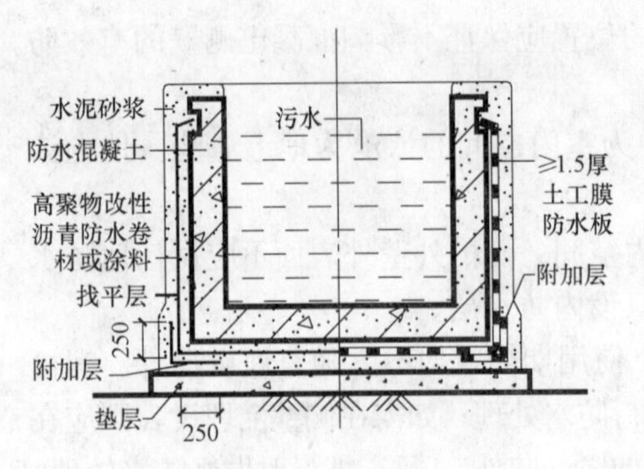

图 4-97　地上污水池防水构造

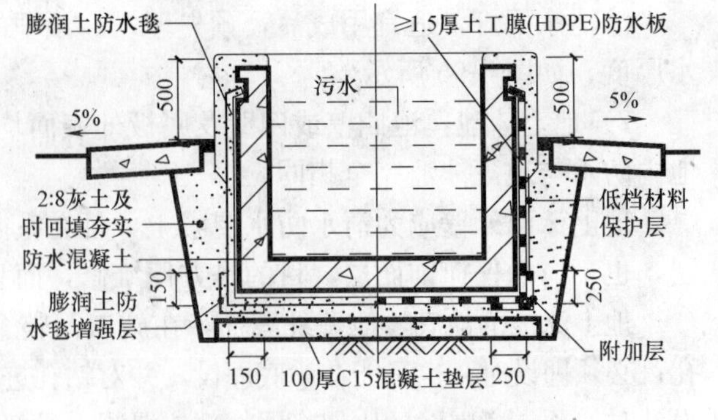

图 4-98　地下污水池防水构造

可选择高聚物改性沥青防腐、防水涂料或卷材，防腐层厚度应符合防腐性质的专用要求，如图 4-99 所示。

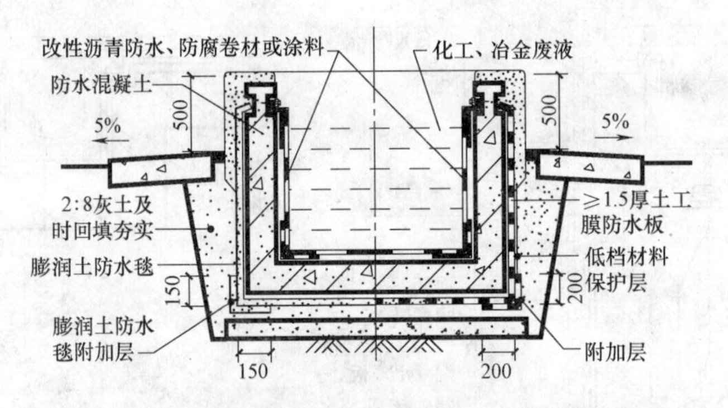

图 4-99　防腐池防水构造

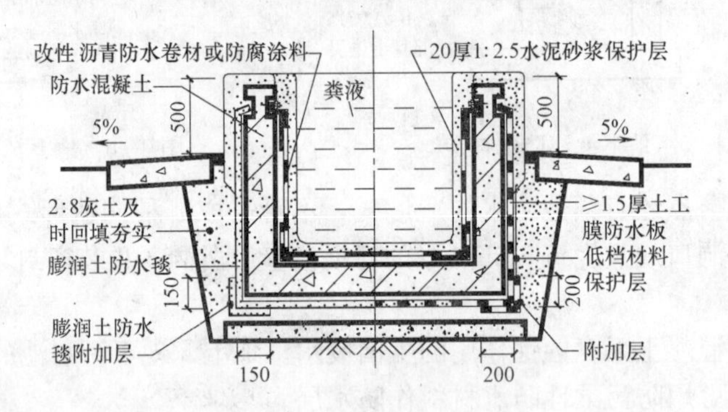

图 4-100　化粪池防水构造

（6）化粪池

化粪池埋设在地下，有条件时，设置内、外防水防腐层，无条件时，可只设内防水防腐层。防水防腐材料的选择与防腐池相同，涂膜厚度应不小于 3mm。一般应在防水防腐层外表面铺抹 20mm 厚 1∶2.5 水泥砂浆刚性保护层。施工时，在涂刷最后一遍涂料时，稀撒米粒大小砂粒，固化后再铺抹砂浆保护层，如图 4-100 所示。

4.1.3　室内工程细部构造防水做法

（1）墙面与楼地面交接处防水做法

宜用防水涂料或易粘贴的卷材进行加强处理，加强层在平、立面的宽度均不应小于100mm，如图 4-101 所示。

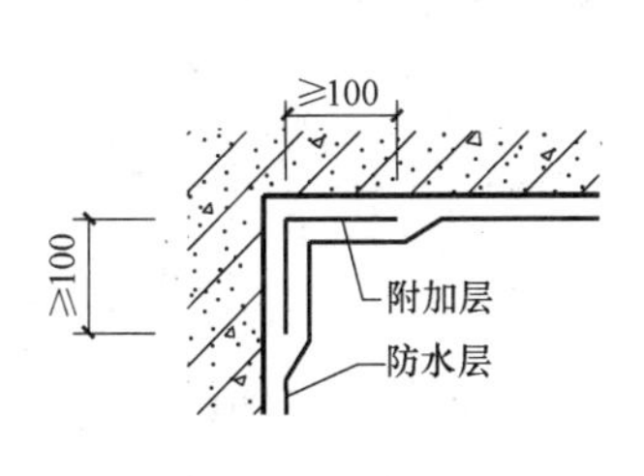

图 4-101 阴阳角防水做法

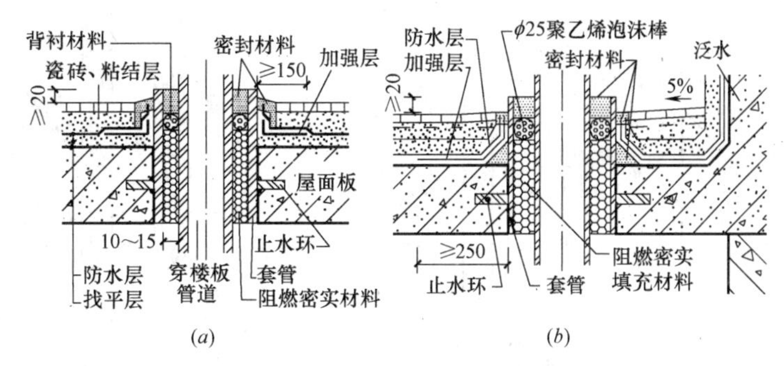

图 4-102 穿楼板管道防水做法

（2）穿楼板管道防水做法

穿楼板管道与套管间的空隙用阻燃密实材料填实，上口留厚度不小于 20mm 的凹槽嵌填高分子弹性密封材料，平面加强层宽度不应小于 150mm，如图 4-102 所示。用于热水管道防水处理的防水材料和辅料，应具有相应耐热性能。

（3）地漏防水做法

地漏与地面混凝土间应留置凹槽，用合成高分子密封胶进行密封防水处理。地漏四周应设加强防水层，加强层宽度不应小于 150mm。防水层在地漏收头处，用合成高分子密封胶进行密封防水处理，如图 4-103 所示。

（4）管道临墙安装防水做法

1）穿楼板管道应临墙安装，单面临墙的管道套管离墙净距不应小于 50mm；双面临墙的管道一面临墙不应小于 50mm，另一面不应小于 80mm；套管与套管的净距不应小于 60mm，如图 4-104 所示；

2）穿楼板管道应设置止水套管或其他止水措施，套管直径应比管道大 1～2 级标准；套管高度应高出装饰地面 20～50mm。

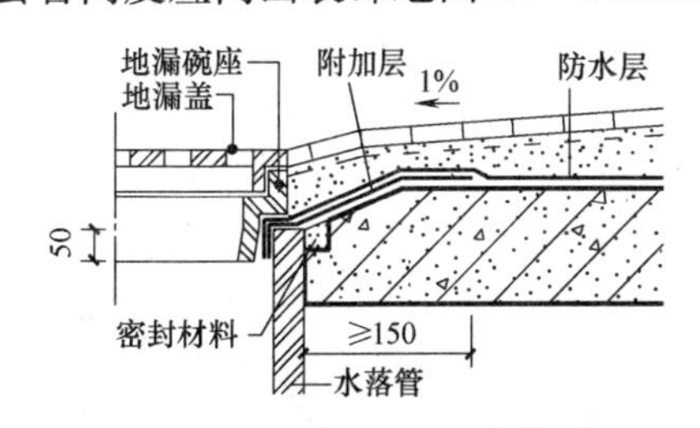

图 4-103 室内地漏防水构造

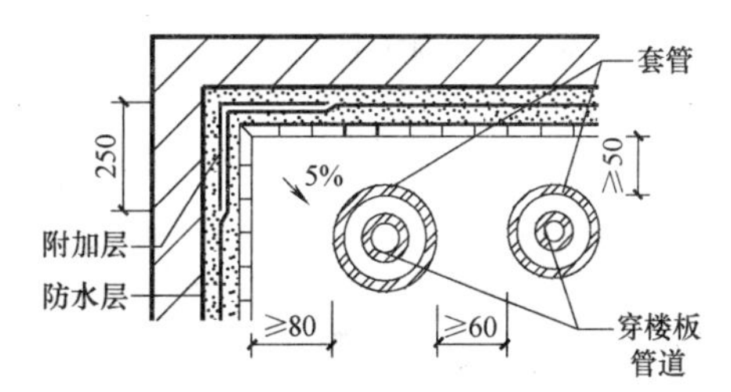

图 4-104 管道临墙安装

（5）脸盆台板、浴盆与墙交接角防水做法

应用合成高分子密封材料进行密封处理。

4.1.4 外墙工程细部构造防水做法

（1）非保温墙防水做法

1）墙面孔洞按图 4-80～图 4-82 的方法填实抹平。

2）清水混凝土墙面可直接涂刷有机或无机防水涂料，如图 4-105（*a*）所示。普通混凝土墙面在铺抹 20mm 厚掺化学纤维 1∶2.5 水泥砂浆找平层后，再涂刷防水涂料，如图 4-105（*b*）所示。

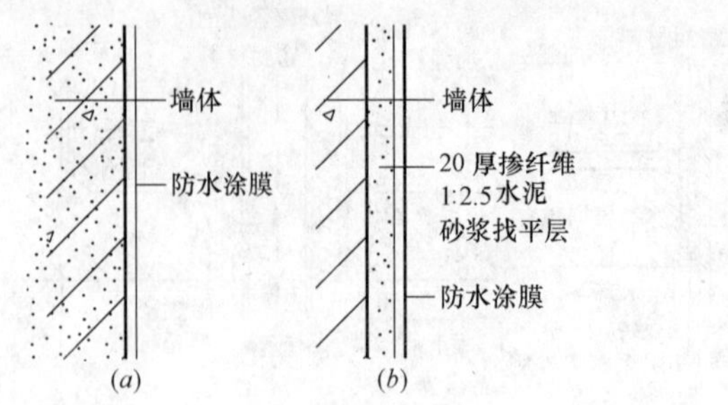

图 4-105 非保温墙防水做法

（*a*）清水混凝土墙面；（*b*）普通混凝土墙面

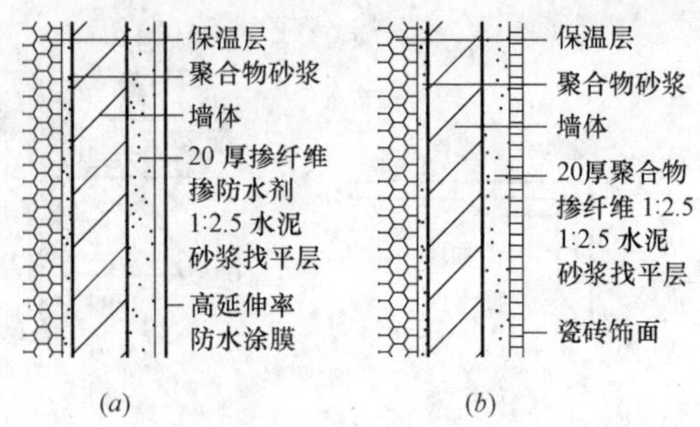

图 4-106 内保温墙防水做法

（*a*）涂膜防水层；（*b*）瓷砖饰面

（2）内保温墙防水做法

1）在垂直缝和水平缝内嵌填高弹性有机密封材料。

2）墙面铺抹 20mm 厚掺入化学纤维和防水剂的 1∶2.5 水泥砂浆找平层。

3）涂刷高性能（延伸率达 500%）弹性防水涂料。

4）采用瓷砖饰面时，可不涂刷防水涂料，直接用聚合物水泥砂浆粘贴，如图 4-106 所示。采用空挂花岗石块材时，挂钩根部应用密封材料封严。

（3）外保温墙防水做法

按墙体材料、保温层材料及其所处位置及饰面材料的不同，保温、防水做法按图 4-107～图 4-109 的构造进行。

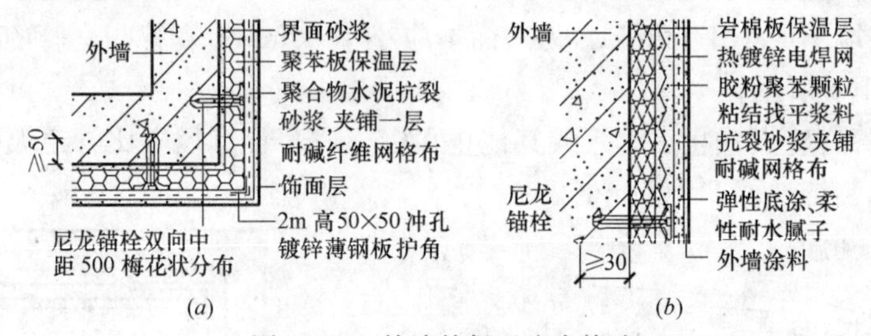

图 4-107 外墙外保温防水构造

（*a*）聚苯板保温层；（*b*）岩棉板保温层

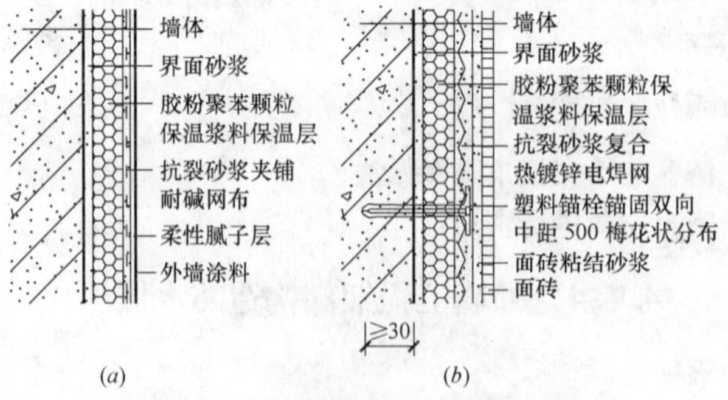

图 4-108 胶粉聚苯颗粒外保温防水构造

（*a*）涂料饰面；（*b*）面砖饰面

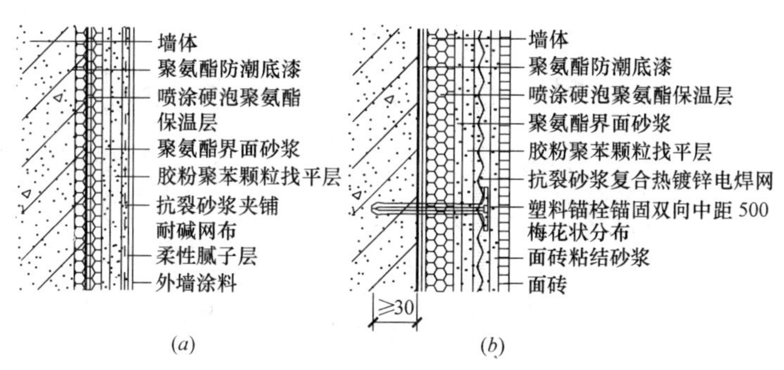

图 4-109　喷涂硬泡聚氨酯外保温防水构造

(a) 涂料饰面；(b) 面砖饰面

1）基层处理：

清理墙面至无浮灰、油渍，松动、风化部分剔除干净。墙面平整度控制在±3mm以内，剔除10mm以上的凸起物。

2）界面处理：

采用图4-107、图4-108时，用喷枪或滚刷在基层表面满涂界面砂浆。

3）吊垂线、弹厚度控制线：

在外墙大角及其他细部构造处挂垂直基准钢线。

4）保温层施工：

一般分固定预制板、现场喷涂和现场铺抹三种施工方法。

① 粘贴预制保温板、锚固施工：

A. 阳角、门窗洞口、装饰线角、女儿墙边沿用胶粘剂浆料沿边口粘贴预制保温板，粘贴时抹子或灰刀沿板材周边涂抹约50mm宽、3～5mm厚的胶粘剂浆料，再在板材中间部位均匀涂布4～6个点，总涂胶面积不小于板材面积的30%，粘贴应牢固，无翘起、脱落现象，相邻两块板应错开1/2幅宽铺贴。

B. 墙面宽度不足900mm时，不宜喷涂施工，应粘贴等宽保温板。

C. 保温板接缝宽度超过2mm时，用等厚度保温片料嵌塞粘牢。

D. 粘贴完成24h后，用电钻向保温层、墙体内钻孔，每平方米2～4个孔，钻入加气混凝土墙深度≥45～50mm，混凝土或其他各类砌块墙深度不小于30mm，埋入ϕ8×80～ϕ10×100尼龙锚栓，锚栓性能指标见表4-3。

尼龙锚栓技术指标　　　　**表 4-3**

项目	外管直径	镀锌螺钉	埋入混凝土深度	单个抗拔力	
				打孔安装式	预埋式
指标	10mm	镀锌厚度≥5μm	30～50mm	≥1.0kN	≥1.5kN

说明：单个抗拔力所示荷载为使用荷载，安全系数为4。

② 喷涂保温层（如硬泡聚氨酯）施工：

A. 喷涂前应用塑料薄膜遮挡门窗洞口，缠绕架子管、铁艺等物品进行防护。

B. 喷刷防潮底漆，应均匀不露底。

C. 喷涂保温层，当厚度达到约10mm时，插定厚度标杆，梅花状分布，间距300mm，每平方米 9～10 支。然后按每遍约 10mm 的厚度喷涂至标杆上端，隐约可见标杆头。

D. 喷涂 20min 后，用裁纸刀、手锯等工具修整超过保温层厚度的凸出部分及遮挡部分。

E. 喷涂 24h 后，喷刷界面砂浆。

③ 铺抹保温层（如胶粉聚苯颗粒）施工：

A. 按厚度控制线用保温浆料或 EPS 板做标准厚度灰饼、冲筋。

B. 铺抹保温层施工不应少于两遍，每遍间隔 24h 以上。每遍厚度不宜大于 30mm，最后一遍厚度宜为 10mm，达到灰饼或冲筋厚度。

5）做滴水槽：

按设计要求，弹或拉滴水槽控制线，用壁纸刀沿线划割滴水槽，槽深约 15mm，用抗裂砂浆填满凹槽，埋入塑料成品滴水槽，应与抗裂砂浆粘牢。

6）抗裂砂浆层及饰面层施工：

保温层施工完成 3～7d，经验收合格后，即可铺抹抗裂砂浆及饰面层施工。

① 涂料饰面：

A. 抹抗裂砂浆，夹铺耐碱网格布。抗裂砂浆一般分两遍抹完，总厚度为 3～5mm。首先按基面尺寸将 3m 长的网格布裁剪成需要的形状，铺抹与网格布面积相当的砂浆，立即用铁抹子压入网格布，从一侧压向另一侧，排尽空气，使网格布平整服帖，无皱折，抹压后可隐约见网格，砂浆饱满度达 100%，局部不饱满处用砂浆补抹平整。相邻两网格布搭接宽度不小于 50mm，阴阳角处搭接宽度不小于 150mm，严禁干搭。阴阳角处应方正垂直。门窗洞口沿 45°方向增贴 300mm×400mm 网格布，如图 4-110 所示。

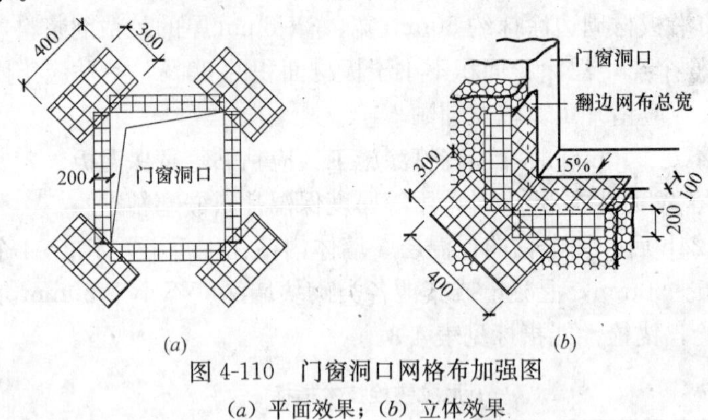

图 4-110　门窗洞口网格布加强图

(a) 平面效果；(b) 立体效果

楼房的首层墙面应铺贴两层网格布，第一层对接，拼缝应严密，第二层搭接。还应在两层网格布之间设置 2m 高 50mm×50mm 的冲孔镀锌薄钢板金属护角。也可先设置护角，再铺抹两遍网格布，在抹完砂浆后将护角调直拍压入砂浆内，使砂浆挤出孔眼。抗裂砂浆层的质量应符合表 4-4 的要求。

B. 抗裂砂浆验收合格后，按设计要求刮耐水腻子，应多遍成活，每遍厚度控制在 0.5mm 左右，最后涂刷弹性涂料，表面应平整光滑。

② 面砖饰面：

A. 抹第一遍 2～3mm 厚抗裂砂浆。按结构尺寸裁剪热镀锌电焊网，分段铺设，最长

抗裂聚合物水泥砂浆面层允许偏差和检验方法 **表 4-4**

项次	项　目	允许偏差(mm)	检查方法
1	表面平整度	4	2m 靠尺板和楔尺
2	表面垂直度	4	2m 靠尺板和楔尺
3	阴阳角方正度	4	方尺
4	分格条平直度	4	拉 5m 线和尺检
5	墙裙、勒角上口直线度	4	拉 5m 线和尺检

不超过 3m，阴阳角部位预先折成直角，裁剪时不得出现死折，铺贴时不得出现网兜，应依次平整铺贴，用 12 号钢丝制成“U”形卡子，卡住镀锌网，使其紧贴抗裂砂浆表面，局部不平整处用“U”形卡夹平。再用尼龙锚栓将镀锌网锚固在墙体上，锚栓按双向中距 500mm 梅花状分布。有效锚固深度应符合规定。网之间搭接连接，搭接宽度不小于 50mm，搭接层数不得大于 3 层，搭接处用“U”形卡、钢丝或锚栓固定。镀锌网在窗口内侧面、女儿墙、变形缝等细部构造部位用加垫片的水泥钉钉压收头，不得翘起。网铺设检查合格，铺抹第二遍砂浆，将网完全包裹在砂浆中，砂浆层的总厚度控制在 10±2mm 之内，喷水养护 7d。

B. 铺贴面砖：参见“4.7.2.4 华鸿高分子益胶泥防水施工”的粘贴施工。粘贴涂层厚度为 3～5mm。

(4) 外墙窗框防水做法

窗框四周与墙体的接缝用防水砂浆填实后再用密封材料封严。无论是钢筋混凝土墙体，还是砌体墙体，窗台平面都应做成顺坡，不能因施工时做成倒坡而使雨水倒流入室内，窗眉外檐应做滴水线，以防雨水“爬”向室内，如图 4-111 所示。

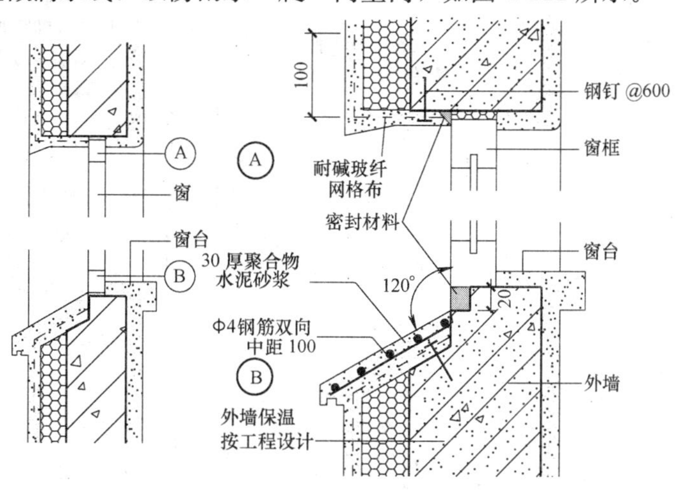

图 4-111　外墙窗框防水构造

4.2　防水混凝土施工

4.2.1　防水混凝土的种类

混凝土的抗渗等级等于或大于 P6 时，称为抗渗混凝土，亦称防水混凝土。

(1) 普通防水混凝土

通过提高水泥用量（上限）和砂率、振捣密实、加强养护等措施来达到防水的目，纯粹由水泥、砂、石、水拌合浇筑成的基准混凝土称为普通防水混凝土。

(2) 外加剂防水混凝土

将混凝土膨胀剂、防水剂、渗透型结晶剂、引气剂、各类减水剂、缓凝剂、早强剂、防冻剂、泵送剂、速凝剂、密实剂、复合型外加剂、掺合料等外加剂掺入基准混凝土材料中浇筑成的防水混凝土，称为掺外加剂防水混凝土。一般来说，混凝土中可同时掺入数种外加剂，组成复合型外加剂防水混凝土。

(3) 补偿收缩防水混凝土

混凝土掺入膨胀剂后，产生适度膨胀，在限制条件下，建立起预压应力，可大致抵消混凝土收缩时的拉应力，使收缩得到补偿，从而防止混凝土产生收缩裂缝，提高混凝土的抗裂、抗渗性。掺入膨胀剂的混凝土称为补偿收缩混凝土，是掺外加剂防水混凝土的一种。

(4) 防水混凝土的种类

防水混凝土种类、抗渗强度、特点和使用范围见表 4-5。

防水混凝土的种类、抗渗强度、特点及使用范围　　表 4-5

序号	种类		最高抗渗强度(MPa)	特点	适用范围
1	外加剂防水混凝土	补偿收缩防水混凝土	≥3.6	微膨胀补偿收缩，提高混凝土的抗裂、防渗性能	适用于地下、隧道、水工、地下连续墙、逆作法，预制构件、坑槽回填及后浇带、膨胀带等防裂防水防渗工程。 尤其适用于超长和大体积混凝土的防裂防渗工程
2		掺纤维补偿收缩防水混凝土	≥3.0	高强、高抗裂、高韧性，提高耐磨、抗渗性	在混凝土中掺人钢纤维或化学纤维。 适用于对抗拉、抗剪、抗折强度和抗冲击、抗裂、抗疲劳、抗震、抗爆性能等要求均较高的工业与民用建筑地下防水工程
3		引气剂防水混凝土	≥2.2	改变毛细管性质，抗冻性好，含气量：3%～5%	适用于高寒、抗冻性要求较高、处于地下水位以下遭受冰冻的地下防水工程和市政工程
4		减水剂防水混凝土	≤2.2	拌合物流动性好。 引气型减水剂，含气量控制为：3%～5%	适用于钢筋密集或捣固困难的薄壁型防水结构、对混凝土凝结时间（促凝或缓凝）和流动性有特殊要求的防水工程（如泵送）。 缓凝型：适宜暑期施工，推迟水化热峰值出现，亦适用于大体积混凝土，减小内外温差； 早强型：冬期施工，早期强度高； 高效型：减水率高、坍落度大、冬期施工

续表

序号	种类		最高抗渗强度(MPa)	特点	适用范围
5	外加剂防水混凝土	防水剂防水混凝土	≥3.5	增加密实性，提高抗渗性	适用于游泳池、基础水箱、水电、水工等工业与民用地下防水工程
6		掺水泥基渗透结晶型掺合剂防水混凝土	在原有基础上提高抗渗能力	结晶体渗透性堵塞渗水通道，提高强度、抗渗性	适用于需提高混凝土强度、耐化学腐蚀、抑制碱骨料反应、提高冻融循环的适应能力及迎水面无法做柔性防水层的地下工程
7	普通防水混凝土		≥2.0	提高水泥用量和砂率	适用于一般工业、民用建筑地下工程

4.2.2 防水混凝土的配比、计量、搅拌、运输、浇筑、养护

(1) 配合比

施工配合比应通过试验确定，试配混凝土的抗渗等级应比设计要求提高0.2MPa。

(2) 降排水

施工前应做好降排水工作，不得在有积水的环境中浇筑混凝土。

(3) 材料要求

参见“3.2.5 地下工程柔性防水材料及混凝土材料的选择”。

(4) 配合比规定

1) 胶凝材料用量应根据混凝土的抗渗等级和强度等级等选用，其总量不宜小于320kg/m^3；当强度要求较高或地下水有腐蚀性时，胶凝材料用量可通过试验调整；

2) 在满足混凝土抗渗等级、强度等级和耐久性条件下，水泥用量不宜小于260kg/m^3；

3) 砂率宜为35%～40%，泵送时可增至45%；

4) 灰砂比宜为1∶2.5～1∶1.5；

5) 水胶比不得大于0.50，有侵蚀性介质时水胶比不宜大于0.45；

6) 普通防水混凝土坍落度不宜大于50mm。防水混凝土采用预拌混凝土时，入泵坍落度宜控制在120～160mm，入泵前坍落度每小时损失值不应大于20mm，坍落度总损失值不应大于40mm；

7) 掺加引气剂或引气型减水剂时，混凝土含气量应控制在3%～5%；

8) 预拌混凝土的初凝时间宜为6～8h。配料应按配合比准确称量，其计量允许偏差应符合表4-6的规定。

防水混凝土配料计量允许偏差 **表4-6**

混凝土组成材料	每盘计量允许偏差(%)	累计计量允许偏差(%)
水泥、掺合料	±2	±1
粗、细骨料	±3	±2
水、外加剂	±2	±1

注：累计计量仅适用于微机控制计量的搅拌站。

(5) 减水剂使用要求

使用减水剂时，减水剂宜预先配制成规定浓度的溶液。

(6) 支撑模板

应拼缝严密、支撑牢固。结构钢筋或绑扎钢丝，不得接触模板。

(7) 搅拌

应采用机械搅拌，搅拌时间不应小于 2min。掺外加剂时，应根据外加剂的技术要求确定搅拌时间。

(8) 运输

运输后如出现离析，必须进行二次搅拌。当坍落度损失后不能满足施工要求时，应加入原水胶比的水泥浆或二次掺加同品种的减水剂进行搅拌，严禁直接加水。加入同品种减水剂应经试验确定，因有些减水剂（尤其是木质素类）如超量加入会使混凝土强度降低，减水率增幅却不大，且出现长期不凝固的工程质量事故；高效减水剂过量掺入会出现泌水。

(9) 浇筑

1) 应分层连续浇筑，分层厚度不得大于 500mm；

2) 每层应采用机械振捣（振捣时间宜为 10～30s，以混凝土泛浆和不冒气泡为准），避免漏振、欠振和超振。

(10) 振捣

掺加引气剂或引气型减水剂时，应采用高频插入式振捣器振捣。

(11) 细部构造浇筑

施工缝、变形缝、穿墙螺栓、穿墙管（盒）、后浇带（膨胀加强带）、坑池、埋设件、桩头、孔口、通道接头、窗井（风井）等部位的混凝土按“4.1.2 地下工程细部构造防水做法”的要求进行浇筑。

(12) 大体积防水混凝土

1) 在设计许可时，掺粉煤灰混凝土强度等级的龄期宜为 60d 或 90d；

2) 宜选用水化热低和凝结时间长的水泥；

3) 拌合物中宜掺入减水剂、缓凝剂等外加剂和粉煤灰、磨细矿渣粉等掺合料；

4) 炎热季节施工应采取降低原材料温度、减少混凝土运输时吸收外界热量等降温措施，入模温度不应大于 30℃；

5) 混凝土内部预埋管道，通冷水散热；

6) 应采取保温保湿养护措施，混凝土中心温度与表面温度的差值不应大于 25℃，表面温度与大气温度的差值不应大于 20℃，降温梯度每天不得大于 3℃，养护时间不应少于 14d。

(13) 冬期施工

1) 混凝土入模温度不应低于 5℃；

2) 应采取综合蓄热法、蓄热法、暖棚法、掺化学外加剂等方法养护，并应采取保温保湿措施，不得采用电热法或蒸汽直接加热法养护。

4.2.3 掺外加剂、掺合料防水混凝土的施工

外加剂、混凝土掺合料的种类有几十种，作用各异。本节介绍具有代表性的掺膨胀剂、防水剂、引气剂和减水剂的施工方法。

（1）基准材料质量要求

参见“3-2-5 地下工程柔性防水材料及混凝土材料的选择”。水泥按表 3-19 选用，试配时，采用工程使用的原材料，检测项目应根据设计及施工要求确定，检测条件应与施工条件相同，当工程所用原材料或混凝土性能要求发生变化时，应再进行试配、试验后确定。

（2）各类外加剂质量要求

1）应符合《混凝土外加剂应用技术规范》（GB 50119）的规定。

2）严禁使用对人体产生危害、污染环境的外加剂，确保施工期和建筑物使用期的人身安全。有些早强剂、防冻剂中含有重铬酸盐、亚硝酸盐等毒性材料，在洗刷混凝土搅拌机时向周围场地排放含毒废水；有的以尿素为主要成分的防冻剂，在建筑物使用期间向空气中释放氨气，危害健康，应严禁使用。

3）不同品种外加剂复合选用时，应注意相互间的相容性，以防止水溶液出现絮凝、沉淀、化学变化等质量问题。使用前应进行试验，满足要求后方可使用。

（3）外加剂的掺量要求

1）掺量以胶凝材料总量的百分比表示，或以毫升/千克（mL/kg）胶凝材料表示。

2）掺量应按供货单位的推荐掺量、使用要求（如早强、减水、缓凝、改善性能、节约水泥等）、施工条件（如季节、气候、现场条件、操作水平、养护措施等）、混凝土原材料等综合因素进行调整，并通过试验确定。

3）防水混凝土可根据工程抗裂需要掺入膨胀剂、钢纤维或合成纤维。

4）使用碱活性骨料时，由外加剂带入的碱含量（Na_2O 当量）不宜超过 $1kg/m^3$，各类材料的总碱量不得大于 $3kg/m^3$，重要的工程应小于 $2.5kg/m^3$，以防引起碱集料反应，使混凝土开裂、渗漏。

5）含氯离子、硫酸根离子外加剂的使用必须符合国家规范的规定。《混凝土结构耐久性设计与施工指南》中限定从原材料带入混凝土的氯离子含量不应超过胶凝材料总量的 0.1%。

（4）外加剂的质量控制要求

1）所选外加剂应符合国家或行业标准一等品及以上的质量要求。

2）供货单位应提供下列技术文件：

① 产品说明书，并应标明产品的主要成分；

② 出厂检验报告及合格证；

③ 掺外加剂混凝土性能检验报告。

3）外加剂运到工地或混凝土搅拌站，应立即抽取代表性样品进行检验，经工程试配与进货报告一致时方可入库、使用。否则，应停止使用。

4）外加剂应按不同供货单位、不同品种、不同牌号、不同规格分别存放，标识应清楚，以防混用。

5）粉状外加剂应防止受潮结块，如有结块，应经性能检验合格，并粉碎至全部通过 0.63mm 的筛孔后方可使用。液体外加剂应放置阴凉干燥处，防止日晒、受冻、污染、进水或蒸发，如有沉淀现象，应摇匀并经性能检验合格后方可使用。

6）外加剂配料控制系统标识应清楚、计量应准确，计量允许误差见表 4-5。

(5) 常用外加剂的品种、适用范围

参见“2.4.3 常用混凝土外加剂”。

4.2.4 掺膨胀剂防水混凝土（砂浆）的施工

(1) 性能要求

配制补偿收缩混凝土、填充用膨胀混凝土、灌浆用膨胀砂浆的性能应分别符合表4-7、表4-8、表4-9的要求。

补偿收缩防水混凝土的性能 **表4-7**

项　目	限制膨胀率($\times10^{-4}$)	限制干缩率($\times10^{-4}$)	抗压强度(MPa)
龄期	水中14d	水中14d,空气中28d	28d
性能指标	≥1.5	≤3.0	≥25

填充用膨胀混凝土的性能 **表4-8**

项　目	限制膨胀率($\times10^{-4}$)	限制干缩率($\times10^{-4}$)	抗压强度(MPa)
龄期	水中14d	水中14d,空气中28d	28d
性能指标	≥2.5	≤3.0	≥30

灌浆用膨胀砂浆的性能 **表4-9**

流动度(mm)	限制膨胀率($\times10^{-4}$)		抗压强度(MPa)		
	3d	7d	1d	3d	28d
250	≥10	≥20	≥20	≥30	≥60

(2) 施工要求和方法

1) 所选原材料的规定：

① 膨胀剂的性能指标应符合《混凝土膨胀剂》JC 476的规定。膨胀剂运到工地或混凝土搅拌站应进行限制膨胀率检测，合格的方可入库、使用；

② 所选水泥应符合现行国家标准，不得使用硫铝酸盐水泥、铁铝酸盐水泥和高铝水泥。

2) 掺膨胀剂防水混凝土的配合比应符合以下规定：

① 胶凝材料的最少用量（包括水泥、膨胀剂和掺合料等共同起胶凝作用材料的总量）应符合表4-10的规定。

胶凝材料最少用量 **表4-10**

膨胀混凝土种类	胶凝材料最少用量(kg/m³)	用　途
补偿收缩混凝土	320	防水混凝土建(构)筑物
填充用膨胀混凝土	350	回填槽、后浇带、膨胀带、灌注、填缝等
自应力混凝土	500	制造自应力压力管等水泥制品

注：工程上将粉煤灰、矿渣粉或沸石粉等称为掺合料，而由于膨胀剂亦起胶凝作用，故将其视作特殊的掺合料。

② 混凝土的配合比见第4.2.2（4）款配合比规定。大体积混凝土常采用掺入粉煤灰或矿渣粉、缓凝剂、膨胀剂的“三掺法”技术。这既可降低早期水化热，防止因运输距离过长、高温下施工坍落度损失过快、硬化过快而出现“冷缝”和“温差裂缝”的问题，又

可降低温控措施的成本。但需要注意的是：掺入粉煤灰后，会增加混凝土的干缩开裂现象，故必须与膨胀剂配合使用。

③ 补偿收缩混凝土的膨胀剂掺量不宜大于 12%，不宜小于 6%；填充用膨胀混凝土的膨胀剂掺量不宜大于 15%，不宜小于 10%。

④ 膨胀剂掺量的确定：

A. 当混凝土中只掺入膨胀剂，起胶凝作用的只有水泥和膨胀剂时。膨胀剂的用量 m_E 为：$m_E = m_{C0} \cdot K$；水泥用量 m_C 为：

$$m_C = m_{C0} - m_E$$

式中 m_{C0}——基准混凝土配合比中的水泥用量（kg/m^3）；

K——膨胀剂取代水泥的百分率；

m_E——膨胀剂的用量（kg/m^3）；

m_C——水泥的用量（kg/m^3）。

B. 当混凝土中掺有掺合料、膨胀剂，起胶凝作用的有水泥、掺合料和膨胀剂时，膨胀剂的用量 m_E 为：$m_E = (m'_C + m'_F) \cdot K$；掺合料的用量 m_F 为：$m_F = m'_F \cdot (1-K)$；水泥用量 m_C 为：

$$m_C = m'_C \cdot (1-K)$$

式中 m'_C——基准混凝土配合比中的水泥用量（kg/m^3）；

K——膨胀剂取代胶凝材料的百分率；

m_E——膨胀剂的用量（kg/m^3）；

m'_F——基准混凝土配合比中的掺合料用量（kg/m^3）；

m_F——掺合料实际用量（kg/m^3）；

m_C——水泥实际用量（kg/m^3）。

3）其他外加剂用量的确定方法：

膨胀剂可与其他混凝土外加剂复合使用，复合使用应有较好的适应性。膨胀剂不宜与氯盐类外加剂复合使用，与防冻剂复合使用时应慎重，外加剂的品种和掺量应通过试验确定。

4）混凝土的搅拌：

粉状膨胀剂应与混凝土中其他原材料一起投入搅拌机，拌合时间应延长 30s。膨胀剂的计量误差应小于±2%。

5）混凝土的浇筑：

按照第 4.2.2 节的方法进行浇筑，并应采用以下方法：

① 在计划浇筑区段内的混凝土应以阶梯式推进的方式连续浇筑，不得中断。浇筑间隔时间不得超过混凝土的初凝时间：

A. 墙体混凝土的浇筑：采用漏槽或输料管从一端逐渐移向另一端，在斜面上均匀布置振捣棒，一般以 0.5m 层高分层浇筑到顶。

B. 楼板混凝土的浇筑：一次浇筑完成。浇筑时为防止上层钢筋往下沉，可将上层钢筋架在用钢筋做成的“板凳”上（图 4-112）。

C. 底板混凝土的浇筑：底板厚度小于 1m 时，可一次浇筑完成；厚度大于等于 1m 时，可分二、三层浇筑。浇筑时，可采用“斜面布料、分层振捣”的施工方法，按不同的厚度，分上、中、下层插入振捣棒进行振捣，见图 4-113。

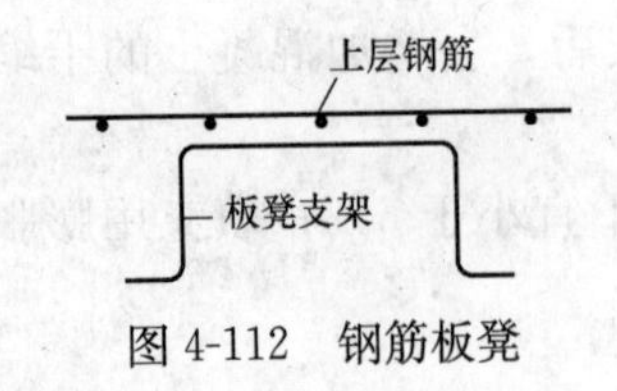

图 4-112　钢筋板凳

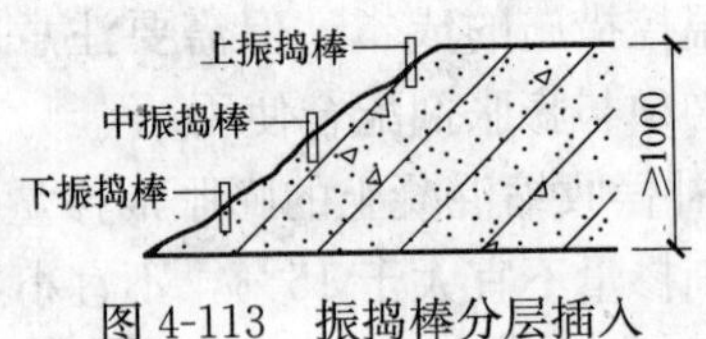

图 4-113　振捣棒分层插入

② 混凝土终凝前，应采用抹面机械或人工抹面抹子多次抹压，以防止混凝土表面出现沉缩裂缝。

6）混凝土的养护应符合下列规定：

① 混凝土中膨胀结晶体钙矾石（$C_3A \cdot 3CaSO_4 \cdot 32H_2O$）的生成需要足量的水，一旦失水就要粉化。故对于大体积混凝土和大面积混凝土，在终凝前经表面抹压后，用塑料薄膜覆盖，以防水分迅速蒸发而粉化，混凝土硬化后可上人时，宜采用蓄水养护或用湿麻袋、草席覆盖，定期浇水养护，应保持混凝土表面潮湿，不得断水，养护时间不应少于 14d；

② 墙体等立面混凝土的养护。立面不易采用保水养护，宜从顶部设水管进行喷淋养护。混凝土浇完 1～2d 后，松开模板螺栓 2～3mm，从顶部用水管喷淋水，3d 后再拆模板。因混凝土在浇筑完 3～4d 内的水化热温升最高，而抗拉强度几乎为零，如过早拆模，墙体内外温差较大，因胀缩不一致而使混凝土产生温差裂缝。拆模后应用湿麻袋、草席紧贴墙体覆盖，并浇水养护，保持混凝土表面潮湿，养护时间不宜少于 14d；

③ 养护用水应和环境温度同温，不得浇冷水养护，也不得在阳光下暴晒；

④ 冬期施工混凝土浇筑后，应立即用塑料薄膜和保温材料覆盖养护，不能浇水养护，养护时间不应少于 14d。对于墙体等立面混凝土，带模板养护时间不应少于 7d。

7）灌浆用膨胀砂浆的浇筑应符合以下规定：

① 灌浆用膨胀砂浆胶凝材料的最少用量不宜少于 $350kg/m^3$；

② 灌浆用膨胀砂浆的水料（胶凝材料＋砂）比应为 0.14～0.16，搅拌时间不宜少于 3min；

③ 堵漏施工时，采用灌浆机械进行灌浆堵漏；

④ 浇筑施工时，由于膨胀砂浆的流动度大，故不得使用机械振捣，宜采用人工插捣排除气泡，每个部位应从一个方向浇筑；

⑤ 浇筑完成后，应立即用湿麻袋等覆盖暴露部分，砂浆硬化后应立即浇水养护，养护时间不宜少于 7d。

（3）混凝土的质量检查

1）掺膨胀剂混凝土的质量，应以抗压强度、限制膨胀率和限制干缩率的试验值为依据。有抗渗要求时，还应作抗渗试验。

2）掺膨胀剂混凝土的抗压强度和抗渗检验，应按《普通混凝土力学性能试验方法标准》GB/T 50081 和《普通混凝土长期性能和耐久性能试验方法》GBJ 82 的规定进行。

4.2.5　掺防水剂混凝土的施工

（1）防水剂的使用要求

防水剂进入工地（或混凝土搅拌站）的检验项目应包括 pH 值、密度（或细度）、钢筋锈蚀，符合质量要求的方可入库、使用。

（2）水泥的选择

一般应优先选用普通硅酸盐水泥，因普通硅酸盐水泥的早期强度高，泌水率低，干缩率小。但其抗水性和抗硫酸盐侵蚀的能力不如火山灰质硅酸盐水泥，故工程有抗硫酸盐侵蚀的要求时，可选择抗水性好、水化热低、抗硫酸盐侵蚀能力好的火山灰质硅酸盐水泥，但其早期强度低，干缩率大，抗冻性能较差，施工时应经过试验后再确定。矿渣硅酸盐水泥的水化热较低，抗硫酸盐侵蚀的能力好，但泌水率高，干缩率大，影响混凝土的抗渗性，故应与高效减水剂复合使用。

（3）防水剂的掺量

防水剂应按供货单位推荐的掺量掺加。超量掺加时应经试验确定，符合要求方可使用。如皂类防水剂、脂肪族防水剂超量掺加时，引气量增大，混凝土拌合物会形成较多的气泡，反而影响混凝土的强度和抗渗性。

（4）防水剂混凝土的粗骨料

宜采用粒径为5～25mm连续级配石子。

（5）防水剂混凝土的搅拌时间

应比普通混凝土搅拌时间延长30s。对于含有引气剂组分的防水剂，搅拌时间的长短对混凝土的含气量有明显的影响。当含气量达到最大值后，如继续搅拌，则含气量开始下降。

（6）防水剂混凝土的养护

应加强早期养护，其防水性能在最初7d内得到提高，且随着养护龄期的增加而增强。潮湿养护时间不得少于7d。不得采用间歇养护，以防混凝土一旦干燥，就很难再次润湿。

4.2.6 掺引气剂或引气减水剂混凝土的施工

（1）使用要求

引气剂及引气减水剂进入工地（或混凝土搅拌站）后的检验项目应包括pH值、密度（或细度）、含气量，引气减水剂应增测减水率，符合质量要求的方可入库、使用。

（2）抗冻性混凝土对含气量的要求

抗冻性要求高的混凝土，必须掺入引气剂或引气减水剂。其掺量应根据混凝土的含气量要求，通过试验确定。

掺引气剂及引气减水剂混凝土的含气量，不宜超过表4-11的规定；对抗冻性要求高的混凝土，宜采用表中规定的含气量数值。

引气剂及引气减水剂混凝土的含气量 **表4-11**

粗骨料最大粒径(mm)	20(19)	25(22.4)	40(37.5)	50(45)	80(75)
混凝土含气量(%)	5.5	5.0	4.5	4.0	3.5

注：括号内数值为《建筑用卵石、碎石》GB/T 14685中标准筛的尺寸。

（3）掺加方法

引气剂及引气减水剂的掺量一般都较少，为了搅拌均匀，宜预先配制成一定浓度的稀溶液，使用时再加入拌合水中，溶液中的用水量应从拌合水中扣除。

(4) 溶液配制方法

引气剂及引气减水剂必须充分溶解后方可使用。大多数引气剂采用热水溶解，如采用冷水溶解产生絮凝或沉淀现象时，可加热促使其溶解。

(5) 与其他外加剂复合使用的方法

引气剂可与减水剂、早强剂、缓凝剂、防冻剂复合使用。配制溶液时，如产生絮凝或沉淀等现象，应分别配制溶液并分别加入搅拌机内。

(6) 影响含气量的因素

施工时，应严格控制混凝土的含气量。当材料、配合比或施工条件变化时，应相应增减引气剂或引气减水剂的掺量。

1) 影响混凝土含气量的材料因素：水泥品种、用量、细度及碱含量，掺合料品种、用量，骨料类型，最大粒径及级配，水的硬度，复合使用的外加剂的品种，混凝土的配合比等。

2) 影响混凝土含气量的施工因素：搅拌机的类型、状态、搅拌量、搅拌速度、持续时间、振捣方式以及环境因素等。

所以，在任何情况下，均应采用与现场条件相同的材料、相同配合比、相同的环境条件、相同的施工条件进行试拌试配，以免施工时混凝土的含气量出现误差。同时，应注意随着混凝土拌合物含气量的增大其体积也随之增大，故应根据混凝土的表观密度或含气量来调整配合比，以免每立方米混凝土中水泥用量不足。

随着高性能混凝土、商品混凝土、泵送混凝土等在工程中的大量应用，在掺加外加剂的同时，还掺加膨胀剂和矿物掺合料，即采用“三掺法”技术，以制备性能优异的混凝土，为获得所需的含气量，应加大引气剂的掺量，矿物掺合料以掺加粉煤灰最为显著。

(7) 含气量的测定

检验混凝土的含气量，应在搅拌机出料口进行取样，并应考虑混凝土在运输、浇筑和振捣过程中含气量的损失。对含气量有设计要求的混凝土，施工中应每间隔一定时间进行现场检验。

事实上，混凝土入模振捣后的含气量才是其实际含气量，而从搅拌机出料口输出的混凝土经运输、浇筑、入模振捣后，含气量大约损失 1/4～1/3。但入模后的含气量难以测定，故规定在搅拌机出料口取样检测，然后根据实际情况进行调整，以保证含气量符合设计要求。

(8) 搅拌

掺引气剂及引气减水剂的混凝土，必须采用机械搅拌，混凝土的含气量与搅拌时间有关，搅拌 1～2min 时含气量急剧增加，3～5min 时增至最大，继续搅拌又会损失，故搅拌 3～5min 较为合适。搅拌时间及搅拌量应通过试验确定。

(9) 浇筑

从出料到浇筑的停放时间不宜过长。入模振捣后混凝土的含气量与振捣器的类型有关：

1) 用平板振捣器或振动台振捣，由于对混凝土的扰动小，故含气量的损失也小；

2) 用插入式振捣器振捣，对混凝土的扰动大，含气量的损失也大，且随振动频率的提高和振动时间的延长而损失不断增大，故规定振捣时间不宜超过 20s。

4.2.7 掺普通减水剂或高效减水剂混凝土的施工

（1）使用要求

检验项目应包括 pH 值、密度（或细度）、减水率。

（2）掺量

应根据供货单位的推荐掺量、气温高低、施工要求，通过试验确定。混凝土的凝结时间随着减水剂掺量的增加而延长。特别是木质素类减水剂若超量掺加，其减水效果不会提高多少，而混凝土的强度则随之降低，凝结时间也进一步延长，影响施工进度。高效减水剂若超量掺加，则泌水率亦随之增加，影响混凝土质量。

（3）液体减水剂的用水量计

减水剂溶液中的用水量应从拌合水中扣除，以避免使水灰比增加。

（4）减水剂的掺加方法

1）液体减水剂宜与拌合水应同时加入搅拌机内，使减水组分尽快得到分散；

2）粉剂减水剂的掺量很小，故宜与胶凝材料同时加入搅拌机内进行搅拌，以免粉剂分散不均，影响混凝土的凝固质量，特别是木质素磺酸盐类减水剂若分散不均，会出现个别部位长期不凝固的工程质量事故；

3）减水剂必须与拌合物搅拌均匀，需二次添加外加剂时，应通过试验确定，以免因减水剂的超量掺加而影响混凝土的质量。掺减水剂的混凝土应搅拌均匀后方可出料；

4）减水剂还可采用后掺法技术掺入混凝土搅拌运输车的料罐中（配合比不变）。后掺法技术既可减少坍落度的损失，还可提高混凝土的和易性及强度，使减水剂更有效地发挥作用。当混凝土搅拌运料车抵达浇筑现场，在卸料前 2min 加入减水剂，并加快搅拌运料罐的转速，将减水剂与混凝土拌合物搅拌均匀，会取得良好的效果。

（5）与其他外加剂复合使用的规定

减水剂与其他外加剂复合使用的掺量应根据试验确定。配制溶液时，如产生絮凝或沉淀现象，应分别配制溶液，分别加入搅拌机内。

（6）养护

混凝土采用自然养护时，应加强初期养护；采用蒸汽养护时，混凝土应具有必要的结构强度才能升温，蒸养制度应通过试验确定。

4.2.8 掺 MF（多环芳香族磺酸盐甲醛缩合物）高效减水剂混凝土的配合比计算、拌制、运送、浇筑、养护举例

MF 减水剂除具有减水作用外，还具有引气作用，能有效降低混凝土的水灰比，而不影响混凝土的和易性，又能提高混凝土的密实性和抗渗性。

MF 为粉状减水剂，需用热水溶解才不会出现絮凝和沉淀现象，现介绍其配合比计算、拌制、运送、浇筑、养护方法（掺其他外加剂的防水混凝土可参照应用）。

（1）MF 水溶液的配制

MF 为粉剂，应用热水配制成水溶液后再使用。将 MF 干粉和 60℃左右的热水按1∶3的比例（重量比）混合，并搅拌至完全溶解，贮存备用。

（2）MF 水溶液的加入量

MF 干粉的掺量一般为水泥用量的 0.5%，配制成水溶液后，MF 水溶液的掺量折合为每 100kg 水泥掺入 2kg 的 1∶3*MF* 水溶液。

$$MF_{溶液}=\frac{MF_{干粉}}{MF_{浓度}}=\frac{0.5\%}{1/4}=2\%$$

(3) 配合比计算

配制 C30*MF* 减水剂混凝土，抗渗强度为 0.8MPa（即抗渗等级为 P8），混凝土的坍落度为 110±20mm。所用材料及特性如下：

水泥：32.5MPa 普通硅酸盐水泥，密度 $\rho_{水泥}=3.1$；

砂子：中砂，密度 $\rho_{中砂}=2.6$；

石子：粒径为 10～20mm 的卵石，取密度 $\rho_{石子}=2.7$；

MF：*MF* 减水剂的密度与水相仿，取 $\rho_{干粉}\approx1$。

1）确定水灰比（W'/C'）：配制普通防水混凝土的最大水灰比按设计抗渗等级的要求，按表 4-12 选用。先确定不掺加 *MF* 减水剂的水灰比（W/C）为 0.50。

普通防水混凝土的最大水灰比（W/C=B） **表 4-12**

混凝土抗渗强度(等级)(N/mm²)(MPa)	最大水灰比	
	C20～C30	>C30
P6	≤0.60	<0.55
P8～P12	≤0.55	<0.50
>P12	≤0.50	≤0.45

注：混凝土抗渗强度是指混凝土试块在渗透仪上做抗渗试验时，试块未发现渗水湿渍的最大水压值。如 P8 表示该试块在 0.8N/mm² 的水压下没有出现渗水湿渍。

掺 *MF* 减水剂的水灰比（W'/C'），可通过普通防水混凝土的水灰比（W/C）和 *MF* 减水剂的减水率（$\beta\approx22\%$）求得：$(W'/C')=(W/C)\cdot(1-\beta)=0.55\times0.78\approx0.45$。

2）选定掺减水剂混凝土的用水量（W'）：*MF* 减水剂防水混凝土的用水量（W'）是指拌合水用量（W）和溶解 *MF* 干粉减水剂时的用水量（$W_{溶液}$）之和。因混凝土的坍落度要求为 110±20mm，石子粒径为 10～20mm 的卵石，按表 4-13 的要求，确定普通防水混凝土的用水量（T）为：

$T=(215+195)/2+5=210\text{kg/m}^3$。

塑性混凝土用水量 T（kg/m³）选用表 **表 4-13**

所需坍落度(mm)	卵石最大粒径(mm)				碎石最大粒径(mm)			
	10	20	31.5	40	16	20	31.5	40
10～30	190	170	160	150	200	185	175	165
35～50	200	180	170	160	210	195	185	175
55～70	210	190	180	170	220	205	195	185
75～90	215	195	185	175	230	215	205	195

注：1. 表中用水量系采用中砂时的平均取值。如采用细砂，每立方米混凝土用水量可增加 5～10kg，采用粗砂则可减少 5～10kg；

2. 表中用水量系不掺减水剂等外加剂的用水量，如拌制减水剂防水混凝土，则应扣除减水剂的减水量；掺其他外加剂或掺合料时，应相应调整用水量；

3. 混凝土的坍落度小于 10mm 或大于 90mm 时，用水量可按各地现有经验或经试验取用；

4. 本表不适用于水灰比小于 0.4（或大于 0.8）的混凝土。防水混凝土的水灰比不得大于 0.55。

因掺入0.5%MF减水剂后的减水率β为15%～25%，取β为22%。则：

$$W'=T(1-\beta)=210(1-0.22)\approx164\text{kg/m}^3$$

3）计算水泥和干粉的混合重量（C'）：已知水灰比的比值（B）为0.45，则：

$$C'=W'/B=164/0.45\approx365\text{kg/m}^3$$

4）计算水泥（C）和减水剂干粉（$F_{干粉}$）的重量

$$C=C'(1-k)=365(1-0.5\%)=363\text{kg/m}^3$$

$$F_{干粉}=C'\cdot k=365\times0.5\%=2\text{kg/m}^3$$

5）计算每立方米减水剂水溶液的重量（$F_{溶液}$）和拌合水用量（W）：

$$F_{溶液}=F_{干粉}/\lambda=\frac{F_{干粉}}{1/4}=\frac{2}{0.25}=8\text{kg/m}^3$$

$$W=W'-F_{溶液}(1-\lambda)=164-8\times3/4=158\text{kg/m}^3$$

6）选定砂率（P），计算砂石混合密度（$\rho_{砂石}$）：

①选定砂率值：坍落度为10～60mm的混凝土砂率，可按粗骨料品种、规格及混凝土的水灰比按表4-14选用。

混凝土砂率参考选用表（%） **表4-14**

水灰比（W/C）	卵石最大粒径(mm)			碎石最大粒径(mm)		
	10	20	40	16	20	40
0.4	26～32	25～31	24～30	30～35	29～34	27～32
0.5	30～35	29～34	28～33	33～38	32～37	30～35
0.6	33～38	32～37	31～36	36～41	35～40	33～38
0.7	36～41	35～40	34～39	39～44	38～43	36～41

注：1. 表中数值系中砂的选用砂率，对细砂或粗砂，可相应地减少或增加砂率；
2. 只用一个单粒级粗骨料配制混凝土时，砂率应适当增加；
3. 对薄壁构件，砂率取偏大值；
4. 表中的砂率系指砂与骨料总重的重量比；
5. 坍落度大于60mm的混凝土砂率，可经试验确定，也可在表中数值的基础上，按坍落度每增大20mm，砂率增大1%的幅度予以调整；
6. 坍落度小于10mm的混凝土，其砂率应通过试验确定；
7. 如结构钢筋密集，金属埋件较多，厚度较薄，浇捣困难时，可适当提高砂率。

按表4-14，考虑到坍落度为110±20mm，大于60mm，选择砂率为37%。

②计算砂石混合密度（$\rho_{砂石}$）：

$$\rho_{砂石}=\rho_{砂}P+\rho_{石}(1-P)=2.6\times37\%+2.7\times(1-37\%)=2.66$$

7）根据砂石混合密度，计算出砂石混合重量（$\alpha_{砂石}$）

$$\alpha_{砂石}=\rho_{砂石}(1000-W'/\rho_{水}-C/\rho_{水泥}-F_{干粉}/\rho_{干粉})$$
$$=2.66(1000-164/1-363/3.1-2/1)=1907\text{kg/m}^3$$

8）分别计算砂（S）、石（G）重量：

$$S=\alpha_{砂石}\cdot P=1907\times37\%=706\text{kg/m}^3$$

$$G=\alpha_{砂石}-S=1907-706=1201\text{kg/m}^3$$

9）确定初步配合比，得到掺MF减水剂混凝土的初步配合比为：

$$C':S:G:W'=365:706:1201:164=1:1.93:3.29:0.45$$

混凝土的表观密度计算值（$\rho_{c,c}$）为：

$$\rho_{c,c}=C'+S+G+W'=365+706+1201+164=2456\text{kg/m}^3$$

其中，$C'=C+F_{干粉}=363+2=365\text{kg/m}^3$

所有混凝土拌合物的初步配合比为：

$$C:S:G:W:F_{溶液}=363:706:1201:158:8=1:1.95:3.32:0.44:0.02$$

（4）混凝土配合比的试配、调整

1）试配时应采用工程中实际使用的原材料。混凝土的搅拌方法，应与生产时使用的方法相同。

2）混凝土试配时，每盘混凝土的最小搅拌量应符合表 4-15 的规定，当采用机械搅拌时，搅拌量不应小于搅拌机额定搅拌量的 1/4。

混凝土试配用最小搅拌量 **表 4-15**

骨料最大粒径(mm)	拌合物的拌合量(L)
31.5 及以下	15
40	25

3）按计算所得初步配合比首先应进行试拌，以检查拌合物的性能。当试拌所得到的拌合物坍落度不能满足要求，或黏聚性和保水性能不好时，应在保证水灰比不变的条件下相应调整用水量或砂率，直到符合要求为止。然后应提出供混凝土进行强度试验和抗渗试验用的基准配合比。

4）做混凝土强度试验时，应至少采用三个不同的配合比，其中一个应是按本条 3）得出的基准配合比，另外两个配合比的水灰比，宜较基准配合比分别增加或减少 0.05，其用水量与基准配合比基本相同，砂率可分别增加或减小 1%。

当不同水灰比的混凝土拌合物坍落度与要求值相差超过允许偏差时，可以适当增减用水量进行调整。

5）制作混凝土强度试件时，应检验混凝土的坍落度、黏聚性、保水性及拌合物表观密度，并以此结果作为代表相应配合比的混凝土拌合物的性能。

6）进行混凝土强度试验时，每种配合比应至少制作一组（三块）试件，并应经标准条件养护到 28d 时试压。混凝土立方体试件的边长不应小于表 4-16 的规定。

混凝土立方体试件的边长 **表 4-16**

骨料最大粒径(mm)	试件边长(mm)
≤30	100×100×100
≤40	150×150×150
≤60	200×200×200

7）试块进行抗渗试验时，抗渗水压值应比设计要求提高一级（0.2MPa）。

8）试配混凝土的抗渗性能时，应采用水灰比最大的配合比作抗渗试验，其试验结果应符合下式要求：

$$p_t \geqslant P/10+0.2$$

式中　p_t——6 个试件中 4 个未出现渗水时的最大水压值（MPa）；

P——设计要求的抗渗等级。

（5）混凝土配合比的确定

1）由试验得出的各水灰比及其相对应的混凝土强度关系，用作图法或计算法求出与混凝土配制强度（$F_{cu,0}$）相对应的水灰比，并按下列原则确定每立方米混凝土的材料用量：

① 用水量（W 或 W'）应取基准配合比中的用水量，并根据制作强度试件时测得的坍落度进行调整；

② 不掺外加剂时，水泥用量（C）应以用水量除以选定出的水灰比计算确定。掺外加剂时，水泥和外加剂的干粉用量之和（C'）应以用水量（W'）除以选定出的水灰比（B）计算确定；

③ 粗骨料和细骨料用量（G 和 S）应取基准配合比中的粗骨料和细骨料用量，并按选定的水灰比进行调整。

2）配合比经试配确定后，尚应按下列步骤校正：

① 根据本条 1）款确定的材料用量，按下式计算混凝土的表观密度计算值 $\rho_{c,c}$：

$$\rho_{c,c}=W'+C'+S+G$$

② 计算混凝土配合比校正系数（δ）：$\delta=\rho_{c,t}/\rho_{c,c}$

式中　$\rho_{c,t}$——混凝土表观密度实测值（kg/m^3）；

$\rho_{c,c}$——混凝土表观密度计算值（kg/m^3）。

③ 当混凝土表观密度实测值与计算值之差的绝对值不超过计算值的 2%时，按本条 1）款确定的配合比应为确定的计算配合比；当二者之差的绝对值超过 2%时，应将配合比中每项材料用量均乘以校正系数 δ 值，即为确定的混凝土设计配合比。

（6）混凝土的搅拌、运送

1）现场搅拌、运送：现场搅拌时，如地下工程距地面的落差较大，可采用溜槽将混凝土运送至基坑底面，溜槽底部应封严，防止漏浆。用料斗吊运时，料斗底部亦应封严。用小车运送时，小车的支腿应用橡胶皮绑扎，以防扎坏柔性防水层。

2）搅拌站搅拌、运送：如在搅拌站搅拌后运至施工地点，则应符合浇筑时规定的坍落度，当有离析现象时，必须在浇筑前加入原水灰比的水泥浆或二次加入减水剂进行二次搅拌，且混凝土应以最少的转载次数和时间，从搅拌站运送至施工作业面。非掺缓凝剂混凝土从搅拌机中卸出到浇筑完毕的延续时间不宜超过表 4-17 的规定。

混凝土从搅拌机中卸出到浇筑完毕的延续时间（min）　　**表 4-17**

混凝土强度等级	气　温	
	≤25℃	＞25℃
不高于 C30	120	90
高于 C30	90	60

注：1. 对掺用混凝土外加剂或采用快硬水泥拌制的混凝土，其延续时间应按试验确定；
2. 对轻骨料混凝土，其延续时间应适当缩短。

3）搅拌运送车搅拌、运送：MF 减水剂水溶液可在搅拌运送车到达施工现场时加入，高速运转 2min 后即可得到浇筑所需要的坍落度。

4）泵送混凝土的运送：

① 混凝土的供应，必须保证输送混凝土的泵能连续工作；

② 输送管线宜直，转弯宜缓，接头应严密，如管道向下倾斜，应防止混入空气，产生阻塞；

③ 泵送前应先用适量的与混凝土内成分相同的水泥浆或水泥砂浆润滑输送管内壁；

④ 如泵送间歇时间超过 45min 或当混凝土出现离析现象时，应立即用压力水或其他方法冲洗管内残留的混凝土；

⑤ 在泵送过程中，受料斗内应具有足够的混凝土，以防止吸入空气产生阻塞。

(7) 混凝土的浇筑

混凝土自高处倾落的自由高度，不应超过 2m。非施工缝部位的混凝土应连续浇筑。从混凝土运输、浇筑及间歇算起，其全部时间不应超过混凝土的初凝时间。同一施工段的混凝土应连续浇筑。

1) 大体积混凝土的浇筑，应采取以下措施：

① 在设计许可的情况下，采用混凝土 60d 的强度作为设计强度；

② 采用低热或中热水泥，掺加粉煤灰、磨细矿渣粉等掺合料；

③ 除掺入减水剂外，还应掺入膨胀剂、缓凝剂等外加剂，以便在和上述水泥、掺合料的共同作用下，延缓混凝土最高水化热峰值的出现；

④ 在炎热季节施工时，采取降低原材料温度、减少混凝土运输时吸收外界热量等降温措施；

⑤ 混凝土内部预埋管道，进行水冷散热；

⑥ 浇筑平面部位大体积混凝土时，应采用“斜面布料、分层振捣”的方法进行浇筑；当厚度方向如需分层浇筑时，应在底层混凝土初凝之前就将上层混凝土浇筑振捣完毕；当“斜面布料”浇筑的混凝土或墙体底层的混凝土在初凝之后才浇筑后续混凝土时，应按施工缝技术方案进行处理。

2) 非大体积混凝土的浇筑：应连续浇筑。即后浇混凝土应在先浇混凝土初凝之前就浇筑振捣完毕，否则，按施工缝处理。

3) 振捣、压光：底板、顶板混凝土较薄时，按设计要求的厚度和坡度浇筑，并用平板式振动器振捣密实，再用辊筒来回滚压，直至混凝土表面浮浆且不再沉落。浮浆后即可用以下方法抹平压实：先用特制的 250mm×300mm 的大钢压板压平，再用铁抹子抹压数遍，使防水混凝土面层光滑平整。抹压时，不得在混凝土表面洒水、加水泥浆或撒干水泥，因为这种处理方法只能使混凝土表面产生一层浮浆，硬化后混凝土内部和表层因应力及干缩不一致，致使面层产生不均匀收缩、龟裂和脱皮等现象，破坏面层的平整度，降低防水性能。

混凝土在浇筑时，应确保钢筋位置的准确，保证钢筋保护层的厚度。

4) 二次压光：待混凝土收水（初凝）后，用铁抹子将面层的沉缩、干缩裂缝第二次压实抹光，以保证防水层表面致密，封闭毛细孔、微缝，提高抗渗性能，这是至关重要的一道工序，应认真操作。

如需在底板混凝土表面涂刷内防水层、顶板混凝土表面设置外防水层，则混凝土的平整度应不大于 0.25%。

(8) 混凝土的养护

见“4.2.2 防水混凝土的配合比、计量、搅拌、运输、浇筑、养护”。

(9) 施工注意事项

1) 穿过主体结构的管道、预埋件不得位于结构受力部位。

2) 穿结构管道、预埋件、设备基座安装应牢固，其与混凝土间应按设计要求作嵌缝密封、止水处理。

3) 预留孔洞、穿结构管道、预埋件的位置应准确。不得在混凝土浇筑施工完毕后再开凿孔洞。

4) 天气较冷时，在浇筑12～24h后，应及时盖上塑料薄膜和二层草席，或覆盖棉被，以满足保温保湿和保持混凝土表面平整度和光洁度的养护要求。

5) 炎热天气，最好在阴天、早上或傍晚气温较低时施工。

4.2.9 细石混凝土防水层施工

细石混凝土防水层主要用于屋面工程。

4.2.9.1 普通细石混凝土防水层施工

(1) 材料、配合比、计量、搅拌、运输、浇筑、养护

同“4.2.2 防水混凝土的配合比、计量、搅拌、运输、浇筑、养护”。粗骨料的最大粒径不宜大于15mm。浇筑后养护初期屋面不得上人。

(2) 钢筋网片设置位置

设置在混凝土的中上部，钢筋保护层厚度不小于10mm。

(3) 分格缝施工

1) 每个分格板块的混凝土应一次浇筑完成，不得留施工缝，抹压时不得在表面洒水、加水泥浆或撒干水泥，混凝土收水后应进行二次压光；

2) 分格条安装位置应准确，起条时不得损坏分格缝边缘的混凝土；

3) 采用圆片锯切割分格缝时，切割深度宜为防水层厚度的3/4，将钢筋网片彻底割断。

(4) 细部构造施工

应符合设计要求。预留孔洞和预埋件位置应准确；安装管件后，其周围应用密封材料嵌填密实。

4.2.9.2 补偿收缩混凝土防水层施工

其材料、配合比、计量、搅拌、运输、浇筑、养护参见“4.2.4 掺膨胀剂防水混凝土(砂浆)的施工”和“4.2.9.1 普通细石混凝土防水层施工”。

4.2.9.3 钢纤维混凝土防水层施工

(1) 配合比

水灰比宜为0.45～0.50；砂率宜为40%～50%；每立方米混凝土的水泥和掺合料用量宜为360～400kg；钢纤维体积率宜为0.8%～1.2%。配合比应经试验确定。

(2) 材料

1) 宜采用普通硅酸盐水泥或硅酸盐水泥。

2) 粗骨料最大粒径宜为15mm，且不大于钢纤维长度的2/3；细骨料宜采用中粗砂。

3) 钢纤维长度宜为25～50mm，直径宜为0.3～0.8mm，长径比宜为40～100，表面

不得有油污或其他妨碍钢纤维与水泥浆粘结的杂质，钢纤维内的粘连团片、表面锈蚀及杂质等不应超过钢纤维质量的1%。

(3) 计量

称量允许误差见表4-18。

钢纤维混凝土称量允许误差 表4-18

材料名称	钢纤维	粗、细骨料	外加剂	水泥或掺合料	水
允许偏差(%)≤	±2	±3	±2	±2	±2

(4) 搅拌

1) 应采用强制式搅拌机搅拌，当钢纤维体积率较高或拌合物稠度较大时，一次搅拌量不宜大于额定搅拌量的80%。

2) 宜先将钢纤维、水泥、粗细骨料干拌1.5min，再加入水湿拌，也可采用在混合料拌合过程中加入钢纤维拌合的方法。搅拌时间应比普通混凝土延长1～2min。

3) 拌合物应拌合均匀，颜色一致，不得有离析、泌水、钢纤维结团现象。

(5) 分格缝

用分格板条设置分格缝，纵横向间距不宜大于10m。

(6) 浇筑

1) 从搅拌机卸出到浇筑完毕的时间不宜超过30min；运输过程中拌合物如产生离析或坍落度损失，可加入原水灰比的水泥浆进行二次搅拌，严禁直接搅拌。

2) 浇筑时，应保证钢纤维分布的均匀性和连续性，并用机械振捣密实。每个分格板块的混凝土应一次浇筑完成，不得留施工缝。

3) 振捣密实后，应先将混凝土表面抹平，待收水后再进行二次压光，混凝土表面不得有钢纤维露出。

4) 取出分格缝内的板条，缝内用密封材料嵌填密实、不渗水。

(7) 养护

同"4.2.9.1普通细石混凝土防水层施工"。

4.3 水泥砂浆防水层（找平层）施工

4.3.1 水泥砂浆防水层（找平层）施工要求

掺外加剂、防水剂、掺合料的防水砂浆和聚合物水泥防水砂浆只要一、二遍就能成活，故得到推广应用。

(1) 设防要求

1) 水泥砂浆品种和配合比设计应根据防水工程要求确定。

2) 水泥砂浆防水层基层，其混凝土强度等级不应小于C15；砌体结构砌筑用的砂浆强度等级不应低于M7.5。

(2) 所用材料要求

1) 应采用强度等级不低于42.5MPa的普通硅酸盐水泥、硅酸盐水泥、特种水泥，严禁使用过期或受潮结块水泥；

2）砂宜采用中砂，含泥量不大于1%，硫化物和硫酸盐含量不大于1%。

4.3.2 水泥砂浆防水层（找平层）施工

（1）基层表面应平整、坚实、粗糙、清洁，并充分湿润、无积水。

（2）基层表面的孔洞、凹坑，应用与防水层相同的砂浆按要求堵塞抹平。将预埋件缝隙、裂缝用密封材料嵌填封严。

（3）水泥砂浆防水层，配合比见表4-19。

普通水泥砂浆防水层的配合比　　表4-19

名　称	配合比(质量比)		水灰比	适用范围
	水泥	砂		
水泥浆	1		0.55～0.60	水泥砂浆防水层的第一层
水泥浆	1		0.37～0.40	水泥砂浆防水层的第三、五层
水泥砂浆	1	1.5～2.0	0.40～0.50	水泥砂浆防水层的第二、四层

（4）水泥砂浆防水层应分层铺抹或喷射，铺抹时应压实、抹平，最后一层表面应提浆压光。

（5）水泥砂浆防水层各层应紧密贴合，每层宜连续施工；如必须留茬时，采用阶梯坡形茬，但离阴阳角处不得小于200mm；接茬应依层次顺序操作，层层搭接紧密，如图4-114所示。

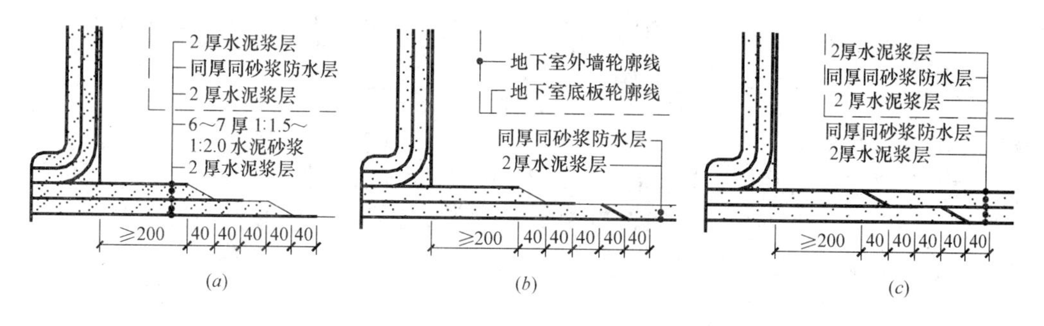

图4-114　水泥砂浆施工缝接茬

(*a*) 留阶梯坡形茬；(*b*) 一、二层接茬；(*c*) 三、四层接茬

（6）施工气候要求、养护要求与防水混凝土施工相同。

4.3.3 聚合物、掺外加剂、掺合料水泥砂浆防水层施工

（1）基层表面平整度、强度、清洁程度等要求与普通水泥砂浆要求相同。

（2）聚合物水泥砂浆防水层厚度单层施工宜为6～8mm，双层施工宜为10～12mm，掺外加剂、掺合料的水泥砂浆防水层厚度宜为18～20mm。

（3）所用材料要求：

1）所用水泥、中砂、搅拌水的质量与普通水泥砂浆要求相同；

2）聚合物乳液质量应符合规定，宜选用专用产品；

3）外加剂的技术性能应符合国家或行业产品标准一等品以上的质量要求。

（4）掺外加剂、掺合料、聚合物等改性防水砂浆的性能应符合表 3-15 的规定。掺外加剂、掺合料防水砂浆的配合比和施工、养护方法应符合所掺材料的规定。

（5）聚合物水泥砂浆的用水量包括乳液中的含水量，拌合后应在规定时间内用完，且施工中不得任意加水。

（6）聚合物水泥砂浆防水层未达到硬化状态时，不得浇水养护或直接受雨水冲刷，硬化后应采用干湿交替的养护方法。在潮湿环境中，可在自然条件下养护。

（7）使用特种水泥、外加剂、掺合料的防水砂浆，养护应按产品的相关规定执行。

4.4 卷材防水层施工

卷材防水层适用于受侵蚀性介质作用或受振动作用的防水工程。按卷材种类、材性的不同，施工方法可分为冷粘、热粘、热熔、自粘结、湿铺、焊接等施工方法。按铺设方法的不同可分为满粘、点铺、条铺和空铺等。

4.4.1 卷材防水层施工一般要求

（1）找平层（基层）要求

屋面、地下工程基面应平整牢固、清洁干燥。阴阳角（转角）均应做成圆弧，圆弧半径见表 4-20。屋面工程内部排水的水落口周围应做成略低的凹坑。

找平层（基层）圆弧半径（mm） **表 4-20**

卷 材 种 类	沥青防水卷材	高聚物改性沥青防水卷材	合成高分子防水卷材
圆弧半径	100～150	50	20

（2）基层含水率

铺设地下、屋面隔汽层和非湿铺型防水卷材的基层必须干净、干燥。干燥程度的简易检验方法：将 $1m^2$ 卷材平坦地干铺在找平层上，静置 3～4h 后掀开检查，找平层覆盖部位与卷材上未见水印，即可铺设隔汽层或防水层。

（3）屋面工程确定铺贴方向

1）屋面坡度小于 3%时，卷材宜平行屋脊铺贴；

2）屋面坡度在 3%～15%时，卷材可平行或垂直屋脊铺贴；

3）屋面坡度大于 15%或屋面受振动时，沥青防水卷材应垂直屋脊铺贴，高聚物改性沥青防水卷材和合成高分子防水卷材可平行或垂直屋脊铺贴；

4）上下层卷材不得相互垂直铺贴。

（4）确定铺贴方法

1）空铺法、条粘法、点粘法或机械固定法：适用于防水层上有重物覆盖、基层变形量大、日（季）温差大、易结露的潮湿基面及保温屋面工程和找平层干燥有困难的工程。屋面工程距周边 800mm 范围内以及叠层铺贴的各层卷材之间应满粘。

2）满粘法：适用于基层较稳定、干燥程度符合铺贴要求的地下、屋面工程。满粘法施工时，屋面工程找平层的分格缝处宜空铺，空铺的宽度宜为 100mm。

3）屋面工程的坡度超过25%时应采取防止卷材下滑的措施。

4）屋面、地下防水施工时，应先做好细部节点、阴阳角的增强和屋面排水比较集中等部位的处理，屋面由最低处向屋脊进行，天沟、檐沟部位宜顺天沟、檐沟方向铺贴，减少卷材的搭接。

（5）屋面工程确定铺贴顺序

先高跨后低跨→先远后近→先细部后平、立面→先屋檐后屋脊。

（6）工艺流程

准备主料和辅料→准备机具和防护用品→清理、检查找平层和测定含水率→细部构造增强处理→铺贴平、立面卷材→卷材收头处理→设置保护层→试水试验（屋面工程）→竣工验收。

（7）增强处理

在转角处、阴阳角等细部构造部位，应增贴1～2层相同的卷材，宽度不宜小于500mm；阴阳角处应做成圆弧或135°折角。

（8）粘结强度

参见表3-17。

（9）施工要求

1）满粘法铺贴卷材前，应在基层涂刷基层处理剂，当基面较潮湿时，应涂刷湿固化型胶粘剂或潮湿界面隔离剂。基层处理剂与施工应符合以下规定：

① 基层处理剂应与卷材及胶粘剂的材性相容；

② 基层处理剂可采取喷涂法或涂刷法施工，喷、涂应均匀一致，不露底，待表面干燥后，方可铺贴卷材。

2）卷材应自由展平压实，卷材与基面和各层卷材之间必须粘结紧密。

3）铺贴立面、坡度超过25%的斜面卷材防水层时，应采取防止卷材下滑的措施。

4）卷材搭接边应用封口条和密封材料封严，密封宽度不应小于10mm；当不设封口条时，应采用丁基橡胶防水密封胶粘带（或同类密封膏）封严。

5）铺贴双层卷材时，上下层和相邻两幅卷材的接缝应错开1/3～1/2幅宽，同层内除地下工程底板折向外墙的甩接茬卷材可垂直铺贴外，其余部位及上下层卷材不得相互垂直铺贴，甩、接茬应符合屋面和地下工程的施工要求。

6）在立面与平面的转角处，卷材的接缝应留在平面上。接缝距立面的距离一般应为500～600mm。

7）卷材应先铺平面，后铺立面，交接处应交叉搭接。

8）从平面折向立面的卷材宜采用空铺法施工。

9）地下工程卷材搭接缝应用封口条封严。

10）阴阳角、三面角用增强片材增强。

11）上道工序施工质量经检验合格后，方可进行下道工序的施工。

12）防水层施工完毕，经检查合格后，应及时做保护层。

（10）卷材的搭接宽度

屋面工程卷材搭接宽度见表4-21、地下工程卷材搭接边及封口条最小宽度见表4-22。

屋面卷材搭接宽度（mm）　　表 4-21

<table>
<tr><th colspan="2" rowspan="2">铺贴部位、方法
卷材种类</th><th colspan="2">短边搭接</th><th colspan="2">长边搭接</th></tr>
<tr><th>满粘法</th><th>空铺、点粘、条粘法</th><th>满粘法</th><th>空铺、点粘、条粘法</th></tr>
<tr><td colspan="2">沥青防水卷材</td><td>100</td><td>150</td><td>70</td><td>100</td></tr>
<tr><td colspan="2">高聚物改性沥青防水卷材</td><td>80</td><td>100</td><td>80</td><td>100</td></tr>
<tr><td colspan="2">自粘聚合物改性沥青防水卷材</td><td>60</td><td>—</td><td>60</td><td>—</td></tr>
<tr><td rowspan="4">合成高分子防水卷材</td><td>胶粘剂</td><td>80</td><td>100</td><td>80</td><td>100</td></tr>
<tr><td>胶粘带</td><td>50</td><td>60</td><td>50</td><td>60</td></tr>
<tr><td>单焊缝</td><td colspan="4">60，有效焊接宽度不小于25</td></tr>
<tr><td>双焊缝</td><td colspan="4">80，有效焊接宽度10×2＋空腔宽</td></tr>
</table>

地下工程卷材搭接边及封口条的最小宽度（mm）　　表 4-22

<table>
<tr><th rowspan="2">铺贴方法
卷材种类</th><th colspan="2">搭接边宽度</th><th colspan="2">封口条宽度</th></tr>
<tr><th>满粘</th><th>空铺、点粘、条粘法</th><th>满粘</th><th>空铺、点粘、条粘法</th></tr>
<tr><td>弹性体改性沥青防水卷材</td><td colspan="2">100</td><td>100</td><td>120</td></tr>
<tr><td>改性沥青聚乙烯胎防水卷材</td><td colspan="2">100</td><td>100</td><td>120</td></tr>
<tr><td>本体自粘聚合物改性沥青防水卷材</td><td colspan="2">80</td><td>100</td><td>120</td></tr>
<tr><td>三元乙丙橡胶防水卷材</td><td colspan="2">100/60(胶粘剂/胶粘带)</td><td>100</td><td>100</td></tr>
<tr><td rowspan="2">聚氯乙烯防水卷材</td><td colspan="2">60/80(单焊缝/双焊缝)</td><td>20</td><td>30</td></tr>
<tr><td colspan="2">100(胶粘剂)</td><td>100</td><td>120</td></tr>
<tr><td>聚乙烯丙纶复合防水卷材</td><td colspan="2">100(粘结料)</td><td>100</td><td>120</td></tr>
<tr><td>高分子自粘胶膜防水卷材</td><td colspan="2">70/80(自粘胶/胶粘带)</td><td colspan="2">80</td></tr>
</table>

4.4.2 高聚物改性沥青防水卷材施工

高聚物改性沥青防水卷材可采用热熔、冷粘或冷热结合等方法施工。

4.4.2.1 高聚物改性沥青防水卷材热熔法施工

热熔法施工，搭接边以自身熔体相互粘结，与该类卷材用玛琋脂冷粘法相比，粘结质量容易得到保证。为防止烘烤时火焰烧坏胎体，要求卷材的厚度不小于4mm。小于4mm的卷材应用改性沥青玛琋脂粘结施工。

（1）施工所需材料

1）高聚物改性沥青防水卷材：厚度不小于4mm，单层卷材防水层每平方米用量为1.15～1.2mm^2。

2）基层处理剂（底涂料）：呈黑褐色，易于涂刷，涂液能渗入基层毛细孔隙中，起隔绝潮气和增强卷材与基层的粘结力，由沥青和溶剂组成，干燥时间晴天不大于2h。如防水层为单层构造，底涂料应采用橡胶沥青防水涂料或改性沥青冷胶粘剂。

3）接缝密封剂（胶粘剂）：与改性沥青卷材涂盖材料材性相同的黏稠状高聚物改性沥青嵌缝膏，用于搭接缝的密封。

4）隔离层材料：聚乙烯薄膜或低档卷材。地下工程单层卷材设防时，在细石混凝土保护层与防水层之间设置的隔离层。

5）防水层保护层材料：

① 屋面：浅色涂料、水泥砂浆、细石混凝土等；

② 地下：5mm 厚聚乙烯泡沫塑料片材或 50mm 厚聚苯乙烯泡沫塑料板。

6）汽油：稀释底涂料和清洗工具。

7）金属压条、水泥钢钉：卷材防水层在末端收头时钉压固定。

8）金属箍或钢丝：用于卷材防水层收头的箍扎固定。

9）水泥砂浆：填平、顺平找平层表面的凹槽、凹坑。一般采用普通水泥砂浆，也可采用聚合物水泥砂浆，如：

① 阳离子氯丁胶乳水泥砂浆。配合比为普通硅酸盐水泥∶中砂∶阳离子氯丁胶乳（含固量 40%）∶自来水＝1∶(2～2.5)∶0.35∶(0.2～0.25)。

② 丙烯酸酯水泥砂浆。配合比为水泥∶砂∶丙乳∶水＝1∶(2～2.5)∶0.2∶(0.3～0.4)。

③ 其他聚合物水泥砂浆等。

（2）施工所需机具及防护用品

施工所需机具见表 4-23，防护用品见表 4-24。

热熔法施工常用机具 **表 4-23**

名称	规格	数量	用途
单头热熔手持喷枪	专用工具	2～4	烘垮热熔卷材
移动式乙炔群枪		1～2	
手持喷灯		2～4	
高压吹风机	300W	1	清理基层
小平铲	50～100mm	若干	
扫帚、钢丝刷、抹布	常用	若干	
铁桶、木棒	20L、1.2m	各一	搅拌、装盛底涂料
长把滚刷	ϕ60mm×250mm	5	涂刷底涂料
油漆刷	50～100mm	5	
裁刀、剪刀、壁纸刀	常 用	各 5	裁剪卷材
卷尺、盒尺、钢板尺		各 2	丈量工具
粉线盒、粉笔盒		各 1	弹基准线、画线
手持铁压辊	ϕ40mm×(50～80)mm	5	压实搭接边卷材
射钉枪、铁锤		5	收头卷材钉压固定
干粉灭火器		10	消防备用
铁铲、铁抹子		各 2	填平找平层及女儿墙凹槽
手推车		2	搬运机具
工具箱		2	存放工具

（3）施工步骤

1）清理找平层：清扫干净找平层表面的砂浆疙瘩、浮灰、杂物，不得有尖锐凸起物，在涂刷底涂料前宜用高压吹风机吹尽浮灰和砂粒，或用湿抹布擦尽。

热熔法施工所需防护用品　　表 4-24

名　称	数　量	用　途
防火工作服	每人1套	预防火焰烧伤人体，规格应为长袖、长裤
护脚	每人1双	可用高帮球鞋代替，防护用品
安全帽	每人1顶	
软底胶鞋或球鞋	每人1双	供施工人员在防水层上行走
墨镜	每人1副	
手套	每人1副	与衣服袖口相互搭接
口罩	每人1个	
防烫伤药膏	若干	
安全绳		高落差作业人员备用
纱布、白胶带	若干	临时包扎

2）检查找平层含水率：用简易方法测定找平层含水率。有的地下工程垫层表面的找平层干燥较困难，达不到干燥要求。这时，可采用空铺法铺贴卷材，防水层与基层不粘结，但搭接边必须按要求热熔粘结牢固。

3）涂刷底涂料：满粘法施工时，将底涂料搅拌均匀，用长把滚刷均匀有序地涂刷在干燥的找平层表面，形成一层厚度为1～2mm的整体涂膜层。切勿杂乱无章地反复涂刷，以防咬起砂浆疙瘩。需要注意的是：屋面地下工程从平面折向立面的卷材应空铺。在阴阳角交接线约100～150mm范围内的基层不涂底涂料。也可通过铺贴牛皮纸或废纸的办法来实现空铺，以适应结构沉降变形的需要。

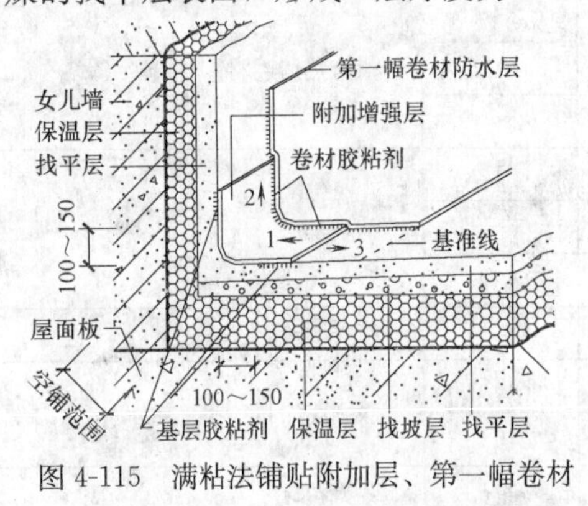

图 4-115　满粘法铺贴附加层、第一幅卷材

4）细部构造增强处理：

参见“4.1 细部构造防水做法”。

5）弹基准线、铺贴卷材：

① 屋面工程：满粘法铺贴附加层、铺贴第一幅卷材，分别在基层表面、卷材表面按卷材的搭接宽度弹基准线，如图4-115、图4-116所示。

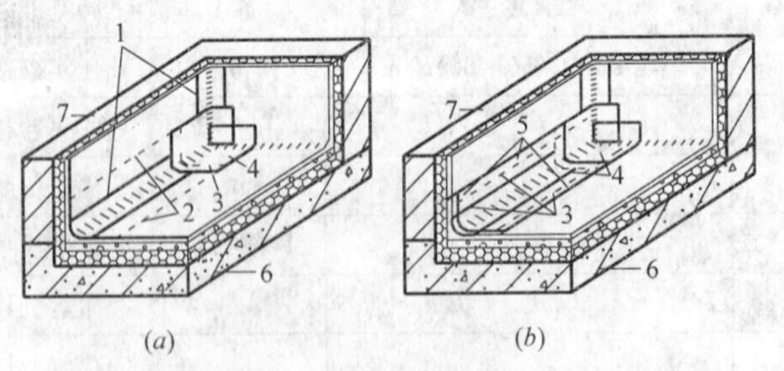

图 4-116　阴阳角部位弹基准线、铺贴卷材

(a) 在找平层表面弹基准线；(b) 在卷材表面弹基准线

1—空铺附加层；2—找平层表面弹基准线；3—卷材表面弹基准线；4—已铺第一行卷材；5—卷材搭接接合面；6—屋面板；7—女儿墙

② 地下工程甩、接茬方法：底板阴阳角部位防水层常用的甩接茬方法见图 4-117（*a*）。这一方法，在结构发生沉降时，常因垫层刚性角开裂，发生不均匀沉降而导致防水层开裂，见图 4-117（*b*）。

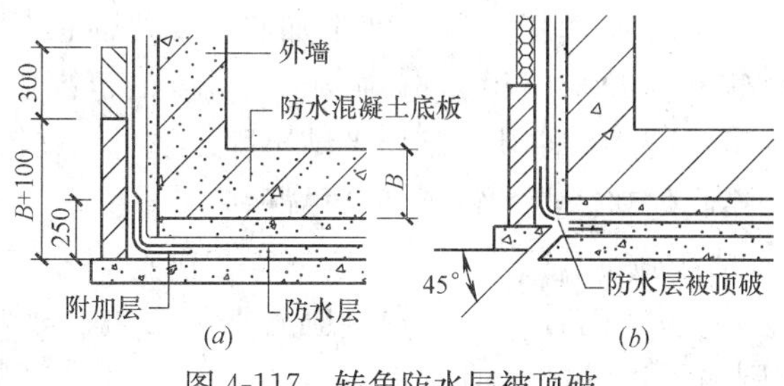

图 4-117 转角防水层被顶破

可采取两种方法对刚性角部位防水层进行保护。一是在转角部位设置聚乙烯圆棒，附加层空铺，见图 4-118，当结构沉降时，可对防水层进行保护，见图 4-119；另一方法是在转角部位设置聚苯乙烯泡沫塑料板条，见图 4-120。

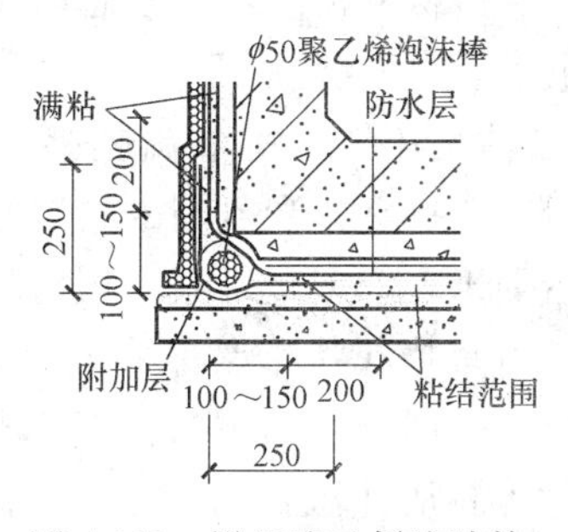

图 4-118 设置聚乙烯泡沫棒

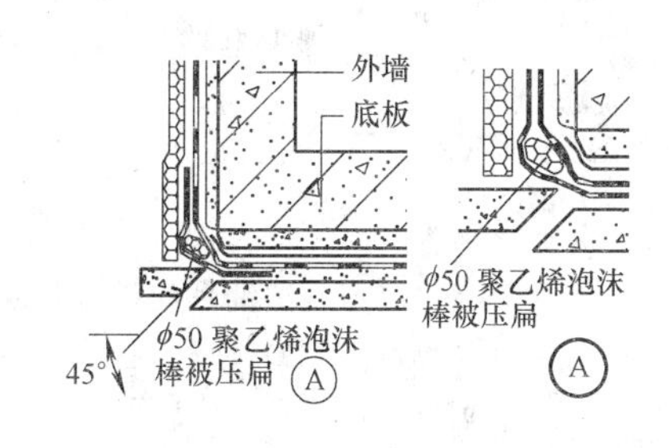

图 4-119 防水层得到保护

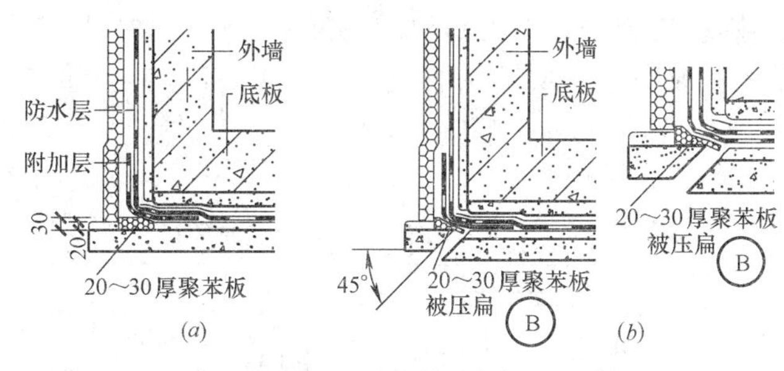

图 4-120 设置聚苯乙烯泡沫板条

6）点燃单头手持喷枪或喷灯的方法：喷嘴前方不得有障碍物，以免点燃后回火烧伤人体或手，人应站在上风口，一人先擦燃火柴或点燃打火机，从喷枪后面引火苗至喷嘴口，另一人逐渐旋开开关，将喷枪点燃（开关的开度应正好能点燃为宜），然后，再调节开关旋钮至喷出的火焰呈适宜施工的白炽火焰为止。如风势较大，用火柴或打火机点燃有困难时，可先点燃一头缠有汽油棉纱的木棍，再引燃喷枪。移动式乙炔群枪（亦称多喷头车式热熔铺毡机）一共有 5 个喷头，可先点燃手持喷枪，再引燃群枪。

改性沥青防水卷材的胎体位于卷材的 1/3 上部。热熔施工时，卷材底面应朝向基面，供火焰烘烤。厂家在生产时，成卷工艺是底面在外圈，面层在里圈。所以，将整捆卷材展开后，与基层接触的面即为底面，可直接进行烘烤铺贴。如一时难以辨别正反面，可从外观来鉴别：有细砂或贴有合成膜隔离层、断面沥青层厚的一面为卷材底层，有铝箔或页岩片、断面沥青层薄的一面为卷材面层。

7）热熔施工：

① 铺贴卷材附加层：用手持喷枪对基层和附加卷材烘烤后进行铺贴。转角部位应空铺，在附加增强层的两侧底面及基层约 100～120mm 宽度的范围内进行烘烤，熔融后沿基准线铺贴，并用手持压辊滚压，使其与基层粘结牢固。也可用夹铺胎体的同材性改性沥青防水涂料作附加层，涂膜的整体性、密闭性会更好些。

② 空铺、点粘、满粘法施工：

A. 空铺法施工：空铺法施工时，立面卷材应满粘。屋面、地下工程周边、阴阳角、凸出部位的 800mm 范围内予以满粘，但在阴阳角部位要留出约 200mm 的空铺宽度，参见图 4-115、图 4-118。施工时，对卷材的上下搭接边进行烘烤、压合，再用手持压辊滚压紧密。滚压时，随时用小平铲将从搭接缝内溢出的熔体刮平。搭接缝再用同材质改性沥青密封材料嵌缝，嵌缝宽度不小于 10mm。改性沥青密封材料常温下呈固态时，可用喷枪将其烘熔后再嵌缝。

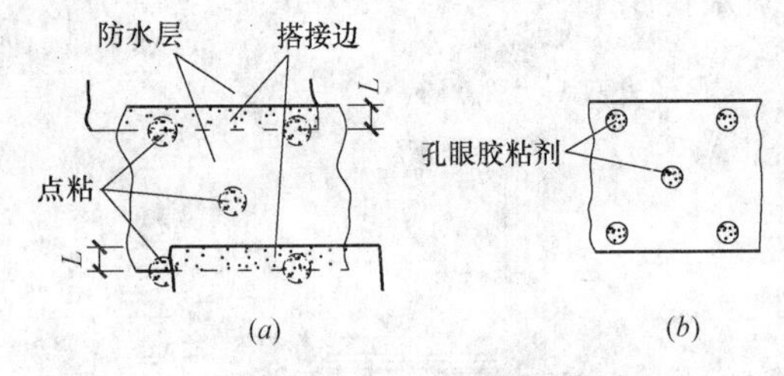

图 4-121　点粘法铺贴卷材
(a) 点粘位置；(b) 打孔薄毡

B. 点粘法施工：除卷材搭接边应熔融粘结牢固外，每平方米范围内卷材与基层的粘结应不少于 5 个点，每点面积为100mm×100mm。可呈梅花状布点，见图 4-121 (a)，点粘部位可采用胶粘剂粘结。或者先在基层满涂胶粘剂，然后在其上铺贴一层低档打孔薄毡，胶粘剂从孔眼部位露出，见图 4-121 (b)，供铺贴卷材防水层时粘结之用。

C. 满粘法施工：满粘法施工阴阳角部位的卷材应空铺，参见图 4-115、图 4-118。地下工程外墙单层卷材长边平行于垫层铺贴的顺序见图 4-122，单层卷材长边垂直于垫层铺贴的顺序见图 4-123，双层卷材的铺贴顺序见图 4-124。

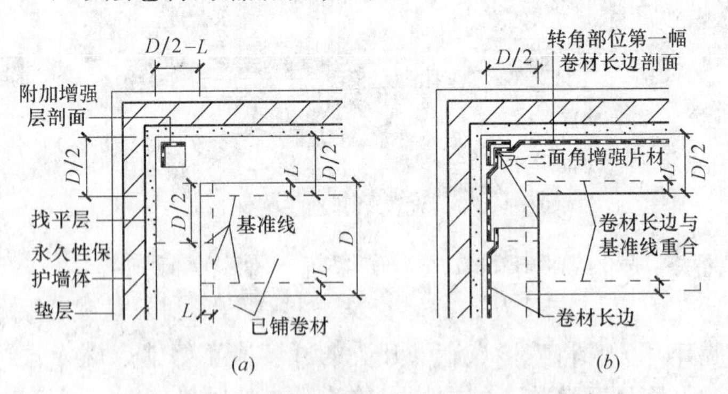

图 4-122　单层卷材长边平行于垫层铺贴顺序
(a) 弹基准线；(b) 铺贴卷材
D—卷材幅宽；L—搭接宽度

基准线一般应按搭接宽度弹在已铺卷材的长、短边上，然后将成捆卷材抬至铺贴起始位置，拆掉外包装，置卷材长边对准长边基准线，在随后的铺贴过程中，还应将卷材的短

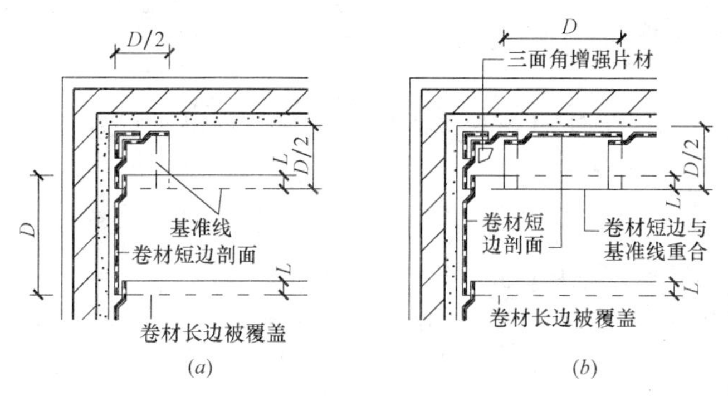

图 4-123　单层卷材长边垂直于垫层铺贴顺序

（*a*）弹基准线；（*b*）铺贴卷材

D—卷材幅宽；*L*—搭接宽度

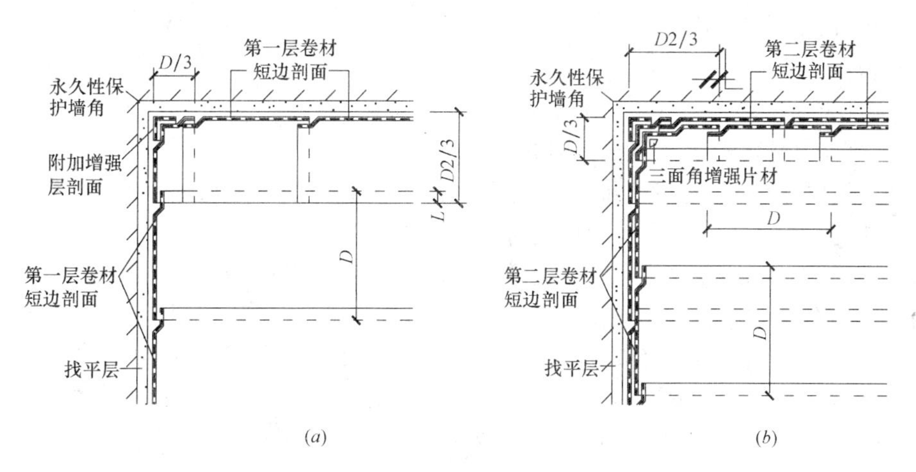

图 4-124　地下工程双层卷材铺贴顺序

（*a*）第一层卷材布置；（*b*）第二层卷材布置

D—卷材幅宽；*L*—搭接宽度

边对准短边基准线。

③ 铺贴平面卷材：平面部位卷材用多喷头铺毡机进行烘烤铺贴，见图 4-125。

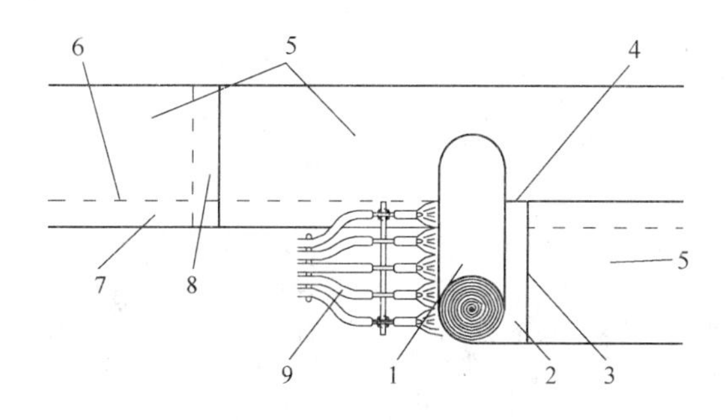

图 4-125　置卷材于铺贴起始位置

1—待铺卷材；2—短边搭接边；3—待铺卷材短边边线与短边基准线重合；4—待铺卷材长边边线对准长边基准线；5—已铺卷材；6—长边基准线；7—长边搭接宽度；8—短边搭接宽度；9—铺毡机群枪

④ 铺贴立面卷材：屋面女儿墙、地下工程外墙等立面部位的卷材用手持喷枪进行烘烤铺贴。

⑤ 封脊、收头处理：屋面工程在最高屋脊处作封脊处理，女儿墙部位作收头处理，地下工程防水层的最高处作收头处理。

⑥ 铺贴地下工程顶板防水层：可采用空铺、点粘或满粘法铺贴。铺贴方法与平面施工方法相同。所不同的是：可直接在随浇随抹、平整度不大于0.25%的顶板表面铺贴。

⑦ 嵌缝、粘贴封口条：待卷材都铺贴完成后，屋面工程应对搭接缝用密封材料作嵌缝处理；地下工程应对搭接缝用封口条进行封口处理，封口条四周接缝用密封材料作嵌缝处理。

⑧ 阴阳角增强处理：对阴阳角、转角部位，用增强片材作增强处理。

8）检查防水层施工质量：防水层施工完毕后，检查施工质量，合格后方能设置柔性保护层或刚性保护层。

（4）设置保护层

1）在地下工程防水层表面设置保护层：

① 底板卷材防水层上浇筑细石混凝土保护层时，厚度不应小于50mm。

② 顶板卷材防水层上浇筑细石混凝土保护层，采用机械碾压回填土或顶板承重时，厚度不宜小于70mm；采用人工回填土时，厚度不宜小于50mm。防水层与细石混凝土之间宜设置隔离层，隔离层材料可选用低档薄毡、聚乙烯塑料薄膜、纸筋灰、麻刀灰等材料。对于本身带有聚乙烯保护膜的改性沥青卷材可起有效的隔离作用。

③ 外墙卷材防水层采用外防内贴法铺贴时，保护墙内表面应抹厚度为20mm的1∶3的水泥砂浆找平层，卷材宜先铺立面，后铺平面，铺贴立面时，应先铺转角，后铺大面。

④ 外墙卷材防水层采用外防外贴法铺贴时，可采用柔性材料或铺抹20mm厚1∶2.5水泥砂浆作保护层。柔性材料保护层可采用5mm厚（30～40kg/m^3）聚乙烯泡沫塑料片材或50mm厚（≥20kg/m^3）挤塑型聚苯乙烯泡沫塑料板。

5mm厚聚乙烯泡沫塑料片材采用氯丁胶粘剂粘贴。为防止回填土时损坏防水层，片材与片材之间应采用搭接连接，搭接宽度为20～30mm。

50mm厚聚苯乙烯泡沫塑料板材用聚醋酸乙烯乳液点粘粘贴，板与板之间拼缝应严密，以防止回填土从缝隙中带入，损坏防水层。

当设计采用水泥砂浆作保护层时，由于改性沥青防水卷材为不浸润物质，不能与水泥砂浆相粘结。可通过以下两个措施来实现：

A. 选择上表面材料为细砂粒的改性沥青防水卷材作防水层，使水泥砂浆和细砂粒相粘结。

B. 在改性沥青卷材防水层表面涂布改性沥青胶粘剂，再在其上稀撒经清洗干净并烘烤预热的粗砂（亦称石米），使胶粘剂将粗砂粘结牢固，工程上将粘牢的粗砂层称为“过渡层”。固化后，就可在粗砂层表面铺抹水泥砂浆了。

⑤ 明挖法地下工程的肥槽，在外墙防水层的保护层施工完毕、满足设计要求、检查合格后，应及时回填。回填施工应符合以下要求：

A. 基坑内杂物应清理干净，无积水；

B. 工程周围800mm以内宜用2∶8灰土、黏土或亚黏土回填，其中不得混有石块、碎砖、灰渣及有机杂物，也不得有冻土。800mm 以外可用原土回填；

C. 回填肥槽，应采用分层回填、分层夯实、均匀对称的施工方法。人工夯实每层厚度不大于 250mm，机械夯实每层厚度不大于 300mm，回填和夯实时，应防止损伤保护层和防水层。

2）在屋面卷材防水层表面设置保护层：

先采用浇水、雨后的方法检查防水层施工质量，确认不渗漏后采用以下方法设置保护层。

① 非上人屋面，可用浅色涂料或绿豆砂、云母和蛭石作保护层。施工方法如下：

A. 涂刷浅色涂料作保护层：涂刷银色涂料或丙烯酸酯浅色涂料。涂刷前，应将防水层表面的尘土、杂物清扫干净。涂刷应均匀、厚薄一致、全面覆盖，不得漏涂，与防水层粘结应牢固。如采用水乳型浅色涂料和着色剂时，在涂布后 3h 内不能浇水，更不能用水冲刷。

B. 铺撒绿豆砂等散体材料作保护层：绿豆砂必须清洁（有尘土时应用水清洗干净）、干燥，粒径宜为 3～5mm，色浅，耐风化，颗粒均匀。铺撒前，应将清洁的绿豆砂预热至 100℃左右，在防水层表面刮抹 2～3mm 厚改性沥青冷胶粘剂或 180℃的热玛瑞脂，趁热用平铁锹将预热的绿豆砂均匀地铺撒在热玛瑞脂涂层上，并用铁压辊滚压，使其与玛瑞脂粘结牢固，铺撒应均匀无露底露黑现象。未粘结的绿豆砂应清扫干净。施工结束，经验收合格后方可交付使用。

② 用水泥砂浆作保护层时，表面应抹平压光，并应设表面分格缝，分格面积宜为 $1m^2$。

③ 用块体材料作保护层时，宜留设分格缝，其纵横间距不宜大于 10m，分格缝宽度不宜小于 20mm。

④ 用细石混凝土作保护层时，混凝土应振捣密实，表面抹平压光，应留设分格缝，纵横间距不宜大于 6m。

⑤ 水泥砂浆、块体材料或细石混凝土保护层与防水层之间应设置隔离层，与女儿墙、凸出屋面的结构之间应预留宽度为 30mm 的缝隙，并用密封材料嵌填严密。

3）种植屋面、顶板设置保护层：

按植物类型采用耐根穿刺防水材料作保护层。参见“4.1.1（15）种植屋面防水做法”。当根系穿刺能力强、树身高度超过 2.5m 时，可采用 30mm 厚的 1∶2.5 防水砂浆或 40mm 厚的防水细石混凝土（可配 $\phi4$～$\phi6$ 双向钢筋网）作保护层，以防树根扎穿防水层。

4.4.2.2　高聚物改性沥青防水卷材冷粘法施工

（1）厚度在 3mm 以下（含 3mm）的高聚物改性沥青防水卷材应采用冷粘法施工。冷粘法施工的粘结材料为溶剂型改性沥青胶粘剂，浸透力较强，能渗透到基层的毛细孔缝中，因而可不涂布冷底子油（基层处理剂），但要求基层必须干燥。

（2）冷粘法施工所用的改性沥青胶粘剂应与所用卷材的材性相容，单层卷材防水层每平方米用料量约为 $1.2m^2$，改性沥青胶粘剂每平方米防水层用量约为 1kg，涂布的厚度应符合要求。卷材的收头可用金属压条、水泥钢钉钉压固定。

（3）冷粘法的施工步骤与热熔法相同。

4.4.2.3 高聚物改性沥青防水卷材冷热结合法施工

冷热结合施工法是指除卷材的搭接边采用热熔粘结以外，其余部位均采用冷粘结法。这一施工方法亦要求卷材的厚度在4mm以上。是冷粘与热熔粘结相结合的方法。

4.4.2.4 自粘改性沥青防水卷材冷自粘施工

自粘高聚物改性沥青防水卷材的粘贴面（单面或双面）涂有胶粘剂并用硅隔离膜或隔离纸隔离，施工时揭起隔离材料，即可进行卷材与基层、卷材与卷材搭接边的粘结。气温较低时，胶粘剂粘结力降低，应对搭接边稍微加热后再粘结。

4.4.2.5 湿铺法改性沥青防水卷材粘贴施工

湿铺法是用水泥净浆或水泥（防水）砂浆进行铺贴，搭接边用改性沥青胶粘剂粘结。

（1）粘结材料的配制

1）材料：硅酸盐水泥或普通硅酸盐水泥，中砂，拌合水，改性沥青胶粘剂。地下工程需裁制120mm宽封口条。

2）配制：

① 水泥净浆：水灰比为0.4～0.45。

② 水泥砂浆：水泥：砂：水＝1：2：(0.5～0.55)。稠度控制在50～70mm左右。也可以在砂浆中掺入减水剂、防水剂等外加剂，以提高砂浆防水性能。先将水泥与砂以1：2的质量比混合均匀至色泽一致，再加入聚合物乳液或防水剂等搅拌均匀。拌制时，可边搅拌边加入适量的水，边加入聚合物乳液或防水剂，搅拌均匀。

（2）粘结材料的选择

若基层平整度达到强度规范要求，则可选择水泥净浆作为胶粘剂；若没有达到要求，则选择水泥砂浆或防水砂浆作为胶粘剂。

（3）施工工艺

1）基层（找平层）的要求应符合规定，并按规定的搭接宽度弹基准线。

2）刮涂粘结材料：采用水泥砂浆时其厚度一般为10～20mm，采用水泥净浆时其厚度一般为5mm左右。

（4）铺贴卷材

将卷材下层的隔离纸揭掉，铺贴在胶粘剂上。立面墙若潮湿可预先用金属压条及螺钉暂时固定，若干燥则将卷材直接贴上，并用螺钉暂时固定。

（5）提浆

用抹子或橡胶板拍打卷材上表面，赶走下面的气泡，使卷材与胶粘剂粘结紧密。

（6）静置24～48h

静置的目的是让水泥充分水化，产生早期强度，使胶粘剂与卷材相互初步粘结。静置时间的长短与外界温度、湿度有关。以外界温度20℃、湿度50％为标准，静置过程中切勿到卷材上踩压，以免形成空鼓。

（7）接缝压实和密封

待胶粘剂与卷材完全粘结牢固，可上人时（以脚踩胶粘层没脚印为准），即可对卷材搭接边进行密封处理。屋面工程用胶粘剂批刮接缝即可。地下工程还须用120mm宽的封口条封缝。空铺法施工时，卷材铺好后即可用胶粘剂和封口条密封。

（8）收头处理

将卷材压入凹槽内，用金属压条和螺钉固定，用胶粘剂和水泥砂浆封缝。

(9) 质量检查、验收

检查防水层施工质量，合格后方可进行保护层施工。

(10) 施工注意事项

1) 配制粘结剂时应控制好用水量，若用水量过多，不利于卷材的粘结。

2) 铺贴卷材时，尽量不要站在卷材上，以免粘结层踩出脚印，形成空鼓。

3) 粘结剂形成强度前，不要抠、抻拉卷材，否则，卷材容易脱落。

4) 卷材铺贴过程中及静置阶段不要到上面走动，防止人为损坏。

4.4.3 橡胶型合成高分子防水卷材施工

4.4.3.1 施工流程

橡胶型合成高分子防水卷材一般采用冷粘法施工。其施工流程见图 4-126、图 4-127。流程图 4-126 的搭接边采用卤族元素与丁基橡胶化合的卤化丁基橡胶防水密封胶粘带（或同类型内外密封膏）封缝，地下工程搭接缝上不贴封口条。流程图 4-127 的搭接边采用丁基橡胶胶粘剂粘结，地下工程搭接边需用封口条封边，接缝需用密封材料封缝。

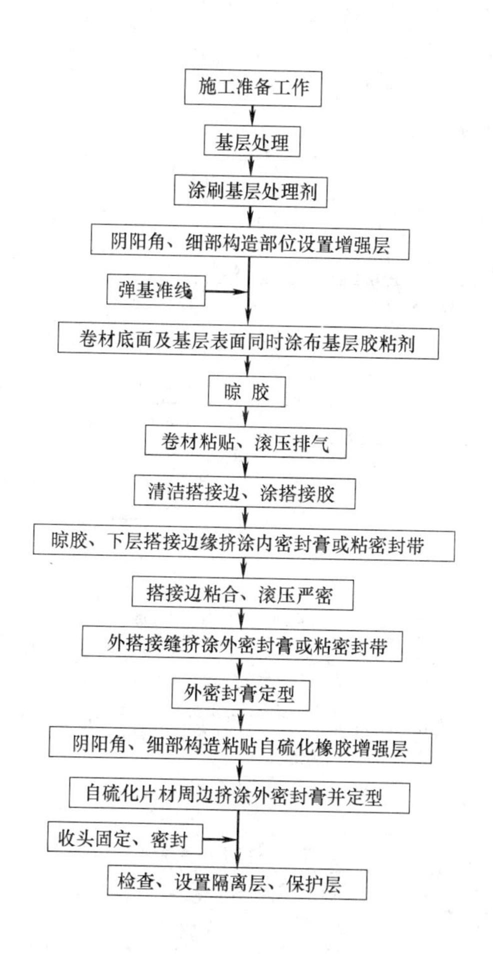

图 4-126 用卤化丁基橡胶防水密封材料密封搭接边的施工流程图

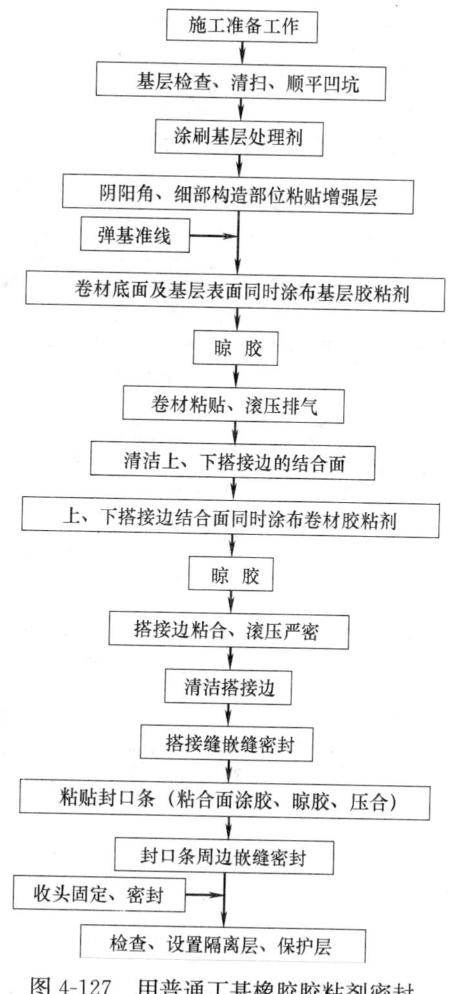

图 4-127 用普通丁基橡胶胶粘剂密封搭接边的施工流程图

橡胶型合成高分子防水卷材冷粘法施工所用工具见表 4-25。

橡胶型合成高分子防水卷材冷粘法施工所用工具 **表 4-25**

名　称	规　格	数　量	用　途
小平铲	50～100mm	各 2 把	清理基层、局部嵌填密封材料
扫帚	日用品	8 把	清理基层
钢丝刷		3 把	清理细部构造
高压吹风机	300W	1 台	清理基层
电动搅拌机	300W	1 台	搅拌胶粘剂
铁桶	20L	2 个	盛胶粘剂
铁抹子	瓦工工具	2 把	顺平基层、收头砂浆抹平
皮卷尺	50m	1 把	量基准线、卷材长度
盒尺	3m	3 把	量基准线等
粉线袋	黑色或红色	0.5kg	弹基准线
小线绳	50m	1 卷	弹基准线
粉笔		1 盒	作标记
剪刀		5 把	剪裁卷材
开刀		5 把	划割卷材
开罐刀		2 把	开料桶
小铁桶	3L	5 个	盛胶粘剂、盛密封材料
油漆刷	50～100mm	各 5 把	涂刷胶粘剂
长把滚刷	$\phi 60 \times 250$mm	8 把/1000m²	涂刷胶粘剂
干净、松软长把滚刷	$\phi 60 \times 250$mm	5 把/1000m²	除尽已铺卷材底部空气
橡皮刮板	厚度 5～7mm	各 5 把	刮涂胶粘剂
带凹槽刮板	专用	5 把	修整外密封膏
木刮板	宽度 250～300mm	各 5 把	驱除卷材底部空气
手持压辊	$\phi 40 \times 50$mm	10 个	压实卷材及搭接边
手持压辊	$\phi 40 \times 5$mm	5 个	压实阴角部位卷材
外包橡胶皮的铁压辊	$\phi 200 \times 300$mm	2 个	压实大面卷材
嵌缝枪		若干	嵌填密封膏
钢管	$\phi 30 \times 1500$mm	2 根	铺展卷材，可用木棍代替
冲击钻	手持	2 把	用金属压板固定收头卷材
手锤		5 把	钉水泥钢钉
射钉枪		2 把	射钉、固定压板
称量器	50kg	1 台	称胶粘剂配比重量
克丝钳、扳手		各 5 把	穿墙管道防水层收头固定钢丝、管箍
安全绳		5 条	高落差工程劳动保护用品
工具箱		2 个	存放工具

4.4.3.2　硫化型橡胶合成高分子防水卷材冷粘法施工

(1) 施工所需材料

1）主材：硫化型橡胶合成高分子防水卷材。

2）主要配套材料及要求：

① 基层处理剂：涂刷于基层表面，一般选用聚氨酯稀释溶液或氯丁橡胶乳液。

② 基层胶粘剂：用于卷材与基层之间的粘结。一般以氯丁橡胶为主要成分制成的溶剂型胶粘剂。

③ 卷材搭接胶粘剂：以丁基橡胶、氯化丁基橡胶或氯化乙丙橡胶为基料制成的溶剂型单组分或双组分胶粘剂，专门用于卷材搭接边的粘结。

④ 卷材接缝外用密封膏：用于卷材接缝外边缘、收头部位、细部构造附加防水层周圈边缘的密封。宜选用单组分可枪挤施工的丁基橡胶密封膏，也可采用自粘性丁基橡胶密封带。

上述基层处理剂、基层胶粘剂、卷材搭接胶粘剂、接缝外用密封膏应采用厂家专门提供的材料。不得在市场上私自采购。

⑤ 水泥砂浆：填平、顺平找平层表面的凹槽、凹坑。一般采用普通水泥砂浆，也可采用聚合物水泥砂浆，如：

A. 阳离子氯丁胶乳水泥砂浆。配合比为：普通硅酸盐水泥∶中砂∶阳离子氯丁胶乳（含固量40%）∶自来水=1∶(2～2.5)∶0.35∶(0.2～0.25)。

B. 丙烯酸酯水泥砂浆。配合比为：水泥∶砂∶丙乳∶水=1∶(2～2.5)∶0.2∶(0.3～0.4)。

C. 其他（JS）聚合物水泥砂浆。

⑥ 隔离层材料：聚乙烯薄膜或低档卷材。用于单层卷材设防时，细石混凝土保护层与防水层之间的隔离层。

⑦ 地下工程外墙防水层保护层材料：5mm厚聚乙烯泡沫塑料片材或50mm厚聚苯乙烯泡沫塑料板。

⑧ 金属压条、水泥钢钉：用于卷材防水层末端收头时钉压固定。

⑨ 金属箍或8～10号钢丝：用于穿墙管部位卷材防水层收头的箍扎固定。

⑩ 保护层材料：与“4.4.2.1 高聚物改性沥青防水卷材热熔法施工”相同。

（2）施工步骤

1）基层处理：同“4.4.2.1 高聚物改性沥青防水卷材热熔法施工”。

2）展开卷材：将其从卷紧时的拉伸状态下自由收缩，消除卷材在生产卷曲过程中产生的拉应力，以避免铺贴后由收缩应力而造成的龟裂现象。静置时间至少12h。

3）细部构造附加增强处理：可用同种卷材做附加增强层，也可采用聚氨酯涂膜或自粘性密封胶粘带做附加层。

4）空铺、点粘卷材：同“4.4.2.1 高聚物改性沥青防水卷材热熔法施工”。

5）满粘法铺贴平面、立面卷材：

① 弹基准线；

② 涂布基层处理剂；

③ 涂布基层胶粘剂：将卷材沿基准线展开，摊铺在平坦、干净、干燥的基层上，打开盛有胶粘剂容器的桶盖，将胶粘剂搅拌均匀，搅拌时间不应少于5min，用长把滚刷蘸取胶粘剂，均匀地涂刷在卷材底面和与其相粘结的基层表面，卷材底面与基层表面的涂布应同时进行，卷材搭接边部位的范围内不涂刷基层胶粘剂。基层胶粘剂的涂布量应保证粘

结面积范围内达到规定的宽度，且涂布应均匀，不得结球。基层胶粘剂涂布量每平方米至少0.4kg。满粘法施工时，阴阳角等需要空铺的部位，不涂布基层胶粘剂。

④ 铺贴和粘结卷材：涂布后，将卷材底面和基层表面的基层胶粘剂晾置约20min，当胶膜基本干燥但指触不起丝或基本不粘指肤时，即可沿基准线铺贴粘结。施工时，可采用以下两种方法涂布基层胶粘剂和铺贴卷材：

A. 将卷材沿基准线铺展，长边与基准线对齐，再拿起短边向另一短边对折（对折后的长度为卷长的1/2），然后在对折后的卷材底面和与之相粘结的基层表面同时涂布基层胶粘剂，见图4-128）。静置晾胶至符合粘结要求时，即可推铺卷材。

推铺卷材时，不能拉伸卷材，并避免出现皱折现象，在推铺的同时，用干净的长把滚刷在卷材表面用力滚压，驱除空气，并保证卷材与基层粘结牢固。然后折回另一半卷材，见图4-129，按照上述工艺完成整幅卷材的铺贴。

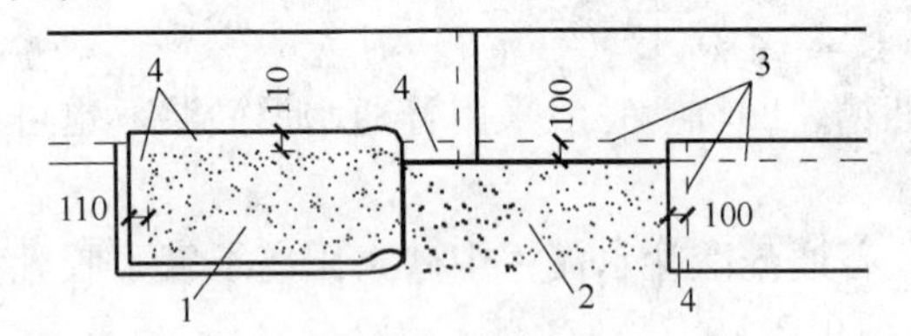

图4-128　基层胶粘剂涂布位置

1—卷材底面基层胶粘剂；2—找平层表面基层胶粘剂；3—基准线；4—搭接边结合面

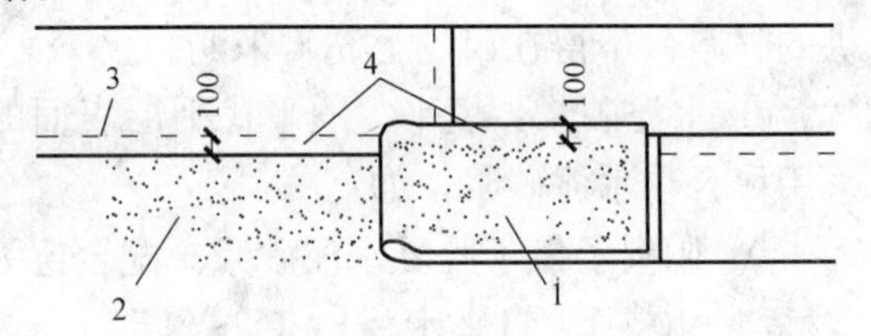

图4-129　另一半卷材基层胶粘剂涂布位置

1—卷材底面基层胶粘剂；2—找平层表面基层胶粘剂；3—基准线；4—搭接边结合面

B. 将已涂刷基层胶粘剂并晾至符合铺贴要求的卷材，用长度与卷材宽度相等或略宽、直径为40mm左右的硬纸筒或塑料硬管作芯材，卷成圆筒形，然后在卷芯中插入一根ϕ30×1500mm的铁管，由两个人分别手持铁管的两端，将卷材的短边粘结固定在铺贴起始位置（搭接时与短边基准线对齐），逐渐铺展卷材，使卷材长边与基准线重合。铺展时不允许拉伸卷材，使卷材呈松弛状态铺贴在基层表面，且不得出现皱褶现象。在铺贴平面与立面相连的卷材时，应先铺贴平面，然后由下向上铺贴至立面，并使卷材紧贴阴角，与空铺的附加层粘结牢固。

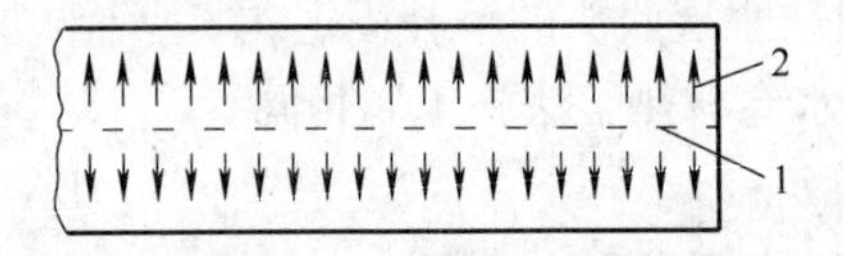

图4-130　排除空气示意图

1—卷材中心线；2—排除空气滚动方向

⑤ 排气：每当铺完一卷卷材后，应立即用干净松软的长把滚刷从卷材的中心线位置，分别向两侧用力滚压一遍，以彻底排除卷材粘结层间的空气，如图4-130所示。

⑥ 压实：排除空气后，平面部位可用外包橡胶的ϕ200×300mm、重为30～40kg的铁压辊滚压严实，使卷材与基层粘结牢固，垂直部位可在排除空气后用ϕ40×50mm手持压辊滚压贴牢，阴角部位可用ϕ40×5mm的手持压辊沿阴角滚压，使卷材紧贴阴角，与底面空铺的附加层粘贴牢固。铺贴完工后的卷材防水层不得出现空鼓和皱褶现象。

6）卷材的搭接粘结：

① 卷材与卷材采用搭接的方法进行连接，粘结材料采用以丁基橡胶为主要成分的搭接胶粘剂或胶粘带。搭接边的搭接宽度应符合要求。

② 搭接边的粘结：

A. 用搭接胶粘剂粘结卷材搭接边、内外密封膏封闭内外搭接缝的施工方法：

a. 相邻卷材搭接定位，用蘸有专用清洗剂的洁净棉纱、抹布擦揩干净搭接边。

b. 采用单组分搭接胶粘剂时，只需打开胶粘剂包装，搅拌至均匀（推荐至少搅拌5min）即可涂刷，采用双组分搭接胶粘剂时，需现场按配比准确称量后搅拌均匀，胶粘剂外观应色泽一致。

c. 用油漆刷将胶粘剂均匀涂刷在翻开的卷材搭接边的两个粘结面上，涂胶量约在0.4kg/m² 左右，搭接边宜临时固定，见图 4-131，以便于晾胶。

d. 待胶膜干燥 20min 左右，用手指向前压推不动时，沿底部卷材内边缘 13mm 以内，挤涂直径为 5mm 宽的内密封膏，见图 4-132，应确保搭接缝上，特别是接缝相交处的密封膏不间断。

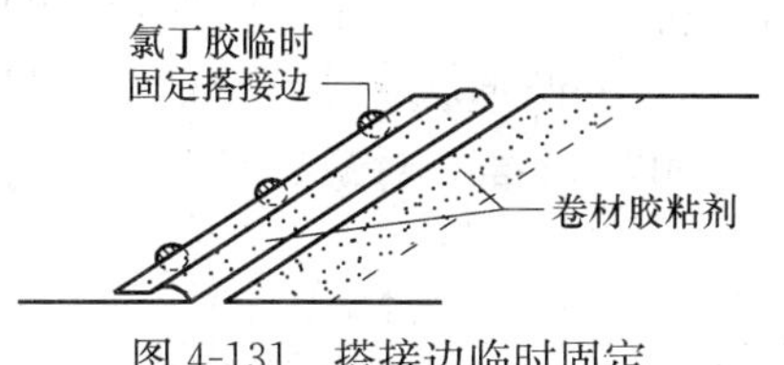

图 4-131 搭接边临时固定

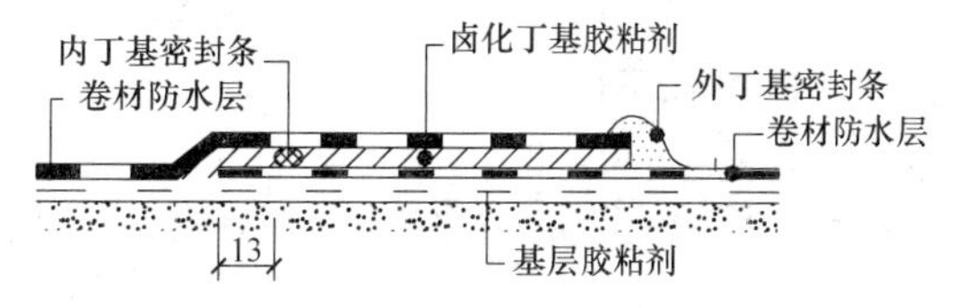

图 4-132 搭接边挤涂内、外丁基密封膏

e. 粘结搭接边：用手一边压合搭接边，一边排除空气，随后用手持压辊向接缝外边缘用力滚压粘牢，滚压方向应与搭接缝方向相垂直。

f. 挤涂外密封膏：在卷材搭接边滚压粘牢 2h 后，用蘸有配套清洁剂的布擦揩、清洁外搭接缝，以外搭接缝为中心线挤涂外密封膏，并用带凹槽的专用刮板沿接缝中心线以45°角刮涂，压实外密封膏，使之定型。外密封膏定型作业应在当日完成。

B. 用丁基胶粘带（双面胶）粘结卷材搭接边的施工方法：如图 4-133 的搭接边的内、外搭接缝都用丁基胶粘带封闭。粘贴方法如下：

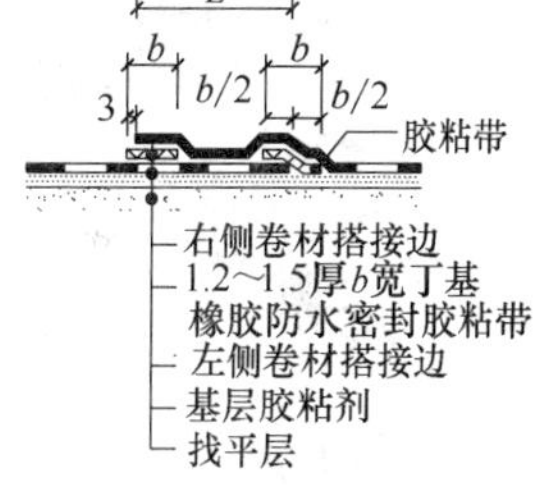

图 4-133 内、外丁基胶粘带搭接密封

a. 清洁搭接边。

b. 打开双面胶粘带，粘结面朝下，使胶粘带的中心线与下层卷材的长边重合，用手压实，将胶粘带粘贴在搭接边和基层上。粘贴后，胶粘带在下层卷材和基层表面的宽度各占 1/2。

c. 撕掉胶粘带表面的聚乙烯隔离膜，平服地合上上层卷材搭接边，沿垂直于搭接边的方向用手压实上层卷材，然后用 50mm 宽的手持压辊沿着垂直于搭接边的方向用力滚压（不要顺着搭接边长边的方向滚压），使搭接边有效粘结。至此，内搭接缝封闭完毕，接着就可封闭外搭接缝。

d. 打开胶粘带，粘结面朝下，沿弹好的基准线把胶粘带粘贴在下层卷材上（粘贴后，以胶粘带能露出上层卷材 3mm 为基准），用手压实，然后，把上层卷材铺放在胶粘带的聚乙烯防粘隔离膜上。

e. 揭去上层卷材下面胶粘带的聚乙烯隔离膜，并把上层卷材直接铺粘在暴露出的胶粘带上面，再沿垂直于搭接边的方向用手压实上层卷材，然后用 50mm 宽的手持压辊用力压实搭接边。滚压要求与封闭内搭接缝相同。需要注意的是：胶粘带之间亦应连接搭接，搭接宽度宜为 2～3mm。

C. 也可采用内密封膏、外胶粘带或内胶粘带、外密封膏的方法进行密封搭接。见图4-134、图4-135。施工方法与上述方法相同。

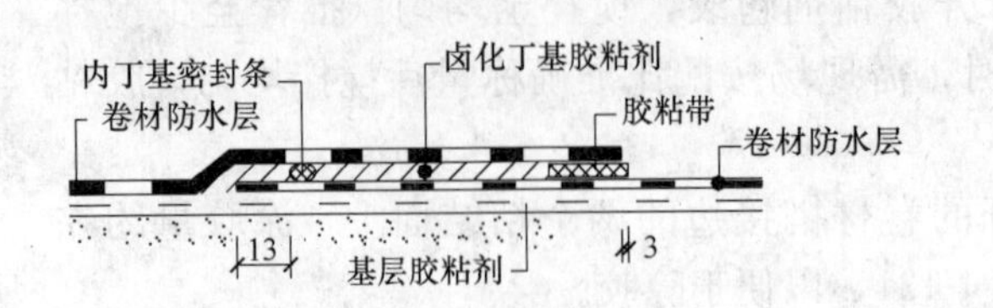

图 4-134　内密封膏、外胶粘带搭接密封

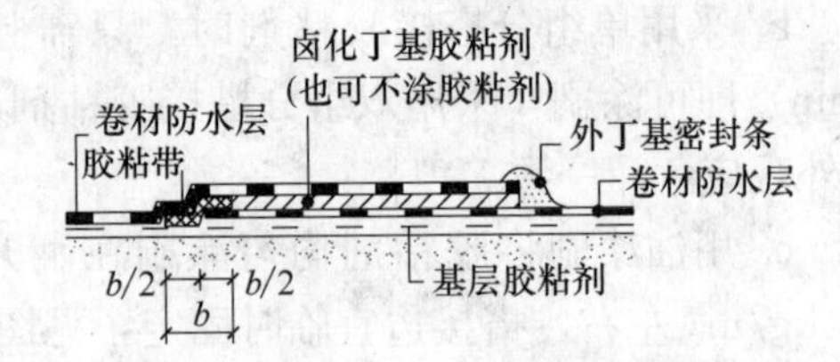

图 4-135　内胶粘带、外密封膏搭接密封

7）封口密封处理：地下工程搭接边应用封口条进行密封处理。

8）细部节点粘贴自硫化或硫化型橡胶片材的施工方法：利用自硫化橡胶卷材的可塑特性，即可在三面阴阳角、管根、变形缝等复杂部位形成凹凸形状、无"剪口"的整体附加层。在这些部位粘贴1～2层自硫化橡胶片材，边缘再用搭接密封膏封闭即完成附加增强处理，如图4-136所示。

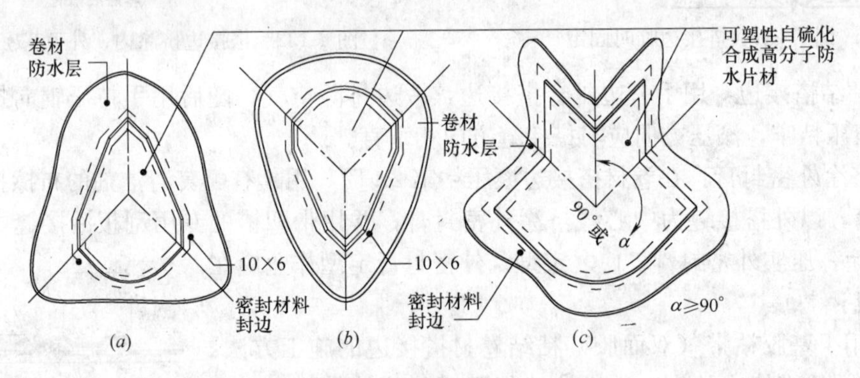

图 4-136　不裁剪自硫化可塑性增强片材阴阳角构造图

(*a*) 三面阴角；(*b*) 三面阳角；(*c*) 阴阳交角

硫化型橡胶片材需裁剪后再铺贴，剪口部位应用密封材料封严，以防形成"针眼"。

（3）设置保护层

参见"4.4.2.1（4）设置保护层"。

（4）施工质量验收

参见"4.4.2.5（9）质量检查、验收"。

（5）施工注意事项

1）施工安全问题：

① 材料安全：溶剂型液体胶粘剂、清洗剂等易燃材料的运输、贮存及施工期间，应远离火源和热源，施工现场严禁烟火。

② 人员安全：施工前应对施工人员进行作业安全教育，施工现场应有良好通风条件，高落差工程作业时应系好安全带，谨慎小心作业，以防跌下。

2）铺设期间的成品保护：施工人员应认真保护已做好的防水层，严防施工机具等硬物硌伤防水层，施工人员不允许穿带钉子的鞋在卷材防水层上走动。

3）施工完毕，必须及时用有机溶剂将施工机具清洗干净，以备下次再用。

4.4.3.3 非硫化型橡胶防水卷材冷粘法施工

非硫化型橡胶防水卷材的冷粘结施工方法，除了所采用的清洁剂、胶粘剂、密封材料与硫化型卷材不同外，施工方法与硫化型卷材相同。清洁剂、胶粘剂、密封材料均应采用厂家提供的材料。

4.4.4 塑料防水板、防水卷材、复合防水卷材施工

塑料防水板、卷材一般采用热风、热楔焊接施工。复合防水卷材可采用冷粘结施工。

4.4.4.1 塑料型防水板［如聚氯乙烯（PVC）防水卷材］热风焊接施工

热风焊接法是利用自动行进式电热风焊机和手持电热风焊枪产生的高温热风将热塑性卷材的搭接边（粘合面）熔融，紧接着压辊轮加以重压，将两片卷材熔合焊接为一体。用自动行进式电热风焊机（构造示意见图 4-137，焊嘴构造见图 4-138）完成平面部分卷材搭接缝的焊接，手持式电热风焊枪完成立面部分和细部构造、防水节点部位卷材搭接缝的焊接。自动行进式电热风焊机由电热系统、排风系统和行走调速系统组成。排风系统（在焊枪手柄部位）将焊枪中的电阻丝通电后发出的热量送至焊枪头部的热风焊嘴，使焊嘴排出高温热风，把焊嘴插在上、下两片卷材搭接粘合面之间，热风便将搭接边表皮熔融；紧靠焊嘴的压辊轮靠变速器调节转速，以 4～6m/min 的行进速度，与滚动轮一起边行走边将两片熔融的搭接边压合在一起，压辊轮一侧有配重铁，使卷材搭接边粘合紧密；调节电动机励磁线圈的励磁电流（有调节旋钮），可在无级变速的状态下，平稳调节焊机的行进速度，使搭接面连续粘结，保证焊接质量。卸下电热风焊机上的焊枪，可兼作脱离焊机而独立使用的手持式电热风焊枪。

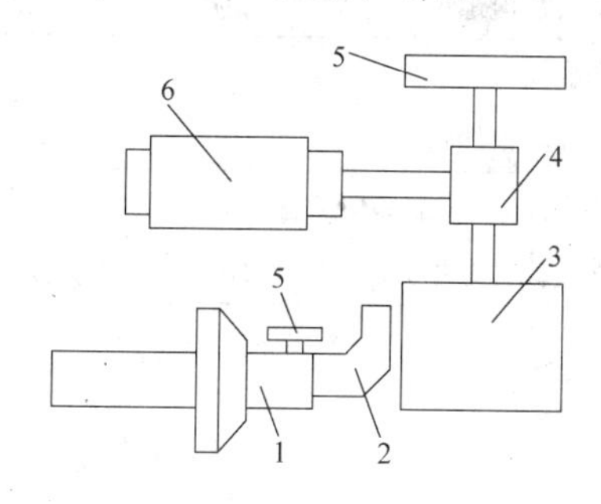

图 4-137　自动行进式电热风焊机构造示意图

1—焊枪；2—热风焊嘴；3—压辊轮；4—变速器；5—滚动轮；6—电机

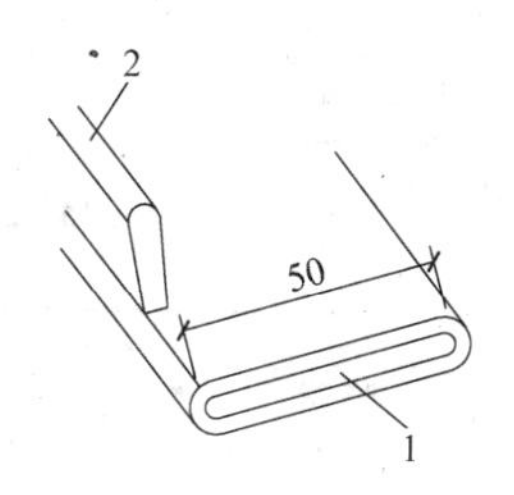

图 4-138　焊枪端部形状

1—热风喷口；2—限位挡板

（1）施工所需材料

1）塑料型防水卷材：每平方米防水层用料量约为 1.17m^2。

2）基层胶粘剂：用于细部构造，胶粘剂的材性需与塑料型卷材相一致。

3）过氯乙烯树脂液：用于卷材搭接边的粘结。热风焊接时，可提高搭接面的粘结强度，一般用于细部构造部位附加防水层卷材与卷材之间的搭接焊接粘结。

4）金属压条、膨胀螺栓、水泥钢钉：固定收头卷材，应作防锈处理。

5）金属箍或 8～10 号钢丝：用于管根端部卷材的绑扎固定，应作防锈处理。

6）聚合物水泥砂浆：用于修补找平层，外墙凹槽和檐沟收头卷材的填实顺平。

7）隔离层材料：聚乙烯薄膜或低档卷材。

8）保护层：与“4.4.2.1 高聚物改性沥青防水卷材热熔法施工”相同。

9）清洗剂或溶剂：施工结束，清洗焊嘴和压辊轮。

（2）施工所用工具

施工所用工具见表 4-26。

热风焊施工所用工具　　表 4-26

名　称	数　量	用　途
手持压辊	3	卷材搭接边滚压紧密
油漆刷	3	细部构造涂刷基层胶粘剂
扫帚	3	清理找平层
钢丝刷	2	清理细部构造基层杂物
小平铲	3	铲除找平层表面杂物
开刀	2	裁剪防水卷材
剪刀	2	裁剪防水卷材
卷尺	1	丈量防水层铺设长度
钢卷尺	1	量基准线距离
电动冲击钻	1	女儿墙末端收头固定金属压条
手锤或冲击锤	2	钉膨胀螺栓、水泥钢钉
扳手	2	拧膨胀螺栓螺母
粉线袋	1	弹基准线
自动行进式电热风焊机	1	焊接卷材搭接边
手持式电热风焊枪	1	焊接立面卷材、细部构造卷材搭接缝
铁抹子	2	找平层修补顺平，女儿墙凹槽抹平

（3）施工步骤

1）清理基层。

2）细部构造、节点增强处理：空铺法铺贴防水卷材可在较潮湿的基层上施工。但在细部构造、节点部位铺贴附加增强层时，基层必须干燥。干燥有困难时，可用喷灯烘烤干燥后再铺贴。细部构造、节点部位增强处理完毕后，即可铺贴平、立面卷材。如设计要求在防水层铺贴完工后，还需在细部构造防水层表面铺贴附加层，则仍应按要求铺贴，这样可进一步提高细部构造部位防水的可靠性。

3）弹基准线：与“4.4.2.1 高聚物改性沥青防水卷材热熔法施工”相同。

4）空铺、点粘法铺贴卷材：与“4.4.2.1 高聚物改性沥青防水卷材热熔法施工”相同。

5）铺贴平、立面卷材：

阴角部位的附加增强层采用空铺法施工（只在两条长边边缘涂刷 100～150mm 宽的胶粘剂）。阴角部位第一块卷材与附加层之间既可采用胶粘剂进行满粘法铺贴（平面、立面各占 1/2 幅宽），也可采用手持热风焊枪进行满粘法焊接铺贴。

阴角部位的第一块卷材粘贴牢固后，以后的卷材就可用自动行进式电热风焊机对平面部位的长边搭接边进行焊接铺贴。施工前，应先检查焊枪、焊嘴等机械零件安装是否牢固；检查电源、电热、排风系统是否正常，如合上电闸，接通电源后电热系统出现问题或排风系统无风等异常现象，应立即关闭电源，排除故障后方可使用。在启动焊机时，应先开启排风旋钮，后开启电热开关。预热数分钟，调节温控旋钮，使温度达到焊接要求，接着先进行试焊。试焊时，应随时调节焊机的温度和行走速度，通过试焊来确定当时现场适用的焊接温度和行走速度。待卷材的搭接粘合面符合粘结强度要求后就能进行正式焊接了。搭接粘合面符合粘结强度要求的简易确认方法是：

卷材的搭接粘合面，在焊机的行走过程中，搭接缝被压辊轮挤压出一道连续不间断的熔体，而卷材上、下表面不被熔坏。

焊机焊接时的正常行走速度一般为 4～6m/min。在焊接过程中，应通过电动机励磁线圈的调节旋钮，随时调节励磁电流的大小，来调整焊机的行走速度，以确保焊接质量；通过手柄来控制焊机的行走方向，以确保卷材的有效焊接宽度。

搭接边焊接冷却凝固后，就自然形成一条嵌缝线，省去了用冷粘法或热熔法铺贴卷材那样需要用密封材料进行嵌缝的工序。如焊接后形成不了熔体凝固的嵌缝线，则仍应用密封材料或胶粘剂进行嵌缝处理。地下工程还应用封口条进行封口处理。自动行进式电热风焊机的焊接速度不宜过快，每分钟焊接长度约为 1m。需要注意的是，由于人为控制卷材搭接宽度，容易产生搭接宽度不够而被上表面卷材覆盖以致暴露不出问题的现象。所以，施工时应严格控制焊嘴的宽度在搭接粘合面内，同时控制好焊接速度，就能使有效焊接宽度达到规定值。焊嘴焊接时的摆放位置如图 4-139 所示。

平面卷材的长边搭接边焊接结束后，接着就可用手持热风焊枪焊接短边搭接边和立面部位的搭接边（平面部位的短边搭接边亦可用焊机进行焊接），但为了保证焊接质量，在长、短边的直角转角处宜用手持热风焊枪进行焊接，如图 4-140 所示，焊接时，应用手持压辊用力滚压，不得出现翘角现象。

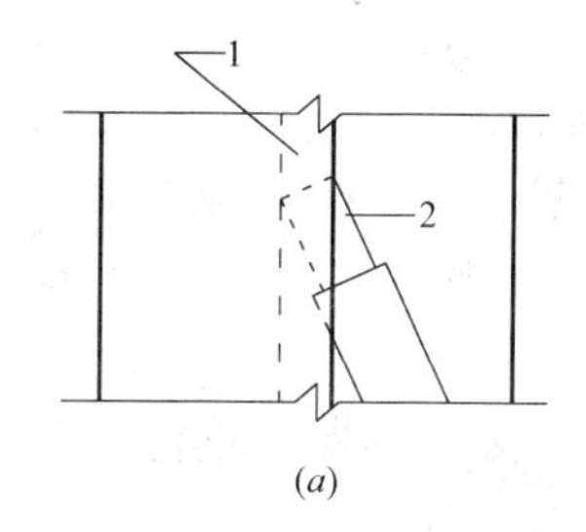

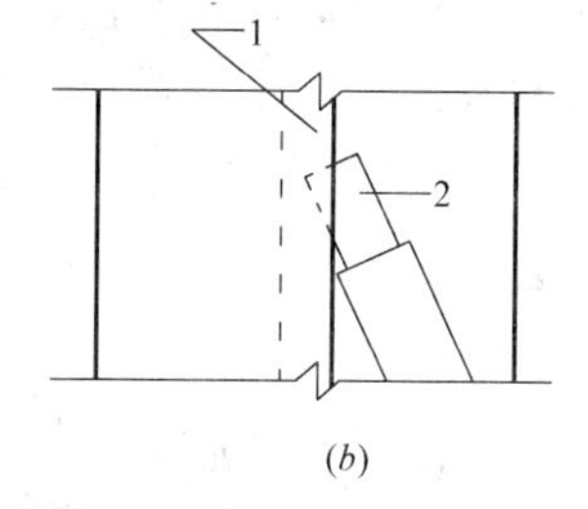

图 4-139　焊嘴焊接时的位置

(a) 位置正确；(b) 位置不正确

1—卷材搭接粘合面；2—热风焊嘴

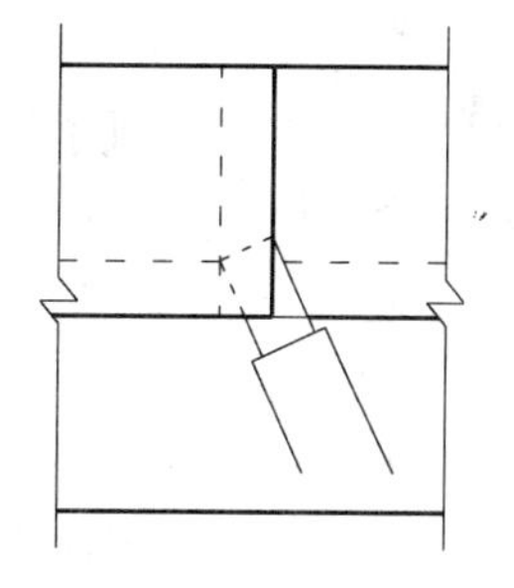

图 4-140　长、短边直角转角处焊接方法

立面部位卷材收头可用金属压条、钢钉钉压固定。

焊机使用结束后，先旋转电热风焊机的温度旋钮至常温，再关闭电热开关，用凉风将焊枪的内外壁吹凉，最后关闭排风旋钮。在焊枪内外壁还没吹凉前，不得用手指触摸管壁及焊嘴，以防发生烫伤事故。等焊枪冷却后，再用清洗剂（或溶剂）将焊嘴和压辊轮清洗干净，以防焊嘴沾有卷材的熔体凝固后堵塞管口，影响下次使用，或发生不必要的排风不畅的事故。

6）搭接缝封口处理：在封口作业过程中，焊机边行走边裁下50mm宽的卷材条焊接在接缝线上，要使封口压条的中心线对准接缝线，对称封住接缝线。立面卷材搭接缝，裁下50mm宽的卷材封口条，用手持电热风焊枪进行焊接。

（4）设置保护层

参见“4.4.2.1（4）设置保护层”。

（5）施工质量验收

参见“4.4.2.1高聚物改性沥青防水卷材热熔法施工”。

（6）施工注意事项

1）焊机接通电源后，先开启排风旋钮，后开启电热开关，顺序不能颠倒。

2）焊机停止使用时，先旋转温度旋钮至常温，再关闭电热开关，用凉风吹凉焊枪后，最后关闭排风旋钮，顺序不能颠倒。

3）焊机停机后，不得在防水层上拖动，应轻拿轻放，设专人操作、保养。

4）焊机工作时或刚停机时，严禁用手触摸焊嘴，以免烫伤。

5）每次用完后，必须关闭电源总闸。

6）施工人员不得穿带钉子的鞋进入施工现场。

4.4.4.2 塑料型防水板双缝热楔焊接施工

塑料防水板一般都用于基面（市政工程称“一次衬砌”）比较粗糙的防水工程。为防止塑料板被粗糙基面刺破、戳漏，在塑料板与基层间应设置无纺布或聚乙烯泡沫塑料片材缓冲层。

塑料防水板表面很光滑，在浇筑二次衬砌后，混凝土固化时会出现收缩应力。此时，即使一次衬砌表面很粗糙，塑料防水板与二次衬砌之间也只会产生相对的滑动现象，塑料防水板和二次衬砌都不会产生收缩裂缝。

细部构造部位的附加增强卷材采用手持热风焊枪或压焊机进行焊接施工。搭接边采用自动爬行式双热楔焊接机进行焊接施工。焊机通电后，双热楔温度升高，将两幅卷材的搭接面熔化，在行进中通过紧靠热楔的压辊轮将两片熔融的搭接边压合。搭接边的搭接宽度由热合机自动控制为100mm，两条焊缝的焊接宽度与双热楔的宽度有关。焊接宽度应符合表4-20、表4-21的要求，两条焊缝之间留有10mm左右的空腔，向空腔内充气，可检查焊缝的焊接质量。

双缝焊接机可在平面自动行走焊接，也可在立墙自动爬行焊接。最高焊接温度为450℃，最大行走速度为6m/min，可焊防水板厚度为0.3～3.6mm。

塑料防水板在立面、顶面的铺设有以下两种方法。

（1）焊接法：将塑料板焊接在预先设置的热塑性圆垫圈上。

（2）绑扎法：此法是基于生产厂家事先将塑料板和聚乙烯泡沫塑料片材（缓冲层）热合成一体，并在缓冲层内预埋绑扎绳，铺设时，只需将绑扎绳抽出后系在已射入一次衬砌内的射钉头上即可。绑扎法简便易行，容易保证施工质量，不会像焊接法那样有可能出现将防水板焊漏、烧穿、熔薄的质量隐患。

施工过程中可用目测法检查搭接边焊接质量，表面应光滑，无波形皱褶、无断面、无断续损痕等缺陷；焊缝应无断裂、变色，无气泡、斑点；与圆垫圈的焊接部位应无烤焦、烧煳、灼穿等现象。同时，应用检测器检查焊缝密封性能。方法是：将空腔两端用压焊器或热风焊枪焊严，在一端插入检测器的针头，针尖进入空腔内后密封针头。用打气筒打入空气，使空腔鼓包，当压力为0.1～0.2MPa（一般可取0.15MPa）时，停止充气，静观2min，如空腔内气体压强下降值小于20%（压力为0.08～0.16MPa）且稳定不变时，认为焊缝焊接良好。每次充气检查的焊接长度可为50～100m。也可向空腔内注水，用胶带密封注水针眼，向空腔加压，检查焊缝是否有渗水现象。

焊接质量检查后再检查焊接强度，检查是否有弱焊接的部位。用仪器检查焊缝的剪切强度和剥离强度，使焊缝的焊接强度达到使用要求。检查时，不能破坏焊缝。应在监理工程师或有经验人员的指导下进行检查，以确保防水层不被人为破坏。

对检查出的破损部位，应进行修补。先裁剪圆形或角部成圆弧形（圆弧半径宜≥35mm）的方形补丁块，补丁块的大小应比破损部位的破损边缘大70～100mm。补丁块不要裁剪成直角形和三角形。裁剪后，用电热风焊枪将补丁块满焊在破损处。

4.4.4.3 聚乙烯丙纶复合防水卷材冷粘法施工

聚乙烯丙纶复合防水卷材采用聚合物水泥（现场配制）进行满粘法粘结铺贴。这是一种不同于用纯高分子胶粘剂进行粘结的施工方法。聚合物水泥具有防水性能，与卷材防水层组成了完整的防水体系，缺一不可，系统中的各层承担着不同的功能。

聚合物水泥除了起粘结作用外，还起修补基层细微缝隙和阻止渗漏水横向流动的作用，并对丙纶纤维具有渗透及将其固化的作用。粘结层的厚度应不小于1.3mm。

聚合物水泥的用料、配制应符合厂家的要求。细部构造、平、立面的施工与“4.4.3.2 硫化型橡胶合成高分子防水卷材冷粘法施工”相同。

4.4.4.4 卷材预铺反粘法施工

预铺反粘法施工技术适用于地下工程底板和外墙的外防内贴。传统的铺贴方法是将卷材粘结在垫层和外保护墙上，当垫层与外保护墙一旦开裂，连带把卷材撕裂。而预铺反粘法施工是将卷材粘贴在结构底板的下表面和结构外墙（外防内贴）的外表面，使卷材与结构主体结合在一起，免受垫层和保护墙开裂的影响。适合预铺反粘法的卷材有以下三种：

（1）卷材表面涂有与湿混凝土粘结的胶粘剂层，用隔离纸、隔离粉或隔离膜隔离。先预铺在垫层和保护墙上，撕掉隔离纸，绑扎钢筋后浇筑混凝土，卷材便与混凝土固结在一起。

（2）卷材生产成型时表面形成足量大头针状倒钩的蹼，先预铺在基层表面，待浇筑混凝土后，这些蹼就牢固地植入混凝土中。

（3）热塑性卷材表面热压一层聚酯纤维增强层，浇筑混凝土后，纤维似植物根系扎入混凝土内。

预铺在外保护墙上的方法是：用遇水即溶解的胶粘剂进行点粘。或用少许钉子将被搭接边临时固定在保护墙上，再将搭接边粘结在被搭接边上，但这种卷材必须对钉子有牢固的握裹力，钉眼处不渗水。

4.5 金属防水板焊接施工

金属防水材料重量大、焊接质量要求高、造价高、防水性能可靠。常用于工业厂房地下烟道、热风道等高温、高热地下工程以及地下通道市政工程、防水等级为一级的民用及战备工程等。常用金属防水材料有结构钢板、不锈钢板、不锈钢卷材等。

金属防水板一般是指结构钢板和不锈钢板。市政、工业、民用工程一般采用结构钢板，战备工程可选择不锈钢板。常用的结构钢板有碳素结构钢、低合金高强度结构钢等。用于民用工程的钢板厚度一般为3～6mm，工业、市政工程的钢板厚度一般为8～12mm。钢板厚度为3～6mm时，用ϕ8的钢筋制成锚固筋；钢板厚度为8～12mm时，用ϕ12的钢筋制成锚固筋，与结构钢筋进行焊接，锚固在混凝土结构的内、外表面。

钢板与钢板之间采用E43焊条焊接连接。钢板厚度不大于4mm时，采用搭接焊连接，大于4mm时，可采用对接焊连接，焊缝应严密。竖向钢板的垂直接缝应相互错开。

钢板防水层的表面应涂刷防锈漆，地下水对钢板有侵蚀性作用时，应选择具有防腐蚀作用的防锈漆。

4.6 天然钠基膨润土防水毯、防水板钉铺施工

膨润土防水毯、复合膨润土防水毯、膨润土防水板采用钉压固定的方法进行铺设。所用工具有射钉枪、大于等于27mm射钉、大于等于ϕ23mm垫圈。所用材料见表4-27。

膨润土防水毯、防水板施工所用材料 **表4-27**

<table>
<tr><th colspan="2">项　目</th><th>规　格</th><th>用　途</th><th>备　注</th></tr>
<tr><td colspan="2">膨润土防水毯</td><td>12m×6m×5mm</td><td>防水、防渗材料</td><td>长度可以调整</td></tr>
<tr><td colspan="2">膨润土防水板</td><td>1.2m×7.5m×4mm</td><td>防水、防渗材料</td><td>盐水地质地区用</td></tr>
<tr><td rowspan="6">附属材料</td><td>膨润土密封剂</td><td>18L/桶</td><td>补强、收头部位密封</td><td></td></tr>
<tr><td>膨润土颗粒</td><td>20kg/包</td><td>阴阳角、破损部位增强</td><td></td></tr>
<tr><td>膨润土止水条</td><td>ϕ25mm</td><td>施工缝部位止水</td><td>长度可以选择</td></tr>
<tr><td>膨润土棒</td><td>ϕ25mm×1.5m</td><td>阴阳角部位增强</td><td>长度可以选择</td></tr>
<tr><td>胶带</td><td>70mm×25m</td><td>防水板搭接边临时封边</td><td></td></tr>
<tr><td>A/L封边条</td><td>1.5m×20mm</td><td>防水层收头密封</td><td></td></tr>
</table>

膨润土防水毯、复合防水毯的织布面朝向混凝土结构，毯与毯之间搭接连接，搭接宽度应大于100mm，搭接边用射钉、垫圈钉压固定，钉距间隔为300mm。

膨润土防水板的膨润土颗粒面朝向混凝土结构，板与板之间搭接连接，搭接宽度应大于70mm，射钉、垫圈的钉距为450mm。实际钉距应视现场条件，适当调整。

防水层施工结束，进行质量检查，破损处予以修复，并及时浇筑混凝土或铺抹水泥砂浆保护层。防水层与混凝土结构之间不设隔离层，否则，止渗效果适得其反。

4.7 涂膜防水层施工

4.7.1 涂膜防水施工一般规定

涂料通过刷、喷、刮于基层，经物理、化学变化，形成防水膜，施工应符合以下规定：

(1) 无机防水涂料基层表面应干净、平整，无浮浆和明显积水。

（2）有机防水涂料基层应基本干燥，无气孔、凹凸不平、蜂窝麻面等缺陷。施工前，基层阴阳角应做成圆弧形。

（3）涂料施工前应先对细部构造部位进行密封或加强处理。

（4）涂料的配制及施工，必须严格按涂料的技术要求进行。

（5）涂料防水层的总厚度应符合设计要求。应分层刷、喷、刮，后一遍涂层应待前一遍涂层实干后进行；涂层必须均匀，不得漏涂漏刷。同层涂膜施工缝的先后搭茬宽度不应小于100mm。

（6）铺贴胎体材料时，应使胎体层充分浸透防水涂料，不得有露茬、白斑及褶皱，同层相邻胎体材料的搭接宽度应不小于100mm，上下层和相邻两幅胎体的接缝应错开1/3～1/2幅宽。

（7）设置保护层：

1）有机防水涂料施工完毕应及时做好保护层，保护层施工参见“4.4.2.1（4）设置保护层”。

2）无机防水涂料一般用于地下工程，因涂层较薄，为避免损坏防水层，外墙迎、背水面防水层应及时铺抹1：2.5水泥砂浆保护层，地面应加铺地砖或抹水泥砂浆保护层，施工时，应防止损坏防水层。

4.7.2 无机防水涂料防水及堵漏施工

水泥基无机防水涂料一般需现场现用现配，可采用涂刷、涂刮及喷涂法施工。防水及堵漏施工的流程分别见图4-141、图4-142。

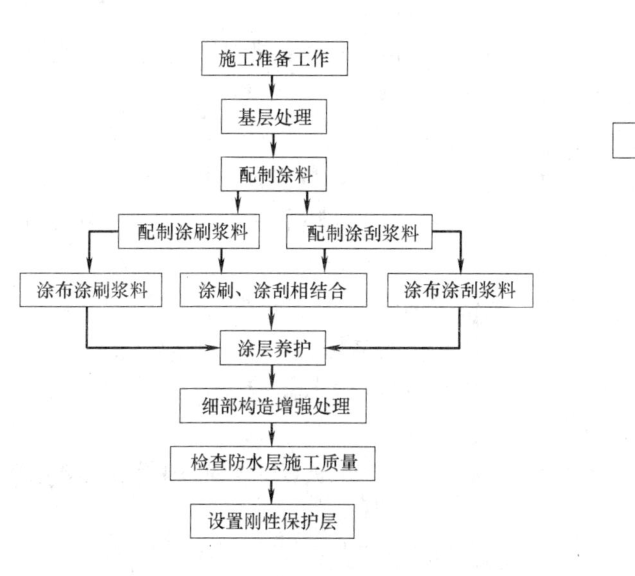

图4-141 无机防水涂料防水施工流程图

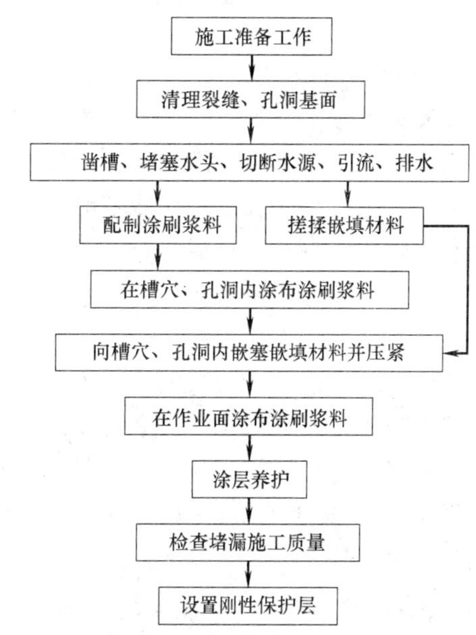

图4-142 无机防水材料堵漏施工流程图

4.7.2.1 水泥基无机防水涂料防水施工

无机防水涂料有的是将母料掺入水泥及其他粉料中，用水搅拌而成，有的直接用水搅拌而成。

(1) 施工所需材料

由厂家直接提供。

(2) 施工所用工具

小平铲、抹子、钢丝刷、扫帚、称量衡器、油漆刷（或喷涂机）、钢刮板、硬橡胶刮板、喷雾器、凿子、手锤、电动搅拌器等。

(3) 施工步骤

1）清理基层：将基层尘土、松散表皮清理干净，低凹处用1∶2.5聚合物水泥砂浆顺平。如有油污则应用溶剂（如汽油）擦洗干净。施工前，将基层充分浇水湿润，吃透水，以避免涂层脱落，但基层表面不能积水。

2）配制涂料：按厂家规定的配合比，每千克可涂布的面积，拌制涂刷浆料和涂刮浆料。拌制时，采用多种粉料的干粉应预先干拌均匀（色泽一致），再在容器中按配合比倒入定量的水，然后将干拌均匀的混合料徐徐加入水中，边加入边不断地搅拌，连续搅拌数分钟（按说明书规定的时间搅拌），使涂料呈均匀的糊状，再按说明书的要求静置数十分钟（一般静置30min），使涂料充分化合（气温低时可适当延长静置时间）。拌合水不能随意加入，太稀了会降低或失去防水性能，太稠了不易施工。用量较少时，可用手工搅拌，用量较多时，可用电动搅拌器搅拌。涂布作业时，必须重新将涂料搅拌均匀，以防沉淀。拌制好的涂料应在规定的时间内用完。

3）涂布涂料：视渗漏情况的不同，施工时，可进行两道或三道涂布施工。普通情况下涂布两道涂料，第一道用涂刮浆料涂刮，第二道用涂刷浆料涂刷。渗漏严重的需涂布三道涂料，第 一、二道用涂刮浆料涂刮，第三道用涂刷浆料涂刷。涂布三道涂料的施工方法如下：

① 涂刮第一道涂层：在充分湿润的基面上，将已搅拌好的涂刮浆料用钢刮板或硬橡胶刮板按每平方米0.5～0.67kg的涂布量均匀地刮压在基面上，刮压要用力，并呈“十”字方向运板，使涂刮浆料渗入基层毛细微缝，涂层的搭接应紧密，防止漏涂。

刮压结束，在涂层已开始收水时（手指轻压没有指痕）开始养护。如施工现场较干燥或在室外施工，应及时喷雾养护（或轻轻洒水养护），约1～2h喷雾一次，并应用塑料布覆盖，养护时间一般要求6～8h左右，养护时应遮挡阳光，此段时间的养护是防水性能优劣的关键时期，切不可使涂层表面干燥失水，以免粉化彻底失效。如地下室湿度过大，足以使涂层顺利渡过养护阶段时，可不用喷雾养护，待6～8h之后，用手指触摸已不粘手指不留指印时，即可涂布下一道涂层；如地下室干燥，则仍应喷水养护；如地下室湿度太大，且通风不足，应采用排风扇、抽风机或其他措施通风。

② 涂刮第二道涂层：第二道涂层仍用涂刮浆料涂布，施工方法、涂布用量和养护要求与第一道相同。

③ 涂刷第三道涂层：第二道涂层经养护达到强度要求后，即可用刷子将搅拌好的涂刷浆料按每平方米不少于0.4kg的涂布量均匀地涂刷在第二道涂层上。涂刷时要呈“十”字方向反复运刷，使涂层厚薄均匀。

4）涂层的养护：当第三道涂层凝固到用手指触摸不粘手指、不留指印时即可养护。室外或干燥环境下，立即喷雾养护，喷雾时应注意保护涂层，不让水点损坏防水层，每隔1～2h喷雾一次，每次喷雾后，用塑料布覆盖，共养护3d，避免涂层失水而凝固不彻底，最终失去防水性能。

如在不渗漏的普通找平层上做加强防水性能的施工，则可用涂刷料进行两道涂刷工作，两遍之间应垂直涂布，并应加强养护工作。

5）细部构造做法：穿墙管、变形缝、后浇带、伸出管道等细部构造部位应采用卷材、有机涂料（夹铺胎体）、密封材料进行复合设防。

6）设置保护层：先检验防水层施工质量，再设置保护层。

4.7.2.2 水泥基无机防水粉料堵漏施工

供堵漏用的水泥基无机防水粉料主要用于裂缝、孔洞部位的带水堵漏作业，也可对无明显出水点的大面积慢渗基面进行止水堵漏作业。

（1）施工所需材料

由厂家直接提供。

（2）施工所需工具

小平铲、小抹子、钢丝刷、扫帚、称量衡器、钢刮板或硬橡胶刮板、喷雾器、容器、搪瓷盆、凿子、手锤、木垫板、搅拌器等。

（3）在裂缝渗水部位的堵漏施工方法

将专用堵漏粉料与水拌合成较硬的料团后对正在渗漏的裂缝进行堵漏止水作业。

1）清除裂缝基面的杂物，将裂缝凿成宽20mm、深15～20mm的条形凹槽，槽壁与基面垂直，或呈口小底大的梯形槽。

2）充分湿润凹槽基面（如裂缝渗水，则应先切断水源），将粉料用水搅拌成涂刷浆料，涂刷在凹槽基面。

3）搓揉嵌填材料和堵漏施工：按配合比准确称量后在搪瓷盆内拌合均匀（拌合水应逐渐加入），然后搓揉成软硬度类似于中药丸的湿料团，再将其搓揉成凹槽状条形嵌填材料于手中，静置片刻（静置时间随温度而变），当用手指轻捏，感觉到在变硬（还没完全凝固）时，排除凹槽周围的积水，迅速将其嵌入正在渗水的凹槽内，置木垫板于凹槽之上，用手锤敲击之，并不断调整木垫板的位置，使嵌填材料挤压密实，被挤出凹槽周边的嵌填材料用小抹子挤压紧密、抹平，就能立刻止漏。配制好的嵌缝材料须在1h内用完，以免凝固浪费。最后，在凹槽的表面及其周边100mm范围内，用水湿润后涂刷一层浆料，使凹槽与基面防水层连成一体，并喷水覆盖养护3d。

如裂缝部位渗水不断，应先切断水源，再排水、堵漏。如水流往上涌，又找不到水源，无法引流排水，则可用改锥将经沥青浸渍过的棉纱嵌塞于缝隙内，若能基本堵住水，则排除积水后按3）堵漏；如嵌塞后仍有少量渗水，则排除积水后尽可能涂刷一层浆料，再用条状嵌缝材料涂漏止水。

（4）在孔洞渗水部位的堵漏施工方法

孔洞部位的堵漏施工按渗水压力的高、低和孔径的大小可分为三种情况：

1）渗漏水压力较微弱，孔洞较小：以渗水点为圆心，凿剔扩孔，孔径的大小按表4-28确定。毛细孔渗水可凿成直径为10mm，深度为20mm的圆形孔。孔壁垂直于基面，不能凿成“V”形孔。扩孔后，清除杂物，用水将孔洞冲洗干净，再用上述（3）3）的方法堵漏。

扩孔直径、深度参考尺寸 **表 4-28**

直径(mm)	10	20	30	40
深度(mm)	20	30	50	60

2）渗流水压力较高，孔径较小：若水头达数米以上，孔洞直径不太大时，先将洞内壁疏松碎物剔除，清洗干净，用与孔径直径大小相仿的木楔子浸渍沥青涂料或其他有机涂料后，将浸透沥青涂料的棉纱和其一起打入孔洞内，打入后的洞深应不小于 30mm，待水流基本止住后，按（3）3）的方法堵漏。

3）渗流水压力高，孔径较大：剔除孔洞内疏松杂物并凿成圆形，根据孔洞直径的大小插一根比孔径小一些的钢管，将水引往别处排放，使钢管外侧孔洞的水压减弱，将嵌缝材料围住钢管按（3）3）的方法堵漏。固化后拔出钢管，换一根小一点的钢管再引流、堵漏……直至封堵完毕。也可在孔径较小时，打进沥青木楔、棉纱按 2）的方法堵漏。

孔洞渗水部位堵漏料团的嵌填方法有两种：一种是将料团用手掌压成"圆饼"状，静置片刻，用手指轻捏感觉有硬感时，将其切割成小块，放入已凿好并清理干净的孔洞内；另一种是将料团搓揉成与孔洞大小相仿的圆柱体，当接近硬化时，将其挤塞在孔洞内，以上两种方法嵌填完毕后，用手锤敲击圆形木垫板（直径略小于孔径），使料团在孔洞内挤压密实，并用铁抹子用力将孔洞周边挤出的嵌缝材料挤压紧密、平整，渗水即可被止住。然后在湿润的（洒水淋湿）嵌填部位表面及周围 100mm 范围内涂刷一层浆料，接着就可喷水覆盖养护 3d。

4.7.2.3 水泥基渗透结晶型防水涂料防水施工

（1）施工所需材料

水泥基渗透结晶型防水粉料，由厂家提供。

（2）施工机具

半硬性的尼龙刷、鬃毛刷、喷枪、钢丝刷或打磨机、扫帚、锤子、凿子、拌料桶、电动搅拌器、橡胶手套、安全帽、养护用的喷壶等。

（3）施工步骤

1）清除混凝土表面的浮浆、泛碱、油渍、尘土、涂层等杂物，使基面呈潮湿的粗糙麻面。

2）穿墙管、变形缝、后浇带、预埋件等薄弱部位用柔性材料进行密封加强处理。

3）查找混凝土结构是否存在裂缝、蜂窝、疏松等质量缺陷。对裂缝应进行修缮、补强。对蜂窝、疏松的混凝土应凿除，并用水冲洗干净，直至见到坚硬的混凝土基面，在潮湿的基层上涂刷一层水泥基渗透结晶型防水涂料（按说明书要求用水拌制），随后用补偿收缩防水砂浆或细石混凝土填补，捣固密实、压平。

4）对穿墙孔洞、结构裂缝（缝宽大于 0.4mm）、施工缝等混凝土的缺陷部位，均应凿成"U"形槽，槽宽 20mm、深 25mm。用水清刷干净并除去基层表面的明水，再在槽壁涂刷水泥基渗透结晶型防水涂料，待涂层达到初步固化，然后用空气压紧机或锤子将水泥基渗透结晶型半干料团［粉料：水＝5：2～5：2.2（体积比）］填满凹槽并捣实。

5）按说明书要求拌制水泥基渗透结晶型防水涂料，用半硬性的鬃毛刷或专用尼龙刷将涂料涂布于混凝土基面。涂布时应用力，上下、左右反复涂刷，或用专用施工机具进行喷涂。每平方米用料应符合厂家说明书和规范的规定。

6）涂布结束，涂层固化到不会被喷洒水损害时，即应及时进行养护，每天洒水至少三次（天气炎热时，喷水次数应频繁些）或用潮湿的粗麻布覆盖3d。

（4）质量检查验收

1）检查检测报告或其他可以证明材料质量的文件。

2）涂料的配比、施工方法、每平方米用量均应符合要求。

3）涂层厚薄应均匀，不允许有漏涂和露底现象，薄弱处应补刷增强。

4）涂层在施工养护期间不得有砸坏、磕碰等现象，如有损坏应进行修补。

4.7.2.4 华鸿高分子益胶泥防水施工

（1）材料质量要求

高分子益胶泥的技术性能指标应符合表2-24的要求。进场材料需附有出厂检验合格证及检验报告单，应按材料批量要求进行抽检，不合格的材料禁止使用。

（2）施工机具

砂浆搅拌机械、搅拌容器、角向磨光机、打浆桶、校正尺、吊绳、吊锤、铁刮板、铁抹子、毛刷。

（3）工艺流程

准备工作→基层找平、清洁处理→细部构造增强处理→配制稀浆→刮涂稀浆底层→配制稠浆→刮涂稠浆防水层→检查防水层质量、缺陷处补强→养护。

（4）防水层施工方法

1）基层质量要求：找平层质量、平整度应符合规范要求，并应清洗干净，有污垢、油渍时，先用有机溶剂清洗，再用水冲洗干净。

2）配制浆料：稀浆和稠浆均按设计型号高分子益胶泥配制，灰水比见表4-29。

高分子益胶泥稀浆和稠浆灰水比（重量比） **表4-29**

涂料型号	干粉	水	涂布要求
稀浆	1	0.3～0.35	防水层的底层
稠浆	1	0.25～0.28	防水层的面层

3）细部构造增强处理：在管道根、施工缝、变形缝等细部构造部位用稀浆、稠浆和胎体材料按规范要求作附加增强处理。

4）刮涂底涂层：在清理好的基面上用稀浆稍用力刮涂一道底涂层，刮涂时应满涂、密实，不得露底。涂层厚度约1mm，刮涂时基面应保持湿润，但不得有明水。

5）刮涂防水层：底涂层初凝前，即可在其表面刮涂稠浆，刮涂方向呈“十字交叉”，涂布应密实、均匀，涂层厚度2～3mm。

6）甩、接茬方法：底涂层和面层均应连续刮涂，必须留施工缝时，应采用阶梯坡形茬，阶梯宽度不得小于50mm，距阴阳角不得少于10mm，上下层甩、接茬应错开距离。

7）检查施工质量：高分子益胶泥防水层终凝72h后，即可进行蓄水24h试验，水深20mm，不得有渗漏现象，缺陷处应及时补强修缮。

8）养护：防水层终凝后颜色转白呈现缺水状态时，即可及时用花洒或背负式喷雾器轻轻洒水进行养护，每日数次，不得用水龙头冲洒，以免损坏防水层。养护72h后，若后续工序没及时展开，防水层裸露在外，则应继续养护14d。潮湿环境中可在自然条件下养护。

(5) 华鸿高分子益胶泥饰面材料防水粘贴施工方法：

1) 饰面砖无须浸泡，只需将饰面砖粘结面冲洗干净，晾干后即可进行粘贴。

2) 粘贴饰面砖，可在面层终凝后进行，也可在刮涂面层防水层时采用"双面涂层操作法"，同时进行防水层的刮涂和面砖粘结层的刮涂，然后进行粘贴。

3) 粘贴饰面砖后，应在粘结层终凝72h后方可上人或投入使用。

4) 采用花岗石板材作外墙防水饰面层时，最好选用薄形材，石板材厚度宜小于20mm，且板材面积小于0.6m^2/片。

5) 石板材的粘贴高度不宜大于12m，超过时则应做桩脚加固处理。施工时应自下而上进行粘贴，若下皮板材粘结层尚未终凝而又必须沿垂直方向继续向上粘贴时，则应对下皮板材作斜支撑稳固处理，待粘结层终凝后方能拆去支撑。

6) 粘贴石板材时，板材背面应用角向磨光机沿对角线方向拉毛，拉毛面积应大于板材面积的60%，粘结时，板材粘结面应用Ⅱ型高分子益胶泥作界面层，厚度为1～2mm。

(6) 施工注意事项

1) 施工面积较大时，应连同找平层一起设置贯通分格缝，纵横间距小于等于6m，缝宽约10mm，缝内用柔性密封材料嵌实。

2) 防水层底层和面层几乎可以同时操作，底层应在初凝前即被面层覆盖。

3) 底层和面层可在潮湿、无明水或干燥的基面进行刮涂施工。

4) 地漏边缘凹槽和管道根部四周用柔性密封材料嵌缝后，可用高分子益胶泥覆盖住密封膏，并沿管根向上卷起10～20mm。

5) 当基面为混凝土或水泥砂浆时，底层使用稀浆；当基面为旧饰面砖时，底层使用稠浆，并应保持干燥。

6) 施工气候条件应符合规范要求。

4.7.3 有机防水涂料防水施工

有机防水涂料靠人工涂刷、涂刮或机械喷涂进行施工。既有纯涂膜防水层，又有夹铺胎体增强材料的涂膜防水层。施工流程为：施工准备工作→清理找平层含水率→涂布基层处理剂或稀涂料→配制防水涂料、搅拌均匀→细部构造增强处理→涂布防水层、夹铺胎体增强材料→收头增强处理→检查防水层施工质量→在防水层表面设置隔离层、保护层。

4.7.3.1 反应型、溶剂型、水乳型有机防水涂料防水施工

(1) 施工所需材料

主料由厂家提供。密封材料、金属箍、找平砂浆、隔离层材料、保护层材料等由施工单位配齐。

(2) 施工所用工具

见表4-30。

施工所用工具的数量应根据工程量和配备的施工人员来确定。

(3) 施工步骤

1) 清理找平层：找平层质量应符合规范要求。

有机防水涂料施工主要工具 **表 4-30**

名　称	规　格	用　途
电动搅拌器	0.3～0.5kW,200～500r/min	双组分拌料用
拌料桶	50L 左右	搅拌盛料用
小油漆桶	3L 左右	装混合料用
塑料或橡皮刮板	200～300mm,厚 5～7mm	涂布涂料
钢板小刮板	50～100mm	在细部构造涂刮涂料
称量器	50kg 磅秤	配料称量用
长把滚刷	ϕ60mm×300mm	涂刷底胶、涂料
油漆刷	100mm	在细部构造部位涂刷底胶、涂料
铁抹子	瓦工专用	修补找平层
小平铲	50～100mm	清理找平层
扫帚		清扫找平层
墩布		清理找平层
高压吹风机	300W	清理找平层
剪刀		裁剪胎体增强材料
铁锹		拌合水泥砂浆
灭火器	化学溶剂专用	消防用品

2）检查找平层含水率：反应型、溶剂型有机防水涂料应涂布在干燥的找平层上。水乳型涂料可涂布在潮湿但无明水的基层。

当地下工程垫层干燥有困难，地下水从基底四周泛溢至垫层边缘而严重影响涂层施工质量时，可在垫层四周筑两皮砖墙挡水或设排水明沟（可兼作排水盲沟）进行排水，使涂料在干燥的基层进行涂刷。

3）涂布基层处理剂：按要求配制基层处理剂。用长把滚刷蘸满已搅拌均匀的基层处理剂，均匀有序地涂布在找平层上，涂布量一般以 0.3kg/m^2 左右为宜。滚刷的行走应顺一个方向，涂布均匀即可，切不可成交叉状反复涂刷，以免先涂的底胶渗入基层后黏性增加、后续运刷时将找平层表皮的砂浆疙瘩粘起，影响找平层的平整度，更影响涂层的施工质量。细部构造部位可用油漆刷仔细涂刷。机械喷涂时，可成“十”字交叉状喷涂，避免单方向喷涂，另一方向基层的毛细微孔缺少底胶。涂布应均匀，不得出现露白现象。底胶涂布后需干燥 4～24h（具体时间视气候而定）才能进行下道工序的施工。

4）配制双组分有机防水涂料：双组分有机防水涂料按说明书要求进行配制。

5）细部构造增强处理：在转角、变形缝、后浇带、施工缝、管道根、坑槽等需要事先作增强处理的细部构造部位，按尺寸需要的宽度裁剪胎体增强材料，进行局部增强施工处理。凹槽内嵌填密封材料。在细部构造部位的基面，用钢板小刮板涂刮或小油漆刷涂刷涂料，待涂层基本干燥后，再在其表面涂布第二遍附加涂层，并立即铺贴已裁剪好的胎体增强材料。为使胎体增强材料铺贴得匀称平坦、无空鼓和皱折现象，应用小油漆刷用力摊刷平整，使其与涂层粘结紧密，然后静置至固化。

6）涂布防水层：细部构造部位防水层固化成膜后，即可进行防水层的涂布。涂布的工具可用长把滚刷，也可用橡胶或塑料刮板。施工面积较小时用橡胶或塑料刮板较方便，在小油漆桶中盛入已搅拌均匀的涂料，倒在涂过底胶且洁净的基层表面，立即用刮板均匀地涂刮摊开；涂层厚薄应均匀一致。施工面积较大时，用长把滚刷涂刷更为方便，将长把滚刷蘸满已搅拌均匀的涂料，顺一个方向，均匀地滚涂在基层表面。

涂膜防水层的厚度及厚薄的均匀性都是防水质量优劣的重要因素。厚度可通过每平方米的用量来实现，厚薄的均匀性可通过分层分遍涂布来实现，每遍的涂层不宜过厚。有机防水涂料在平面基层可涂布 4 遍，立面部位为防止涂层下滑，每遍涂布量应相应减少，而涂布的遍数应增加至 5 遍，防水涂膜的总厚度应符合设计要求。

第一遍涂层涂布后，待涂层基本不粘手指时，再涂布第二遍涂层。第三、四、五遍的涂层仍应按上述要求进行涂布。为使涂膜厚薄均匀一致，每遍涂层成“十”字交叉状涂布，或每相邻两遍涂层之间的涂布方向相互垂直，每层的涂布量应按要求控制，不得过多过少，并应根据施工时的环境温度控制好相邻两遍涂层涂布的时间间隔。有的有机防水涂料的固化时间，可在配料时加入适量的缓凝剂或促进剂来调节。确定涂层基本固化的简易测试方法是：用手触碰涂层，如不粘手指，则涂层已基本固化。这主要是考虑到：让底层涂膜具有一定的强度，可以使它的延伸性能得到充分的发挥，将胎体材料设置在涂层上部，可以增强涂膜的耐穿刺性和耐磨性。

如按设计要求需在涂层中夹铺胎体增强材料时，平面部位应在涂布第二遍涂膜、立面部位应在涂布第三遍涂膜后铺贴，一般宜边涂边铺胎体材料。铺贴时，应将胎体铺展平整，用长把滚刷滚压排除气泡，使其与涂料粘结牢固，不得出现空鼓和皱折现象，待胎体表面的涂层固化至不粘手指时，再涂布剩下的两遍涂层。在胎体上涂布涂料时，应使涂料浸透胎体，覆盖完全，不得有胎体外露现象。

7）涂膜防水层收头、细部构造增强处理：在涂刷涂料至穿墙管、施工缝、变形缝、后浇带、外墙收头等细部构造部位时，应按要求，进行增强、收头处理。

8）检查防水层质量：施工完毕，仔细检查质量。应符合分项工程验收的要求。

9）设置保护层：参见“4.4.2.1（4）设置保护层”。

4.7.3.2　聚合物水泥防水涂料防水施工

聚合物水泥复合防水涂料由乳液和粉料按一定比例搅拌配制而成。RG 聚合物水泥防水涂料（中核产品）的施工方法如下：

（1）施工所需材料

乳液、粉料由厂家提供。聚酯无纺布（60～100g/m^2）、密封膏、金属箍、隔离层材料、保护层材料等由施工单位备料。

（2）施工工具

凿子、锤子、钢丝刷、扫帚、抹布、抹灰刀、台秤、水桶、称料桶、拌料桶、搅拌桶、剪刀、无气喷涂机（用于大面积喷涂施工）、胶辊、滚刷、刮板（用于涂覆涂料和细部构造处理）等。

（3）施工步骤

1）清理找平层。

2）配制涂料：用于长期遇水工程时，按乳液：粉料＝0.65：1（重量比）的比例进行配制。先准确称取粉料于拌料桶中，再加入 1/3 重量的乳液，用搅拌棒慢速搅拌成无任何疙瘩的均匀膏状物，再加入剩余2/3重量的乳液，继续搅拌至色泽一致。如太稠，不易喷涂或涂刷时，可适量加些水，并搅拌均匀，但切不可任意加水，最大加水量不得超过粉料重量的10%。

3）涂布涂料：先进行细部构造增强处理。再用无气喷涂机、胶辊、滚刷或刮板将涂料涂布在干净、平整、潮湿的找平层上。在干燥的基层施工，应先浇水湿润，但不得有明水。

第一遍涂层硬化后（用手指轻压不留指纹），再涂刷第二遍涂层，前后两边涂层的涂刷方向应呈“十”字交叉。涂层中按设计要求可夹铺聚酯无纺布胎体增强材料，形成一布四涂或二布七涂防水层，乳液应浸透胎体，并用刮板驱尽气泡，摊平皱折。

4）涂膜防水层收头、细部构造增强处理：按规范要求施工。

5）养护：湿润养护3d。

6）检查防水层施工质量，缺陷处作增强处理。

7）设置保护层：参见“4.4.2.1（4）设置保护层”。

（4）施工注意事项

1）施工完毕或间歇较长时间时，应尽快用水清洗施工工具和工作服，以备下次使用。

2）适宜施工温度为5～40℃。雨、雾天或预计24h内有雨、雾不得在露天施工。

4.8　硬泡聚氨酯保温防水喷涂施工

喷涂硬泡聚氨酯保温防水层主要用于屋面工程，喷涂施工应使用专用设备。

（1）屋面基层要求

1）基层应坚实、平整、干燥、干净。

2）对既有屋面基层疏松、起鼓部分清除干净，并修补缺陷和找平。

3）细部构造基层应符合设计要求。

4）基层经检验合格后方可进行喷涂施工。

（2）喷涂施工

1）施工前应对喷涂设备进行调试，喷涂三块500mm×500mm，厚度不小于50mm的试块，进行材料性能检测。

2）喷涂作业，喷嘴与施工基面的间距宜为800～1200mm。

3）根据设计厚度，一个作业面应分几遍喷涂完成，每遍厚度不宜大于15mm。当日的施工作业面必须于当日连续地喷涂施工完毕。

4）硬泡聚氨酯喷涂后20min内严禁上人。

（3）Ⅱ型抗裂聚合物水泥砂浆层的施工

1）抗裂聚合物水泥砂浆施工应在硬泡聚氨酯层检验合格并清扫干净后进行。

2）施工时严禁损坏已固化的硬泡聚氨酯层。

3）配制抗裂聚合物水泥砂浆应按照配合比，做到计量准确，搅拌均匀。一次配制量应控制在可操作时间内用完，且施工中不得任意加水。

4）抗裂砂浆层应分二至三遍刮抹完成。

5）抗裂聚合物水泥砂浆硬化后宜采用干湿交替的方法养护。在潮湿环境中可在自然条件下养护。

(4) Ⅲ型防护涂层施工

应待硬泡聚氨酯固化完成并清扫干净后涂刷，涂刷应均匀一致，不得漏涂。

(5) 质量验收

1) 硬泡聚氨酯复合保温防水层和保温防水层分项工程应按屋面面积以每 500～1000m^2 划分为一个检验批，不足 500m^2 也应划分为一个检验批；每个检验批每 100m^2 应抽查一处，每处不得小于 10m^2。细部构造应全数检查。

2) 主控项目、一般项目和工程验收按《硬泡聚氨酯保温防水工程技术规范》GB 50404 的规定执行。

(6) 施工注意事项

1) 施工环境温度不应低于 10℃，空气相对湿度宜小于 85%，风力不宜大于三级。严禁在雨天、雪天施工。施工中途下雨、下雪时应采取遮盖措施。

2) 喷涂施工时，应对作业面外易受飞散物料污染的部位采取遮挡措施。

3) 管道、设备、机座或预埋件等应在喷涂施工前安装完毕，并做好密封防水处理。喷涂施工完成后，不得在其上凿孔、打洞或重物撞击。

4) 硬泡聚氨酯保温防水层上不得直接进行防水材料热熔、热粘法施工。

5) 硬泡聚氨酯保温防水层喷涂完工后，应及时做好水泥砂浆保护层、抗裂聚合物水泥砂浆层或防护涂料层。

4.9 密封材料施工

4.9.1 密封材料施工概述

建筑工程变形缝、预留凹槽、预埋件、防水层收头等细部构造部位均应用密封材料嵌填严实，以防渗漏。

(1) 密封材料与嵌缝宽度

密封材料适宜的嵌缝尺寸与品种有关，各生产厂家对其产品的嵌缝尺寸亦有明确的规定。表 4-31 为常用密封材料的适宜嵌缝宽度尺寸，供选用时参考。

常用密封材料的嵌缝宽度 **表 4-31**

密封材料种类	接缝宽度允许范围(mm)	
	最大值	最小值
聚硫橡胶系	40	10(6)
卤化丁基橡胶系	40	10
有机硅橡胶(硅酮)系	40	10(6)
聚氨酯系	40	10
水乳型丙烯酸系	30	10
SBS、APP 改性沥青系	30	10
氯磺化聚乙烯系	30	10
聚氯乙烯接缝材料	30	10

注：( ) 内数字适用于玻璃周边。

密封材料的底部应设置防粘背衬材料。迎水面凹槽应选择低模量密封材料，嵌填深度（h）为接缝宽度（d）的 0.5～0.7 倍，背水面凹槽应选择高模量密封材料，嵌填深度（h）应为接缝宽度（d）的 1.5～2 倍。

（2）嵌填施工要点

1）嵌缝基面应平整、牢固、清洁、干燥，无浮浆、无水珠、不渗水。基面的气泡、凹凸不平、蜂窝、缝隙、起砂等质量缺陷，应用聚合物防水砂浆修补平整，达到嵌缝基面质量要求。

2）密封材料底部应设置背衬材料，背衬材料宽度应比缝、槽宽度大 20%，应选择与密封材料不粘结或粘结力弱的材料，品种有聚乙烯泡沫塑料棒、橡胶泡沫棒、有机硅防粘隔离薄膜等。采用热灌法施工时，应选用耐热性好的背衬材料。

3）基层处理剂的材性必须与密封材料相容，涂刷应均匀，不得漏涂，当基层处理剂表干时，应及时嵌填密封材料。

4）在防水层施工前，应先行对预埋件、穿墙管、变形缝等隐蔽部位的缝槽进行密封处理。

5）密封材料必须与两侧基面粘结牢固，不得出现漏嵌、虚嵌、鼓气泡、膏体分层的等质量缺陷。

（3）嵌填施工方法

1）基层处理剂表干后，立即嵌填密封材料。不同种类基层处理剂的表干时间大多不相同，一般为 20～60min，夏季表干时间较短，冬季稍长。确定基层处理剂表干的方法可用手指试之，轻轻触摸后基本不粘手指，但仍感觉有一定的黏性，手指抬起时，不带起斑迹，接触部位不露出基底，即为表干；浅槽接缝应尽量一次嵌填成活，深槽分次嵌填时，后一遍的嵌填应待前一遍膏体表干或溶剂基本挥发完时进行；密封材料可用腻子刀批刮嵌填，也可用嵌缝枪（手动或电动）挤出嵌填，嵌填方法如下：

① 用腻子刀嵌填时，先在凹槽两侧基面用力压嵌少量膏体，边批压边微揉（但不能触碰背衬材料），使膏体与侧壁粘结牢固，不得虚粘。然后分次将膏体用力压嵌在凹槽中，直至填满。

② 用嵌缝枪嵌填时，挤出嘴应略小于凹槽宽度，并根据需要切成平口或 45°斜口。嵌填时，把挤出嘴伸入凹槽底部（背衬材料表面，但不要压碰背衬材料），并按挤出嘴的斜度进行倾斜，用手慢慢扳动嵌缝枪的把手，以缓慢均匀的速度边挤边移动，使密封材料从背衬材料的表面由底向面逐渐填满整个凹槽。膏体与膏体间、膏体与槽壁间应充实饱满，不得留有空鼓气泡。

2）接茬方法：前后两遍嵌填的施工缝接茬应留成约 45°的斜茬，用嵌缝枪接茬嵌填时，应防止鼓入空气。方法是：推挤嵌缝枪筒内的膏体，使膏体向挤出嘴移动，当挤出嘴口出现一点膏体时，空气即被排出。接着按挤出嘴的倾斜度插入甩茬膏体内，使挤出嘴直抵背衬材料表面，然后再进行接茬施工。

3）“十”字形凹槽嵌填方法：当嵌填至立面的纵横向交叉接缝时，应先嵌填垂直于地面的纵向凹槽，后嵌填横向凹槽。纵向凹槽应从墙根处由下向上进行嵌填，当从纵向凹槽缓慢地向上移动至纵横向交叉处的“十”字形凹槽时，应向两侧横向凹槽各移动嵌填 150mm，并留成斜茬，以便于接茬施工，如图 4-143 所示。

4）修整刮平：嵌填结束，赶在膏体表干前，用腻子刀蘸少许溶剂，对膏体表面进行

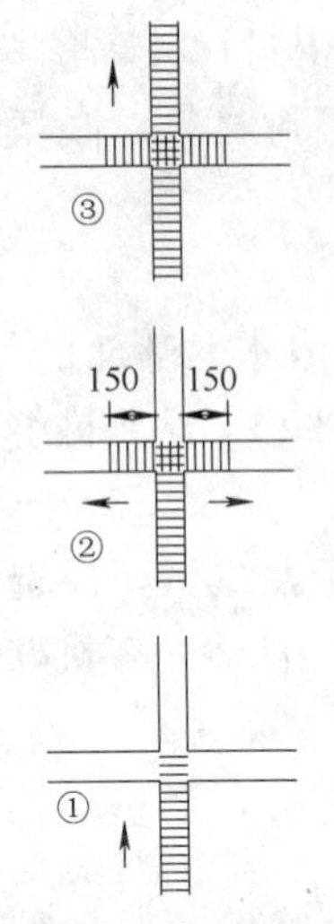

图 4-143　立面纵横向交叉部位凹槽嵌填方法

修整刮平。溶剂型、反应型密封材料可用二甲苯作溶剂，或采用厂家提供的溶剂；水乳型密封材料用洁净软水作溶剂。刮平时，腻子刀应成倾斜状，顺一个方向轻轻在膏体表面滑动，不得来回刮。修整刮平后的膏体表面应光滑平整无裂缝，最好能一次刮平，溶剂不能蘸得太多，以防将已嵌填好的膏体溶坏。

修整刮平的目的是将膏体表面的凹陷、漏嵌处、孔洞、气泡、不光滑等现象修整得光滑平整。所以要在表干前进行，否则，极易损坏已嵌填好的密封材料。

多组分密封材料拌合后应在规定的时间内用完；未混合的多组分密封材料和未用完的单组分密封材料应及时密封存放。以防水乳型和溶剂型密封材料挥发干燥固化，反应型密封材料接触吸收空气中的潮气凝胶固化。

5）揭除防污胶带：对于贴有防污胶带的接缝，在密封材料修整刮平后，应立即揭除防污胶带。如接缝周围留有胶带粘结剂痕迹或沾有密封膏时，可用相应的溶剂仔细擦去，擦揩时应防止溶剂溶坏接缝中的膏体。

6）在防水层收头部位嵌填密封材料：在卷材、涂膜防水层收头部位，待涂刷的基层处理剂表干后，立即根据基面形状嵌填密封材料，密封材料的表面应设置隔离膜和保护层。

7）养护：密封膏嵌填后一般应养护 2～3d，易损坏的部位，可覆盖木板或卷材养护。清扫施工现场和铺贴保护层，必须待密封膏表干后进行，以免损坏密封材料。用满粘法铺贴保护层卷材时，宜在密封膏实干后进行，以防止满粘封严后，密封膏体内部的溶剂无挥发通路，长期残留在膏体内，影响膏体与基层的粘结强度。

8）敷设防粘隔离膜：养护结束，检查密封防水施工质量，确认不渗水后，即可敷设聚乙烯（PE）薄膜或有机硅薄膜，以免密封材料表面被覆盖材料粘结，造成三面受力。立面部位的隔离膜，可在隔离膜的两侧点涂丁基胶粘剂（密封材料范围内不得涂刷），再粘贴在基层上。

9）覆盖保护层：保护层的种类很多。如 5mm 厚聚乙烯泡沫塑料片材、50mm 厚聚苯乙烯泡沫塑料板、水泥砂浆、细石混凝土、块体材料等。密封材料表面的卷材或涂膜防水层，亦为保护层。保护层材料的施工均应符合要求。

10）清理施工机具：施工完毕，及时清洗工具上尚未固化的密封材料。溶剂型、反应型密封材料用二甲苯等有机溶剂进行清洗；水乳型密封材料用洁净软水进行清洗。清理干净后，妥善保管，以备下次使用。

11）施工条件：合成高分子密封材料在雨天、雪天、霜冻天严禁施工；五级风及其以上时不得施工。溶剂型密封材料的施工环境气温宜为 0～35℃，水乳型密封材料施工环境气温宜为 5～35℃。

4.9.2　合成高分子密封材料嵌填施工

（1）工艺流程

检查、清理、修补凹槽基层→检查凹槽基层含水率→填塞防粘背衬材料→粘贴防污胶带→涂布基层处理剂→拌合密封材料、嵌缝施工→检查嵌填质量→揭除防污胶带→膏体养护→设置隔离条、保护层→清理施工机具。

（2）施工所需材料

合成高分子密封材料、基层处理剂、背衬材料、隔离条（背衬条）、防污胶带、溶剂、清洗剂等。

（3）施工所需工具

见表 4-32。

合成高分子密封材料施工所用工具 **表 4-32**

名　　称	规　　格	用　　途
高压吹风机	300～500W	清理凹槽内尘土杂物
钢丝刷、平铲、砂布、扫帚、小毛刷、棉纱		清理凹槽基层作业面的垃圾、碎渣等杂物
油漆刷	20～40mm	涂刷基层处理剂
小刀		切割背衬材料及支装密封膏挤出嘴
木条、小钢尺		填塞背衬材料
腻子刀、手动挤出枪、电动挤出枪		嵌填密封材料
有盖容器		装盛溶剂
小油漆桶	1L	装盛基层处理剂
搅拌器	电动或手动	搅拌双组分密封材料
开刀	30～40mm	刮平密封膏体表面
剪刀		裁剪作保护层用的卷材或胎体材料
施工安全、防护用品		确保施工人员安全

（4）施工步骤

1）检查和清理凹槽基层。

2）检查基层含水率（检查方法与铺贴卷材同）。

3）填塞背衬材料：混凝土凹槽用木条、小钢尺填塞，深度应符合要求。方槽形金属、玻璃顶板的缝槽较浅，应用有机硅薄膜作背衬材料（图 4-144）。三角形接缝当密封嵌填量大时，可设置少量背衬膜（图 4-145）；嵌填量小时，可不设隔离膜。

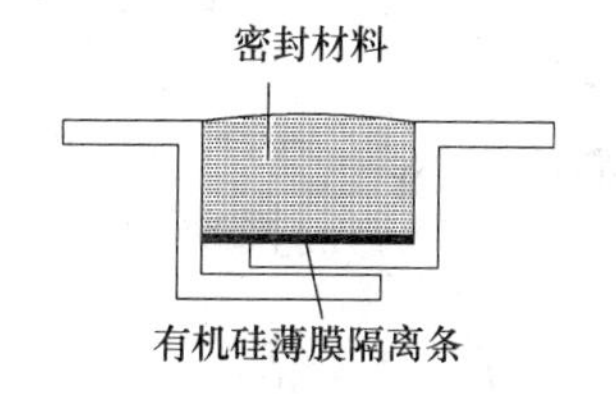

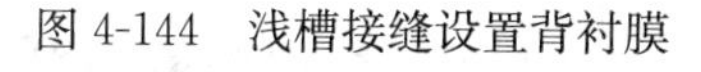

图 4-144　浅槽接缝设置背衬膜

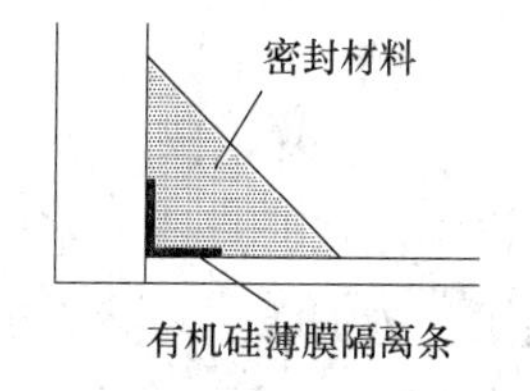

图 4-145　角形接缝设置背衬膜

4）粘贴防污胶带：有装饰要求的室内缝槽，为防止污染被粘体凹缝两侧的表面，可在接缝两侧基面粘贴防污胶带。防污胶带不能贴入缝槽内或远离缝槽两壁，应大致贴至缝口边缘。

5）涂布基层处理剂：基层处理剂一般有单组分与双组分两种，双组分应按产品说明书的规定配制，并充分搅拌均匀，配制量由有效使用时间确定，以防超过有效使用时间而造成浪费。单组分基层处理剂应充分摇匀后使用。

涂布前，应用高压吹风机或高压空气把残留的灰尘、纸屑等杂物彻底喷吹干净。涂布时，将基层处理剂盛入小油漆桶中，并随时盖严原料桶盖，用油漆刷进行涂刷。涂刷应均匀，不得漏涂。涂刷的部位是两侧凹槽侧壁。

6）嵌填密封材料：密封材料分单组分和多组分。单组分可直接使用；多组分应按配比，将各个组分严格准确地称量，混合搅拌均匀后再使用。

4.9.3 改性沥青密封材料嵌填施工

改性沥青密封材料包括弹性、塑性改性沥青密封材料，合成橡胶，再生橡胶改性沥青密封材料，聚氯乙烯建筑防水接缝材料等。施工方法分热灌法、热嵌法和冷嵌法三种。

（1）工艺流程

检查、清理、修补凹槽基层→检查凹槽基层含水率→填塞防粘背衬材料→涂布基层处理剂→热灌施工、热嵌施工或冷嵌施工→检查嵌填质量→膏体养护→设置隔离条、保护层→清理施工机具。

（2）施工所需材料

改性沥青密封材料及其他辅料。

（3）施工所需工具

见表 4-32。

（4）施工步骤

1）检查和清理凹槽基层。

2）检查基层含水率。

3）填塞背衬材料。

4）涂刷基层处理剂。

5）改性沥青密封材料的嵌缝方法：

① 热灌法施工：热灌法施工是将固体块状改性沥青密封材料投入专用锅内经熬制熔化后浇灌于凹槽中。这种方法应防止对环境造成污染，故应采用专用熬制设备，并不得采用煤焦油成分的膏体，以符合环保要求。热灌步骤如下：

A. 接通加热电源开关，逐渐加温，当熬制温度达到 110℃以上时，降低加温速度，使温度升至 130℃。对于热塑性改性沥青膏体来说，加热温度低于 130℃时，就不能很好塑化。故应特别注意升温速度不能过快，防止急火升温，烧焦膏体而报废。加温时，还应开启搅拌旋钮，边加温边将熔融的膏体搅拌均匀。

B. 当温度达到 135±5℃时，保温 5～10min，以充分塑化，然后应立即趁热浇灌。

C. 加热温度不得超过 140℃，否则，将会结焦、冒黄烟，使膏体失去改性作用，密封性能大大降低。

D. 塑化好的黏稠膏体不应有结块现象，表面应有黑色明亮光泽，热状态下可拉成细丝，冷却后不粘手指。

E. 浇灌：

a. 将充分塑化的黏稠状膏体盛入鸭嘴壶中，趁热向接缝内浇灌。浇灌温度不得低于110℃，否则，热量被冷基面吸收过多，将大大降低密封粘结性能，同时，膏体将变稠，不便浇灌施工。

b. 检查浇灌质量，如发现膏体与基层粘结不良，有脱开或虚粘现象，可用喷枪、喷灯烘烤修补严实，也可割去原有膏体，重新热灌。

c. 每次经熔融塑化的膏体应一次用完。第二次熬制时，必须去除锅内前一次剩余的膏体。

d. 施工回收的冷却膏体，可切成边长不大于70mm的小块，在向熬制锅内投入新料前，先将切碎的小块投入锅内，但每次掺量不得超过新料的10%。

② 热嵌法施工：条形带状改性沥青密封材料可采用热嵌法施工。施工前，将带状改性沥青密封材料裁成略宽于凹槽宽度的条形材料，然后将其沿凹槽边线摆好。一人手持喷枪（或喷灯）用软火烘烤条形膏体及缝槽两壁，使膏体表面熔化和凹槽壁得到预热，另一人手持扁头棒将表面已烘熔的膏体推入缝槽内，并趁热将密封膏体与凹槽壁挤压严实，使膏体与凹槽壁粘结良好，接头处留成斜搓。对于粘结不良、膏体与凹槽壁间有缝隙的部位，应用软火局部加热烘烤后挤压严实。最后用铁压辊滚压封严。膏体表面宜压出中间略高于板面3～5mm的圆弧形，并与接缝边缘相搭接，避免形成凹面积水，如图4-146所示。

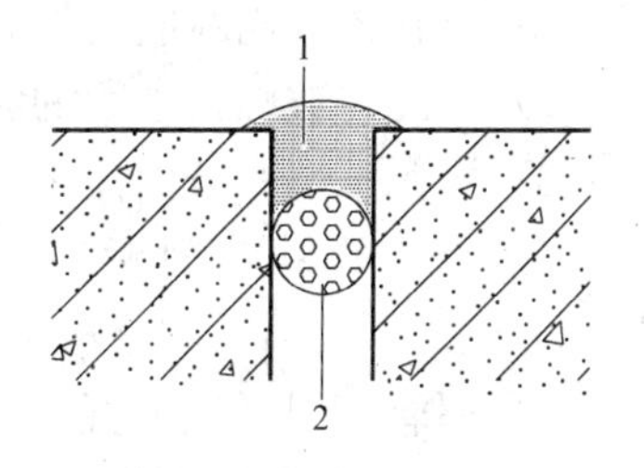

图4-146　热嵌膏体形状

1—热熔型密封材料；2—背衬材料

热嵌烘烤的温度不得超过180℃，以刚好能使膏体熔化、表面呈黑亮状为最适宜。温度过高会使膏体老化，温度过低影响粘结性能。

热嵌法施工，也可将不规则硬块状热熔型改性沥青密封膏置于300mm×300mm见方的铁板上，用软火（弱火）烘烤（温度不应超过180℃），一边烘烤，一边用腻子刀不断翻滚搅拌，直至膏体熔成黑亮状软膏，切勿久烤。一次烘烤量不宜太多，一般在1～2kg左右，随用随烤。烘熔后，用腻子刀逐渐批刮在凹槽内，直至填满整个接缝。

③ 冷嵌法施工：常温下软膏状改性沥青密封材料采用冷嵌法施工。待基层处理剂表干后，立即嵌填，先用腻子刀将少量密封膏批刮在凹槽两壁，再根据凹槽的深度分次将密封材料嵌填在凹槽内，并用力挤压严密，使其与槽壁粘结牢固，接头处应留成斜搓搭接粘结。嵌填时，每次批刮均应用力压实，膏体与槽壁不得留有空隙，并应防止裹入空气和出现虚粘现象。嵌填后的膏体亦应呈图4-146所示形状。

4.10　瓦屋面施工

4.10.1　平瓦屋面施工

（1）在木基层上铺设一层卷材防水层

自下而上卷材长边平行于屋脊铺贴，卷材之间应顺流水方向搭接，搭接宽度应符合要求，铺设应平整，不得有鼓包、折皱现象；然后用顺水条将卷材钉压在木基层上，顺水条间距宜为500mm；再在顺水条上铺钉挂瓦条，挂瓦条的间距应根据瓦的规格和屋面坡长来确定，铺钉应平整、牢固，上棱成一直线。使挂瓦后的搭接宽度平直一致，既防止了渗漏又保持了瓦面整齐美观。施工时，应注意对卷材的成品保护，后续工序施工时，不得损坏已铺卷材。

（2）铺瓦要求

平瓦应铺成整齐的行列，彼此紧密搭接，并应瓦榫落槽，瓦脚挂牢；瓦头排齐，檐口应成一直线，靠近屋脊处的第一排瓦应用砂浆窝牢。

（3）铺瓦方法

应尽量避免屋面结构产生过大的不对称施工荷载，避免使屋架等结构受力不均，在施工作业面上临时堆放平瓦时，应均匀分散堆放在两坡屋面上。铺瓦时，应由两坡由下向上同时对称铺设，严禁单坡铺设。

（4）脊瓦铺设要求

1）脊瓦搭盖间距应均匀。

2）脊瓦与坡面瓦之间的缝隙，应采用掺有纤维的混合砂浆填实抹平。

3）脊瓦下端距坡面瓦之间的高度不应太小，但也不宜超过80mm。

4）脊瓦的搭盖间距应均匀，铺设后，在两坡面瓦上的搭接宽度，每边不应少于40mm。

5）屋脊和斜脊应平直，无起伏现象，保持轮廓线条整齐美观。

（5）山墙瓦的防水收头方法

沿山墙封檐的一行瓦，宜用1∶2.5的水泥砂浆做出披水线，将瓦封固，以防在山墙部位发生渗漏，并能使外形美观。

（6）采用泥背铺设平瓦方法

我国北方许多地方铺设平瓦时，先在屋面板（或荆笆、苇箔）上抹草泥，然后再做泥扣瓦。这种方法造价较低，且有一定保温效果，应利用。泥背的厚度宜为30～50mm。为使结构受力均匀，铺设时，前后坡应自下而上同时对称进行，并至少应分两层铺抹，其作用是：先抹的一层干燥较快，后抹的一层起到找平和座瓦的作用。所以，待第一层干燥后，再铺抹第二层，并随抹随铺平瓦。

（7）在混凝土基层上铺设平瓦方法

应在混凝土基层表面抹大于20mm厚1∶3水泥砂浆找平层，钉设挂瓦条挂瓦。

当设有卷材或涂膜防水层时，防水层应铺设在找平层上；当设有保温层时，保温层应铺设在防水层上。

4.10.2 油毡瓦屋面施工

（1）基层要求

木基层应平整。铺瓦前，应在基层上先铺一层卷材垫毡，从檐口往上用油毡钉铺钉，钉帽应盖在垫毡下面，垫毡搭接宽度不应小于50mm。

（2）铺瓦方法

1）油毡瓦应自檐口向上铺设，第一层瓦应与檐口平行，切槽向上指向屋脊。

2）第二层瓦应与第一层叠合，但切槽向下指向檐口。

3）第三层瓦应压在第二层上，并露出切槽。

4）相邻两层油毡瓦，其拼缝及瓦槽应均匀错开。

（3）铺钉方法

每片油毡瓦不应少于4个油毡钉，油毡钉应垂直钉入，钉帽不得露出油毡瓦表面。当屋面坡度大于150%时，应增加油毡钉或采用沥青胶粘贴。

（4）脊瓦铺设要求

将油毡瓦切槽剪开，分成四块作为脊瓦，并用两个油毡钉固定；脊瓦应顺年最大频率风向搭接，并应搭盖住两坡面油毡瓦接缝的1/3；脊瓦与脊瓦的压盖面，不应小于脊瓦面积的1/2。

（5）立面铺瓦要求

屋面与女儿墙（山墙）的交接处，油毡瓦应铺贴在立面上，其高度不应小于250mm。

烟囱、管道根等交接部位，应先做二毡三油防水层，待铺瓦后再用高聚物改性沥青卷材做单层防水。在女儿墙泛水处，油毡瓦可沿基层与女儿墙的八字坡铺贴，并用镀锌薄钢板覆盖，钉入墙内预埋木砖上；泛水上口与墙间的缝隙应用密封材料封严。

（6）在混凝土基层上铺设油毡瓦方法

应在基层表面抹20mm厚1∶3水泥砂浆找平层，按上述（1）～（5）条的规定，铺设卷材垫毡和油毡瓦。

当与卷材或涂膜防水层复合使用时，防水层应设置在找平层上，防水层上再做细石混凝土找平层，然后铺设卷材垫毡和油毡瓦。

当设有保温层时，保温层应铺设在防水层上，保温层上再做细石混凝土找平层，然后铺设卷材垫毡和油毡瓦。

4.10.3 金属板材屋面施工

（1）吊装要求

应用专用吊具吊装，吊装时不得损伤金属板材。

（2）铺设要求

应根据板形和设计的配板图铺设；铺设时，应先在檩条上安装固定支架，板材和支架的连接，应按所采用板材的质量要求确定。

（3）铺设方法

相邻两块金属板应顺年最大频率风向搭接；上下两排板的搭接长度，应根据板形和屋面坡长确定，并应符合板形的要求，搭接部位用密封材料封严；对接拼缝与外露钉帽应作密封处理。

（4）天沟做法

天沟用金属板材制作时，应伸入屋面金属板材下不小于100mm；当有檐沟时，屋面金属板材应伸入檐沟内，其长度不应小于50mm；檐口应用异形金属板材的堵头封檐板；山墙应用异形金属板材的包角板和固定支架封严。

（5）泛水板做法

每块泛水板的长度不宜大于2m，泛水板的安装应顺直；泛水板与金属板材的搭接宽度，应符合不同板形的要求。

4.11 盾构法隧道防水施工

盾构法隧道防水分为管片自身防水和管片间的接缝防水两大部分，管片自防水是根本，接缝防水是关键，施工时应精心对待。此外，还应对隧道口、旁通道、变形缝、螺栓孔和注浆孔等部位进行妥善处理，以确保隧道不渗不漏。

4.11.1 防水标准

以上海地铁隧道为例，上海地铁按隧道不同部位及防渗标准分为 4 个防水等级（表 4-33）。

上海隧道防水等级标准　　表 4-33

防水等级	工程部位	防渗标准
1	隧道上半部	不允许出现湿渍和滴水
2	隧道下半部	隧道内表面的潮湿面积≤0.4%总内表面积 任意 $100m^2$ 内表面积上的湿渍不超过 4 处，而任一湿渍≤$0.15m^2$
3	管片	抗渗等级≥P10
4	其他	在 0.6MPa 的水压下，环纵缝张开 6mm 时，完全止水

4.11.2 防水施工技术

（1）管片自身防水

必须从提高管片的制作精度、选用合格的原材料、精确的制作机具及科学的混凝土配合比、精心的养护等方面加以控制。

制成的每个成品管片都要进行外观质量检验和制作精度检验。除对管片混凝土进行抗渗检测外，还必须按国家强制性规范要求的管片抗渗检漏要求，对单块管片进行抗渗检测。方法是：将被检管片置于专用检漏架上，在管片外表面施以 1.0MPa 水压，恒压 3h，渗透深度小于 5mm 为合格。抽检不合格，严禁出厂，作报废处理。

管片在运输、堆放过程中应防止碰裂或磕掉边角，确保完好；对破损部位，破坏截面用界面处理剂处理后，用高强度等级聚合物防水砂浆进行修补。管片进洞后还应作外观检查。

（2）单层衬砌防水

防水措施是在管片与管片间所有防水部位（纵缝、环缝、螺孔、沟槽等）设防水槽（内粘贴弹性密封垫）、环面内弧设填缝槽（内设传力衬垫等）及预设接缝墙堵漏技术等措施，如图 4-147 所示。

（3）双层衬砌防水

双层衬砌是在单层管片衬砌内侧再浇筑整体钢筋混凝土内衬，包括整条隧道全部浇筑和局部浇筑两种方式。管片内侧可设置防水层，以提高隧道防水可靠性。防水层可采用卷材、涂料、喷涂防水砂浆和喷射防水混凝土。当采用卷材时，应清洁管片内表面后再喷涂 20mm 厚的找平层，如图 4-148 所示。

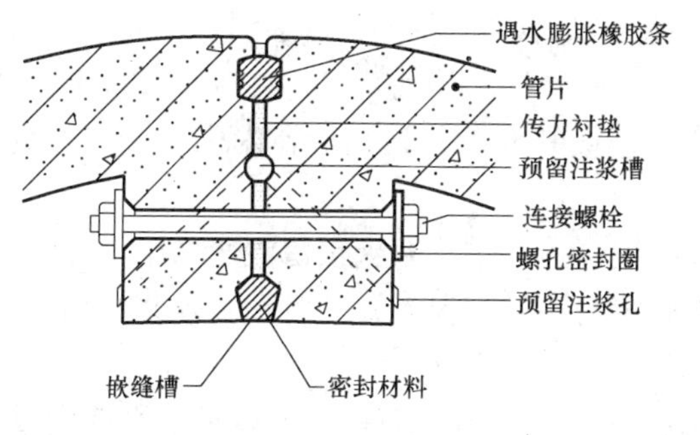

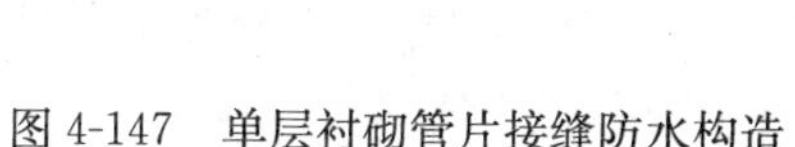

图 4-147　单层衬砌管片接缝防水构造

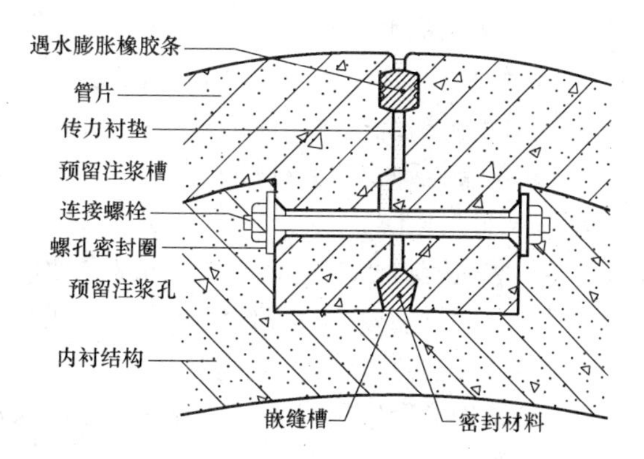

图 4-148　双层衬砌管片接缝防水构造

（4）设置防水沟槽

管片四周侧面预留有宽为 20～30mm、一定深度（浅槽 2～3mm、深槽 4～8mm）的密封槽。槽内粘贴复合型遇水膨胀橡胶密封垫，其膨胀率约 40％～250％。当管片的估计变形量较大时，采用深槽。

国内盾构法隧道管片常用弹性橡胶密封垫剖面构造如图 4-149 所示。

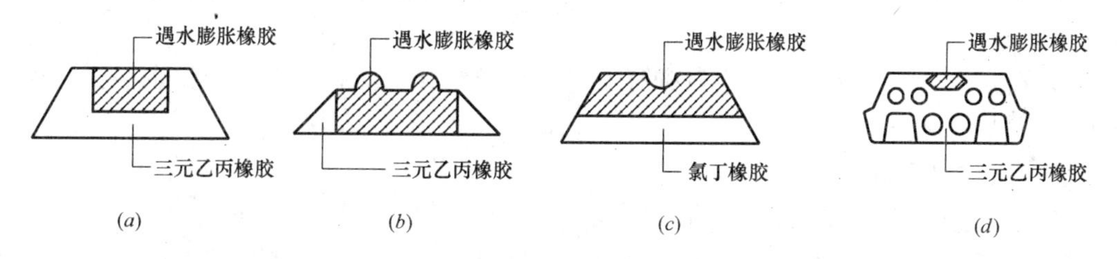

图 4-149　常用弹性橡胶密封垫剖面构造

(*a*) 深圳地铁 2A 标段弹性密封垫剖面构造（环纵缝通用）；(*b*) 深圳地铁 2B 标段弹性密封垫剖面构造（环纵缝通用）；(*c*) 上海地铁二号线弹性橡胶密封垫剖面构造（环纵缝通用）；(*d*) 南京地铁弹性橡胶密封垫剖面构造（环纵缝通用）

（5）嵌缝槽防水

在嵌缝槽内嵌填密封材料，是接缝防水的又一道防线。常用的密封材料分为不定型和定型两类，不定型密封材料有聚硫、聚氨酯、硅酮等密封胶，一般应采用高模量产品，还可采用遇水膨胀腻子和控膨塑料来达到可控制膨胀方向的密封性能；定型密封材料一般采用遇水膨胀橡胶来达到止水目的。填缝槽的形状，一般槽底呈斜楔口，槽深 25～40mm，单面宽度为 8～10mm。

（6）螺栓孔及注浆孔防水

螺栓孔的密封圈采用遇水膨胀橡胶材料，使用寿命终结时可以进行更换。管片连接螺栓表面应采用锌基铬酸盐涂层防腐蚀，并进行防腐蚀盐雾实验，实验次数为每个连接件做 2 次。预留注浆孔待发生渗漏时供注浆堵漏用。

（7）管片外防水

在管片迎水面用卷材、涂料作单道或复合防水层，一般用量较大，仅用于工程重点地段或地层情况复杂多变的地段。

(8) 堵漏防水技术

堵漏前，对管片渗漏范围和形状先作调查并将调查结果标注在管片渗漏水平面展开图上。针对不同构造采取相应的措施：

1) 单层衬砌管片接缝漏水，可松动该部位的连接螺栓，将漏水从孔内引出，然后进行堵漏，最后堵螺孔。

2) 两道密封槽之间渗漏时，可从预留注浆孔或螺栓孔中注浆到预留注浆槽中堵漏。

3) 双层衬砌内衬一般性滴漏，可采用水泥胶浆封堵，情况严重的可钻孔灌浆堵漏。

(9) 隧道管片混凝土裂缝修补

1) 结构裂缝采用树脂类（环氧、聚酯）涂料涂抹、嵌填，必要时辅以玻璃纤维布处理。贯通性裂缝用甲凝（甲基丙烯酸甲酯）、环氧-糠醛-丙酮系浆液灌浆补强。

2) 一般性碎裂可对碎裂面采用凿、剔、打毛等进行表面处理，然后涂刷界面处理剂，再用无机材料修补，适当辅以有机材料，加强其物理力学性能。如以双快水泥、超早强膨胀水泥、掺外加剂水泥、微膨胀预应力水泥为基料，以聚乙烯醇缩丁醛、氯乙烯-偏氯乙烯-醋酸乙烯类共聚材料、氯丁胶乳等为改性剂。此类修补材料可起补强、防锈蚀和适应轻微变形作用。

3) 细微裂缝可采取水泥基渗透结晶型防水涂料、益胶泥（华鸿产品）、RG 涂料等聚合物水泥涂刷修补。

4) 在漏水量大的地方及双层衬砌可设置各种导水管（又称水落管）将水引到隧道下部的排水沟中排出。

(10) 盾构变形缝防水施工

隧道在软土地层中应沿结构纵向，每隔一定距离（30～50m）设置变形缝。特别是竖井的隧道区段，由于刚度差别悬殊，更应较密集地设置变形缝，以防止纵向变形而引起环缝开裂漏入泥水。

1) 变形缝的防水要求：必须能适应一定量的线变形与角变形，在变形前后都能防水。

单层衬砌应按预计的沉降曲率设置间距较小的、有足够厚度的环缝变形缝密封垫，以达到纵向变形后的防水要求。

双层衬砌变形缝前后环的管片（砌块）不应直接接触，间隙中应设置传力衬垫材料，其厚度应按线变位与角度量决定，它既能满足隧道纵向变形与防水要求，又可传递横向剪力。

2) 变形缝的防水材料：变形缝的防水材料根据变形缝构造的不同，分为单层衬砌变形缝与双层衬砌变形缝两类防水材料。单层衬砌变形缝因衬入了环缝衬垫片而应加厚弹性密封垫，具体做法：

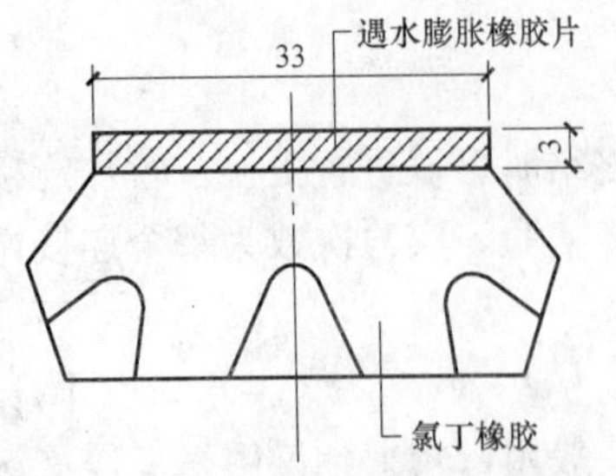

图 4-150 变形缝用弹性密封垫

① 在原接缝密封垫表面（或底面）加贴普通合成橡胶（与密封垫同材质）或遇水膨胀橡胶薄片，其厚度应与环缝衬入的衬垫片相对应，如图 4-150 所示。

② 加工一种厚型弹性密封垫，用在变形缝环内。考虑到整条隧道中变形缝数量较少，特地加工弹性密封垫经济上不划算，所以采用本条 1) 的做法较多。

4.11.3 质量验收

(1) 验收内容及要求

1) 不同防水等级盾构隧道衬砌防水措施，按表 4-34 选用。

盾构隧道衬砌防水措施　　表 4-34

防水等级	高精度管片	接缝防水				混凝土或其他内衬	外防水涂层
		弹性密封垫	嵌缝	注入密封剂	螺孔密封圈		
1 级	必选	必选	应选	宜选	必选	宜选	宜选
2 级	必选	必选	宜选	宜选	应选	局部宜选	部分区段宜选
3 级	应选	应选	宜选	—	宜选	—	部分区段宜选
4 级	宜选	宜选	宜选	—	—	—	—

2) 钢筋混凝土管片制作要求：

① 混凝土抗压强度和抗渗压力应符合设计要求。

② 表面应平整，无缺棱、掉角、麻面和露筋。

③ 单块管片制作尺寸允许偏差应符合表 4-35 的规定。

单块管片制作尺寸允许偏差　　表 4-35

项　目	宽　度	弧长、弦长	厚　度
允许偏差(mm)	±1.0	±1.0	+3，−1

3) 钢筋混凝土管片检测：

同一配合比每生产 5 环应制作抗压强度试件一组，每 10 环制作抗渗试件一组；管片每生产 2 环应抽查一块作检漏测试，检验方法按设计抗渗压力保持时间不小于 2h，渗水深度不超过管片厚度的 1/5 厚为合格。若检验管片中有 25%不合格时，应按当天生产管片逐块检漏。

4) 钢筋混凝土管片拼装规定：

① 管片验收合格后方可运至工地，拼装前应编号并进行防水处理。

② 管片拼装顺序应先就位底部管片，然后自下而上左右交叉安装，每环相邻管片应均布摆匀，并控制环面平整度和封口尺寸，最后插入封顶管片成环。

③ 管片拼装后螺栓应拧紧，环向及纵向螺栓应全部穿进。

5) 钢筋混凝土管片接缝防水规定：

① 管片至少应设置一道密封垫沟槽，粘贴密封垫前应将槽内清理干净。

② 密封垫应粘贴牢固、平整、严密，位置正确，不得有起鼓、超长和缺口现象。

③ 管片拼装前应逐块对粘贴的密封垫进行检查，拼装时不得损坏密封垫。有嵌缝防水要求的，应在隧道基本稳定后进行。

④ 管片拼装接缝连接螺栓孔之间应按设计加设螺孔密封圈。必要时，螺栓孔与螺栓间应采取封堵措施。

6) 盾构法隧道施工质量检验数量：

应按每连续 20 环抽查 1 处，每处为一环，且不得少于 3 处。

(2) 主控项目

1) 盾构法隧道采用防水材料的品种、规格、性能必须符合设计要求。检验方法：检查出厂合格证、质量检验报告和现场抽样试验报告。

2) 钢筋混凝土管片的抗压强度和抗渗压力必须符合设计要求。

检验方法：检查混凝土抗压、抗渗试验报告和单块管片检漏测试报告。

(3) 一般项目

1) 隧道的渗漏水量应控制在设计的防水等级要求范围内。衬砌接缝不得有线流和漏泥砂现象。

检验方法：观察检查和渗漏水量测。

2) 管片拼装接缝防水应符合设计要求。

检验方法：检查隐蔽工程验收记录。

3) 环向及纵向螺栓应全部穿进并拧紧，衬砌内表面的外露铁件防腐处理应符合设计要求。

检验方法：观察检查。

5 渗漏水治理

5.1 屋面工程渗漏水查勘和堵漏修缮

5.1.1 屋面工程渗漏水查勘

屋面工程渗漏点查勘，一般分外观目测、外观目测结合经验分析和借助仪器查勘三种方法。

5.1.1.1 外露防水层渗漏水的查勘方法

(1) 目测法

外露柔性或刚性防水层的渗漏点，一般都有明显的外显现象。

1) 柔性防水层表面的裂缝、孔洞等破损部位即为渗漏点。鼓泡、流淌、翘边等即为质量缺陷部位。

2) 刚性防水层表面的裂缝、孔洞即为渗漏点。当刚性防水层与基层之间不设置隔离层时，室内屋顶的渗水位置基本与屋面迎水面刚性防水层表面的裂缝、孔洞一一对应，当设置隔离层时，并不对应。此时应仔细查找刚性防水层表面的缝隙，凡缝隙部位、起皮部位、起砂部位即为渗漏水部位。

(2) 手指旋压、抻压法

如怀疑某部位柔性防水层已老化或防水层质量低劣，可用手指压紧该部位，边压紧边小范围内往复急速移动或顺、逆时针往复旋转，如很容易拉坏或旋坏，就证明该防水层已老化或质量低劣；如某处裂缝很细微，不易判别，可用两手手指压紧该部位，再向两侧抻，如裂缝变大或已被抻裂，证明已开裂或已老化。

(3) 覆盖片材法

如怀疑某平面或立面的刚性或柔性防水层已渗漏，可在该处覆盖一块足够大的片材，静置3～4h后，翻开观测，如覆盖部位与卷材表面有水印或颜色变深，则证明该部位已渗漏。

(4) 气体查勘法

对于空铺卷材，往往渗水位置与渗漏点不是一一对应的。此时，可向防水层内注入彩色气体或烟雾，冒气处即为渗漏点。

(5) 注水法

刚、柔防水层的渗水位置不易查找时，可用注水的方法进行查找。

1) 柔性防水层渗水点一般多隐藏在密封部位或卷材垂直于屋脊的搭接边等部位，此时，应先初步判断渗水点的位置，然后就注水，注水量要小，速度要慢，如水很容易的成线状流走，则不漏，如水流发散，并发觉流走的水量小于注入的水量时，可继续减少注水量，使注水速度小于渗漏水速度，则此处即为渗漏点。或者可用彩色水灌注，在背水面观察就能判断出渗水点。

2）刚性防水层表面无缝隙，渗水点不易查找时，一般渗水部位在分格缝或凹槽的密封部位，此时可注水检查，检查方法与柔性防水层检查相同。

3）对于表面涂抹水泥基渗透结晶型防水涂料的刚性防水层，注水或浇水检查时，即使有一些细微缝隙，也不一定会产生渗漏，因结晶体已深入细微缝隙，渗漏通道已被修复。所以，应重点检查结构裂缝和密封嵌缝部位。对于喷涂憎水性涂料的防水层，当浇水检查时，应成水珠状滑落，呈憎水特性，防水层表面应基本没有水印，如发现某处有深色水印，水向下渗成潮湿时，则该部位为渗漏点。

（6）收头部位注水法

在女儿墙收头部位的上方用吸满水的橡皮球或细水管注水，当水通过收头部位密封材料与墙体的结合缝时，能顺利地成线状下落，则该部位不漏；如成散流，则该部位即为渗漏点，证明密封不严实。

5.1.1.2 覆盖刚性保护层的柔性防水层渗漏点的查勘方法

（1）目测法

刚性保护层的贯通裂缝，一般能将柔性防水层拉裂，亦即裂缝对应着防水层的渗漏点；而在柔性防水层与刚性保护层之间设置隔离层时，一般来说，刚性保护层的裂缝与防水层的破损部位不一一对应，此时，应借助仪器检查渗水点。

（2）仪器查勘法

对于难以确定的渗漏点，可采用红外线测温仪、超声波检测仪和电阻（阻抗）渗漏寻检仪等仪器检测渗漏点，既准确又快速。但目前国内推广的不多。

5.1.2 屋面工程渗漏水的堵漏修缮

防水层的堵漏修缮一般分为外露柔性防水层堵漏修缮、柔性防水层被刚性保护层覆盖堵漏修缮和刚性防水层堵漏修缮三种情况。

外露柔性防水层破损的主要外显形式一般分为裂缝破损和孔洞破损两种。裂缝破损可分为规则裂缝、不规则裂缝和局部规则裂缝三种情况。规则裂缝常发生在装配式屋面支撑屋面板的端面接缝部位、屋面板与立墙的交接部位，俗称轴裂或线裂。不规则裂缝常发生在大面积防水层的某部位或全部，其形状、长短、方向、疏密各不相同，俗称龟裂。局部规则裂缝常发生在原本就是防水层的接缝部位，如卷材的搭接边、涂膜防水层的搭接边、胎体搭接边、收头部位、密封部位等等。孔洞破损主要由施工或使用期的人为破坏、管理不严、基层凸起物顶裂而引起。另外，细部节点设计不合理、特殊部位选材和处理不当，也能造成渗漏。

防水层的质量缺陷，卷材主要有鼓泡、流淌、翘边、折皱、积水等，涂膜主要有鼓泡、剥离、脱缝、厚薄不匀、积水等。

5.1.2.1 外露柔性防水层渗漏水的堵漏修缮和质量缺陷的修复

柔性防水层渗漏水的堵漏修缮和质量缺陷的修复，卷材和涂膜防水层应分别采用同材质的卷材和涂膜。当涂膜防水层采用卷材修复、卷材防水层采用涂膜修复时，两者材性应相容，对于带有细砂、矿物粒（片）料保护层的改性沥青卷材防水层，应先铲除片、粒料保护层，修缮后再铺撒覆盖。当基层有潮气时，应将防水层翻开，晾干后再修缮。

(1) 外露柔性防水层规则裂缝的修缮

受温差影响，外露卷材、涂膜柔性防水层裂缝宽窄呈周期性变化，变化幅度可达10mm左右。由温差引起的周期性裂缝应采用空铺卷材条或隔离夹铺胎体涂膜附加层的方法进行修缮。

1) 空铺卷材增强条或夹铺胎体涂膜附加层：在规则裂缝表面空铺或单边点粘一条宽度不小于100mm的卷材增强条，在增强条表面和基层表面满涂卷材胶粘剂，静置20～40min，待胶粘剂干燥到基本不粘手指时，满粘一条宽度大于300mm的卷材覆盖条，并用压辊滚压严实，再在覆盖条周边用与卷材材性相容的密封材料封边，宽为10mm，或采用夹铺胎体涂膜附加层进行修复，反应型、溶剂型涂料可采用一布二涂至四涂或二布四涂至六涂修复；水乳型、水性涂料可采用一布八涂至十涂修复。胎体周边100mm范围内用涂料多遍涂刷封边，如图5-1所示。

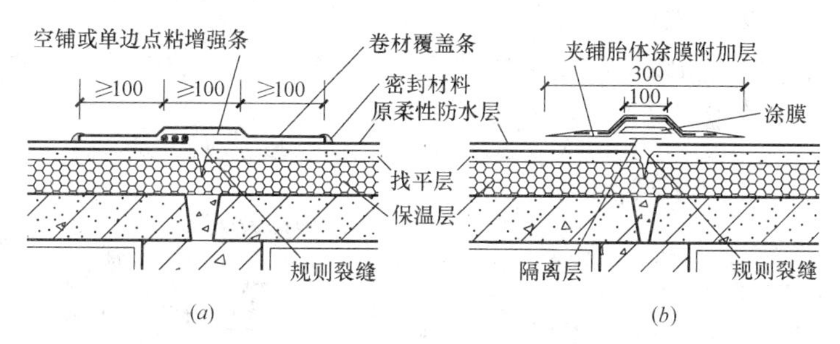

图5-1 规则裂缝修复

(a) 空铺卷材条修复；(b) 夹铺胎体涂膜附加层修复

2) 嵌缝密封、附加条增强：对于找平层设置分格缝或找平层兼作刚性防水层的卷材屋面，修缮时，分格缝需嵌填密封材料，见图5-2。施工步骤如下：

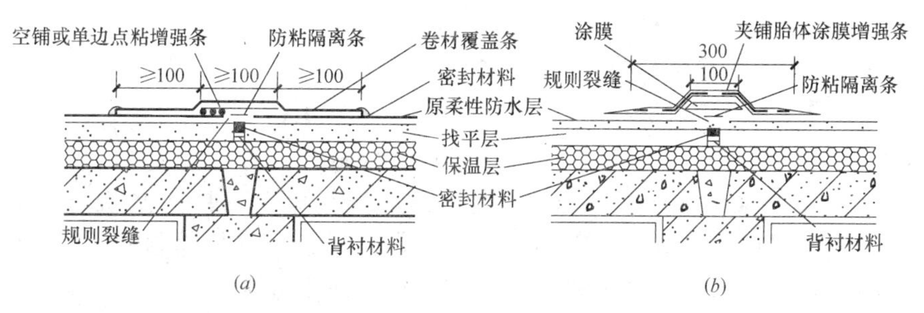

图5-2 嵌缝、规则裂缝修复

(a) 嵌缝、空铺卷材条修复；(b) 嵌缝、夹铺胎体涂膜附加层修复

① 清理裂缝：将柔性防水层沿裂缝裁剪成100mm宽的窄口，剔除分格缝内已失效的密封材料，清除分格缝两侧壁和表面的浮灰、砂粒、碎料等杂物。

如分格缝两侧壁有破损，可用聚合物水泥砂浆修补平整，并养护固化至新旧结合面粘结良好。如有析碱花斑现象，可用1%～3%的盐酸清洗中和，用水冲洗干净，待干燥后，再用溶剂清洗干净；如有浮浆皮、脱模剂、防水剂、油垢等不易清除的杂质，可用钢丝刷、砂布清除，再用溶剂清洗干净，用干布擦净。

② 填塞背衬隔离材料：在分格缝的底部填塞聚乙烯泡沫塑料棒材。可选圆形或方形，圆形棒材直径应比缝槽宽增大1～2mm，方形棒材可与缝槽同宽。填塞时，可用刻度尺将背衬材料压入凹槽，当深度达到缝宽的0.5～0.7倍时，填塞完毕。对于浅槽，可改用扁平的有机硅薄膜及其他光滑的防粘材料作隔离条。

③涂刷基层处理剂、嵌填密封材料：参见“4.9密封材料施工”。

④ 铺设防粘隔离条：在密封材料上表面铺设防粘隔离条，其宽度可比缝槽略宽。

⑤ 铺贴增强条、覆盖条、嵌缝密封：见“1)”做法。铺设时，下部防粘隔离条应始终盖住密封材料。

对于用热风焊接或热楔焊接施工的塑料型合成高分子防水卷材或其他热塑性防水卷材，均应按要求采用热焊接，而不应用胶粘剂粘结，以确保粘结质量。

3）丁基橡胶防水密封胶粘材料嵌缝封边：对于重要的屋面工程，为提高密封性能，合成高分子防水卷材的覆盖条可采用卤化丁基橡胶胶粘剂粘结，边缘用丁基橡胶防水密封胶粘带封边，或用丁基橡胶密封膏封边，如图5-3所示。

4）密封材料嵌缝：当找平层设置分格缝时，在板端缝开裂的柔性防水层，也可只用密封材料进行修缮，如图5-4所示。修缮步骤如下：

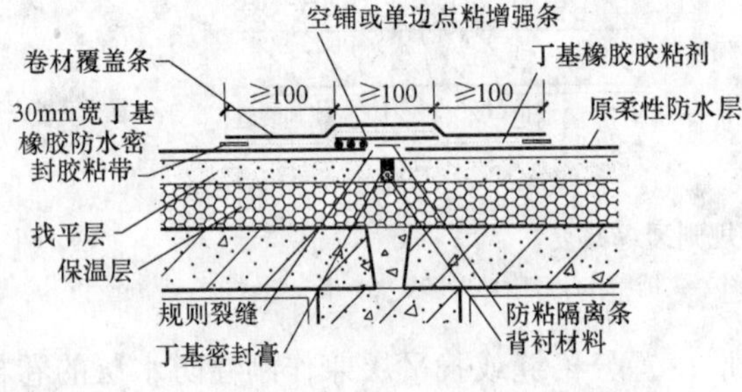

图5-3　丁基胶粘带封边修复规则裂缝

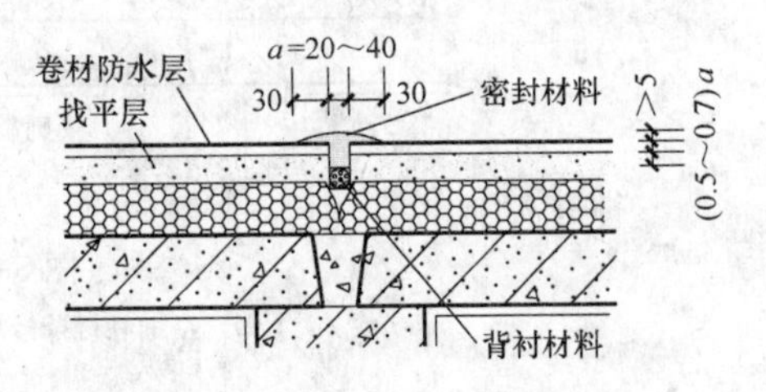

图5-4　密封材料嵌缝修复规则裂缝

a—缝宽

① 将裂缝部位的防水层裁剪成与分格缝凹槽等宽。

② 将分格缝内的旧密封材料剔除，并除尽浮灰和残渣。

③ 埋置背衬材料（见“2）②”）。

④ 在缝槽两侧壁涂刷基层处理剂，待基层处理剂表干时，及时嵌填密封材料。嵌填后的密封材料上表面呈弧形，最高处应高出缝面大于5mm，与两侧卷材的搭接宽度各大于30mm。

（2）外露柔性防水层不规则裂缝、局部规则裂缝、孔洞的修缮

可采用卷材或带胎体的涂膜增强层修缮，如图5-5所示。

（3）外露柔性防水层汽泡的修缮

产生汽泡的原因一般是由于满粘法铺贴的卷材在某处粘贴不实，窝有水分、空气或溶剂（没等胶粘剂基本干燥，甚至还粘手指时就铺贴卷材）；涂膜防水层施工时没等前一遍涂层实干后就涂刷后一遍涂层，将溶剂、水分窝在前一遍涂层内。气泡随着热胀冷缩每天都发生，将成倍地加快防水层的老化速度，缩短使用寿命。所以，必须消除，将气泡内气体释放掉。

1）小气泡消除：汽泡直径小于ϕ200mm时，可用注射器将气体抽走，靠大气压力将其压平，再用密封材料封闭针眼，或徐徐注入防水涂料，待针眼孔溢出涂料，再涂刷平

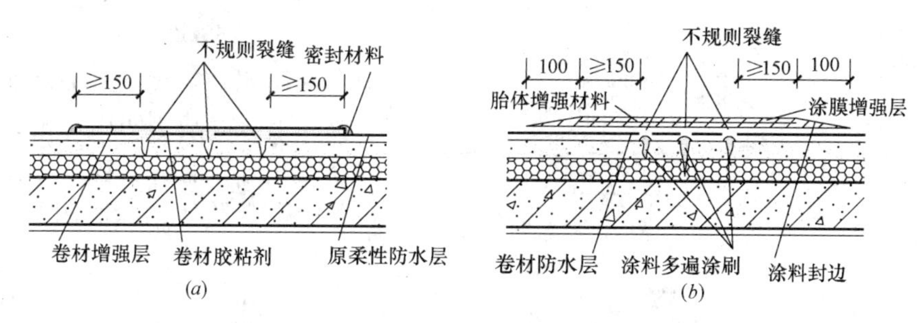

图 5-5　不规则裂缝、局部规则裂缝、孔洞修复

(a) 卷材增强条修复；(b) 带胎体涂膜修复

整。如数日后仍鼓泡，可在原针眼位置再抽气，再封眼，直至修复。

2) 较小气泡修复：对较小的气泡（ϕ200～ϕ300mm），挑破或划破气泡，孔眼在ϕ20mm 左右，排除气体、潮气（基面由深色变浅白色），干燥后，压平防水层，将表面浮灰、杂物清理干净，再在其上铺贴一块 ϕ300～ϕ400mm 的卷材附加层，边缘用密封材料封严，如图 5-6 所示。如用带胎体的涂膜附加层修复，中心部位（约 ϕ60mm 的圆）的厚度应大于涂膜单独设防时不渗漏的厚度，然后再逐渐向四周减薄，直至与防水层平滑过渡，如图 5-7 所示。

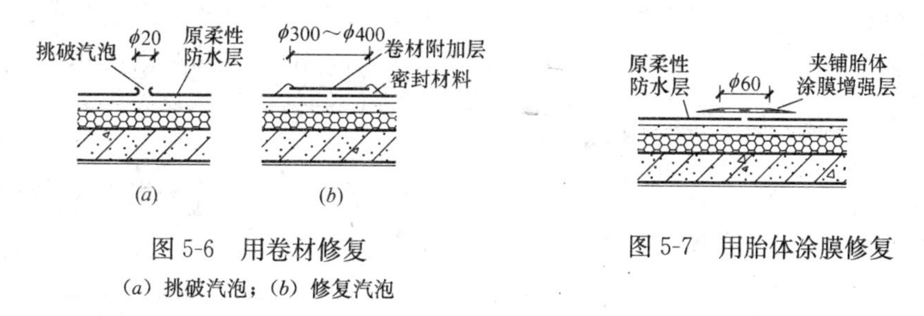

图 5-6　用卷材修复

(a) 挑破汽泡；(b) 修复汽泡

图 5-7　用胎体涂膜修复

3) 大气泡修复：气泡较大时（直径 ϕ≥300mm），可采取在气泡范围内将防水层切“十”字形刀口翻开晒干和全部切除鼓泡，防水层晾干后再修复的两种方法。

① 切“十”字形刀口修复：将鼓泡的防水层呈斜或正十字形切开，翻开后清除原质量较差的胶粘剂（晒干后不容易清除）并晒干，再次清除基层表面浮灰和杂物，用与卷材材性相容且质量较好的胶粘剂分瓣粘贴翻开的卷材，剪切口用密封材料封严；取一块大于切口四周每侧约 100mm（搭接宽度）的卷材附加层，对称铺贴，边缘用密封材料密封，或用夹铺胎体涂膜增强层修复，如图 5-8 所示。

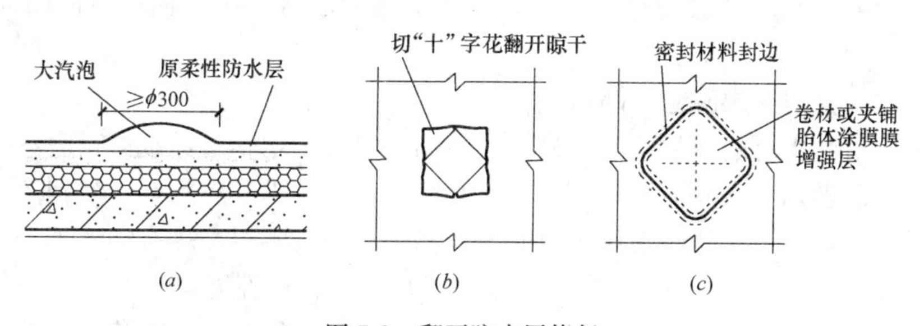

图 5-8　翻开防水层修复

(a) 鼓大气泡；(b) 切“十”字花翻开晾干；(c) 修复

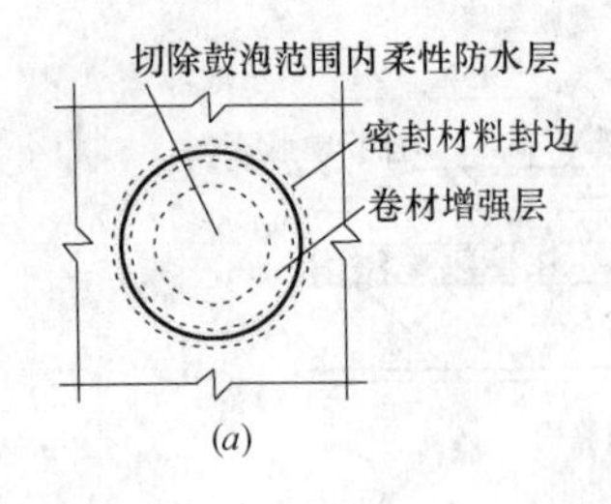

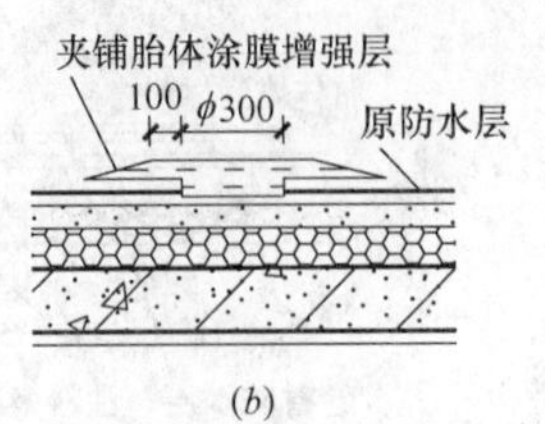

图 5-9　切除防水层修复

(a) 用卷材修复；(b) 用夹铺胎体涂膜修复

② 切除防水层修复：切除气泡范围内的防水层，清理基层，晾干；取一块大于切口基层四周每侧约 100mm 的卷材，对称铺贴于基面，边缘密封。也可涂刷带胎体的涂膜附加层加以修复，如图 5-9 所示。

(4) 外露柔性防水层大面积脱空（剥离）修复

大致原因是：找平层强度不够，有起灰、起皮、起砂现象；找平层表面有油垢、浮灰等污物；基层不干燥，有潮气；施工温度过低等等。可用以下方法修复：

1) 平屋面脱空柔性防水层如不影响防水效果，可干脆当作空铺防水层处理，只在防水层表面隔一定距离压砖垛或压细石混凝土垛固定，以防大风将其来回揭起而遭损坏。砖垛和细石混凝土垛下面应增设附加防水层，且宽出垛底四周每侧不小于 100mm。

2) 因找平层强度不够，防水层已被浮起的砂粒硌穿，或被大风刮坏，则可按“十”字形或“Π”字形揭起脱空范围内的防水层，清扫、除尽砂粒和杂物，再用高压吹风机吹尽浮灰，然后刮抹一层环氧树脂防水涂料，或用 15%的丙烯酸酯胶水素灰浆或其他聚合物素灰浆，表面应赶光压平，厚约 2mm。固化干燥后，铺贴已揭起的防水层，对破损部位和剪口部位，用比剪口每边宽 100mm 的卷材或夹铺胎体的涂膜修补，卷材边缘用密封材料封严。

3) 因找平层表面有油垢、浮灰、潮气等原因造成的脱空现象，揭起脱空范围内的卷材，清除表面的油垢、浮灰等杂物，干燥后再按 2) 方法修缮。

4) 因施工温度过低，粘结不良等原因造成的脱空防水层。待天气转暖，达到柔性防水材料的施工温度后，揭起脱空范围内防水层，再按 2) 方法修复。

(5) 外露柔性防水层折皱、耸肩、成团的修复

这一质量缺陷的原因是施工无经验、生手操作且无责任心。比如，胶粘剂没涂布均匀，忽多忽少；铺贴卷材时，不是从卷材的中心线向两侧赶空气，而是由两侧向中心线赶，或从一侧赶向另一侧；不是从一端逐渐铺向另一端，而是由两端向中间铺贴；涂膜防水层的胎体铺贴不平整。如防水层还没渗漏，可暂缓修复。如防水层已开裂，应修复，割除或切开折皱、耸肩、成团的防水层，清除原有多余的胶粘剂、胎体和其他杂物，使基层干燥。将割除或切开的基层卷材贴压平整、不翘边。裁剪一块附加卷材或胎体按第 (4) 2) 修复。

(6) 外露柔性防水层脱缝、翘边

原因是卷材防水层的胶粘剂质量差；胶粘剂与卷材不相容；搭接边宽度不够；搭接边表面不干净；胶粘剂涂布厚薄不均；涂布完胶粘剂后，还没等胶粘剂干燥到基本不粘手指时就铺贴卷材；搭接边用压辊滚压粘合时操作马虎，排气不尽，裹有空气等等。涂膜防水层的胎体搭接宽度长边小于 50mm，短边小于 70mm；涂料性能差，涂刷不均匀，某些搭接边的边缘涂层较薄；搭接部位胎体不干净，有灰尘、污物；屋面有积水现象，搭接边经浸泡而使胎体开裂脱缝，在烈日下，涂膜收缩严重，搭接边被拉裂脱缝、翘边；收头部位

没用压条钉压固定胎体，也没用密封材料封头，使收头涂膜翘边。

1）修复脱缝的方法：翻开已脱缝的搭接边，翻开有困难时，可剪开。翻开后，清洗搭接面，搭接面有油垢时，可用溶剂清洗，再用洁净水清洗干净，晾干后，卷材重新用高质量的胶粘剂贴合，胎体用高质量的涂料粘合，剪口部位，用 200mm×200mm 的卷材或带胎体的涂膜增强层粘合，当原搭接边宽度过小、搭接有困难时，可在接缝部位粘合一条 100mm 宽的带胎体的涂膜增强层。

2）修复翘边的方法：将翘边部位基层的胶粘剂、涂膜、杂物清洗干净，破损部位用卷材或带胎体的涂膜增强层修复，涂膜厚度不够时增刷防水涂料，收头边用压条钉压固定，卷材用密封材料封缝封钉眼，涂膜用涂料多遍涂刷封边封钉眼。

（7）防水层流淌修复

沥青卷材防水层，由于耐热性能低而导致流淌。

1）轻度流淌的防水层尚不会造成渗漏，可不急于修缮

2）对已有流淌趋势的防水层，可在沥青卷材表面用带垫片的钢钉固定，钢钉的钉距：长边≥250mm，短边约为 150mm。钉眼用沥青胶粘剂封严。

3）当因流淌而导致沥青卷材严重位移，产生脱空、折皱、耸肩等现象时，应按第（5）条方法修缮。沥青卷材的搭接边宽度为 150mm。

（8）柔性防水层的翻修

如柔性防水层屋面大面积发生渗漏现象，对渗漏点进行逐个修补已事倍功半，无实质意义。这时可用以下三种方法翻修：

1）不铲除已大面积老化破损的柔性防水层：防水层虽无使用价值，但平整度符合柔性防水层的施工要求。这时，经清扫干净，可直接在其上铺设新的卷材防水层或涂刷新的涂膜防水层。需要指出的是：当新、旧防水层材性相容时，应先行修复檐口、屋脊和屋面转角处及凸出屋面连接处 800mm 范围内的旧防水层。当新、旧防水层材性不相容时，应铲除上述范围内的旧防水层，并用密封材料或其他柔性材料在旧防水层边缘和找平层之间做出斜状或圆弧状过渡坡面，然后条粘、点粘、空铺新卷材或涂刷带胎体的涂膜，卷材在上述 800mm 范围内应满涂胶粘剂。

2）全部铲除已大面积老化破损的柔性防水层：将旧防水层全部铲除，再修整保温层和找平层。修整后的找平层应符合要求。然后再施工新的防水层。

3）局部修补增强、保留原有卷材防水层：如屋面防水层已大面积接近老化，但破损部位并不多，可保留原有防水层，铲除并修复破损、鼓泡、腐烂、开裂、剥落处的防水层，然后在旧防水层的表面施工新的防水层，形成新、旧复合防水层，覆盖新防水层后能大大降低旧防水层的老化速度。

4）直接喷涂硬泡聚氨酯保温防水层：参见“4.8 硬泡聚氨酯保温防水喷涂施工”。

（9）外露柔性防水层细部节点渗漏的修缮

1）水落口周围防水层坡度高出四周防水层：揭起水落口周围大于 500mm 范围内的防水层，凿低找平层，连同附加防水层的厚度考虑在内，使 500mm 范围内防水层的坡度不小于 5%。再用防水涂料在找平层表面反复涂刷。水落口杯与找平层间应预留深和宽各为 20mm 的凹槽，槽内嵌填密封材料。然后粘合揭起的防水层，修复破损处，涂刷夹铺胎体涂膜附加层，裂缝、接缝部位用密封材料切实封严。

2）水落管内径过小、设置数量过少：下暴雨时，不能及时排水，造成天沟、檐沟及平屋面大量积水，荷载突然加大，致使基层接缝位移而拉裂防水层、搭接边被溶裂而造成渗漏。应更换内径不小于 75mm 的水落管，数量过少时，应增设水落管数量，使每根水落管的平均最大汇水面积不大于 $200m^2$。

3）伸出屋面管道管根或收头部位渗漏：伸出屋面管道管根部位没有做圆锥台，使防水层在管根部位出现折皱，加速老化、开裂而渗漏。或者虽留设了圆锥台，但圆锥台顶部管根部位没有密封，雨水从防水层收头部位沿通路渗入室内，如图 5-10 所示。修缮办法：除去收头卷材附加增强层，分 8～12 瓣切开管根周围约 200mm 范围内的防水层，揭开后露出找平层，再用高聚灰比的聚合物水泥砂浆（一般不用普通水泥砂浆，以避免其开裂和爆裂）抹出圆锥台。圆锥台的台顶应抹成 10～20mm 宽的平面，使台顶与管根间能用密封材料密封，待圆锥台凝固后，粘合剪开的防水层，切口部位用密封材料封严，再用比切口四周大 100～200mm 的附加增强卷材或带胎体的涂膜增强层覆盖，然后粘贴收头防水层，再用管箍或 8～10 号钢丝缠绕数圈扎紧，扎紧时不能损坏收头卷材，并刷防锈漆，防水层端部用密封材料或涂料多遍涂刷封严，如图 5-11 所示。

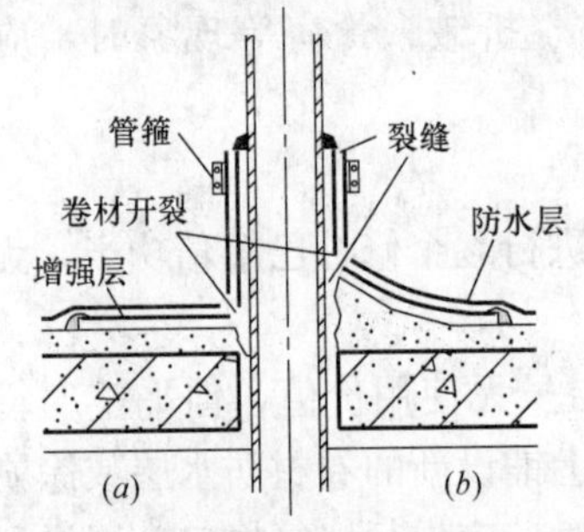

图 5-10　伸出管道防水构造（不正确）

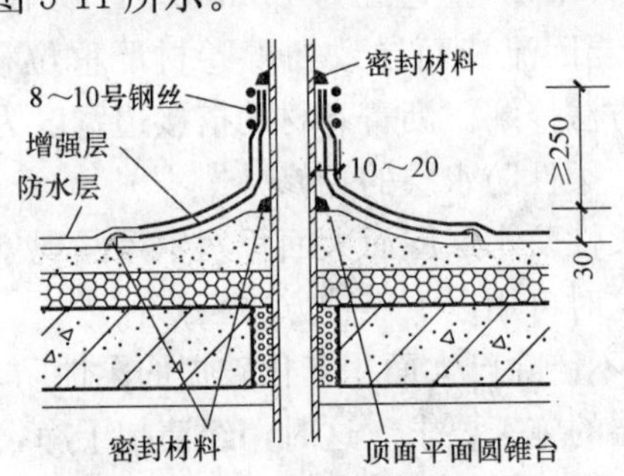

图 5-11　伸出管道防水构造（正确）

4）变形缝部位渗漏：变形缝顶部卷材被拉裂而导致渗漏，如图 5-12 所示。

修缮原则：去除变形缝顶部原拉伸性能较低的卷材，改用延伸性能良好的卷材作铺盖层。铺盖卷材的选择可参照表 5-1。

修缮方法：对于等高变形缝，可在其顶部设置 $\phi40$～$\phi60$mm 的聚乙烯泡沫塑料棒材，然后按棒材的圆弧，将上、下层卷材分别做成“U”形、“Ω”形，并和屋面防水层相粘结，形成整体防水层。然后再加扣钢筋混凝土盖板或金属盖板，如图 5-13 所示。加扣盖板时，应防止损坏铺盖卷材。

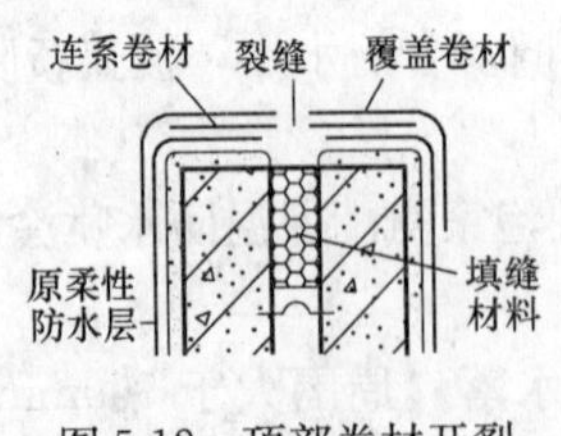

图 5-12　顶部卷材开裂

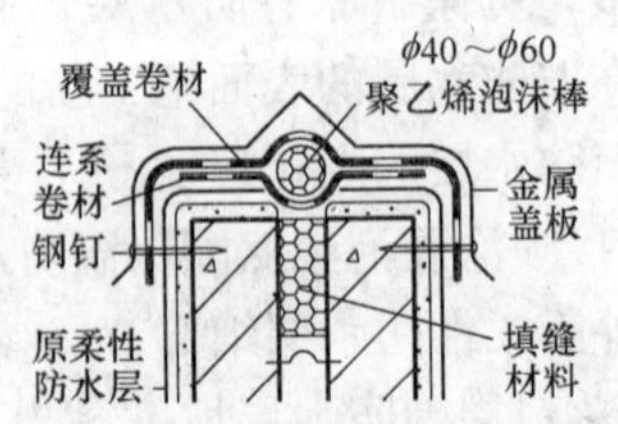

图 5-13　顶部设置高延伸率铺盖卷材

对于高低跨变形缝，可将卷材呈 U 形置于缝内，其上部用压条、垫圈、钢钉钉压固定，如图 5-14、图 5-15 所示。收头卷材的上部，用金属或高分子披水盖板钉压固定。钉眼、卷材和披水盖板的收头均应用密封材料封严。

铺盖卷材的选择 **表 5-1**

原有卷材种类	改用高延伸率卷材种类
橡胶类合成高分子防水卷材	三元乙丙橡胶防水卷材、氯化聚乙烯-橡胶共混防水卷材、非硫化可塑性三元乙丙橡胶防水卷材
树脂类合成高分子防水卷材	乙烯醋酸乙烯、聚乙烯、乙烯醋酸乙烯改性沥青片材
改性沥青防水卷材	聚酯胎Ⅱ型弹性体改性沥青防水卷材、乙烯醋酸乙烯改性沥青片材

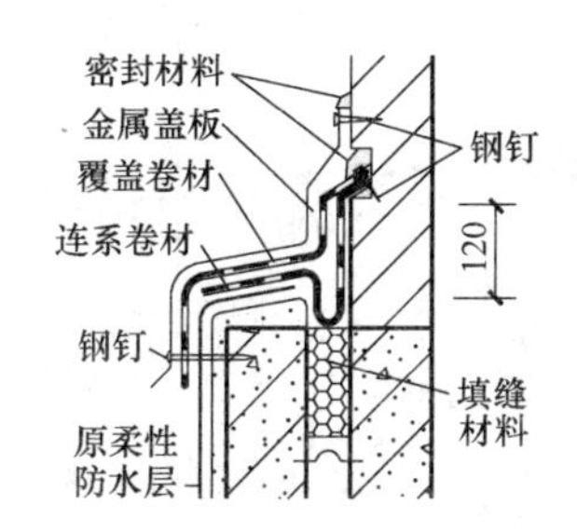

图 5-14　高低跨变形缝修缮构造（一）

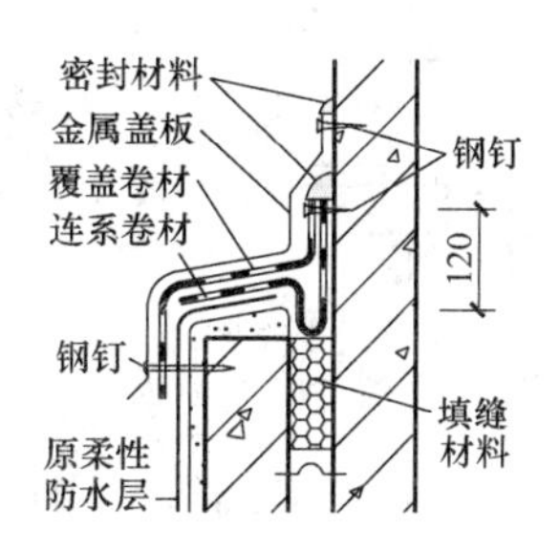

图 5-15　高低跨变形缝修缮构造（二）

5）砌体女儿墙渗漏：砌体墙本身有渗水通道、有裂缝，雨水、雪水沿渗水通道、裂缝从防水层底部“抄后路”流入室内，如图 5-16 所示。

修缮原则：对混凝土压顶和砌体墙均作防水处理，并与屋面卷材防水层有效连接，阻断渗水通道。

修缮方法 1：拆除已开裂的原有压顶。在砌体墙的内、外两侧各抹聚合物水泥砂浆防水层；或先抹 20mm 厚 1∶3 水泥砂浆找平层，再涂刷耐候性能、耐紫外线照射性能良好的涂料作防水层。墙体压顶可用金属材料，如采用钢筋混凝土盖板作压顶，则应在其顶面抹聚合物水泥砂浆防水层，并在内侧做滴水线，如图 5-17 所示。

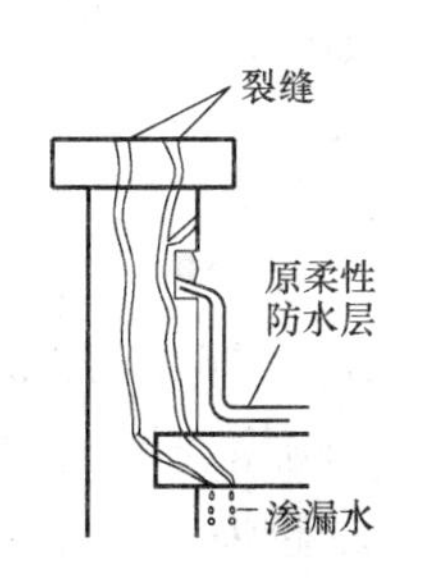

图 5-16　“抄后路”渗漏

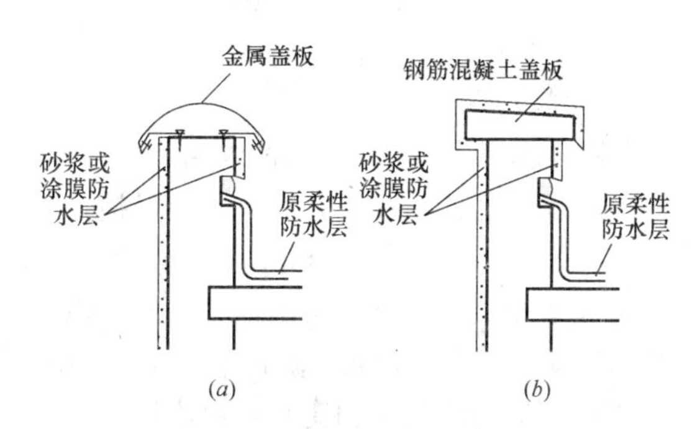

图 5-17　砌体女儿墙修缮

（*a*）金属盖板；（*b*）钢筋混凝土盖板

修缮方法 2：暂时搬下已开裂的钢筋混凝土盖板，备用（可临时置于屋面防水层上，但须衬垫柔性材料保护层），拆除收头部位以上的砌体，顶部用水泥砂浆找平，见图 5-18。在墙体防水层的收头部位以下 150mm 处，粘贴卷材条或涂刷胎体涂料，并越过墙体顶部，铺至墙体外侧基面，再在其上粘贴卷材增强层或涂刷胎体涂料，上表面覆盖隔离层（油毡、土工膜、纸筋灰、麻刀灰或低强度等级的石灰砂浆等）。然后再铺砌 1～2 皮砖块和压扣原钢筋混凝土盖板。墙体的外侧铺抹水泥砂浆防水层，如图 5-19 所示。

修缮方法 3：不拆除已开裂的钢筋混凝土压顶。用卷材条或涂刷胎体涂料从原柔性防水层的收头部位以下 100mm 处提升至压顶下，用压条、钢钉钉压固定，再绕过压顶的外侧固定，再用密封材料封严。砌体墙的外侧用防水砂浆抹面，如图 5-20 所示。

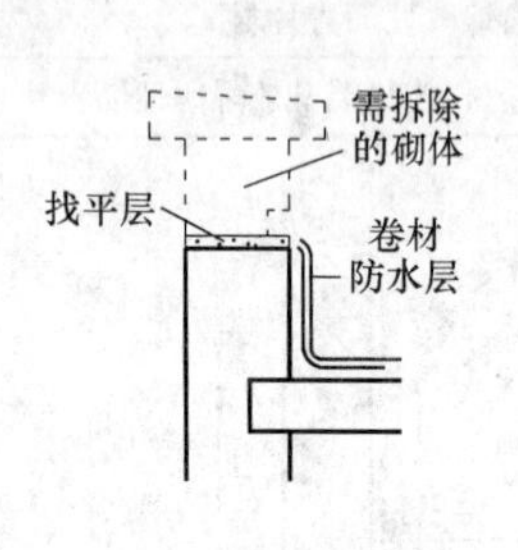

图 5-18　拆除收头部位以上砌体

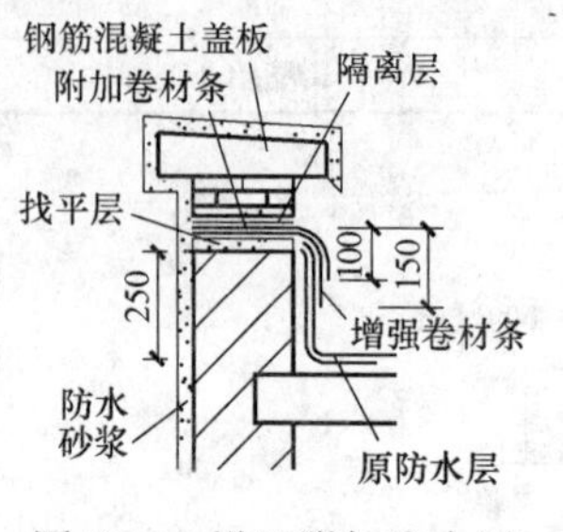

图 5-19　设置附加防水层

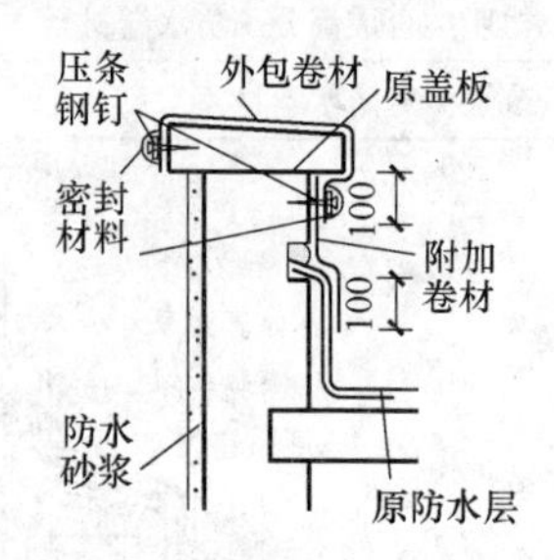

图 5-20　设置外包防水层

6）混凝土女儿墙渗漏：一般是由于防水层收头没用压条钉压固定，也没有进行密封处理，造成下滑、翘边而产生渗漏。修缮时，只需在收头部位用压条、钢钉钉压固定，并用密封材料、涂料多遍涂刷切实封严，再在其上部钉压固定一条金属或合成高分子盖板，盖板缝也应用密封材料封严，见图 5-21。如混凝土墙、压顶开裂时，则用防水砂浆和涂膜修复，见图 5-22。

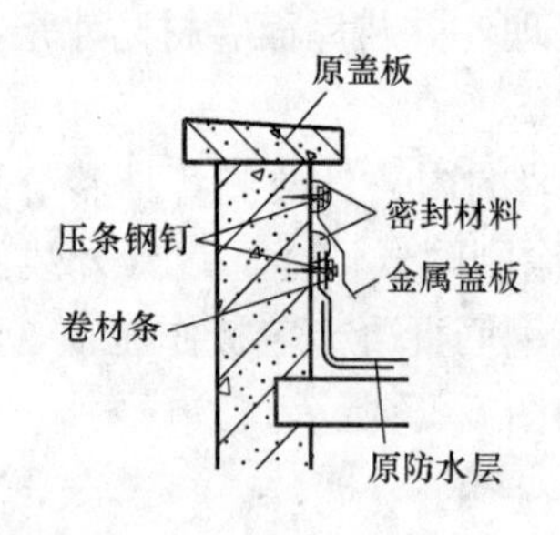

图 5-21　收头修复

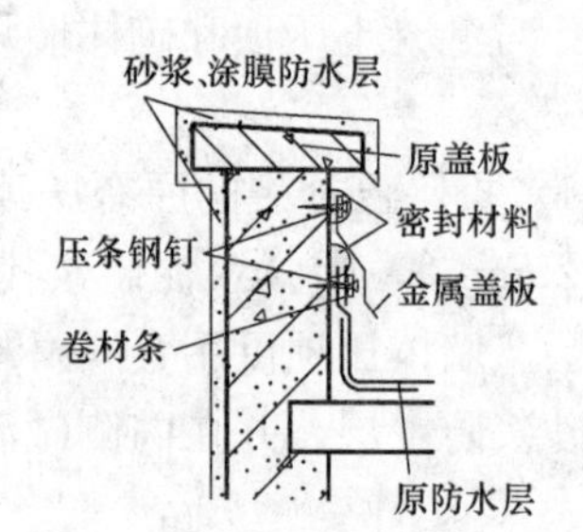

图 5-22　压顶、收头修复

7）天沟、檐沟与屋面交接部位渗漏：渗漏原因是交接部位的基层极易开裂，而满粘卷材、满涂涂膜的延伸率几乎为零，很容易被拉裂。

修缮方法 1：取一条约 400mm 宽的卷材或胎体涂膜作增强层，对称铺贴、涂布于交接部位，涂膜下点粘牛皮纸，留出约 200mm 宽的空铺剥离区，在不影响屋面坡度的情况下，一般还应满粘一条 600mm 宽的卷材条或胎体涂膜条与屋面防水层连成一体，上述增强条、覆盖条四周边缘均应用密封材料或涂料多遍涂刷封严，如图 5-23 所示。

修缮方法 2：如设置空铺附加层出现倒坡或不利于排水的情况，可沿防水层裂缝裁剪一条宽约 20mm 的窄缝，并在基层锯出一条竖直的深和宽各为 20mm 的凹槽，在槽底设置一条有机硅薄膜隔离条，缝内嵌填与防水层同材性密封材料，嵌填后的密封材料上表面呈圆弧形，并高出防水层 3～5mm，与两侧防水层搭接各为约 30mm。如图 5-24 所示。在长期使用中，如密封材料出现下滑，上端边缺少时，应及时补嵌。

8）天沟、檐沟沟底渗漏：沟底防水层的细微孔洞，用密封材料封严，并增设一层附加卷材或胎体涂膜防水层，边缘用密封材料或涂料多遍涂刷封严，如图 5-25 所示。

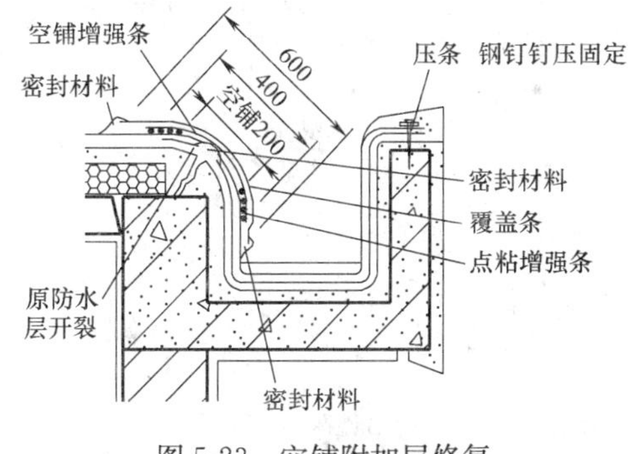

图 5-23 空铺附加层修复

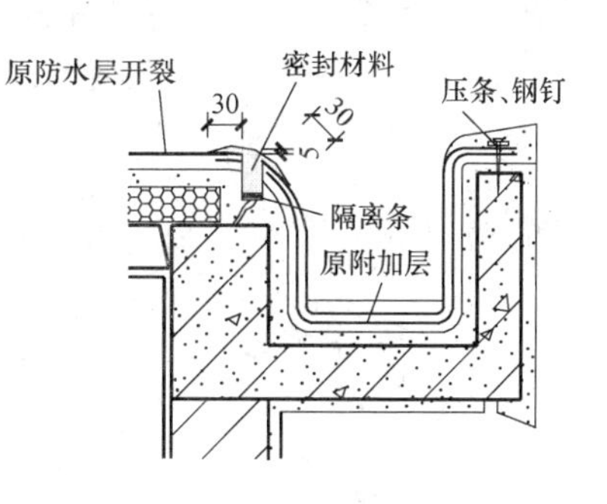

图 5-24 密封材料嵌填修复

防水层在天沟、檐沟外侧因收头不严而形成“抄后路”渗水现象。可凿掉收头部位的水泥砂浆，满粘一条约 200mm 宽的卷材条或胎体涂膜，再用压条或垫片钉压固定，并用密封材料或涂料多遍涂刷封严。顶部铺抹聚合物水泥砂浆保护，如图 5-26 所示。

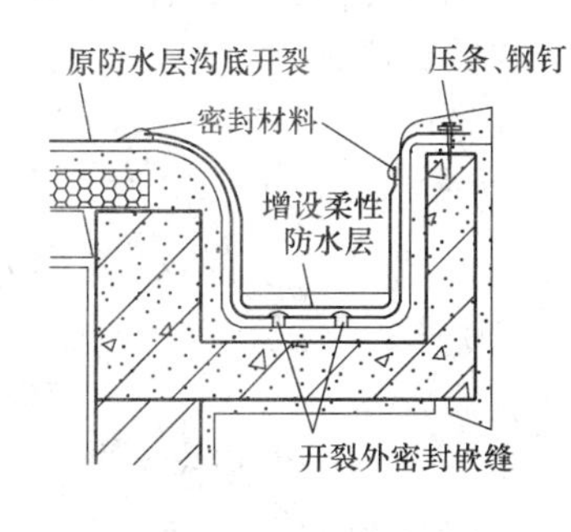

图 5-25 沟底渗漏修复

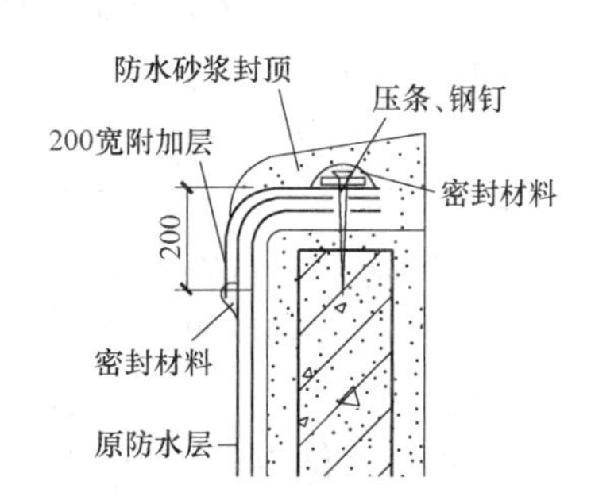

图 5-26 收头渗漏修复

9）无组织排水檐口渗漏：如空铺、点粘、条粘的卷材在无组织排水檐口 800mm 范围内没有满粘，收头边缘没有封严，或涂膜基层粘结不牢，导致渗漏。雨水在风压作用下，从防水层底部呛入，经爬水流入室内。修缮时，揭起檐口 800mm 范围内的防水层，晾干后进行满粘，收头处用压条或垫片钉压固定，再用密封材料封严。收头防水层破损时应增设 1000mm 宽卷材条或胎体涂膜附加层，如图 5-27 所示。

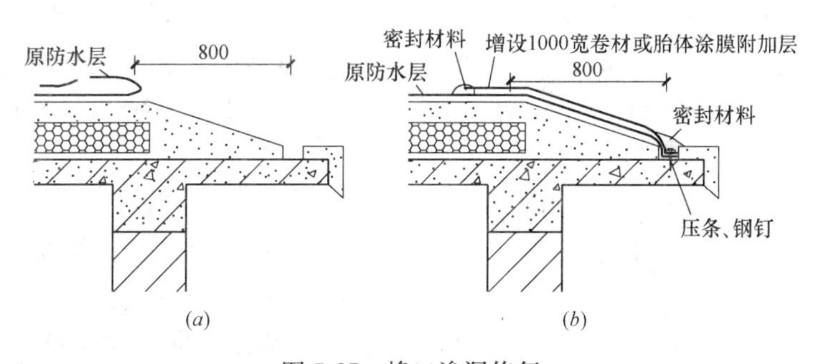

图 5-27 檐口渗漏修复

(*a*) 揭起原卷材；(*b*) 增设 1000 宽卷材或胎体涂膜附加层

10）屋脊防水层渗漏：屋脊部位如不增设附加层，且铺贴卷材时，整幅卷材在屋脊处没有断开，从一端直接铺向了另一端，卷材在自身重力作用下，屋脊处的力矩最大，渐渐被拉薄，直至断裂，或涂膜防水层没夹铺胎体，被拉断，见图 5-28。此时，需增铺 1～2 层卷材附加层或夹铺 1～2 层胎体涂膜附加层修复，见图 5-29。

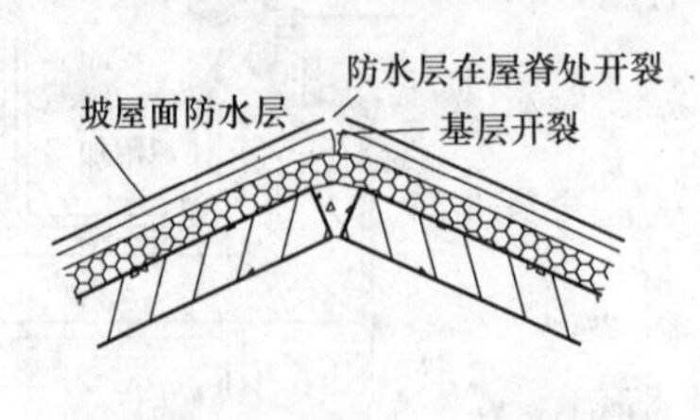

图 5-28　屋脊防水层开裂

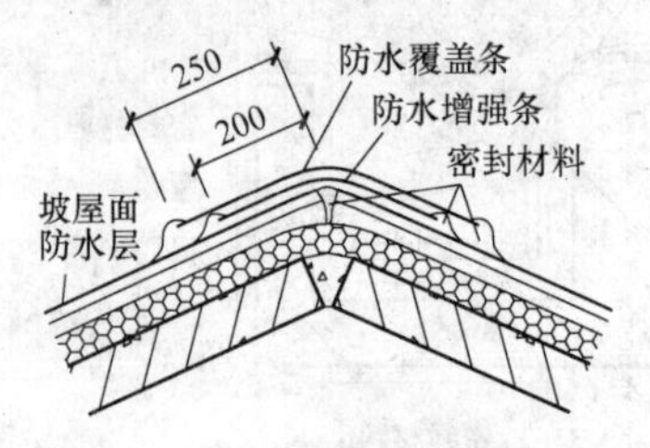

图 5-29　屋脊增设附加层修复

11）反梁过水孔渗漏：渗漏的原因很多，需从以下几个方面进行修复。

① 过水孔周围混凝土振捣不密实，防水层封闭不严：揭开过水孔周围及屋面约 250mm 范围内的防水层，清洗基面，凿毛，浇水湿润基面，当基面不再吸水时，继续湿润 1h 以上，在没有明水情况下，涂刷或喷涂水泥基渗透结晶型防水涂料，在涂层呈半干状态时，喷水养护，保持涂层湿润，连续养护 3d。接着铺设揭起的防水层，剪口处用附加卷材或胎体涂膜封口，边缝用密封材料或涂料多遍涂刷封严。

也可不修缮反梁混凝土，只修缮防水层。仔细检查防水层表面的渗漏点，对针眼、孔洞、虚粘、密封不严部位，重新用密封材料切实封严。一般来说，渗漏点往往找不到，所以，采用涂料修复，很容易封闭细微孔缝，将防水层连成一片。涂膜与卷材防水层的过渡应平缓。

② 方形过水孔口径过小，卷材防水层封闭不严的修缮：一般方形过水孔的高应大于 150mm，宽应大于 250mm，口径过小，卷材铺贴困难，常因封闭不严而渗漏。所以，较小口径的过水孔，在尚能保证顺利过水的情况下，应用带胎体材料的涂膜附加层进行修复，如图 4-30 所示。当不能正常过水时，应按上述尺寸进行扩孔，扩孔后的混凝土基层用聚合物水泥砂浆找平，过孔的防水层用带胎体的涂膜附加层增强，并与卷材防水层有效搭接，搭接宽度约 100mm。

③ 过水管孔径过小的修缮：管径过小，经常发生堵塞，应更换成大管径过水管。凿掉原有过水管，凿扩孔眼，放入直径大于 120mm 的过水管，管壁四周用 1∶2.5 聚合物水泥砂浆捣实，两侧管口与基层间留有 20mm 宽、30mm 深的凹槽，用夹铺胎体涂膜或附加卷材修补因换管而损坏的防水层，附加层应压入凹槽内，并嵌填密封材料，再在附加防水层与管壁间对称粘贴一条单面粘 1.5mm 厚、60mm 宽的丁基橡胶防水密封胶粘带。

④ 过水孔留设位置过高或过低的修缮：过水孔位置过高或过低，不能正常过水，应分别将底部、上缘凿掉，并用聚合物水泥砂浆找平，增设夹铺胎体涂膜或卷材附加层，见图 5-30；圆形过水管上、下移管后，管壁与四周用 1∶2.5 补偿收缩水泥砂浆或聚合物水泥砂浆捣实并找平，两侧管口留有 20mm×20mm 的凹槽，并嵌填密封材料，再增设附加层，如图 5-31 所示。

12）出入口渗漏：

① 垂直出入口渗漏的原因大致是防水层没有做到混凝土压顶内侧（即出入口墙井内侧），雨水“抄后路”流入室内，或进出时，木盖板损坏防水层；

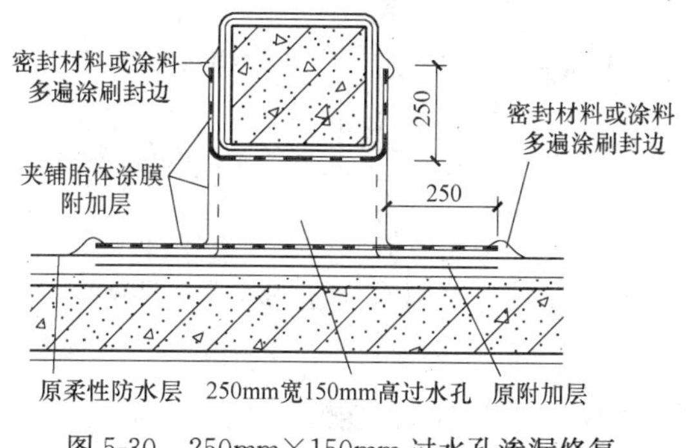

图 5-30　250mm×150mm 过水孔渗漏修复

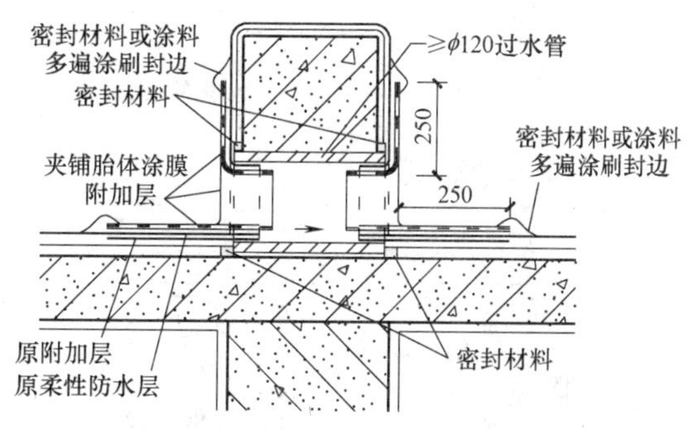

图 5-31　更换大于 ϕ120mm PVC 或钢过水管修复

② 水平出入口防水层没做至高层墙体门槛预制板下，且没与内侧墙体平齐；卷材防水层没预留足够的"U"形伸缩量，变形时被拉裂；门槛预制板内低外高，形成倒水；踏步下没设置附加层；不上人屋面被踩坏后没及时修缮等等。所以，应针对以上情况进行修缮。分别采取外缘做滴水卷材、留出"U"形伸缩量、门槛做成内高外低、增设附加层等措施。

13）排汽屋面虽然设置了排汽管，但防水层仍鼓泡：这一情况经常发生在寒冷地区，一般是由于排汽管设置数量不够和构造不准确所至。如排汽管设置数量不够，增设了排汽管就能消除鼓泡。如排气管设置方法不准确，应对排汽管构造进行改造。排汽管的常见设置方法是：埋设在保温层内的排汽管侧壁钻有一定数量的排汽孔。其缺点是：孔眼过少、过小时，容易被保温材料堵塞，造成排汽不畅，防水层就会鼓泡。为了使排汽畅通，可对排汽管进行改造，在排汽管的底部焊接一圆锥形腔体，将其直接置于保温层上，这样，排汽通路就从侧壁的几个小孔转变成了整个管径，增加单位时间内的排汽总量和排汽速率。实践证明：经改造后，汽泡消失。为了提高排汽管稳定性，可在腔体下部焊接四条支腿，插入保温层。也可焊接一块圆孔钢板置于保温层上，四角焊四条支腿，再在钢板表面用聚合物水泥砂浆抹圆锥台，如图 5-32 所示。

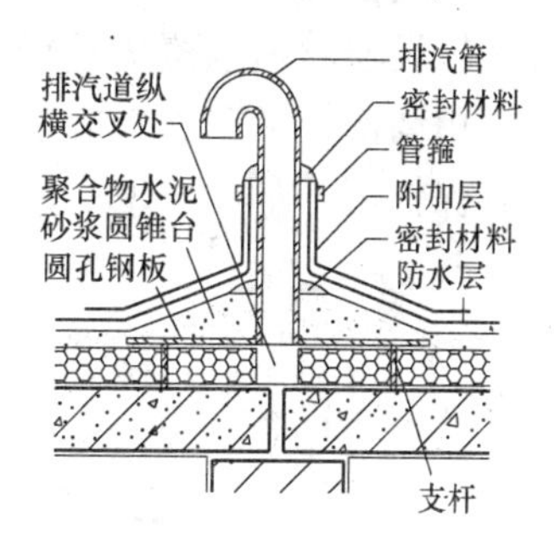

图 5-32　圆孔钢板底座排汽管构造

5.1.2.2　柔性防水层被刚性保护层覆盖渗漏水的堵漏修缮

柔性防水层表面覆盖刚性保护层出现渗漏水现象，除极少数刚性保护层与柔性防水层之间不设隔离层的老屋面防水层的渗漏点，经目测结合分析可以大致确定渗漏点外，绝大多数渗漏点都必须借助仪器才能确定。刚性保护层的裂缝形式可分为规则裂缝（轴裂）和不规则裂缝（龟裂）两类。

（1）柔性防水层表面覆盖刚性保护层（不设隔离层）规则裂缝的修缮

1）沿规则裂缝的轴线方向凿掉浇筑的刚性保护层或搬掉砌筑的块体保护层。去除宽度：板端缝部位每侧大于 150mm，见图 5-33。女儿墙、山墙等阴阳角部位，立面宜大于 100mm，平面宜大于 150mm，如图 5-34 所示。

2）清除干净柔性防水层表面的浮灰、砂粒及砂浆碎块。露出被损坏的柔性防水层。

3）如防水层已大部分损坏，除留下刚性保护层周边 30～50mm 宽已被损坏的防水层外，其余均除去；如只有少部分损坏，则沿裂缝边缘留出 50mm 宽已轴裂的防水层后，除去已损坏的防水层。

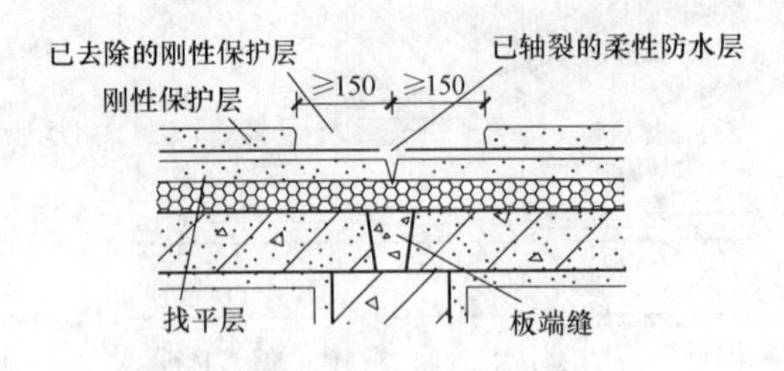

图 5-33　轴裂部位去除刚性保护层

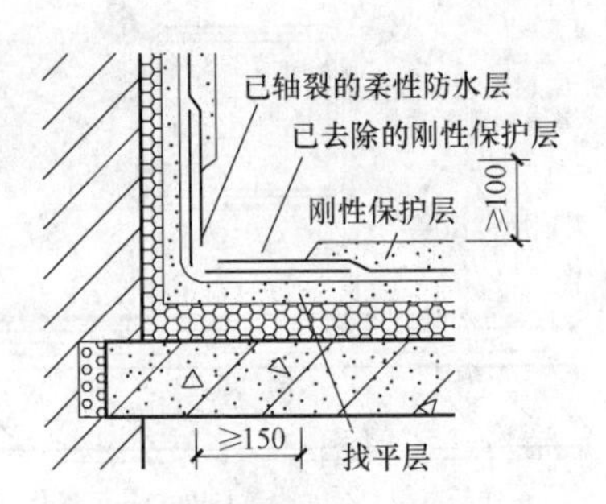

图 5-34　阴阳角部位去除刚性保护层

4）在找平层上，沿规则裂缝部位切割出约 20mm 宽、20mm 深的凹槽（图 5-35）。

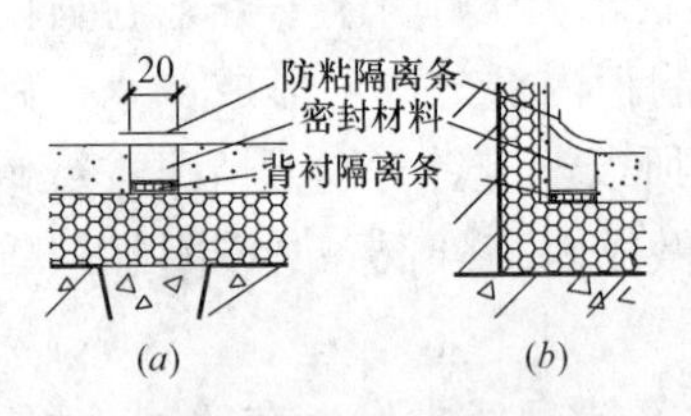

图 5-35　切割凹槽嵌缝密封
（*a*）轴裂缝凹槽；（*b*）阴阳角凹槽

5）清除凹槽内的浮灰、砂粒、碎块等杂物，用水充分湿润凹槽两侧壁，在凹槽表面和两侧壁涂布聚合物乳液或乳液型涂料，使溶液尽可能地渗入基层，以增强两侧壁的强度。

6）再次清除凹槽，嵌填密封材料（参见“4.9 密封材料施工”）。在密封材料表面设置约 30mm 宽防粘隔离条（图 5-35）。

7）铺设或涂布附加增强防水层：清理找平层后，用聚合物水泥素浆修复找平层。在找平层表面涂刷基层处理剂。待基层处理剂表干时，用防水涂料在刚性保护层周边约 150mm 宽度范围内及防水层表面反复涂刷。涂膜固化后，在其表面铺设卷材增强覆盖层或涂刷胎体涂膜增强覆盖层，立面部位为外露防水层时，女儿墙、山墙部位的防水层应设置至收头部位，并在收头处嵌缝密封或多遍涂刷收头，并设置刚性保护层，如图 5-36、图 5-37 所示。

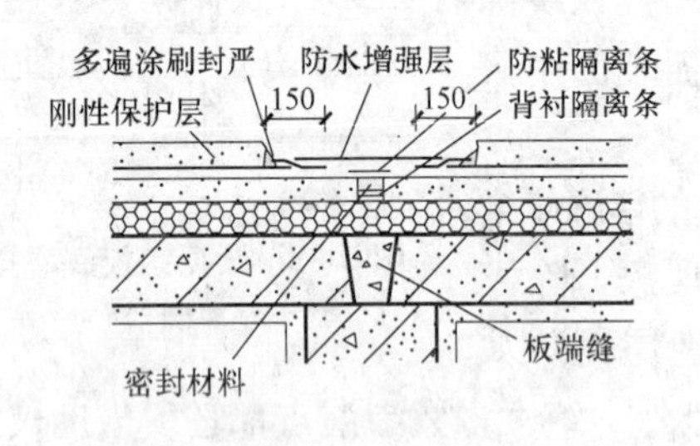

图 5-36　轴裂部位设置防水增强层

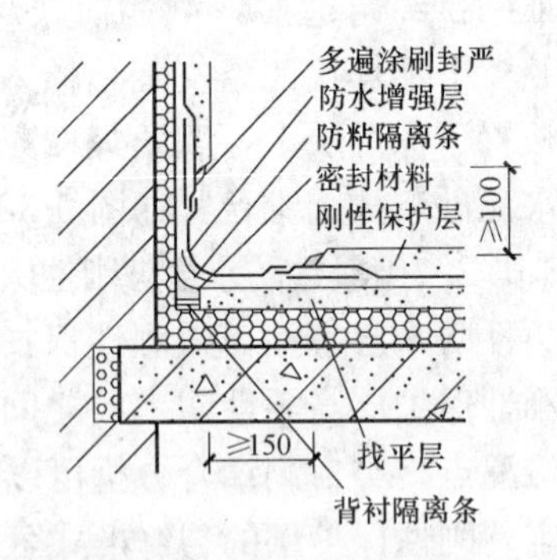

图 5-37　阴阳角部位设置防水增强层

8）在已修复的防水层表面设置薄膜隔离层。

9）在隔离层上重新覆盖刚性保护层，并在对应于找平层分格缝部位的上方设置 20mm 宽分格缝，在与女儿墙、山墙的交接处设置 30mm 宽凹槽。需要注意的是：在铺抹水泥砂浆和浇筑细石混凝土保护层前，应在旧保护层侧面涂刷 2mm 厚水性涂料素灰浆，使新旧保护层粘结良好。

10）在分格缝及凹槽内填塞聚乙烯泡沫塑料棒材、嵌填密封材料（参见“4.9 密封材料施工”）。分别见图 5-38、图 5-39 所示。

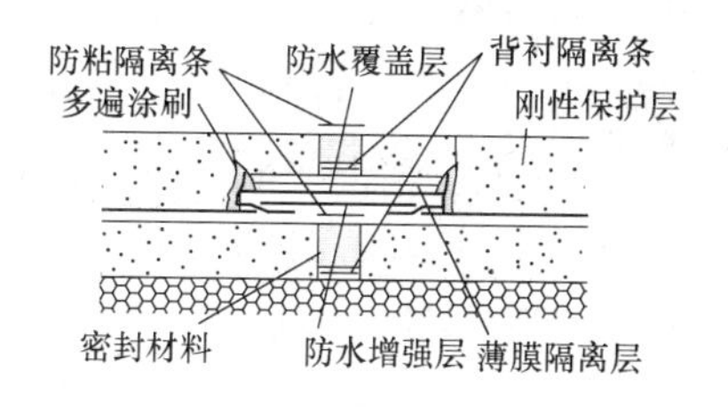

图 5-38 轴裂部位渗漏修复

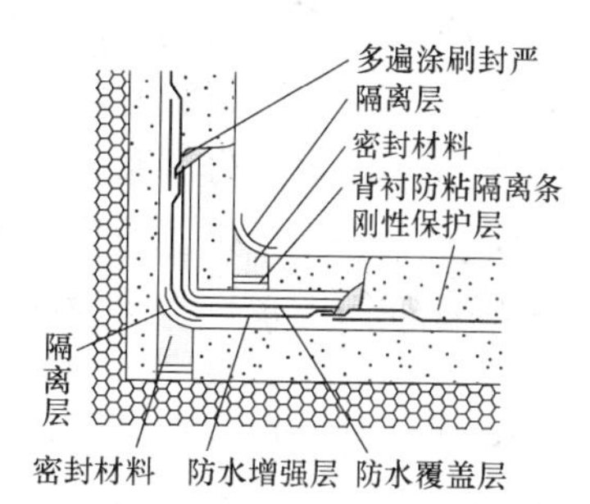

图 5-39 阴阳角部位渗漏修复

（2）柔性防水层表面覆盖刚性保护层（不设隔离层）不规则裂缝的修缮

1）对应于室内背水面的裂缝，沿屋面迎水面裂缝的长度方向每侧凿去迎水面大于150mm范围内的刚性保护层。如室内背水面的裂缝呈龟裂时，凿掉离最长裂缝端头大于150mm的刚性保护层。凿掉的刚性保护层宜呈角部为圆形的方形或长方形。

2）保留刚性保护层周边30～50mm以内的防水层。清理基层。

3）检查屋面板的裂缝长度，如裂缝长度仍埋在刚性保护层内，证明还需要继续凿掉或搬掉刚性保护层，直至超出裂缝端头约大于150mm。

4）清理找平层。缺损处用聚合物水泥素浆补平。

5）充分湿润基层后，涂刷水泥基渗透结晶型防水涂料。需注意：龟裂的缝隙应反复涂刷，使涂料尽可能多地渗入到裂缝深处。涂刷后，湿润养护2～3d。

6）然后用（1）的方法进行修复。

（3）柔性防水层表面覆盖刚性保护层（设置隔离层）规则裂缝的修缮

一般情况下，对于柔性防水层与刚性保护层之间设置隔离层的屋面工程，防水层的裂缝与屋面板、保护层的裂缝不一一对应，需借助仪器测定。并应采用对屋面板、柔性防水层和刚性保护层都修复的措施。修缮步骤如下：

1）沿柔性防水层规则裂缝的轴线方向凿掉刚性保护层，方法同本款（1）1）。

2）清除隔离层表面的浮灰、砂粒及水泥砂浆碎块。由于有隔离层，故凿掉刚性保护层时一般不会大面积损坏柔性防水层。

3）去掉隔离层，露出防水层。将已轴裂的防水层裁剪成约50mm宽的窄口。

4）剔除缝内的密封材料。露出原有凹槽。

5）以下施工方法同本款（1）。

（4）柔性防水层表面覆盖刚性保护层（设置隔离层）不规则裂缝的修缮

1）用仪器准确测定不规则裂缝（龟裂）的位置，画出龟裂的面积和轴线图。

2）根据轴线图和龟裂的面积，凿掉比龟裂面积四周大于150mm的刚性保护层。

3）清除隔离层表面的浮灰、砂粒、碎块等杂物。

4）除去隔离层。露出已龟裂的防水层。

5）铲除已老化、腐烂、开裂的防水层。四周应留有大于150mm完好的防水层，如不足150mm，则应继续凿大刚性保护层的范围。

6）清理找平层至无浮灰等杂质，并充分湿润，涂刷水泥基渗透结晶型防水涂料。找平层的缺损处用聚合物水泥砂浆或素浆补平。

7）以下采用与（3）的方法相同。

5.1.2.3 刚性防水层渗漏水的堵漏修缮和质量缺陷的修复

细石混凝土防水层渗漏水的主要外显形式大致分为规则裂缝、不规则裂缝、刚性防水层基层处理不当、刚性接缝设置不规范和密封不良渗漏水等五种情况。刚性防水层还因设计原因、施工原因产生许多质量缺陷。

刚性防水层规则裂缝一般都出现在施工缝、分格缝、变形缝、防震缝、后浇带等部位。这种规则裂缝是活动的，往往会逐渐展开、放大。

不规则裂缝产生的原因是多方面的，具体原因参见表5-2。

混凝土不规则裂缝产生的原因（含结构主体混凝土） **表5-2**

裂缝产生的不同环节		裂缝产生的原因
材料	水泥	水泥品种选择不当（不得使用火山灰质水泥），当采用了矿渣硅酸盐水泥时，没采取减少泌水性的措施，水泥强度不符、水化热过高、与外加剂不匹配、水灰比过大，用量过大或过小
	骨料	含泥量过大，使用了碱活性骨料，强度低
	外加剂	与水泥不匹配，外加剂相互间不互补，用量过大
设计	结构设计	截面过小，配筋量不足
	支承条件	没考虑结构主体的沉降差异，忽略特殊土地基（软土、膨胀土、湿陷性黄土、冻土）对结构主体的影响
荷载	外荷载应力	动、静荷载直接应力的作用
	内应力	结构在内应力作用下产生徐变
施工	混凝土	计量不准确、硅粉掺量过高、总碱量过大、粗骨料少、拌合顺序不当、搅拌时间过少（拌合不均）、拌合时间过长、拥落度损失过大、不连续浇筑（产生施工缝）、浇筑顺序不当、浇筑速度过快、漏振、欠振（不密实）、过振（浮浆过厚）、炎热天气不缓凝（层与层间出现冷缝）、寒冷天气初期不防冻（冻裂）、硬化前受力或受震、养护时失水（干裂）
	钢筋	钢筋被扰动，保护层厚度过薄，浇筑大面积混凝土时上层钢筋网向下掉
	模板	模板变形、漏浆、渗水，拆摸过早、支撑下沉
环境	物理变化	温差变化、干湿变化、胀缩变化，火灾、冻融
	化学变化	酸、碱、盐介质的侵蚀，炭化对钢筋的锈蚀
使用	后期膨胀	有害离子 CL^-、SO_4^{-2}、Mg^{+2} 侵入混凝土内部，使钢筋锈蚀和形成二次钙矾石膨胀、碱集料反应等

质量缺陷有空鼓、防水层分层施工时甩、接茬不错开，强度不够，起灰、起砂等。

（1）刚性防水层规则裂缝渗漏水的修缮

1）填充法修缮施工缝、后浇带规则裂缝渗漏水：凡不是蓄水屋面和种植屋面，其裂缝在雨季时才产生渗漏，一般可采用填充法进行修缮。具体方法是：

① 将施工缝、后浇带裂缝凿成20mm宽、20～25mm深的“U”形或“凵”形条形凹槽。

② 用钢丝刷刷毛凹槽两侧100mm范围内的基面，并清除其表面及凹槽内砂浆碎块。

③ 浇水充分湿润槽壁及基面。

④ 在没有明水的情况下，在槽壁及凹槽表面100mm范围内，涂刷以下任何一种涂料：

A. 水泥基渗透结晶型防水涂料；

B. 防水宝浆料［Ⅱ型防水宝粉料：水＝1：(0.4～0.5)］；

C. 堵漏灵浆料［第一道：02 型粉料∶水＝1∶(0.7～0.8)，第二道：02 型粉料∶水＝1∶(0.8～1.0)］；

D. 聚合物水泥涂料等。

⑤ 待涂层表干时，在凹槽内嵌填、抹压 1∶2.5 补偿收缩水泥砂浆或聚合物水泥砂浆。

⑥ 待水泥砂浆收水后，在凹槽表面及两侧 100mm 范围内涂刷上述四种涂料中的任何一种涂料。

⑦ 待涂层表干时，立即覆盖、喷雾（花洒或背负式喷雾器轻轻洒水）湿润养护。养护工作特别重要，前三次喷雾、浇水养护的时间间隔以不干燥、连续湿润为原则。养护时，可覆盖塑料薄膜保湿。第一天应保持 24h 湿润。养护工作不应少于 3d。

⑧ 如在凹槽内嵌填、抹压高聚灰比的聚合物水泥砂浆，则⑤以后的施工步骤变更为(序号相同)：

⑤ 嵌填、抹压 1∶2.5 高聚灰比的聚合物水泥砂浆。

⑥ 对聚合物水泥砂浆进行干湿交替养护。

⑦ 待聚合物水泥砂浆干湿交替养护至固化后，在凹槽表面及两侧 100mm 范围内涂刷上述涂料中的任何一种涂料。

⑧ 待涂层表干时，喷水、浇水湿润养护 3d。养护期间不得干涸。

2）天沟、檐沟、变形缝、伸出屋面管道等渗漏的修复方法与“5.1.2.1（9）外露柔性防水层细部节点渗漏的修缮”相同。

3）刚性防水层没设分格缝、凹槽或分格缝设置数量过少而产生裂缝的修缮：一般会产生两种裂缝。一种是规则裂缝，产生在屋面板的板端缝、阴阳角、凸出屋面的连接处；另一种是不规则裂缝，产生在刚性防水层表面。修缮的方法分两步。第一步是先修缮规则裂缝，第二步再修缮不规则裂缝：

① 修缮规则裂缝：规则裂缝是活动的，会逐渐展开、放大，如只对现有裂缝作密封处理，会因为逐渐展开、放大而不起任何作用。此时，可采用凿凹槽、做凹槽嵌缝密封的方法进行修缮。这两种修缮的方法分别是：

A. 凿凹槽、嵌缝密封、空铺卷材增强条：用圆盘（片）锯沿裂缝切割出分格缝、凹槽，分格缝的纵横间距不大于 6m，缝宽宜为 20mm；女儿墙、山墙泛水根部的凹槽宽应为 30mm，为防止割坏隔离层和屋面板，切割至刚性防水层底部留有约 5mm 的厚度，但钢筋网片必须割断。当切割至接近女儿墙、山墙根部、突出屋面结构交接部位的距离不足一个圆盘（片）锯的直径时，改用凿子凿，以使凹槽和与之相垂直的分格缝贯通。然后，清理分格缝和凹槽，破损处用 1∶2.5 聚合物水泥砂浆修补平整，并干湿交替养护至固化。清理完毕分格缝、凹槽后，即可按“4.9 密封材料施工”的方法嵌填密封材料、设置防粘隔离条、空铺卷材增强条、满粘卷材覆盖条和密封封边，如图 5-40 所示。泛水上方用压条钢钉固定金属或高分子盖板保护，上缘密封封边。如图 5-41 所示。

B. 做刚性凹槽、嵌缝密封、空铺卷材增强条：沿规则裂缝用砌块和聚合物水泥砂浆做出一条刚性凹槽。对于规则裂缝，用 1∶2.5 聚合物水泥砂浆抹出深约 20mm、宽 20mm 的刚性凹槽，两侧边翼的宽约为 100～150mm，并成斜坡形收边。然后按 A. 的方法嵌填密封材料、铺设卷材增强条和覆盖条等，见图 5-42。对于泛水，做出一条刚性凹

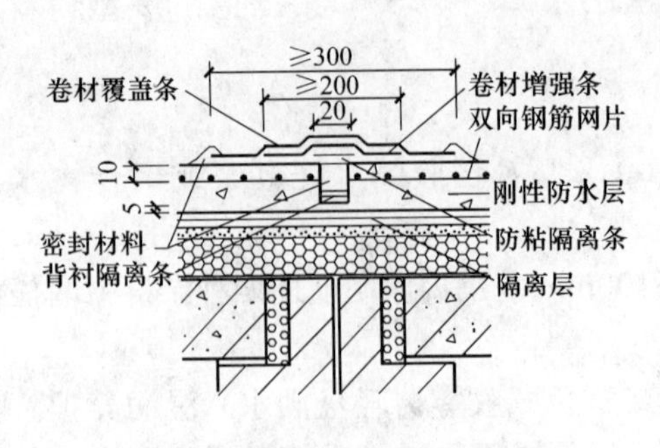

图 5-40　凿凹槽修复规则裂缝

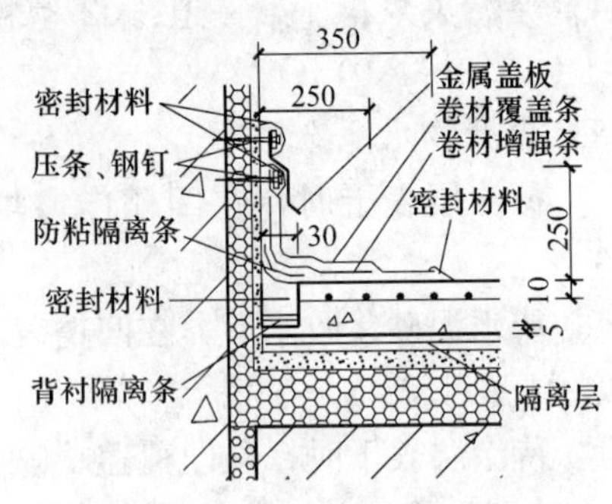

图 5-41　凿凹槽修复泛水裂缝

槽，在泛水墙根用 1∶3 水泥砂浆和单砖铺砌一条宽约 40mm 的凹槽，座浆厚度应不小于 25mm，横向砖缝宽度为 12～15mm。再用 12mm 厚 1∶2.5 聚合物水泥砂浆在砌体表面抹刚性防水层。凹槽成型后，按 A. 的方法密封、增强、收头，如图 5-43 所示。

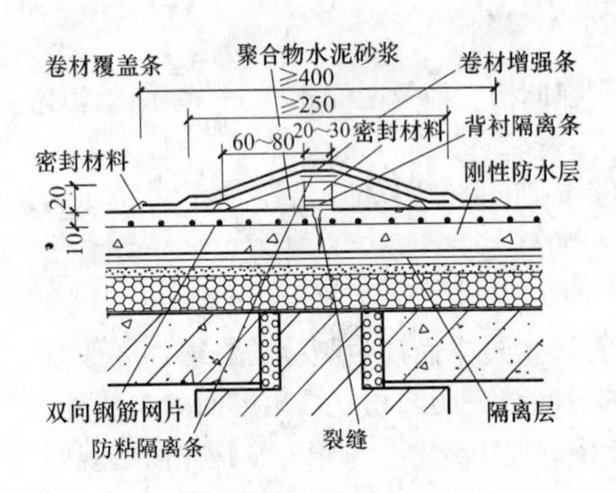

图 5-42　做凹槽修复规则裂缝

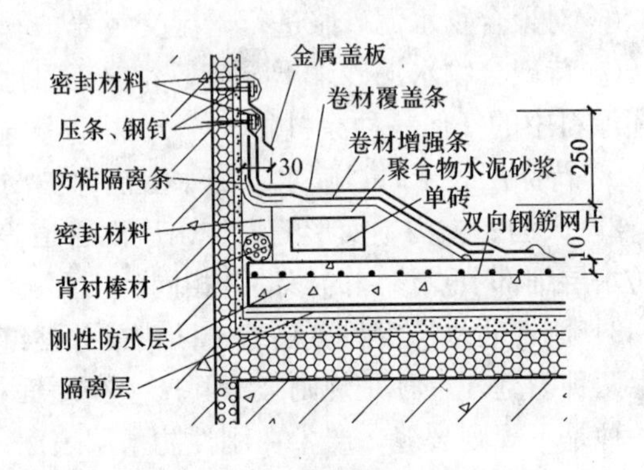

图 5-43　做凹槽修复泛水裂缝

② 修缮分割板块内的不规则裂缝：见下述“（2）涂刷法修缮不规则龟裂裂缝”。

（2）涂刷法修缮不规则龟裂裂缝

适用于宽度小于 0.2mm 的不贯通无害裂缝。

宽度小于 0.2mm 的不贯通裂缝不渗漏，一般呈龟裂状，可不予修缮，但为了防止其出现微量展开放大，消除隐患，可将裂缝表面及其四周 100mm 范围内的基层凿毛或用钢丝刷刷毛，涂刷水泥基渗透结晶型防水涂料，并湿润养护 3d，使结晶体将裂缝封闭，即使裂缝出现微量展开放大，活性物质遇水后可再次结晶渗透，堵塞渗水通道。不展开裂缝可涂刷益胶泥（华鸿）、RG 涂料、防水宝、堵漏灵等防水涂料修复。

（3）骑缝灌浆法修缮贯通性有害裂缝

适用于修缮宽度在 0.2～0.5mm 之间的贯通性裂缝。施工步骤如下：

1）凿“V”形凹槽：沿裂缝凿深 40～50mm，宽 50～60mm 的“V”形凹槽，遇有钢筋不得破坏，凿槽长度应比裂缝尾端两侧各延长约 200mm，如图 5-44（*a*）所示。

2）刷毛、清理基层：将凹槽两侧 100mm 范围内的基面刷毛，并清理干净。

3）埋灌浆管：如裂缝较短，长度在 300mm 以内时，可在裂缝的两端各钻直径为 ϕ12mm、深约 10mm 的圆孔，分别插入 ϕ10mm 的灌浆铝管，见图 5-44（*b*），也可用成品

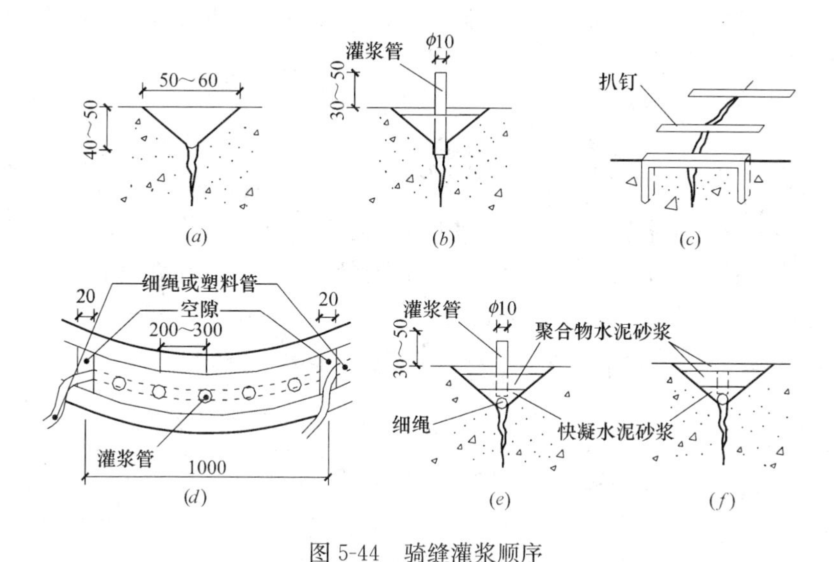

图 5-44　骑缝灌浆顺序

(*a*) 凿“V”形凹槽；(*b*) 埋灌浆管；(*c*) 活动性裂缝用扒钉加固；(*d*) 埋细绳、灌浆管；
(*e*) 嵌填凹槽；(*f*) 填平凹槽

灌浆嘴。裂缝较长时，也可不钻孔，直接将铝管每隔 300～500mm 的间距进行埋设，并用砂浆固定（见步骤 6)）。裂缝较窄时，间距小些，裂缝较宽时，间距可大些，每条裂缝至少应埋设两个管，一管供灌浆，另一管供排气。

也可不凿“V”形槽，直接正对裂缝垂直钻孔后再埋管，施工较方便，但钻落的砂粒有可能堵塞裂缝。

4）对活动、展开、放大、伸长性结构裂缝进行加固：为防止裂缝不断活动、展开、放大，则事先应采取措施制止其进一步开裂，然后再灌浆修缮。常用的方法是在裂缝表面钉扒钉（蚂煌钉），见图 5-44（*c*）。加固的方法是：沿裂缝的长度方向，隔一定距离，在裂缝两侧大于 100mm 的部位，垂直于裂缝对称钻孔，当裂缝为弧形肘，应垂直于裂缝的切线方向钻孔，孔径宜比扒钉直径大 1～2mm，两孔间的表层按扒钉形状凿凹槽，槽深应刚好能卧入扒钉。如需在扒钉表面抹水泥砂浆与刚性防水层找平，扒钉应深入刚性防水层下 6～8mm，再采用聚合物水泥砂浆找平。扒钉的大小、钉入的深度和间距应按裂缝的宽窄、深浅、展开应力的大小确定。一般钻孔的深度宜为结构厚度的 1/2 左右，但应防止钻裂、钻透结构层。打入扒钉时，应在扒钉表面、扒钉卧槽内涂刷环氧树脂，并向扒钉孔内灌入环氧树脂浆液（灌入量以打入扒钉后，浆液能冒出为标准）。待扒钉打入后，将冒出的浆液刮平。

如结构很稳定，只对刚性防水层的活动性裂缝加固，结构不能被钻孔。

5）对贯通性裂缝在背水面封缝：在背水面用钢丝刷将裂缝两侧各 50mm 范围内的混凝土基层刷毛，再用环氧树脂粘贴 1～3 层 100mm 宽的脱蜡玻璃丝布或无纺布，或先在刷毛后的基面涂刷环氧树脂基层处理剂，再涂刷约 2mm 厚的环氧树脂水泥浆涂料，或在基面涂刷聚合物基层处理剂后，再涂刷聚合物水泥浆涂料。

6）固定灌浆管、埋设细绳、填缝：用钢丝刷将“V”形凹槽内的杂物清除掉，并用水冲洗干净，再涂刷水泥基渗透结晶型防水涂料，在凹槽底部埋设塑料管或细绳，然后用快凝砂浆埋设灌浆管，在槽底形成连续的圆柱形注浆通道。埋管和圆柱形注浆通道的成型方法有两种：

① 直接成型法：在凹槽底部埋设一根外径为 ϕ10mm、长为 600mm 左右具有一定强度的塑料管或绳子，一端抵凹槽端头，一端在槽内，然后用快凝砂浆嵌填封缝，厚度约 20mm。随着封缝的进展，不断抽动塑料管或绳子，于是便在凹槽底部形成了供灌浆用的通道。抽动塑料管形成通道后，不得再对快凝砂浆嵌压，否则，将堵塞通道。

直接成型法适宜用于垂直裂缝或斜度较大的裂缝，并且应从高处向低处封缝，以防快凝砂浆将通道堵塞。水平裂缝采用直接成型方法时，应待快凝砂浆具有一定强度后，再抽动塑料管。灌浆管的埋设间距可为 500mm，每条裂缝必须设两个灌浆管，其中一管设在裂缝端部。

② 间接成型法：用快凝砂浆将外径为 ϕ10mm 的塑料管或绳子埋在凹槽底部，一头在端部，另一头露出凹槽，如裂缝很长，则可以分段埋设，每段长度为 1m 左右，每段之间开一约 20mm 宽的口子，绳子从口子中露出，见图 5-44（*d*）。在埋绳子的同时埋设灌浆管，间距 200～300mm，厚度约为 20mm，原则上应埋设在裂缝的交叉处、较宽处及端部。待灌浆时，一边抽动绳子，一边灌浆，浆材便将通道封严，完成灌浆作业。

间接成型法不会堵塞灌浆通道，封压的水泥砂浆也能嵌压严实，利于封缝。

7）检查封缝效果：封缝必须密闭不漏气，以承受灌浆压力。检查方法是：沿裂缝刷一层肥皂水，向灌浆管内压入空气（其他灌浆管套入橡胶管并用止水夹夹紧），如无鼓泡现象，证明密封效果良好，否则，应修补。确认不漏气后，冲净肥皂水。如采用水性浆液灌缝，则也可采用注水的方法检查封缝效果。

8）选择灌浆材料：所选浆材应具有一定的可灌性、粘结性和适宜的固化时间，还应考虑经济性。浆液的可灌性与浆液的黏度、裂缝的宽窄和灌浆压力有关。可灌性与浆液的固化时间、固化后的粘结强度是相矛盾的。一般对宽度较窄的裂缝可选择超细水泥浆液、特种水泥浆、水泥-水玻璃浆、掺有膨润土、粉煤灰等掺合料的水泥浆等无机灌浆材料或环氧树脂、聚氨酯、丙烯酸盐类等化学浆类。

9）灌浆：

① 灌浆工具：一般可采用手提式灌浆机或空气压缩机等灌浆机械进行灌浆。手提式灌浆机在灌浆桶体头部有一个压力表，用于指示灌浆时的压力。一般由两个人操作，一人灌浆，另一人打气。

② 灌浆注意事项：无论浆液的黏度有多大，都必须采用低压、低速、逐渐加压的方法灌浆。不能为了抢工期就在很短的时间内加高压，以防因骤然加压，使封堵在凹槽内的砂浆在高压作用下爆裂，连同浆液向外四溅而危及人身安全。

③ 灌浆压力和质量要求：灌浆时，对于水平缝，可从一端灌向另一端；竖直缝、斜坡缝，应从底部灌向上端。每次灌浆，除了一管供灌浆，相邻一管供排气外，其余管子都必须用堵头封严或用胶皮管、止水夹夹紧。

当灌注的是化学浆料，压力从零升到 0.2MPa 时，如浆液能很顺利地灌入，可保持恒压灌浆。当浆液注入量减少时，可逐渐升压至 0.4MPa，并将压力保持在 0.2～0.4MPa 之间。当灌注的是水泥基浆料时，其灌注压力应保持在 0.4～0.8MPa 之间。当吸浆率小于 0.1L/min 时，再恒压灌注 10～20min，使浆液尽可能多地渗入到裂缝深处，理想的效果是灌注到裂缝的背水面，使整条裂缝都充满浆液，即可停止灌浆。待雨后或浇水检查，灌浆部位应无渗漏水现象，否则，重新灌注。灌浆结束，应及时清洗灌浆机具。

④ 直接成型圆柱形通道灌浆方法：将靠近裂缝端部的一管作为灌浆管，相邻一管作为排气管，按要求进行灌浆。当灌至排气管冒浆时，即可封住注浆管，再以冒浆管作为灌浆管，打开相邻管作为排气管，继续按要求灌浆；也可将注浆管和冒浆管全封闭住，再以相邻的一管灌浆，另一管排气，依次逐个灌注。

⑤ 间接成型圆柱形通道灌浆方法：抽动细绳，露出靠近裂缝端部的两个灌浆管，靠近裂缝端部的一管供灌浆，另一管供排气；当灌至排气管冒浆时，即可封住灌浆管，抽动细绳，再次露出一个铝管，将排气管当作注浆管，抽动细绳后露出的铝管当作排气管，继续灌浆；也可将注浆管和排气管全封闭住，抽动细绳露出两个铝管，一管灌浆，另一管排气，依次逐个灌注，直至灌浆结束。

10）封闭灌浆管：铝质灌浆管可埋在原位，当浆液初凝不外流时，用凿子从根部剔除铝管，再用手锤轻轻锤平。如采用的是专用铜质灌浆嘴，卸下后立即用环氧树脂水泥浆、水玻璃-水泥浆或其他快凝砂浆封堵灌浆孔，并清除灌浆嘴上浆液，备用。

11）填平灌浆凹槽：用聚合物水泥砂浆嵌填、抹平 6～8mm 厚的剩余凹槽，并干湿交替养护 3d 至固化，如图 5-44（*f*）所示。

12）涂刷无机涂料：在填平后的凹槽表面涂刷水泥基渗透结晶型防水涂料，或其他水泥基防水涂料，湿润养护 3d。

（4）钻孔灌浆法修缮有害裂缝

适用于修缮宽度在 0.2～0.5mm 之间结构贯通性裂缝。一般应钻成斜孔。其灌浆步骤如下：

1）斜向钻孔：在裂缝两侧约 80～100mm 的部位隔一定距离钻约 60°斜孔，钻头应通过裂缝，并钻至裂缝对侧混凝土 10mm 左右，见图 5-45（*a*）。应防止钻透结构。孔径及两管的间距，根据裂缝的宽窄、深浅确定。一般可采用 M12 的钻头钻孔。同侧两管间距宜为 400～600mm。

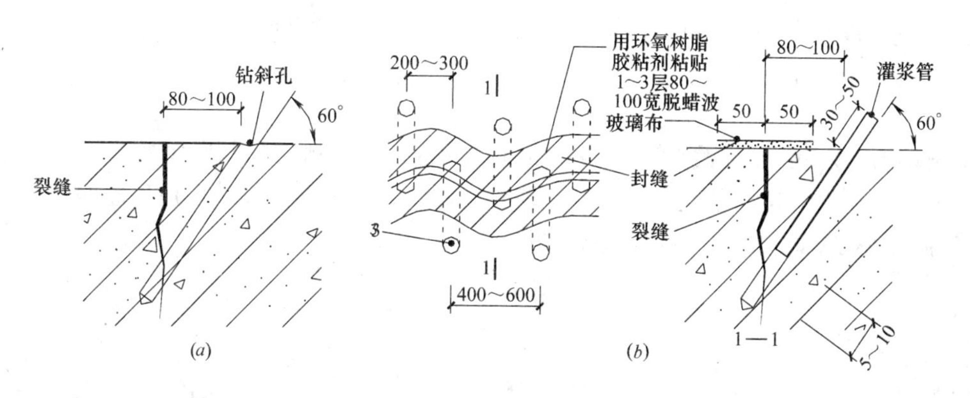

图 5-45　钻斜孔灌浆顺序

（*a*）斜向钻孔；（*b*）封缝、埋灌浆管

2）封缝：在裂缝表面两侧各 50mm 范围内的混凝土基面用钢丝刷刷毛，并将基层清理干净。然后按骑缝灌浆的方法封缝。

3）埋灌浆管：在斜孔内埋入 ϕ10mm 的灌浆铝管。管根不能抵达孔底，离裂缝宜为 5～10mm，管头应露出 30～50mm，见图 5-45（*b*）。

其余施工步骤参见骑缝灌浆法灌浆第（3）条 9）款。钻斜孔的优点是：不会发生骑缝钻孔时掉落的砂浆碎块堵塞裂缝的现象，且省去了凿槽工艺。

（5）不钻孔灌浆法修缮有害裂缝

适用于修缮宽度在 0.2～0.5mm 之间的迎、背水面渗漏裂缝。一般可选择化学浆液灌缝，如环氧树脂、水溶性聚氨酯或丙烯酰胺浆液等，还可采用聚合物水泥、特种水泥浆液等。环氧树脂浆液既可顺利灌浆，又可增强裂缝的强度。

1）不钻孔灌浆修缮背水面裂缝的方法：

① 灌浆所需机具：灌浆设备可采用手提式灌浆机、空气压缩机等。所用工具有钢丝刷、扫帚、高压吹风机、约 100mm 宽塑料胶带、灌浆盒（图 5-46）、灌浆嘴（图 5-47）。

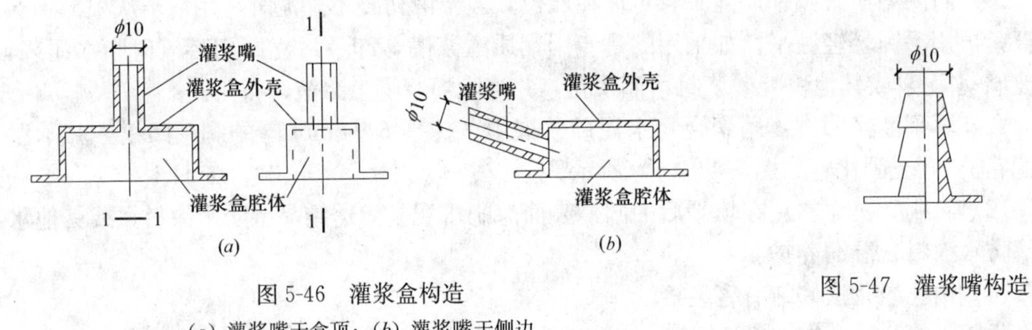

图 5-46　灌浆盒构造

（*a*）灌浆嘴于盒顶；（*b*）灌浆嘴于侧边

图 5-47　灌浆嘴构造

② 施工步骤：

A. 清理基面：用钢丝刷刷毛裂缝或孔洞基面，并将杂物清除干净，用水冲尽灰尘，或用皮老虎、高压吹风机吹尽尘埃。

B. 用塑料胶带封缝：沿背水面裂缝粘贴约 100mm 宽的塑料胶带，当基层潮湿无法直接粘贴塑料胶带时，可用水性环氧树脂粘贴塑料胶带或耐碱玻纤布封缝，塑料胶带的两端各超出裂缝长度约 40mm。在胶带条的一端开一略宽于裂缝宽度的窄缝，一端与裂缝端部平齐，另一端应小于灌浆盒长边边长 *b* 约 10mm。灌浆盒长边边长 *b* 可取 50mm 左右，如图 5-48 所示。

C. 固定灌浆盒：置灌浆盒于塑料胶带开口的部位，两侧短边与塑料胶带两端各搭接约 10mm。灌浆盒周边与基面之间应衬垫橡胶片，然后用木支撑或千斤顶顶压灌浆盒，固定后的灌浆盒与基面之间不应有缝隙，如图 5-49 所示。

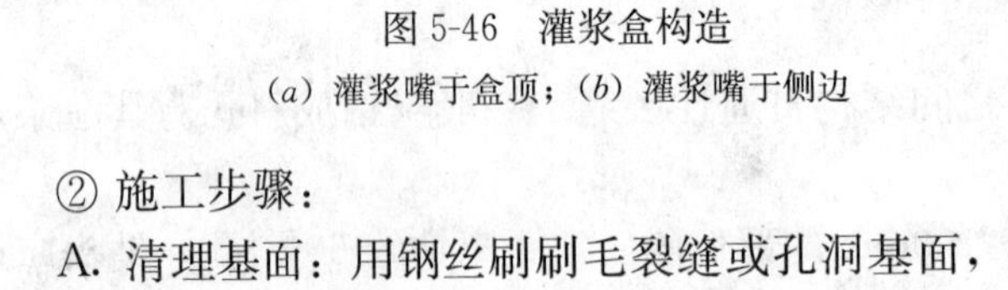

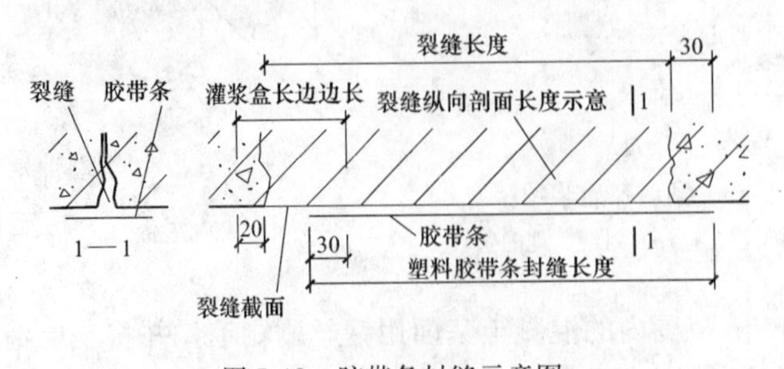

图 5-48　胶带条封缝示意图

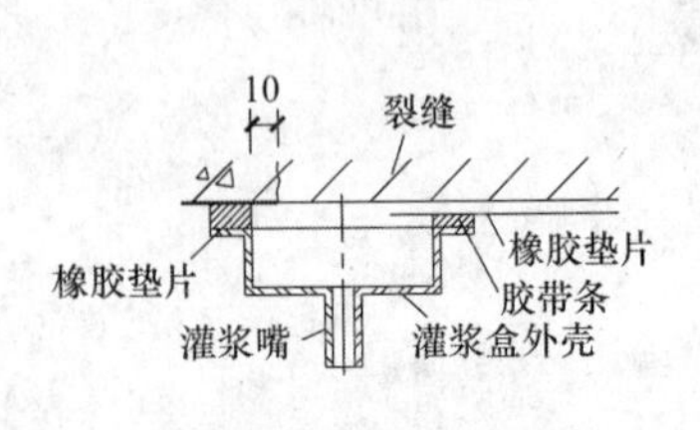

图 5-49　固定灌浆盒

当裂缝较短或呈孔洞形状，灌浆盒或灌浆嘴能完全盖住时，可不用塑料胶带封缝，直接将灌浆盒、灌浆嘴夹衬弹性橡胶垫片通过外力（如千斤顶、木撑）顶压在裂缝或孔洞基面（图 5-50）。也可用环氧树脂、环氧胶泥（在调配好的环氧树脂中加入 2～3 倍浆液重量的水泥）粘贴于孔洞、短裂缝基面，缺点是拆卸困难，故亦可用橡胶垫片密封。

D. 检查封缝效果：封缝后的裂缝必须密闭不漏气。检查方法与骑缝灌浆法相同。

E. 开出气孔：在距灌浆盒 200～300mm 的塑料胶带表面开一与端部窄缝长度相当或约 $\phi12$ 的出气孔，如图 5-51 所示。

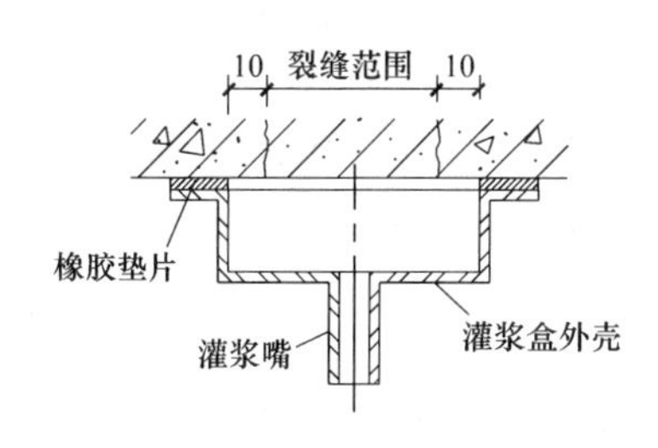

图 5-50　安装灌浆盒

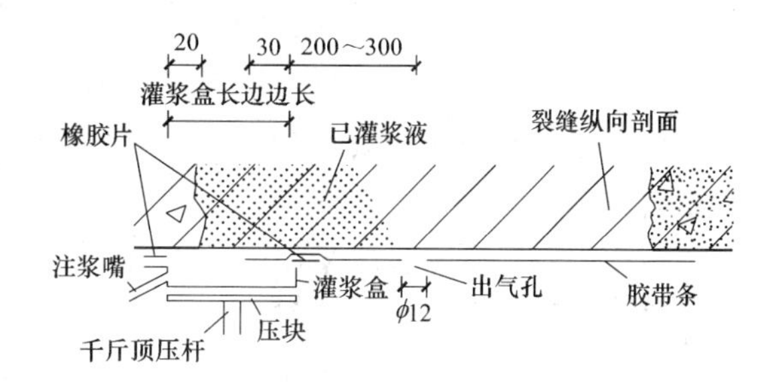

图 5-51　在胶带条表面开出气孔

F. 灌浆：灌浆方法与骑缝灌浆法相同。当灌至出气孔冒浆，浆液还未固化时，立即将灌浆盒（或改用灌浆嘴）移至出气孔，将其罩住，并用塑料胶带封闭原灌浆盒所在部位的端孔。再在距灌浆盒 200～300mm 部位的塑料胶带表面开下一个出气孔，继续灌浆。依此重复开孔、灌浆、封孔步骤，直至将整条裂缝都灌满浆液。

2）不钻孔灌浆修缮迎水面裂缝的方法：

在迎水面能观察到的贯通性裂缝，应在清理干净后的迎、背水面裂缝基面都粘贴 100mm 宽塑料胶带。迎水面胶带条开口的方法与上述方法相同，背水面应将整条裂缝全封闭，不开口。将灌浆盒置于迎水面胶带条开口的基面，见图 5-52。便可用与背水面相同的方法进行灌浆。灌浆时，随时检查是否有漏浆的部位，特别是背水面更要认真检查，一旦漏浆，应立即用塑料胶带封严。

（6）凿槽、填充法修缮

适用于宽度在 0.5～1.0mm 之间的裂缝。

凿槽、填充法修缮裂缝的施工方法参见“5.1.2.3（1）1）填充法修缮施工缝、后浇带规则裂缝渗漏水”。也可采用灌浆法修缮宽度在 0.5～1.0mm 之间的裂缝。

（7）凿槽、骑缝灌浆、填充法相结合的修缮

适用于宽度在 1.0～3.0mm 之间的裂缝，大多是结构主体产生的裂缝，特别是大于 2mm 的裂缝已影响到结构的正常使用，故应对结构主体进行补强。通常大多采用凿槽、骑缝灌浆和填充法相结合的补强修缮措施，构造见图 5-53。凿槽时，不能凿断构造钢筋。

灌浆的浆料根据裂缝的宽度确定：裂缝宽度小于 2mm 时，可选择水泥基、化学浆料。化学浆料有：环氧树脂、丙烯酰胺、聚氨酯（可掺入膨润土）、丙烯酸盐类等。裂缝宽度大于 2mm 时，应对结构主体进行补强，可选择水泥基、水泥砂浆、超细水泥、特种水泥、环氧树脂水泥浆等强度较高的浆料。对有一定延伸性能的裂缝，应选择聚合物浆液、高聚灰比的聚合物水泥浆或聚合物水泥砂浆、掺入钠基膨润土的水泥浆等。

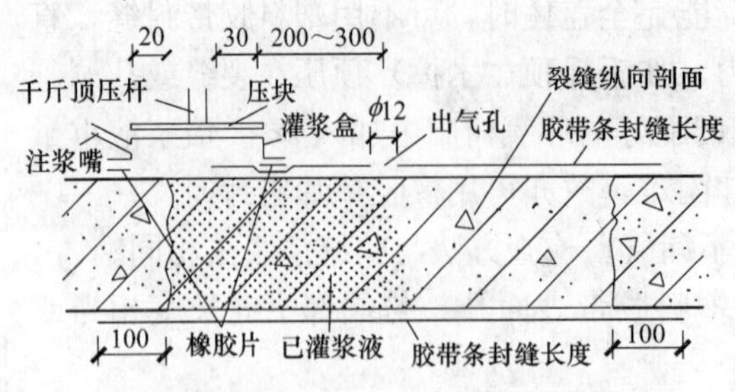

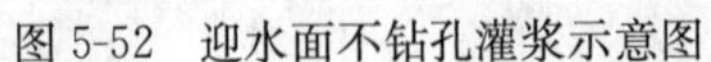
图 5-52 迎水面不钻孔灌浆示意图

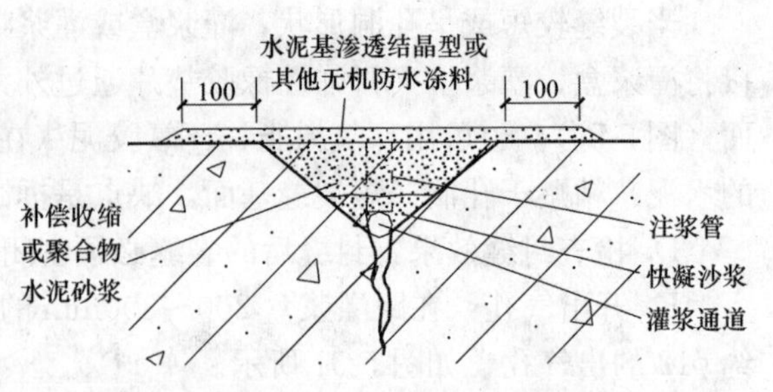

图 5-53 凿槽、灌浆、填充法修复裂缝构造

（8）刚性防水层基层处理不当渗漏水的修复

刚性防水层用于屋面防水时，其基层宜为整体现浇钢筋混凝土结构。如基层为装配式预制钢筋混凝土结构时，板端缝部位最易开裂，且裂缝的宽度随温度的变化呈周期性变化。故板端缝的接缝除了应采用强度大于 C20 的细石混凝土灌填密实外，还需留设 20mm 宽的凹缝，缝内用密封材料嵌缝。

（9）刚性防水层接缝密封不良渗漏水的修复

应先将凹槽内的密封材料剔除，再从以下五个方面寻找原因，针对不同的原因加以修缮。

1）如密封材料的弹塑性、粘结性、耐候性、水密性、气密性、施工性、有效位移率和拉伸-压缩循环性不符合要求，应更换符合要求的密封材料。

2）在嵌填密封材料前，没对基面进行清理，有浮灰、砂粒等微小杂质，使密封材料与基层脱离，造成渗漏。应将接缝内的密封材料剔除，清除干净后重新嵌填。

3）没设置防粘背衬隔离材料，使密封材料三面或四面受力，降低或失去密封性能。工程中经常出现只在接缝底部设置聚乙烯棒材背衬材料，而密封材料表面不设防粘隔离条，使其与覆盖材料相粘连，拉伸变形时，密封材料在三面拉应力的作用下，降低密封性能，出现渗漏现象。检查时，揭起覆盖的卷材或涂膜观察，如上表面没设隔离条，则修复密封材料的损坏部分，重新设置隔离条。

4）没涂刷基层处理剂或涂刷不彻底，将不能有效隔绝基层潮气，减弱密封材料与基层的粘结力。检查时，剔除旧密封材料，观察两壁是否有大面积白斑，如有，重新涂刷基层处理剂。嵌填密封材料的时机应掌握好，应在基层处理剂表干时（用手指轻压不粘手指和不留指印）再嵌填，过早过后都会影响粘结质量。

5）嵌填密封材料后，在固化前遭到踩踏、尖锐物穿刺等人为破坏。检查时，揭起覆盖卷材或涂膜，如有破坏现象，对破损处修复后再覆盖。

（10）刚性防水层质量缺陷的修复

1）分格缝内的钢筋网片没割断：钢筋网不断开，等于没设分格缝，刚性防水板块随着钢筋网的胀缩而开裂。修复时，应先割断分格缝内的钢筋网片，再修复刚性板块内的裂缝，并按要求在分格缝内嵌填密封材料。

2）钢筋网放置位置偏下或偏中：细石混凝土防水层在浇筑固化时，表层比中层和下层更容易出现干缩变形裂缝和温差变形裂缝。如钢筋网的位置偏下或偏中，则起不到限制表层细石混凝土干缩变形和温差变形的作用。故施工时，应将钢筋网片设置在刚性防水层的上部，但保护层的厚度应不小于 10mm。如已出现裂缝，则按修缮规则裂缝和不规则裂缝的方法进行修复。

3）钢筋网放置位置太靠上，保护层厚度不足 10mm：此时混凝土的干缩应力和温差应力因聚集在钢筋网的上表面而造成开裂。施工时，可采用与刚性防水层强度相同或高一级的水泥砂浆垫块调整钢筋保护层的厚度不小于 10mm，但不能偏中或偏下。如因保护层过薄且已出现裂缝，则按以下两种情况进行修复：

① 钢筋保护层个别部位的厚度只有 6～8mm 时，应剔除该部位钢筋保护层上表面已开裂的疏松混凝土，露出坚硬的混凝土和钢筋，清洗基层，充分湿润，在基面表面涂刷水泥基渗透结晶型防水涂料，湿润养护 3d，再用水性环氧树脂水泥砂浆或其他高聚灰比的聚合物水泥砂浆嵌压抹平，使保护层厚度不小于 10mm，并养护至固化。

② 钢筋保护层厚度小于 6mm 时，此时开裂的部位已几乎遍布整个防水层，只能将疏松混凝土全部剔除后，再重新铺抹 20mm 厚防水砂浆防水层。

4）刚性防水层出现起灰、起砂现象：说明刚性防水层本身的强度较低，须进行增强处理。所选增强材料，应根据增强材料的特性来确定。一般无机材料不具有将表层无机材料粘结增强的特性。虽然水泥基渗透结晶型防水涂料具有渗透结晶的特性，但其结晶体只能堵塞裂缝，对提高混凝土的强度是有限的。所以，不宜采用无机材料修复低强度刚性防水层。可涂刷双组分水性环氧树脂防水涂料进行补强，树脂渗入的深度，由刚性防水层的强度决定，强度越大，渗入较浅；强度越小，渗入较深。强度增强的大小，由水性环氧树脂的质量、配比、施工方法决定。施工时，按正规厂家使用说明书规定的配合比混合搅拌均匀，随配随用。采用连续两遍不间断涂刷的方法施工。即第一遍涂刷后，趁还湿润时，马上涂刷第二遍。如待第一遍涂层表干后再涂刷第二遍，则涂料已不能再继续渗入刚性防水层内部。如防水层有蜂窝、麻面等现象，可用聚合物水泥砂浆进行顺平。再按施工要求嵌填密封材料。

5.2 地下、水利、水池工程渗漏水查勘和堵漏修缮

5.2.1 地下、水利、水池工程渗漏点、渗漏裂缝查勘

对渗漏点、渗漏裂缝，地下工程在室内背水面查勘；水利、水池工程在迎、背水面查勘。对于明显的涌水、冒水、渗水，凭肉眼观察就能找到。对于地下工程地面不明显的洇渗水，地面又潮湿一片，光凭肉眼无法观察到，此时，可先将地面打扫干净，再撒以薄薄的一层水泥或石灰，稍停片刻，颜色变深（黑）的点即为渗漏点，清扫干净后就可堵漏修缮。

墙面、水利工程坝体、水池池体的渗漏，涌水、慢洇渗都比较容易在背水面观察到。

5.2.2 地下、水利、水池工程渗漏水的堵漏修缮

按照渗漏水的形式，分类进行修缮。

5.2.2.1 涌水、冒水、渗水点的堵漏修缮

采用快速堵漏法。参见“4.7.2.2 水泥基无机防水粉料堵漏施工”。

5.2.2.2 结构背水面裂缝、质量缺陷的修复

用水泥基无机防水材料进行涂刷、灌浆修缮。参见“5.1.2.3 刚性防水层渗漏水的堵漏修缮和质量缺陷的修复”。

5.2.2.3 地下工程墙面、坝体、池体大部分面积渗漏（洇）水的修复

（1）凿去饰面层，露出混凝土基面，打掉凸起砂浆硬块、蜂窝、麻面，用1∶2.5聚合物水泥砂浆填平压光，渗漏水点、缝隙灌浆堵漏，基面呈基本平整状。

（2）浇水湿润基面至饱和，涂刷水泥基渗透结晶型防水涂料，湿润养护至固化。

（3）铺贴聚乙烯丙纶复合防水卷材，或涂刷聚合物水泥防水涂料［如：益胶泥（华鸿）、RG涂料（中核）］，或抹5mm厚1∶2.5钠基膨润土水泥砂浆。

（4）粘贴饰面层。

5.2.2.4 地下工程结构变形缝渗漏水修复

（1）粘贴式变形缝渗漏水的修复

常采用铺贴2～3层氯丁橡胶、三元乙丙橡胶、氯化聚乙烯橡胶共混防水卷材的方法进行修复。

在变形缝的渗漏部位，凿去止水带上部的混凝土，露出原止水带，清扫干净后再粘贴片材，胶粘剂的材性必须与片材相同。片材两侧用密封材料封严。也可用涂刷氯丁胶粘贴多层玻璃丝布、土工布的方法进行修复。氯丁胶配方见表5-3。

涂刷式氯丁胶配方（重量比） **表5-3**

材 料	底胶	涂刷玻璃布	2～3道胶	4～5道胶	6～8道胶
氯丁胶浆	100	100	100	100	100
列克那	15	15	15	15	15
水泥	—	—	10	15	20

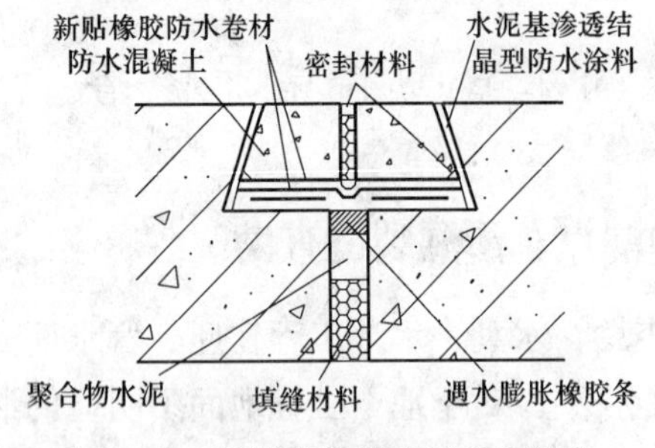

图5-54 粘贴式修复变形缝渗漏水

待上述止水带固化后，即可浇筑防水混凝土。修复后的变形缝构造如图5-54所示。

变形缝基面潮湿时，可采用涂刷湿固化型环氧聚酰胺树脂铺贴玻璃丝布、土工布的方法进行修缮。其配方见表5-4。

（2）中埋式变形缝渗漏水的修复

水平中埋式变形缝渗漏的原因大致有两个：一是由于止水带的挡碍，使变形缝底部两侧混凝土不易浇捣密实，地下水绕过止水带的两翼形成环形渗水通道。二是止水带被钢筋、尖锐物扎破，形成渗水通道。一般用以下方法进行修复。

湿固化型环氧聚酰胺树脂配方（重量比） **表5-4**

材料名称	环氧树脂6101号	300号低分子聚酰胺	32.5MPa普通硅酸盐水泥	工业乙酸乙酯
配比	100	50	30～50	10～20

1）用注浆、嵌填密封方式修复。施工方法如下：

① 沿渗漏缝凿开80～100mm宽、深约60～70mm、长度大于渗水处两端各500mm

的三角形槽。将变形缝内止水带以上的原填充物全部掏空并清理干净，观察渗水位置，找出渗漏点，做好标记。在缝两侧各钻 ϕ12mm 注浆孔，查原始资料止水带的翼宽，第一排孔在止水带翼端的内侧约 50mm，孔间距为 200～300mm，深度至止水带上方约 50mm，第二排孔在止水带翼端的外侧约 50mm，深度至止水带下方 100～150mm，孔间距为300～500mm。接着用 ϕ10mm 铝管由远向标记处漏水点注浆堵漏。需快速堵漏时，可采用丙烯酰胺浆液（表 5-5）压注后观察缝槽内进水与否。若不再渗水，而有浆液进入变形缝内时，就停止注浆。此时，浆液已将两侧缝隙填充密实，结构得到加强。

丙烯酰胺浆液的组成、配比（重量比）及性能　　表 5-5

体系	组　分	简　称	分子式	作　用	配比(%)	主要性能
甲液	丙烯酰胺	AAM	$CH_2=CHCONH_2$	主剂	9.5	浆液黏度为 1.2MPa·s，凝胶时间十几秒至几十分钟，抗压强度 0.6MPa
	N,N′-亚甲基双丙烯酰胺	HBAM	$(CH_2=CHCONH)_2CH_2$	交联剂	0.5	
	β-二甲氨基丙腈	DMAPN	$(CH_3)_2NCH_2CH_2CN$	还原剂	0.3～1.2	
	硫酸亚铁	Fes	$FeSO_4 \cdot 7H_2O$	强还原剂	0～0.16	
	铁氰化钾	KFe	$K_3Fe(CN)$	缓凝剂	0～0.05	
乙液	过硫酸铵	AP	$(NH_4)S_2O_3$	氧化剂	0.3～1.2	

注：1. 甲、乙液等体积混匀后注入，配方其余部分为水；
2. N，N′-亚甲基双丙烯酰胺先用温水溶解后加入丙烯酰胺；
3. 使用时应戴口罩手套，不宜用手直接接触。使用后的废液应倒入下水道，不准倒入江、河、湖中；
4. 对金属有一定腐蚀性，未胶凝前具有一定的微毒性；
5. 丙烯酰胺浆液凝固前对环境有一定的污染，故饮用水源地不得使用。

② 在止水带表面依次嵌入约 30mm 厚的快凝水泥砂浆、隔离条、约 30mm 厚的橡胶型弹性密封膏、约 30～50mm 厚的遇水膨胀腻子条，再填入聚合物水泥砂浆至三角形凹槽底边，并养护至固化。再衬入隔离条、嵌填约 30mm 厚的弹性密封膏或卤化丁基橡胶防水密封膏、衬入隔离条、铺抹防水砂浆至基面平齐，如图 5-55 所示。

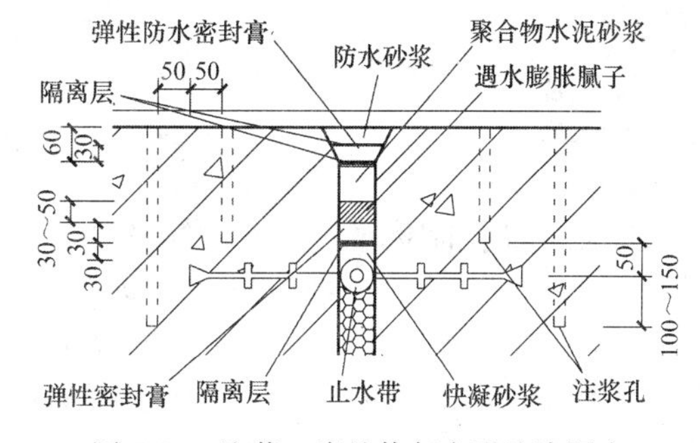

图 5-55　注浆、嵌缝修复变形缝渗漏水

2）用嵌楔遇水膨胀复合橡胶条修复。施工步骤如下：

① 凿去变形缝凹槽内原有的填缝材料，深应大于 130mm。将凹槽的两侧清理干净，缺损部位用聚合物水泥砂浆抹平。

② 当凹槽内有渗漏水流出时，用快凝砂浆封堵；无渗漏水时，可用 1∶2.5 水泥砂浆封堵，厚约 30mm。

③ 在快凝砂浆表面嵌塞有机硅薄膜隔离片或其他与密封材料不粘结或少粘结的隔离片。

④ 嵌塞约 20mm 厚高模量密封材料。

⑤ 用防腐木楔子嵌楔遇水膨胀复合橡胶止水带（图 5-56），遇水膨胀橡胶复合止水带可在工厂合成，也可在施工现场复合而成。

⑥ 凹槽表面嵌填约 20mm 厚的高模量密封材料，与胀塞间亦应用隔离片隔离。

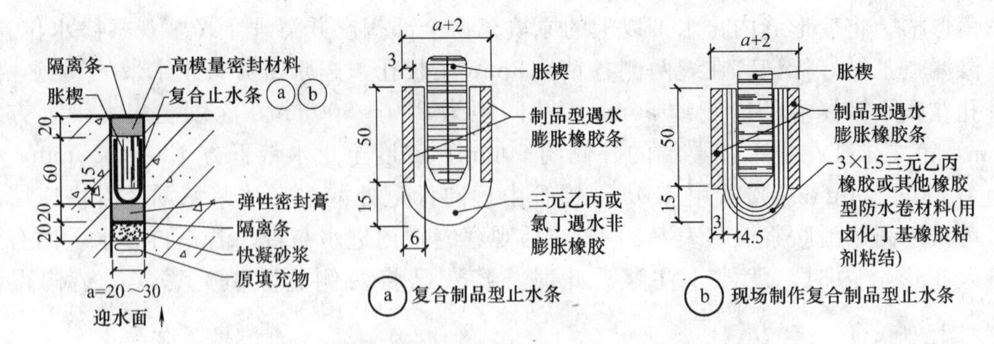

图 5-56　制品型或现场复合遇水膨胀橡胶止水带修复渗漏水

5.3　墙体工程渗漏水查勘和堵漏修缮

5.3.1　墙体工程渗漏点、渗漏裂缝查勘

墙体工程渗漏点、渗漏裂缝一般很容易观察到，特别是室内墙体的水印部位就是渗水部位。墙体渗漏的原因应通过仔细观察，再分析得出。一般有几种情况：

（1）室内、外墙体出现裂缝。

（2）室外水落管固定件、管线进户构件与墙体间的缝隙没密封。

（3）室外墙面防水失效。

（4）墙面刚性防水层与墙体之间有缝隙，当屋面伸出墙体很短时，雨水通过屋面爬水从墙体的顶部缝隙流入室内，此时室内墙面的渗漏部位就不是由外墙防水失效所引起，也非对应。

（5）窗户设计、施工不合理等。

5.3.2　墙体工程渗漏水的堵漏修缮

按照渗漏水的原因，分类修缮。

5.3.2.1　室内、外墙体裂缝的修缮

（1）对于0.2～0.5mm的裂缝，可按“5.1.2.3（2）涂刷法修缮不规则龟裂裂缝”的方法进行修缮。由干缩、温差引起的墙面裂缝一般不会再继续展开放大，采用涂刷聚合物水泥防水涂料［如：益胶泥（华鸿）、RG涂料（中核）、丙烯酸酯水泥等］涂刷的方法比较适合。

（2）裂缝较宽时，按刚性防水层的厚度，将整条裂缝凿成“V”形槽，嵌入1∶2.5丙烯酸酯水泥砂浆，抹平压光，养护至固化。

5.3.2.2　外墙固定构件裂缝的修缮

墙外固定构件与墙体间的裂缝，用密封材料嵌填密封即可堵漏。嵌填前，应根据密封材料的最小密封宽度，将裂缝凿宽后再嵌缝密封。

5.3.2.3　室外墙面防水失效的修缮

（1）古建砖墙、饰面墙、红黄粉墙、板墙、水泥砂浆（强度未降低）抹面墙防水失效，采用喷涂有机硅乳液型憎水剂进行修缮。施工步骤：

1）洁净墙面，清除浮灰、污垢、花斑、苔斑、尘土等杂物。

2）将乳液按规定的配比用水稀释（乳液：水＝1：10～15），用农用喷雾器连续两遍喷涂在干燥的墙面上，两遍呈“十”字交叉状喷涂，上下、左右有序地进行喷涂，以防漏涂。第二遍涂层应紧接着第一遍涂层进行喷涂，否则，第一遍涂层固化后已出现“憎水”特性，再喷涂就不能再渗入墙内。

（2）水泥砂浆强度低，出现起砂、起灰等现象，可采用以下三种方法修缮：

1）采用喷涂（刷）双组分水性环氧树脂防水涂料进行增强修缮，连续两遍喷涂，方法同上。

2）涂刷聚合物水泥防水涂料［如：益胶泥（华鸿）、RG 涂料（中核）、丙烯酸酯水泥等］。

3）铺抹 1：2.5 掺化学纤维防水砂浆。厚度、掺量、施工方法按产品要求进行。

5.3.2.4　屋面板与墙体之间有缝隙

揭起屋面板，将刚性防水层与墙体之间的缝隙用优质橡胶型密封材料嵌填封严，即可修缮。

5.3.2.5　窗户渗漏修缮

（1）窗户上框渗漏：在上框面用 1：2.5 聚合物水泥砂浆（掺入丙烯酸酯或硅橡胶防水涂料），夹铺一层耐碱玻纤网格布，抹出披水线，防水砂浆与窗框连接处用密封材料封严，参见图 4-111 所示。

（2）窗台渗漏：如倒坡，则凿成顺坡，用上述砂浆抹面，并嵌缝密封，参见图 4-111 所示。

6 防水工程施工质量管理和验收

6.1 防水工程施工质量管理

一般来说，防水工程施工质量管理通过编制《防水工程施工方案》并按方案进行施工来实现。一份好的方案，还能为中标起作用。施工方案可分为两种，一种是防水工程初步施工方案，另一种是防水工程实施施工方案。

初步方案为投标而编制，施工技术可以写得简单些。比如卷材防水只写满粘、空铺、点铺或条铺等；涂料防水只写涂刷或喷涂，涂刷要点等；刚性防水只写材料的组成、外加剂的种类；各种防水材料的细部构造增强处理方法等等。至于一般的工艺流程和具体做法可以少写或不写。重点是突出质量和造价方面的优势（应向业主指出一味地追求低造价对工程质量的危害，如业主的标底实在太低，干脆就退出竞标）。方案中也可在理论方面花一些笔墨。比如，本工程适用什么材料，怎样施工才能不漏，否则，一定会漏，以显示投标方较高的理论知识、文化层次及丰富的实践经验，目的是让建设单位放心，只要交给本单位施工，在合理的造价、规定的使用年限内是不会渗漏的。其次，可涉及一些施工单位的业绩，良好的业绩是企业的无形资产，所以将企业的业绩（在耐久年限内不渗漏工程）与本工程进行类比，也就暗示了本工程也会取得同样可靠的施工质量。

中标后，可在初步方案的基础上，删去理论、业绩部分，完善防水施工技术、工艺、质量、安全等部分。将施工方案、工艺具体化，便成为实施方案了。

无论是初步方案，还是实施方案都与施工组织设计一样，应经技术部门讨论、审核，并报请上一级管理（领导）单位（部门）批准。实施方案一经批准，就等同于法律文件。施工单位应以法律的形式来规范自己的施工作业，以法律的形式向施工人员进行技术交底，施工人员必须执行。建设单位、监理单位、上一级单位等工程管理部门亦应以法律的形式对工程的施工步骤、进度、质量、安全、投资、环保等项目进行严格的监督、检查和管理。工程竣工后作为技术档案归档备查。所以，实施方案的编制必须切合实际，否则，会影响到工程的质量、进度和经济效益。

实施方案由防水施工员（工长）会同施工技术队长、技术员、工程师、技术负责人编制。应在经过了踏勘工程现场、会审图纸、了解工程具体情况、相互沟通等项调查研究工作的基础上再编制。编制的内容包括：工程概况，细部构造防水方案和施工做法（复杂部位宜画出详图），平、立面施工方法，进度，技术要求，质量，施工方法，工艺流程，施工注意事项，安全作业措施及注意事项，环境保护各项措施等等。

编制《防水工程施工方案》（即实施方案）的具体内容大致包括以下几个方面：

（1）工程概况

包括工程名称、结构形式、地理位置、距地坪高程、建筑面积、防水工程的面积和所在部位。是屋面、地下、室内厕浴间，还是外墙防水；是新建工程，还是翻修工程或是堵漏修缮工程。如是翻修工程或堵漏修缮工程，还应指明渗漏的部位、可能的渗漏点（如能准确指出渗漏点更好）以及渗漏的原因和渗漏程度等项内容。而地理位置的标明，也即确定了防水材料在选择、运输时间、堆放场所方面都应符合当地的规定。编制时应将上述内容应填入“防水工程施工方案审批表”。见表6-1。

防水工程施工方案审批表 **表6-1**

工程名称		结构形式	
地理位置		工程部位	
建筑面积		工程面积	
工程类型	新建( )，翻修( )，堵漏修缮( )	渗漏部位	
渗 漏 点	（可另附图）	渗漏程度	全部渗漏()，局部渗漏()
建设单位		施工单位	
编制部门		报审部门	
编制时间		报审时间	
编 制 人		报 审 人	
审批意见（填写经讨论或审批会议上所得出的主要结论，包括应进一步修改的部分）			

审批部门： 审批时间： 审批人：

（2）人员组成

包括防水单位资质等级、项目负责人、安检人、施工技术负责人、自检人、交接检人、专职检人、班组长、技术骨干（高、中级工）、施工人员（低级工）数量等。所有施工人员均应取得防水施工专业岗位证书。上述人员应填入“防水施工人员组成表”。见表6-2。

防水施工人员组成表 **表6-2**

施工单位				资质等级	
单位负责人		职 称		自 检 人	
技术负责人		职 称		交接检人	
班 组 长				专职检人	
技术骨干				施工人数	
施工人员从事过的典型工程（包括是否取得防水施工专业岗位证书）					

单位地址： 电话：

(3) 机具配备

建筑防水具有专业性、技术性强的特点。从事建筑防水施工必须具备两个必要条件。一是施工人员，二是施工机具，两者缺一不可。单拿施工人员来讲，哪一个施工企业都有，人对于业主来讲可能不足为奇，而施工机具，是实实在在明摆着的，在某种意义上讲是能够帮助施工单位说明问题的。虽然企业的资质等级、注册资本已经体现了企业的综合经济、防水施工的实力。但是，将施工机具在方案中列出，就可以明确地告诉建设单位：企业在人力、物力等方面都能确保防水工程的圆满完成。所以，施工机具也是承接不同防水等级和工程量大小必须具备的条件，应以表格的形式展示。见表 6-3。

防水施工机具配备表 **表 6-3**

名　称	数　量	用　途	规　格

单位：　　　　地址：　　　　电话：　　　　日期：

(4) 材料、设计方案变更

施工单位根据建筑物的防水设防等级、设计和建设单位的选材要求，选择相应的防水材料、辅助材料和保温材料，这些材料应有产品合格证书和性能检测报告，材料的品种、规格、性能等应符合现行国家或行业的产品标准。

如设计单位没指明具体防水材料，或建设单位提出异议，或施工单位根据以往经验，对设计所选材料觉得不妥时。施工方案中应提出设计所选材料不妥的理由，经与设计、建设、监理单位洽商，取得一致意见后，才能更换材料。

如施工单位对设计方案、节点做法方案提出异议，亦应与设计、建设、监理单位进行充分洽商，取得同意后，才能更改方案。

经洽商，同意更换所选防水材料或同意变更防水施工设计做法的项目，应填写“设计变更、洽商记录表”。见表 6-4。

防水材料运到施工现场后，要会同建设单位、监理单位按有关《规范》的要求进行抽样检验，检验报告由质量检测部门提供，一些只需通过现场检测就能确定的项目，也可只在现场检验，经质检部门和现场检验后，由防水施工员（工长）填写“防水材料质量检验认定记录”（表 6-5）；符合国家、行业标准的，在认定结果栏内填写准予使用；不合格的，填写严禁使用。对于防水辅助材料、安全、劳动保护用品都应在方案中得到落实。

设计变更、洽商记录表　　表 6-4

洽字第　　号

<table>
<tr><td colspan="4">工程名称：</td></tr>
<tr><td colspan="4">记录内容：</td></tr>
<tr><td>建设单位</td><td>设计单位</td><td>施工单位</td><td>监理单位</td></tr>
<tr><td>（公章）
单位(项目)负责人
年　月　日</td><td>（公章）
单位(项目)负责人
年　月　日</td><td>（公章）
单位(项目)负责人
年　月　日</td><td>（公章）
单位(项目)负责人
年　月　日</td></tr>
</table>

防水材料质量现场抽样检验认定记录　　表 6-5

施工单位：　　编号：

<table>
<tr><td>工程名称</td><td></td><td>材料名称</td><td></td></tr>
<tr><td>规　　格</td><td></td><td>数　　量</td><td></td></tr>
<tr><td>厂　　家</td><td></td><td>进场日期</td><td></td></tr>
<tr><td colspan="4">送检结果：
送检人：
年　月　日</td></tr>
<tr><td colspan="4">现场检测结果：
检测人：
年　月　日</td></tr>
<tr><td colspan="4">认定结果：</td></tr>
<tr><td>认定日期</td><td>年　月　日</td><td>认定人</td><td></td></tr>
</table>

（5）操作要点、技术交底

施工方案中应对操作要点进行说明，有国家或行业操作规程的建筑防水材料应按操作规程规定的工艺进行施工；无国家或行业操作规程的应按生产厂家说明书中规定的工艺要求进行施工；也可按施工单位曾经施工过的工艺、能保证施工质量、娴熟的施工经验进行施工。对施工人员从没操作过的施工方法，应用文字进行说明，对防水的薄弱环节、细部构造等需要加强处理的部位、操作难点等均应进行技术交底说明，施工人员应以此作为施工操作依据；对关键的部位、文字难以表达清楚的部位，应绘制出节点做法详图，供操作时使用。技术交底的内容应填写“技术交底记录表”，见表 6-6。

技术交底记录 **表 6-6**

年 月 日 编号：

工程名称			分部工程		
子分部工程			分项工程		
交底内容(包括文字、节点详图)：					
技术队长		施工员		班组长	

对于工人们已经熟练掌握了的操作技术，方案中可不详细叙述，只要写出施工方法即可。如：满粘、条粘、点粘、空铺、涂刷、喷涂等；对于涂刷、喷涂的方法，可用文字说明，如“十”字交叉法涂刷或喷涂、待前一遍涂层干燥成膜后再涂刷后一遍涂层等等。

在施工方案中还应对基层（找平层）的要求进行技术交底，如对平整度、厚度、含水率、转角部位圆弧的具体要求。对找平层强度的要求，不得有酥松、起皮、起砂、蜂窝现象，对分格缝的具体要求等等。

操作要点中还应对上一道的工序检查验收情况进行说明。无论是土建施工，还是水、暖、电施工，或是其他施工，凡上一道工序不合格的，应及时与设计、建设、监理方进行洽商，予以返工，并填写洽商记录表。返工合格后，再进行防水施工。防水施工本身亦应待上一道工序验收合格后，再进行下一道工序的施工。

（6）质量标准依据

目前使用的建筑防水材料大多有材料标准，而操作方法一般没有统一的标准，但有技术规范和质量验收标准。所以，在施工方案中，不但要写出操作方法，还应写出依据什么技术规范和质量验收标准编制的施工方案。如依据《屋面工程技术规范》GB 50345、《屋面工程质量验收规范》GB 50207、《地下工程防水技术规范》GB 50108、《地下防水工程质量验收规范》GB 50208 以及各种材料的现行国家和行业标准或各省（市）颁布的《规范》、《标准》等。这样，一方面可以让施工操作人员按规范和标准中所规定的要求进行操作施工，另一方面，可以让质检、监理部门按规范和标准中所规定的要求实施检查验收。如：不同种卷材采用不同的铺贴方法时，卷材长、短边的搭接宽度，满粘法铺贴时转角部位的空铺范围，空铺、点铺、条铺法施工时，转角处及凸出屋面连接处的粘结范围，顺水接茬、顺最大年频率风向搭接等，涂料涂刷的遍数、搭接宽度、胎体材料的搭接宽度等，刚性材料的配比、涂刷、喷涂、浇筑要求等等，这些均应在施工方案中详细写明，以便保证防水工程施工质量。

（7）安全操作

方案应包括安全操作注意事项交底的内容。如：对于易燃、易爆的材料要求贮存场所、施工现场严禁烟火，与临近电、气焊等用火地点，应按消防部门的有关规定，相隔一定的安全距离；对于有毒的化工材料要求贮存场所、施工现场注意通风，必要时，应配备防毒面具或用抽风机排风；对于大坡度屋面，应设置防滑栏杆和系扎防滑带；对高空、高落差工程应按建设部颁发的《建筑工程预防高处坠落事故若干规定》（建质［2003］82号文）的要求制定安全措施，设置防护栏杆或架设安全网，施工人员应佩戴安全帽和绑扎安全带等等；对于深基坑（槽）应按《建筑工程预防坍塌事故若干规定》的要求制定防坍塌安全措施。

（8）施工注意事项

1）施工注意事项进行交底的内容：施工气候条件，对成品保护注意事项；提高防水层施工质量的具体注意事项。

2）要求施工人员在施工时的注意事项：应穿软底鞋，不准穿带钉子的鞋；要求专心致志、精神集中，不得马虎，不得开玩笑和打闹，施工机具及工具箱不得在防水层上拖动；非机动车支架应设置橡胶保护套；施工材料应堆放整齐，现场除必要的机具外，其余不得随意丢弃；裁剪下的下脚料应及时清除，做到活完脚下清，以便于质量检查和体现文明施工的精神面貌等等。

应附有“安全施工日志”记录表（表6-7），把当日的施工情况进行准确的记录。今后一旦出现质量问题或产生纠纷时，便于查找原因，制定对策，有利修缮。

安全施工日志 **表6-7**

年　月　日　星期　　　　编号：

气候	（晴阴雨雪、风力、冬季最低气温、夏季最高气温）					
	上午		下午		夜间	
施工情况记录	（部位、施工项目、操作人员、所用机具、所在班组、施工或其他存在问题等）					
技术质量安全施工记录	（技术质量、安全施工存在的问题，检查评定验收等）					

记录日期：　年　月　日　　　　记录人：

(9) 质量保证措施

为保证防水工程施工质量，方案中应写明每道工序、部位、构造完工后，应及时通知监理单位（或建设单位）对施工质量进行检查验收。检查的结果有合格和不合格两种情况。经检查合格的，建设、监理单位填写“工序合格通知单”（表 6-8），不合格的签发“工程质量问题整改通知单”（表 6-9）。

工序合格通知单 **表 6-8**

年　月　日　编号：

<table>
<tr><td colspan="2">工程名称</td><td colspan="3"></td></tr>
<tr><td colspan="2">分部工程名称</td><td colspan="3"></td></tr>
<tr><td colspan="2">子分部工程名称</td><td colspan="3"></td></tr>
<tr><td rowspan="4">分项工程</td><td>工序名称</td><td colspan="3"></td></tr>
<tr><td>部位名称</td><td colspan="3"></td></tr>
<tr><td>构造名称</td><td colspan="3"></td></tr>
<tr><td>其他名称</td><td colspan="3"></td></tr>
<tr><td colspan="5">对合格的评语：</td></tr>
<tr><td colspan="2">建设(监理)单位负责人</td><td>质量检查员</td><td>施工单位负责人</td><td>施工单位签收人</td></tr>
<tr><td colspan="2"></td><td></td><td></td><td></td></tr>
</table>

施工单位应写明对待这两种结果的态度。

1）对待合格的态度：编制文件中应写明施工单位在收到合格通知单后，会及时按照工程进度进行下道工序的施工。

2）对待不合格的态度：经验收不合格的工程，应写明在收到建设、监理单位签发的“工程质量问题整改通知单”后，及时分析不合格的原因，必要时，聘请防水专家诊断，查出原因后，立即返工整改。返工后不合格的再整改，直至合格，让建设单位满意。

施工方案中还应附有“预检工程检查记录单”（表 6-10）、“隐蔽工程检查记录”（表 6-11）、“防水工程试水检查记录”（表 6-12）和“防水工程完工验收记录”（表 6-13）等表格。

施工单位还可根据需要编制其他记录表格。供交工、存档、备查。

工程质量问题整改通知单 　　**表 6-9**

编号

<table>
<tr><td>施工单位</td><td colspan="2"></td><td colspan="2">工程名称</td><td></td></tr>
<tr><td>施工负责人</td><td></td><td>检查部位</td><td></td><td>检查工序</td><td></td></tr>
<tr><td colspan="6">检查中存在的问题：

检查人：　　　　年　月　日
接受人：　　　　年　月　日</td></tr>
<tr><td colspan="6">整改后评审、处置意见（不合格的应再次整改）：

评审人：　　　　年　月　日</td></tr>
<tr><td colspan="6">重新整改后的复查结论：

复查人：　　　　年　月　日</td></tr>
</table>

预检工程检查记录单 　　**表 6-10**

年　月　日　　　　编号：

<table>
<tr><td>工程名称</td><td colspan="8"></td></tr>
<tr><td>施工单位</td><td colspan="4"></td><td colspan="2">要求检查时间</td><td colspan="2">年　月　日　时　分</td></tr>
<tr><td rowspan="2">预检内容</td><td colspan="4">预检部位、工艺名称</td><td colspan="4">说　明</td></tr>
<tr><td colspan="4"></td><td colspan="4"></td></tr>
<tr><td>检查意见</td><td colspan="8"></td></tr>
<tr><td>复查意见</td><td colspan="8">

复查时间：　年　月　日　　　　复查人：</td></tr>
<tr><td rowspan="2">填表人</td><td colspan="8">参加检查人员签字盖章</td></tr>
<tr><td>施工技术负责人</td><td></td><td>质量检查员</td><td></td><td>工长</td><td></td><td>班、组长</td><td></td></tr>
</table>

隐蔽工程检查记录 表 6-11

施工单位： 编号：

<table>
<tr><td>工程名称</td><td></td><td>隐检项目</td><td colspan="2"></td></tr>
<tr><td>检查部位</td><td></td><td>填写日期</td><td colspan="2">年 月 日</td></tr>
<tr><td>隐检内容</td><td colspan="4"></td></tr>
<tr><td>检查记录</td><td colspan="4"></td></tr>
<tr><td colspan="5">隐 检 单 位</td></tr>
<tr><td>建设单位</td><td>设计单位</td><td colspan="2">监理单位</td><td>施工单位</td></tr>
<tr><td>（公章）
单位（项目）负责人：
年 月 日</td><td>（公章）
单位（项目）负责人：
年 月 日</td><td colspan="2">（公章）
单位（项目）负责人：
年 月 日</td><td>（公章）
技术队长：
施工员：
质检员：
年 月 日</td></tr>
</table>

防水工程试水检查记录 表 6-12

<table>
<tr><td>工程名称</td><td></td><td>施工单位</td><td></td></tr>
<tr><td>试水部位</td><td></td><td>试水日期</td><td>年 月 日</td></tr>
<tr><td colspan="4">试水检查方法：雨后（ ）、淋水（ ）、蓄水（ ）</td></tr>
<tr><td colspan="4">试水检查结果：</td></tr>
<tr><td>建设单位</td><td>监理单位</td><td>施工单位</td><td>质量检查员</td></tr>
<tr><td>（公章）
单位（项目）负责人：
年 月 日</td><td>（公章）
单位（项目）负责人：
年 月 日</td><td>（公章）
单位（项目）负责人：
年 月 日</td><td>年 月 日</td></tr>
</table>

防水工程完工验收记录 **表 6-13**

工程名称		结构类型	
建设单位		分部工程名称	
设计单位		分部工程面积	
施工单位		子分部工程名称	
监理单位		工程地点	
开工日期	年 月 日	竣工日期	年 月 日

序号	分项工程名称	施工单位自检评定	检查方法
1			
2			
3			
4			
5			
6			
7			
8			
9			
10			
分部工程验收意见			

建设单位	设计单位	施工单位	监理单位
(公章) 单位(项目)负责人 年 月 日	(公章) 单位(项目)负责人 年 月 日	(公章) 单位(项目)负责人 年 月 日	(公章) 单位(项目)负责人 年 月 日

(10) 进场质量管理

1) 做好施工队伍进场的准备工作:

① 踏勘施工现场、掌握工程特点、熟悉工程周围环境情况。如作业环境、交通状况、消防用具、电源位置、材料堆放场地、工程距地面的高程、工程面积的大小、基层的构造情况等进行详细了解，做到心中有数。

② 审核施工图纸、了解工程概况。

③ 与设计、监理、业主负责人相互沟通，会审图纸。

2) 对防水材料和其他有关材料进行现场抽样检验。

3) 准备施工机具及安全劳保用品。

4) 对施工人员按《防水工程施工方案》中所编制的操作要点，进行施工技术方面的交底工作。对于复杂部位、普通施工人员难以掌握的施工技术，应由熟练的防水高级工当面进行示范操作，做出“样板段”、“样板间”、“样板节点”等“样板做法”，演示“样板工艺”等操作要点和方法。使整个防水工程都能达到应有的质量要求。

5）对施工人员进行质量标准方面的交底工作。

6）对施工人员进行安全操作、施工注意事项方面的交底工作。

7）对施工人员进行成品保护方面的交底工作。

（11）施工现场质量管理

施工现场管理体现了施工单位的组织管理的能力，也是在公众中树立良好企业形象的主要场所。如施工现场杂乱无章，给人留下不良影响，对今后的经营会造成很大的困难；如施工现场井井有条，周围的居住环境不受影响，现场整洁，文明施工，防水施工受到业主、公众甚至同行业的好评，这对企业的生存发展是有利的。现场管理内容有：

1）施工材料应按不同品种、不同规格有次序的码放。

2）建立自检、交接检和专职人员检查的“三检”制度。

3）设置质量检查员、安全员、环保员和制定相应的措施。

4）施工机具和劳动保护用品不得随意丢弃或乱放。施工机具施工完毕，清洗后再放入工具箱以备用。防水施工时，随身携带的工具箱、拌料桶、盛料器具、机具应轻拿轻放，更不得在防水层上拖动。

5）协助建设、监理单位进行现场管理。

6）要求施工人员进行精心施工。

（12）成品保护

在施工中和完工后应在施工方案中制定出对成品的保护或临时性保护措施。在采取保护措施前，应首先检查防水工程的施工质量。地下工程底板和外墙防水层一般都不便进行试水试验，所以应凭目测，仔细检查施工质量。而对于顶板在地下的全封闭工程，应和屋面一样进行试水试验。验收前，应清扫现场，使防水层表面无任何杂物。经雨后或淋水、浇水、蓄水检验合格后，及时做保护层。做保护层时，不能损坏防水层，特别是在夯实外墙、顶板的回填土时更应防止损坏防水层。对已发现的损坏部位，应及时修复，以免留下渗漏隐患。

施工中，应协助建设、监理单位加强对水暖电工、架子工、混凝土工等对防水层保护的交底工作，提醒他们在施工时，不要将重物、尖锐物件戳碰、撞击防水层，如防水层一旦损坏，要求他们及时报告防水施工队进行修复，不要隐瞒，否则，一旦被保护层覆盖，等于掩盖了渗漏源，将来渗漏往往找不出责任方，只能由防水施工单位来承担责任，“哑巴吃黄连”，有苦说不出。

（13）工程回访

防水工程使用期间，应定期进行回访。特别是在防水工程规定的耐久年限内，每逢雨、雪、洪水季来临前，都应对防水工程进行检查，对渗漏的部位应及时修复。并要求使用单位加强对防水层的保护工作，对于按不上人设防的屋面或顶板，应告之严禁在屋面或顶板上玩耍、列队操练，否则，会损坏防水层；上人屋面或顶板，应要求使用单位管理人员进行定期检查，及时清理防水层表面和水落口周围杂物，一旦发现渗漏应及时通知施工单位进行修缮。

6.2 防水工程施工质量要求、检验和验收

6.2.1 屋面防水工程质量要求、检验和验收

6.2.1.1 屋面防水工程质量要求及过程质量检验

（1）质量要求

屋面防水工程进行分部工程验收时，其质量应符合下列要求：

1）防水层不得有渗漏或积水现象。

2）所使用的材料应符合设计要求和质量标准的规定。

3）找平层表面平整，不得有酥松、起砂、起皮现象。平整度用2m靠尺和楔形塞尺检查，允许偏差为5mm。分格缝位置和间距应符合设计要求。

4）保温层的厚度、含水率和表观密度应符合设计要求。

5）天沟、檐沟、泛水和变形缝等构造，应符合设计要求。

6）卷材铺贴方法和搭接顺序应符合设计要求，搭接宽度正确，接缝严密，不得有皱折、鼓泡和翘边现象。

7）涂膜防水层的厚度应符合设计要求，涂层无裂纹、皱折、流淌、鼓泡和露胎体现象。

8）刚性防水层表面应平整、压光，不起砂，不起皮，不开裂。分格缝应平直，位置正确。

9）嵌缝密封材料应与两侧基层粘结牢固，密封部位光滑、平直，不得有开裂、鼓泡、下塌现象。

10）瓦屋面的基层应平整、牢固，瓦片排列整齐、平直，搭接合理，接缝严密，不得有残缺瓦片。

（2）过程质量检验的内容

1）准备工作的检查验收：施工前，应检查屋面工程是否通过图纸会审，施工方案或技术措施的内容是否完整，工序安排是否合理，进度是否科学，质量要求是否明确，质量目标是否制订；审查防水专业施工队的资质等级和施工人员的上岗证；检查屋面材料的进场情况，材料现场外观检查是否合格，现场抽检取样是否符合标准，测试数据是否有效，能否符合设计要求；检查施工机具和劳保用品数量及完好程度。

2）基层质量的检查验收：找平层施工前，检查结构基层的质量是否符合防水工程施工的要求，找平层原材料的质量是否合格，配比是否准确，水灰比和稠度是否适当；分格缝模板的位置是否准确，水泥砂浆抹压是否密实，排水坡度是否准确，是否及时进行二次压光。找平层平整度是否符合要求。

3）保温层质量的检查验收：保温层材料的品种是否正确，质量是否合格，板材的厚度是否准确；整体现浇保温层的配比是否正确，搅拌是否均匀，压实程度是否符合要求；松散保温材料的分层虚铺厚度和压实程度是否与试验确定的参数相同；板状保温材料铺贴是否平稳，板缝间隙是否用同类材料嵌填密实，上下板块接缝是否错开；保温层施工完成后是否及时进行找平层和防水层的施工，如在覆盖前遇雨，有否采取临时覆盖措施，雨后应重新测定保温层的含水率。

4）变形缝的质量检查验收：

① 变形缝的泛水高度不应小于 250mm。

② 防水层应用附加增强卷材铺贴至变形缝两侧砌体的上表面，并用卷材连接和覆盖，连接卷材和覆盖卷材之间设置圆形衬垫材料，并造型。

③ 变形缝内应填充聚苯乙烯泡沫塑料或沥青麻丝。

④ 变形缝顶部应加扣混凝土或金属盖板。当采用混凝土盖板时，覆盖卷材两侧应设置刚性保护条，盖板接缝用密封材料嵌实。

5）防水层、柔性防水层上覆盖保护层的质量检查验收：防水层施工前应检查基层（找平层）质量是否合格；防水层材料及配套材料有否抽样检验合格，防水层施工时的气候条件是否满足要求，细部构造有否按照要求增设附加增强层等。

① 卷材防水屋面的质量检查验收：

A. 1卷材铺贴前是否弹基准线，卷材施工顺序、施工工艺、铺贴方向是否正确。

B. 胶粘剂材性、质量是否符合要求。

C. 粘结方法是否符合设计要求，卷材底面空气有否排尽。

D. 搭接宽度是否满足要求。

E. 卷材接缝是否可靠，封口是否严密，不得有皱折、翘边和鼓泡等质量缺陷。

F. 收头卷材是否与基层粘结并固定牢固，封口应严密，不得翘边。

G. 排汽屋面的排汽道是否纵横贯通，是否堵塞。排汽管是否安装牢固，位置是否正确，封闭是否严密。

② 涂膜防水屋面的质量检查验收：

A. 涂料配比是否准确，搅拌是否均匀，每遍涂刷的用量是否适当，涂刷的均匀程度，涂刷的遍数和涂料的总用量是否达到要求，涂刷的间隔时间是否足够。

B. 涂膜防水层的厚度是否达到设计要求。

C. 胎体增强材料的铺设方向、搭接宽度是否符合要求。

D. 涂膜防水层与基层是否粘结牢固，表面是否平整，应无流淌、皱折、鼓泡、露胎体和翘边等质量缺陷。

E. 天沟、檐沟、檐口涂膜收头是否用涂料多遍涂刷或用密封材料封严。

③ 柔性防水层上覆盖保护层的质量检查验收：

A. 保护层覆盖前，防水层是否已经验收合格。

B. 保护层施工时有否采取保护防水层的措施。

C. 浅色涂料保护层的厚薄应均匀，与防水层是否粘结牢固，应无漏涂、露底现象，

D. 绿豆砂、云母或蛭石保护层不得有粉料，撒布应均匀，不得露底，粘结应牢固。多余的颗粒应清除。

E. 水泥砂浆、块材和细石混凝土等刚性保护层与防水层之间应设置隔离层，并应设分格缝，分格缝应与板缝对齐。

F. 水泥砂浆保护层的表面应抹平压光，除应设分格缝外，还应设表面分格缝，分格缝的纵横间距不应大于 6m，表面分格缝的纵横间距宜为 1m。

G. 块材保护层分格缝的分格面积不宜大于 100m，分格缝宽度不宜小于 20mm。

H. 细石混凝土保护层应密实，表面应抹平压光，分格缝的位置应准确，分格面积不大于 36m。

I. 刚性保护层与女儿墙、山墙、突出屋面的连接处之间应预留宽度为30mm的凹槽，并用密封材料嵌填严密。

J. 保护层的排水坡度是否符合设计要求。

④ 刚性防水屋面的质量检查验收：

A. 立墙泛水、伸出管道、变形缝、天沟、檐沟等与突出屋面的连接处应采用涂膜或卷材设防、增强、收头。压顶应做防水处理。

B. 刚性防水层与结构基层间应设隔离层。

C. 细石混凝土的配比应准确，搅拌应均匀，分格缝的设置位置和间距应符合设计要求，分格板条的支设应牢固，钢筋品种、规格应符合设计要求，钢筋间距和位置应正确。

D. 每个分格板块内的混凝土应连续浇筑，表面应平整，应及时进行二次压实抹光，养护是否及时充分，养护时间是否达到要求，表面应无裂缝、起壳、起砂等缺陷。表面平整度的允许偏差为5mm。

E. 分格缝内、凹槽内嵌填的密封材料的表面应平滑，与两侧壁的粘结应牢固，缝边应顺直，无凹凸不平现象。

F. 密封防水接缝宽度的允许偏差为±10％。迎水面用低模量密封材料嵌填，密封深度为宽度的0.5～0.7倍；背水面用高模量密封材料嵌填，密封深度为宽度的1.5～2倍。

G. 刚性防水层的坡度应符合设计要求。

6）瓦屋面的质量检查验收：瓦及其配套材料是否抽样检验合格，基层质量是否合格，节点部位有否增强处理，防水层有否检查验收。

① 平瓦屋面的质量检查验收：

A. 顺水条、挂瓦条分档是否与材料尺寸匹配，铺钉是否平整牢固，平瓦的铺置是否牢固，坡度过大时有否采取固定措施，瓦面是否整齐、平整、顺直，平瓦与平瓦之间、平瓦与脊瓦之间的搭盖方向、间距和尺寸是否正确，屋脊与斜脊是否顺直。

B. 泛水、天沟、檐沟的防水设防应符合设计要求。应顺直整齐，与增强防水层之间应结合严密，无渗漏现象。

C. 平瓦屋面的有关尺寸应符合下列规定：脊瓦在两坡面平瓦上的搭接宽度，每侧不小于40mm；瓦伸入天沟、檐沟的长度为50～70mm；天沟、檐沟的防水层伸入瓦内的宽度不小于150mm。

D. 瓦头挑出封檐板的长度为50～70mm。

E. 凸出屋面的墙或烟囱的侧面瓦伸入泛水宽度不小于50mm。

② 油毡瓦屋面的质量检查验收：

A. 油毡瓦的铺设方法应正确；上下层油毡瓦的对缝应错开，不得重合；隔层瓦的对缝应顺直。

B. 油毡钉的数量应配够，应钉平钉牢，钉帽不得外露。

C. 油毡瓦与基层应紧贴，瓦面应平整，檐口应顺直。

D. 泛水做法应符合设计要求，顺直整齐，结合严密，无渗漏。

E. 油毡瓦屋面的有关尺寸应符合以下要求：脊瓦与两坡面瓦的搭接宽度每边不小于100mm；脊瓦与脊瓦的压盖面不小于脊瓦面积的1/2；油毡瓦在屋面与凸出屋面结构的交接处铺贴高度不小于250mm。

③ 金属板材屋面的质量检查验收：

A. 金属板材的安装固定方法应正确，搭接宽度应符合要求，板材间的接缝应有密封措施，密封应严密，螺栓固定点的密封应严密，檐口线、泛水段应顺直，无起鼓现象。

B. 金属屋面的排水坡度应符合要求。

C. 压型板屋面的有关尺寸应符合下列要求：压型板的横向搭接不小于一个坡，纵向搭接宽度不小于200mm；压型板挑出墙面的长度不小于200mm；压型板伸入檐沟内的长度不小于150mm；压型板与泛水的搭接宽度不小于200mm。

7）隔热屋面的质量检查验收：隔热层施工前，防水层应验收合格，应有采取保护防水层的措施。

① 架空屋面的质量检查验收：

A. 架空隔热制品的质量应达到要求，支墩底部应设加强措施，支墩的间距应准确，架空板应采用坐浆铺砌，铺设应平整、稳固，相邻板面的高低差不得大于3mm，板缝应勾填密实。

B. 架空隔热层的高度应按照屋面宽度或坡度的大小来确定。如设计无要求时，一般以100～300mm为宜。当屋面宽度大于10m时，应设置通风屋脊，宽度不宜小于250mm。

C. 架空隔热层距山墙或女儿墙的距离不得小于250mm。

D. 变形缝的做法应符合设计要求。

② 蓄水屋面的质量检查验收：蓄水区的划分及构造应正确，排水管、溢水口、给水管、过水孔的位置尺寸、标高应符合设计要求，并应在防水层施工前就安装完毕。

③ 种植屋面的质量检查验收：

A. 种植屋面采用卷材或其他柔性材料作防水层时，上部应设置过滤层、排（蓄）水层、耐根穿刺防水保护层或水泥砂浆、细石混凝土保护层。

B. 种植屋面的排水坡度应为1%～3%，屋面四周应设挡墙，挡墙下部应设泄水孔，孔的内侧放置疏水粗细骨料，孔的位置、尺寸、标高均应符合设计要求。

8）屋面防水层的渗漏检查：检查屋面有无渗漏、积水现象，排水系统是否畅通，应在雨后或持续淋水2h后进行检查。有可能作蓄水检验的屋面，其蓄水时间不得少于24h。检查时应对顶层房间的天棚，逐间进行仔细的检查。如有渗漏现象，应记录渗漏的状态，查明原因，及时进行修补，直至屋面无渗漏为止。

6.2.1.2 屋面防水工程质量验收

（1）屋面工程各子分部工程和分项工程的划分

见表7-8。

（2）检验批的划分

屋面工程验收时应将分项工程划分成一个或若干个检验批，以检验批作为工程质量检验的最小单位。屋面工程各分项工程的施工质量检验批划分应符合以下规定：

1）标高不同处的屋面宜单独作为一个检验批进行验收。

2）当屋面有变形缝时，变形缝两侧宜作为两个检验批进行验收。

3）如屋面工程划分施工段，各构造层次分段施工时，各施工段宜单独作为一个检验批进行验收。

4）卷材防水屋面、涂膜防水屋面、刚性防水屋面、瓦屋面和隔热屋面工程，宜以屋面面积1000m^{2}左右为一个检验批，每100m^{2}抽查一处，每处抽查10m^2，当一个检验批的面积小于300m^{2}时，抽查的部位不得少于3处。

5）接缝密封防水，宜以接缝长度500m为一个检验批，每50m抽查一处，每处5m，当一个检验批的接缝长度小于150m时，抽查的部位不得少于3处。

6）屋面工程细部构造是质量检验重点，作为一各检验批进行全数检查。

（3）屋面工程质量验收的程序和组织

施工时，应建立各道工序的自检、交接检和专职人员检查的“三检”制度，并有完整的检查记录。每道工序完成后，应经监理单位或建设单位的检查验收，合格后方可进行下道工序的施工。工程质量验收应随着工程的进展而进行，一个分项工程的所有检验批均验收合格后，进行该分项工程验收；一个子分部工程的所有分项工程均验收合格后，进行该子分部工程验收；所有子分部工程均验收合格后，进行屋面工程的验收。

1）检验批的验收：

① 检验批应由监理工程师或建设单位项目技术负责人组织施工单位项目专业质量（技术）负责人进行验收。

② 检验批合格质量应符合下列规定：主控项目和一般项目的质量经抽样检验合格；具有完整的施工操作依据、质量检查记录。

③ 检验批质量检验过程中，应按表6-14由施工单位项目专业质量检查员填写检验批施工单位检查评定记录和检查评定结果，监理工程师或建设单位专业技术负责人填写监理（建设）单位验收记录和验收结论。

检验批质量验收记录　　　　表6-14

<table>
<tr><td>工程名称</td><td colspan="2"></td><td>分项工程名称</td><td></td><td>验收部位</td><td></td></tr>
<tr><td>施工单位</td><td colspan="3"></td><td>专业工长</td><td>项目经理</td><td></td></tr>
<tr><td>施工执行标准
名称及编号</td><td colspan="6"></td></tr>
<tr><td>分包单位</td><td colspan="2"></td><td>分包项目经理</td><td></td><td>施工班组长</td><td></td></tr>
<tr><td rowspan="11">主控
项目</td><td colspan="2">质量验收规范的规定</td><td colspan="2">施工单位检查评定记录</td><td colspan="2">监理(建设)单位验收记录</td></tr>
<tr><td>1</td><td></td><td colspan="2"></td><td colspan="2" rowspan="10"></td></tr>
<tr><td>2</td><td></td><td colspan="2"></td></tr>
<tr><td>3</td><td></td><td colspan="2"></td></tr>
<tr><td>4</td><td></td><td colspan="2"></td></tr>
<tr><td>5</td><td></td><td colspan="2"></td></tr>
<tr><td>6</td><td></td><td colspan="2"></td></tr>
<tr><td>7</td><td></td><td colspan="2"></td></tr>
<tr><td>8</td><td></td><td colspan="2"></td></tr>
<tr><td>9</td><td></td><td colspan="2"></td></tr>
<tr><td></td><td></td><td colspan="2"></td></tr>
<tr><td rowspan="4">一般
项目</td><td>1</td><td></td><td colspan="2"></td><td colspan="2" rowspan="4"></td></tr>
<tr><td>2</td><td></td><td colspan="2"></td></tr>
<tr><td>3</td><td></td><td colspan="2"></td></tr>
<tr><td>4</td><td></td><td colspan="2"></td></tr>
<tr><td>施工单位
检查评定结果</td><td colspan="6">项目专业质量检查员：　　　　年　　月　　日</td></tr>
<tr><td>监理(建设)
单位验收结论</td><td colspan="6">监理工程师(建设单位项目专业技术负责人)　　年　　月　　日</td></tr>
</table>

2) 分项工程的验收：

① 分项工程应由监理工程师或建设单位项目技术负责人组织施工单位项目专业质量（技术）负责人进行验收。

② 分项工程质量验收合格应符合下列规定：分项工程所含的检验批均应符合合格质量的规定；分项工程所含的检验批的质量验收记录应完整。

③ 分项工程质量验收完成后，应按表 6-15 的格式由施工单位项目专业技术负责人填写各检验批部位、区段和该分项工程施工单位检查评定结果和检查结论，监理工程师或建设单位专业技术负责人根据施工单位的检查评定结果进行验收，填写验收结论。

__________分项工程质量验收记录 **表 6-15**

<table>
<tr><td colspan="2">工程名称</td><td></td><td>结构类型</td><td></td><td>检验批数</td><td></td></tr>
<tr><td colspan="2">施工单位</td><td></td><td>项目经理</td><td></td><td>项目技术负责人</td><td></td></tr>
<tr><td colspan="2">分包单位</td><td></td><td>分包单位负责人</td><td></td><td>分包项目经理</td><td></td></tr>
<tr><td>序号</td><td colspan="2">检验批部位、区段</td><td colspan="2">施工单位检查评定结果</td><td colspan="2">监理(建设)单位验收结论</td></tr>
<tr><td>1</td><td colspan="2"></td><td colspan="2"></td><td colspan="2"></td></tr>
<tr><td>2</td><td colspan="2"></td><td colspan="2"></td><td colspan="2"></td></tr>
<tr><td>3</td><td colspan="2"></td><td colspan="2"></td><td colspan="2"></td></tr>
<tr><td>4</td><td colspan="2"></td><td colspan="2"></td><td colspan="2"></td></tr>
<tr><td>5</td><td colspan="2"></td><td colspan="2"></td><td colspan="2"></td></tr>
<tr><td>6</td><td colspan="2"></td><td colspan="2"></td><td colspan="2"></td></tr>
<tr><td>7</td><td colspan="2"></td><td colspan="2"></td><td colspan="2"></td></tr>
<tr><td>8</td><td colspan="2"></td><td colspan="2"></td><td colspan="2"></td></tr>
<tr><td>9</td><td colspan="2"></td><td colspan="2"></td><td colspan="2"></td></tr>
<tr><td>10</td><td colspan="2"></td><td colspan="2"></td><td colspan="2"></td></tr>
<tr><td>检查
结论</td><td colspan="2">项目专业
技术负责人
年　月　日</td><td>验收
结论</td><td colspan="3">监理工程师
（建设单位项目专业技术负责人）
年　月　日</td></tr>
</table>

3) 分部工程或子分部工程的验收：

① 子分部工程和分部工程应由总监理工程师或建设单位项目负责人组织施工单位项目负责人和技术、质量负责人等进行验收。

② 分部工程和子分部工程质量验收合格应符合下列规定：分部工程或子分部工程所含分项工程的质量均验收合格；质量控制资料应完整。质量控制资料包括防水设计、施工方案、技术交底记录、材料质量证明文件、中间检查记录、施工日志和工程检查记录等。

③ 屋面淋水试验合格并有完整记录。

④ 屋面工程和水落管观感质量检查合格并有完整记录。

4）分部（子分部）工程质量验收记录：分部工程或子分部工程质量验收完成后，由施工单位按表 6-16 填写分部（子分部）工程验收记录，监理工程师或建设单位专业负责人会同设计单位、施工单位和分包单位填写验收意见并会签认可。

分部（子分部）工程质量验收记录 　　**表 6-16**

工程名称		结构类型		层数	
施工单位		技术部门负责人		质量部门负责人	
分包单位		分包单位负责人		分包技术负责人	
序号	分项工程名称	检验批数	施工单位检查评定	验 收 意 见	
1					
2					
3					
4					
5					
6					
质量控制资料					
安全和功能检验(检测)报告					
观感质量验收					
验收单位	分包单位		项目经理	年 月 日	
	施工单位		项目经理	年 月 日	
	勘察单位		项目负责人	年 月 日	
	设计单位		项目负责人	年 月 日	
	监理(建设)单位	总监理工程师 (建设单位项目专业负责人)		年 月 日	

6.2.1.3 屋面工程隐蔽验收记录和竣工验收资料

（1）屋面工程隐蔽验收记录的内容

施工过程中应认真进行隐蔽工程的质量检查和验收工作，并及时做好包括以下主要内容的隐蔽验收记录：

1）卷材、涂膜防水层的基层。

2）密封防水处理部位。

3）天沟、檐沟、泛水和变形缝等细部做法。

4）卷材、涂膜防水层的搭接宽度和附加层。

5）刚性保护层与卷材、涂膜防水层之间设置的隔离层。

（2）屋面工程竣工验收资料的内容及整理

屋面工程在开始施工到验收的整个过程中，应不断收集有关资料，并在分部工程验收前完成所有资料的整理工作，交监理工程师审查合格后提出分部工程验收申请，分部工程验收完成后，及时填写分部工程质量验收记录，交建设单位和施工单位存档。验收的文件和记录应按表 6-17 要求执行。

屋面工程验收的文件和记录　表 6-17

序号	项　目	文件和记录
1	防水设计	设计图纸及会审记录，设计变更通知单和材料代用核定单
2	施工方案	施工方法、技术措施、质量保证措施
3	技术交底记录	施工操作要求及注意事项
4	材料质量证明文件	出厂合格证、质量检验报告和试验报告
5	中间检查记录	分项工程质量验收记录、隐蔽工程验收记录、施工检验记录、淋水或蓄水检验记录
6	施工日志	逐日施工情况
7	工程检验记录	抽样质量检验及观察检查
8	其他技术资料	事故处理报告、技术总结

6.2.2 地下防水工程（含水池、泳池等）质量要求、检验和验收

6.2.2.1 地下防水工程质量要求及过程质量检验

（1）质量要求

1）地下建筑防水工程进行子分部工程验收时，其质量应符合下列要求：

① 防水混凝土的抗压强度和抗渗压力必须符合设计要求；

② 防水混凝土应密实，表面应平整，不得有露筋、蜂窝等缺陷；裂缝宽度应符合设计要求；

③ 水泥砂浆防水层应密实、平整、粘结牢固，不得有空鼓、裂纹、起砂、麻面等缺陷；防水层厚度应符合设计要求；

④ 卷材、涂膜质量要求参见屋面要求；

⑤ 塑料板防水层应铺设牢固、平整，搭接焊缝严密，不得有焊穿、下垂、绷紧现象；

⑥ 金属板防水层焊缝不得有裂纹、未熔合、夹渣、焊瘤、咬边、烧穿、弧坑、针状气孔等缺陷；保护涂层应符合设计要求；

⑦ 变形缝、施工缝、后浇带、穿墙管道等防水构造应符合设计要求。

2）特殊施工法防水工程的质量要求：

① 内衬混凝土表面应平整，不得有孔洞、露筋、蜂窝等缺陷；

② 盾构法隧道衬砌自防水、衬砌外防水涂层、衬砌接缝防水和内衬结构防水应符合设计要求；

③ 锚喷支护、地下连续墙、复合式衬砌等防水构造应符合设计要求。

3）排水工程的质量要求：

① 排水系统不淤积、不堵塞，确保排水畅通；

② 反滤层的砂、石粒径、含泥量和层次排列应符合设计要求；

③ 排水沟断面和坡度应符合设计要求。

4）注浆工程的质量要求：

① 注浆孔的间距、深度及数量应符合设计要求；

② 注浆效果应符合设计要求；

③ 地表沉降控制应符合设计要求。

（2）过程质量检验的内容

1）准备工作的检查验收

参见屋面检查验收。

2）防水混凝土质量的检查验收：

① 检查混凝土结构的配筋是否符合设计要求，模板尺寸和牢固程度，保护层尺寸是否准确；

② 防水混凝土所用的水泥、砂、石、外加剂等原材料质量是否符合规定，配合比设计是否合理，浇筑过程中原材料计量是否准确，是否按要求进行坍落度检查，混凝土抗压和抗渗试块的留置方法是否正确；

③ 混凝土浇筑的顺序、浇筑方法、浇筑方向、浇筑的分层厚度是否正确，振捣设备的使用是否得当；

④ 养护方法和养护的时间是否正确等。

3）水泥砂浆防水层质量的检查验收：

检查水泥砂浆防水层的基层质量是否符合要求，原材料质量是否合格，是否按照规定的配合比进行计量搅拌，水泥砂浆铺抹是否密实、平整，各层是否紧密贴合无空鼓，养护方法和时间是否正确等。

4）附加防水层的质量检查验收：

附加防水层是指卷材、涂膜、塑料板和金属板防水层等。检查验收参见屋面要求。

5）保护层的质量检查验收：

参见屋面要求；水泥砂浆或混凝土是否密实，表面有无缺陷；聚苯乙烯泡沫塑料板或水泥砂浆保护层粘结是否牢固等。

6）细部构造的质量检查验收：

细部构造是指防水混凝土结构的变形缝、施工缝、后浇带、穿墙管道、埋设件等部位。施工时应检查细部构造处理是否符合设计要求，原材料质量是否合格，变形缝的中埋式止水带和施工缝处的遇水膨胀止水条埋设位置是否正确、固定是否可靠，止水带或止水条的接头是否平整牢固，有无裂口和脱胶现象，施工缝、穿墙管道和埋设件的防水处理是否符合设计要求，密封材料是否嵌填严密、粘结牢固，有无开裂、鼓泡和下塌现象。

7）特殊施工法防水工程的质量检查验收：

特殊施工法是指地下工程的锚喷支护、地下连续墙、复合式衬砌和盾构法隧道。

① 锚喷支护、地下连续墙：

A. 检查混凝土所用原材料质量、配合比和计量措施，检查喷射混凝土抗压、抗渗试块的留置组数和抗压、抗渗报告。

B. 检查锚喷支护喷层粘结是否牢固，有无空鼓现象，喷层厚度是否达到规定要求，喷层是否密实、平整，有无裂缝、脱落、漏喷、露筋、空鼓和渗漏水现象，喷层表面是否平整。

C. 检查地下连续墙的槽段接缝及墙体与内衬结构接缝是否符合设计要求；开挖后检查地下连续墙表面质量和平整度。

② 复合式衬砌：初期支护完成后检查其质量是否达到相应要求；初期支护与二次衬砌间设置的防水层或缓冲排水层按相应的要求进行检查；检查二次衬砌的防水混凝土所用原材料质量、配合比和计量措施，检查混凝土抗压、抗渗试块的留置组数和抗压、抗渗报

告，检查二次衬砌混凝土的渗漏水量是否在防水等级要求范围内，混凝土表面是否坚实、平整，有无露筋、蜂窝等缺陷。

③ 盾构法隧道：检查盾构法隧道衬砌防水措施是否符合设计要求，钢筋混凝土管片质量是否合格，检查管片的抗压、抗渗试件的留置组数和抗压、抗渗报告；检查管片的连接方法是否正确，接缝的防水处理是否符合设计要求。

8）排水工程的质量检查验收：

排水工程包括渗排水、盲沟排水和隧道坑道排水。

① 渗排水：检查渗排水层的构造是否符合设计要求，渗排水所用的砂、石是否干净，渗排水层的厚度是否准确。

② 盲沟排水：检查盲沟的构造是否符合设计要求，盲沟所用的砂、石粒径是否准确，集水管的材质和质量是否符合设计要求。

③ 隧道坑道排水：隧道坑道排水系统是否按设计图设置，纵、横向排水管沟、集水盲沟的断面尺寸、间距、坡度等是否符合设计要求，土工复合材料和反滤层材料是否符合设计要求，复合式衬砌的缓冲排水层铺设是否平整、均匀连续。

9）注浆工程的质量检查验收：

检查注浆方法是否正确，注浆孔的数量、布置间距、钻孔深度及角度是否复合设计要求，注浆用原材料质量是否合格，配合比及计量措施是否正确，注浆过程中对地面及周围环境有否产生不利影响，注浆效果是否达到设计要求。

6.2.2.2 地下防水工程的质量验收

（1）地下防水工程的分项工程划分

见表7-9。

（2）检验批的划分

地下防水工程验收时应将分项工程划分成一个或若干个检验批，以检验批作为工程质量检验的最小单位。地下防水工程各分项工程的施工质量检验批宜按以下原则划分：

1）当地下工程有变形缝时，变形缝两侧宜作为两个检验批进行验收。

2）如地下防水工程划分施工段，各分项工程分段施工时，各施工段宜单独作为一个检验批进行验收。

3）地下建筑工程的整体混凝土结构以外露面积 $1000m^2$ 左右为一个检验批，每 $100m^2$ 抽查一处，每处抽查 $10m^2$，当一个检验批的面积小于 $300m^2$ 时，抽查的部位不得少于3处。

4）地下建筑工程的附加防水层，如水泥砂浆防水层、卷材防水层、涂料防水层、塑料板防水层、金属板防水层等，以施工面积 $1000m^2$ 左右为一个检验批，每 $100m^2$ 抽查一处，每处抽查 $10m^2$，当一个检验批的面积小于 $300m^2$ 时，抽查的部位不得少于3处。

5）地下建筑防水工程的细部构造，如变形缝、施工缝、后浇带、穿墙管道、埋设件等，是地下防水工程检查验收的重点，作为一个检验批进行全数检查。

6）锚喷支护和复合式衬砌按区间或小于区间断面的结构以100～200延米为一个检验批，每处抽查 $10m^2$，当一个检验批的长度小于30延米时，抽查的部位不得少于3处。

7）地下连续墙以100槽段为一个检验批，每处抽查1个槽段，抽查的部位不得少于3处。

8）盾构法隧道以200环为一个检验批，每处抽查一环，抽查的部位不得少于3处。

9）排水工程可按排水管、沟长度1000m为一个检验批，每处抽查10m，或将排水管、沟以轴线为界分段，按排水管、沟数量1000个为一个检验批，每处抽查1段，抽查数量不少于3处。

10）预注浆、后注浆以注浆加固或堵漏面积$1000m^2$为一个检验批，每处抽查$10m^2$，当一个检验批的面积小于$300m^2$时，抽查的部位不少于3处。

11）衬砌裂缝注浆以可按裂缝条数100条为一个检验批，每条裂缝为一处，当裂缝条数少于30条时，抽查的条数不少于3条。

（3）地下防水工程质量验收的程序和组织

参见屋面工程质量验收的程序和组织。所有分项工程均验收合格后，进行地下防水子分部工程的验收。

1）检验批的验收；

2）分项工程的验收；

3）地下防水子分部工程的验收：参见屋面工程质量验收的程序和组织。

6.2.2.3 地下防水工程隐蔽验收记录和竣工验收资料

（1）地下防水工程隐蔽验收记录的内容

地下防水工程施工过程中，应认真进行隐蔽工程的质量检查和验收工作，并及时做好隐蔽验收记录。地下防水工程隐蔽验收记录应包括以下主要内容：

1）卷材、涂料防水层的基层。

2）防水混凝土结构和防水层被掩盖的部位。

3）变形缝、施工缝等防水构造的做法。

4）管道设备穿过防水层的封固部位。

5）渗排水层、盲沟和坑槽。

6）衬砌前围岩渗漏水处理。

7）基坑的超挖和回填。

（2）地下防水工程竣工验收资料的内容及整理

参见屋面工程相关内容。地下防水工程验收的文件和记录应按表6-18要求执行。

地下防水工程验收的文件和记录 **表6-18**

序号	项　目	文件和记录
1	防水设计	设计图纸及会审记录，设计变更通知单和材料代用核定单
2	施工方案	施工方法、技术措施、质量保证措施
3	技术交底	施工操作要求及注意事项
4	材料质量证明文件	出厂合格证、产品质量检验报告、试验报告
5	中间检查记录	分项工程质量验收记录、隐蔽工程检查验收记录、施工检验记录
6	施工日志	逐日施工情况
7	混凝土、砂浆	试配及施工配合比，混凝土抗压、抗渗试验报告
8	施工单位资质证明	资质复印证件
9	工程检验记录	抽样质量检验及观察检查
10	其他技术资料	事故处理报告、技术总结

7 防水工程预算基本知识

7.1 编制建筑防水工程预算

7.1.1 编制准备工作

(1) 图纸及资料准备

1) 新建工程：从总建筑施工图中找出与防水工程有关的屋面、地下室、室内、外墙、水池等防水施工图、防水节点详图、防水用料说明和所执行的防水《规范》等资料。从各平面图、立面图、剖面图、节点详图中找出所索引用的《防水》标准图集。

2) 既有工程：查找原有图纸资料，察看工程现状，周围环境。

3) 防水工程施工方案。

4) 施工协议或合同。

5) 施工企业资质证书及营业执照。

6) 施工许可证。

7) 有关建筑工程量计算手册。

(2) 定额准备

1) 中华人民共和国建设部《全国统一建筑工程基础定额》土建（GJD-101-95）14 个分部工程中关于“混凝土及钢筋混凝土”、“楼地面”、“屋面及防水”等的基础定额（综合工日、材料耗用、机械台班定额）表、《全国统一机械台班费用定额》和《全国统一建筑工程预算工程量计算规则》土建工程（GJD-101-95）。

2) 各省、市、自治区建设厅《建筑工程预算定额》、《建筑材料预算价格表》、《建筑工程费用定额》和《装饰工程费用定额》

(3) 编制建筑工程预算表式

按《全国统一建筑工程基础定额》编制建筑防水工程预算需用以下表格：

1) 建筑防水工程预算书封面；

2) 建筑防水工程量计算表；

3) 人工费计算表；

4) 材料费计算表；

5) 机械费计算表；

6) 直接费统计表；

7) 工程造价计算表；

8) 预算编制说明。

各表形式见表 7-1～表 7-6。

预算编号：

建筑防水工程预算书

（　　　部分）

防水施工单位：＿＿＿＿＿＿＿＿

单位工程名称：＿＿＿＿＿＿＿＿，建筑面积：＿＿＿＿＿＿＿＿m^2

工程造价：＿＿＿＿＿＿＿＿元，单位面积造价：＿＿＿＿＿＿＿＿元/m^2

审核单位：　　　　　　　　　　　　编制单位：

审　　核：　　　　　　　　　　　　编　　制：

编制日期：　　年　　月　　日

建筑防水工程量计算表　　　　**表 7-1**

序	定额编号	分项子目名称	计算式	单位	工程量

主管：　　　　复核：　　　　计算：

人工费计算表　　　　**表 7-2**

序	定额编号	分项子目名称	工程量	单位	综合工日定额	工日单价（元）	人工费（元）

主管：　　　　复核：　　　　计算：

材料费计算表 **表 7-3**

序	定额编号	分项子目名称	工程量	单位	材料名称	材料耗用定额	材料单价（元）	材料费（元）

主管： 复核： 计算：

机械费计算表 **表 7-4**

序	定额编号	分项子目名称	工程量	单位	机械名称	机械台班定额	台班单价（元）	机械费（元）

主管： 复核： 计算：

直接费统计表 **表 7-5**

序	定额编号	分项子目名称	工程量	单位	人工费（元）	材料费（元）	机械费（元）	直接费（元）

主管： 复核： 计算：

工程造价计算表 **表 7-6**

序	费用名称		计算式	价格(元)
1	直接工程费	直接费		
		其他直接费		
		现场经费		
2				
3				
4				

主管： 复核： 计算：

（4）按地方《建筑工程预算定额》编制建筑工程预算需用以下表格：1）建筑工程预算书封面；2）建筑工程量计算表；3）建筑工程预算表；4）工程造价计算表；5）预算编制说明。各表除建筑工程预算表式如下外，其他表式同表 7-1～表 7-6。编制防水工程预算时，把所有“建筑工程”改为“防水工程”即可。如把“建筑工程预算表”改为“防水工程预算表”（表 7-7）。

建筑防水工程预算表　　　　**表 7-7**

序	定额编号	分项子目名称	工程量	计量单位	人工费(元)		材料费(元)		机械费(元)		基价(元)
					单价	合价	单价	合价	单价	合价	

主管：　　　　复核：　　　　计算：

7.1.2 防水工程预算编制步骤

（1）图纸、资料准备

1）备齐全套防水施工图及其所索引的《防水》标准图集；

2）备齐所需引用的定额本、工程量计算规则以及建筑工程量速算手册等；

3）备齐预算用各种表格及有关建设厅文件。

（2）识读防水施工图

仔细识读防水施工图（在建筑施工图、结构施工图中识读）。看懂防水构造做法、用料说明、具体尺寸（总尺寸、分尺寸）。图纸上长度、宽度、高度尺寸计量单位为毫米，高程单位为米。底层室内地面标高为零，以上为正，以下为负。找到所索引的《防水》标准图集，并审核其是否正对。

（3）熟悉应用定额

熟悉应用各省、市、自治区所编制的地方性《建筑工程预算定额》。如无地方定额，可采用《全国统一×××定额》。防水施工员对每一册定额本都必须从首页看到末页。应看懂看清总说明、每个分部工程的说明、定额换算方法和各子目工作内容，从中找出与防水工程有关的定额内容。

（4）计算防水工程面积

按建筑面积计算范围的规定，计算建筑物的防水工程面积，计量单位为平方米。

（5）列出防水分部分项子目名称

按中华人民共和国国家标准《建设工程工程量清单计价规范》（GB 50500—2003）中“A.4 混凝土及钢筋混凝土工程”、“A.7 屋面及防水工程”、“B.1 楼地面工程”、“B.2 墙、柱面工程”等工程量清单项目及计算规则，对应施工图，列出与防水工程有关的分部、分项子目名称及其定额编号。

（6）计算工程量

按《全国统一建筑工程预算工程量计算规则》逐个计算各分部分项子目的工程量。应顺序定额编号进行计算，不得挑一个算一个，也不可依建筑物施工顺序来计算。计算单位必须与定额表上的计量单位相一致。例如：经计算某地下工程防水混凝土工程量为6680m³，定额表上计量单位为10m³，因此防水混凝土工程量为668（10m³）。

工程量计算结果应按定额编号顺序逐个登录到工程量计算表上。

(7) 查取定额

按各分部分项子目所用材料、施工条件等，通过《全国统一建筑工程基础定额》（基础定额本）或地方《建筑工程预算定额》（预算定额本）查取该子目的综合工日定额、材料耗用定额及机械台班定额或人工费单价、材料费单价及机械费单价。当子目的材料、施工条件等与定额本上所规定不同时，应按有关规定进行定额换算，按换算后的定额查取。

(8) 计算工程造价

先计算直接费（人工费、材料费、机械费之和)。

采用基础定额本时：人工费＝工程量×综合工日定额×工日单价；材料费＝工程量×材料耗用定额×材料单价；机械费＝工程量×机械台班定额×机械台班单价。

采用预算定额本时：人工费＝工程量×人工费单价；材料费＝工程量×材料费单价；机械费＝工程量×机械费单价。

把各个子目的人工费、材料费、机械费总加起来就成为直接费。

再根据其他直接费费率计算其他直接费；根据现场经费费率计算现场经费；根据间接费费率计算间接费；根据差别利润率计算差别利润；根据税率计算税金。

将直接费、其他直接费、现场经费（这三项费用之和称为直接工程费)、间接费、差别利润、税金相加即成为工程造价。工程造价除以建筑面积得出每平方米建筑面积的工程造价。

(9) 计算主材量

按各分部分项子目的工程量、相应的材料耗用定额，计算出所需的材料品种及数量。一般只算主要材料量，以作施工备料参照。

(10) 预算审核

自审、复审及送审，即“三审”。经自审、复审及送审，纠正预算中错误，作为工程正式档案，以此作为工程拨款依据，编制建筑工程决算的基础资料。

7.1.3 计算防水工程面积

(1) 计算防水工程面积的范围

按《建设工程工程量清单计价规范》GB 50500—2008 中“A.4 混凝土及钢筋混凝土工程”、“A.7 屋面及防水工程”、“B.1 楼地面工程”、“B.2 墙、柱面工程”等的工程量计算规则，结合设计图示尺寸，计算防水工程面积。

(2) 防水工程面积计算示例

一外形尺寸为20m×40m的平屋面，屋面四周设宽为240mm、高为500mm的女儿墙，柔性防水层设至女儿墙顶。则屋面水平投影面积为：20×40＝800m²，女儿墙水平投影面积为：0.24×(20＋40)×2＝28.8m²，屋面平面部位柔性防水层面积为：800－28.8＝771.2m²，女儿墙立面部位柔性防水层面积为：0.5×(20＋40)×2＝60m²，得到屋面的总防水面积为：771.2＋60＝831.2m²。

7.1.4 确定分部分项子目

《全国统一建筑工程基础定额》(土建）将建筑工程划分为14个分部工程，其中与防水工程有关的有：混凝土及钢筋混凝土工程、屋面及防水工程、楼地面工程等。

每个分部工程中分为若干分项工程。屋面、地下防水工程的分部工程、子分部工程和分项工程的划分分别见表7-8、表7-9。

屋面工程各子分部工程和分项工程的划分 表7-8

分部工程	子分部工程	分项工程
屋面工程	卷材防水屋面	保温层、找平层、卷材防水层、细部构造
	涂膜防水屋面	保温层、找平层、涂膜防水层、细部构造
	刚性防水屋面	细石混凝土防水层、密封材料嵌缝、细部构造
	瓦屋面	平瓦屋面、油毡瓦屋面、金属板材屋面、细部构造
	隔热屋面	架空屋面、蓄水屋面、种植屋面

地下防水工程分项工程的划分 表7-9

子分部工程	分项工程
地下防水工程	地下建筑防水工程：防水混凝土、水泥砂浆防水层、卷材防水层、涂膜防水层、塑料板防水层、金属板防水层、细部构造
	特殊施工法防水工程：锚喷支护、地下连续墙、复合式衬砌、盾构法隧道
	排水工程：渗排水、盲沟排水、隧道、坑道排水
	注浆工程：预注浆、后注浆、衬砌裂缝注浆

7.1.5 计算防水工程量

(1) 现浇防水混凝土及钢筋混凝土工程量

现浇防水混凝土工程量，除另有规定外，均按混凝土的体积计算，不扣除构件内钢筋、预埋铁件及墙、板中单个面积在0.3m²以内的孔洞所占体积。

1) 基础：按不同基础形式，以基础的防水混凝土体积计算。

带形基础混凝土体积＝基础截面积×基础长度

外墙基础长度按基础中心线长度计算；内墙基础长度按内墙净长计算。

有肋带形基础，其肋高与肋宽之比在4：1以内时按有肋带形基础计算，超过4：1时，基础底板按板式基础计算，以上部分按墙计算。

箱式满堂基础应分别按无梁式满堂基础、柱、墙、梁、板有关规定分别计算。

设备基础除块体以外，其他类型设备基础分别按基础、梁、柱、板、墙等有关规定计算。

2）柱：按不同柱的形式，以柱的防水混凝土体积计算。

柱混凝土体积＝柱截面积×柱高。柱高按以下规定确定（图 7-1）：

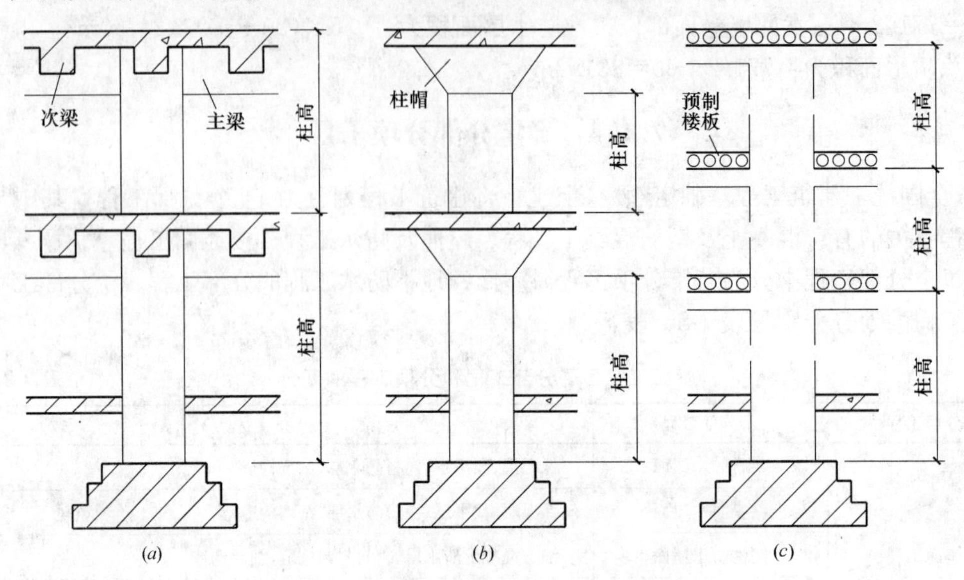

图 7-1　柱防水混凝土体积确定示例

（a）有梁板；（b）无梁板；（c）框架结构

① 有梁楼板的柱高，是指从柱基上表面或楼板上表面至上一层楼板上表面的高度；

② 无梁楼板的柱高，是指从柱基上表面或楼板上表面至柱帽下表面之间的高度；

③ 框架结构柱高，当有预制楼板隔层时，是从基础上表面或框架梁上表面至上一层框架梁上表面的高度；无隔层时，是从柱基础上表面至柱顶的高度；

④ 构造柱按全高计算，与砖墙嵌接部分的混凝土体积并入构造柱混凝土体积内。

⑤ 依附于柱上的牛腿体积并入柱体积内。

3）梁：按不同梁的形式，以梁的防水混凝土体积计算。

梁混凝土体积＝梁截面积×梁长。梁长按下列规定确定：

① 梁与柱连接时，梁长算至柱侧面；

② 次梁与主梁连接时，次梁长算至主梁侧面；

③ 梁搁置于墙上时，梁长算至梁头端面；

④ 梁垫混凝土体积并入相应梁的混凝土体积内；

⑤ 圈梁长度按其中心线长度计算。

4）墙：按不同墙的形式，以墙的防水混凝土体积计算。

墙混凝土体积＝墙厚×墙高×墙中心线长度

墙混凝土体积中应扣除门窗洞口及单个面积大于 0.3m^2 孔洞的体积，墙垛及凸出部分并入墙的体积内。

5）板：按不同板的形式，以板的防水混凝土体积计算。

板混凝土体积＝板面积×板厚

有梁板包括主梁、次梁与板，按梁与板体积之和计算。无梁板按板与柱帽体积之和计算。

6）其他：

① 悬挑板（阳台、雨篷）的防水混凝土工程量按伸出外墙部分的水平投影面积计算，伸出墙外的挑梁不另计算。带反挑檐的雨篷，反挑檐按展开面积计算，并入雨篷工程量内。

② 现浇地沟、各类水池、门框等的防水混凝土工程量均按其混凝土体积计算。柱接柱及框架柱接头的现浇防水混凝土工程量按接头的体积计算，即柱截面积乘以接头高度。

（2）预制防水混凝土及钢筋混凝土工程量

按实际防水混凝土体积计算。

（3）瓦屋面、型材屋面工程量

1）平瓦、油毡瓦、型材屋面：按不同瓦的材料、檩距、铺设部位，以屋面的斜面积计算。

屋面斜面积（S_x）可按屋面水平投影面积（S_t）乘以延尺系数（K）计算。延尺系数（K）可根据屋面坡度求得，其值是以屋面坡度为斜率的直角三角形的正割（$\sec\alpha$）值。如：屋面坡度为20%，则 $K=\sec\alpha=\sqrt{26}/5=5.099/5=1.0198$。

按设计图示尺寸计算屋面斜面积，不扣除房上烟囱、风帽底座、风道、小气窗、斜沟等所占面积，小气窗的出檐部分不增加屋面的面积。

小青瓦、水泥平瓦、琉璃瓦等应按瓦屋面项目编码列项。

压型钢板、阳光板、玻璃钢等应按型材屋面编码列项。

2）膜结构屋面：按设计图示尺寸以需要覆盖的水平面积计算。

（4）卷材、涂膜防水屋面工程量

按设计图示尺寸以面积计算。

1）平屋面：

屋面坡度小于3%时，以平屋面计算，即按屋面水平投影面积计算，不乘以延尺系数。

2）斜屋顶：屋面坡度大于等于3%（不包括平屋顶找坡）时，按斜面积计算。

3）细部构造面积计算方法如下：

① 不扣除房上烟囱、风帽底座、风道、屋面小气窗和斜沟所占的面积；

② 屋面的女儿墙、伸缩缝和天窗等处的弯起部分，按图示尺寸计算，并入屋面工程量内。如图示无尺寸规定，伸缩缝、女儿墙的弯起部分高度可按250mm计算；天窗的弯起部分高度可按500mm计算。柔性防水层的附加层、接缝、收头、找平层嵌缝、冷底子油不另计算工程量。如定额本内已包含这部分材料的耗用量，则不计入材料用量；

③ 密封嵌缝、屋面分格缝、增强材料盖缝等工程量均按缝的长度计算。

4）斜屋面卷材防水层：

油毡按不同层数以屋面斜面积计算；改性沥青卷材、合成高分子卷材按不同卷材品种、规格、做法（满铺、空铺、点铺、条铺），以屋面斜面积计算。

5）斜屋面涂膜防水层：

按不同涂膜品种、涂膜厚度、遍数、胎体材料种类，以屋面斜面积计算。

（5）刚性防水屋面工程量

按设计图示尺寸、防水层厚度、嵌缝材料种类、混凝土强度等级，以面积计算。不扣除房上烟囱、风帽底座、风道等所占面积。

（6）屋面排水工程量

按设计图示尺寸以长度计算。如设计未标注尺寸，以檐口至设计室外散水上表面垂直距离计算。

（7）屋面天沟、檐沟工程量

按设计图示尺寸以面积计算。薄钢板和卷材按天沟展开面积计算。

（8）墙、地面防水、防潮工程量

1）卷材防水、涂膜防水、砂浆防水（防潮）：按设计图示尺寸以面积计算。

① 地面防水：按主墙间净空面积计算，扣除凸出地面的构筑物、设备基础等所占面积，不扣除间壁墙及单个 0.3m^2 以内的柱、垛、烟囱和孔洞所占面积。

② 墙基防水：外墙按中心线，内墙按净长乘以宽度计算。

2）变形缝：按设计图示以长度计算。

7.1.6 计算防水工程造价

防水工程造价由直接工程费、间接费、差别利润、税金等组成。

（1）直接工程费

由直接费、其他直接费、现场经费组成。

1）直接费：包括人工费、材料费和施工机械使用费。

① 人工费＝工程量×综合工日定额×工日单价，或人工费＝工程量×人工费单价。

② 材料费＝工程量×材料耗用定额×材料单价，或材料费＝工程量×材料费单价。

③ 施工机械使用费＝工程量×机械台班定额×机械台班单价，或施工机械使用费＝工程量×机械费单价。

2）其他直接费：其他直接费＝直接费×其他直接费费率。其他直接费费率约为3%～4%，各地自定。

3）现场经费：现场经费＝直接费×现场经费费率。

（2）间接费（企业管理费、财务费、其他费用）

间接费＝直接工程费×间接费费率。

（3）差别利润（按规定应计入防水工程造价的利润）

差别利润＝（直接工程费＋间接费）×差别利润率。

（4）税金（应计入工程造价内的营业税、城市维护建设税和教育费附加税等）

税金＝不含税工程造价×税率，不含税工程造价＝直接工程费＋间接费＋差别利润。税率由当地税务部门制定。

（5）防水工程造价

防水工程造价＝直接工程费＋间接费＋差别利润＋税金

其中，直接工程费＝直接费＋其他直接费＋现场经费

单位防水工程面积工程造价＝防水工程造价/防水工程面积

防水工程的各项费用计算应填入工程造价计算表内。

7.2　防水材料用量计算

7.2.1　防水材料用量计算式

各种材料用量＝工程量×相应的材料耗用定额。

对防水混凝土、砂浆，应根据配合比计算出组成原材料的用量，即：

各种原材料用量＝混合材料用量×相应原材料配合比。

各分项子目所需材料用量计算出来后，按不同材料名称、规格、强度等级等分别填入材料汇总表内。并按各种材料用量进行统计，计算出合计数。用水量不必列项，按水表读数计费。

7.2.2　防水材料计算举例

（1）防水混凝土材料计算举例

有一地下工程，用 2000m^3 的 C30 防水混凝土浇筑，掺水泥重量 0.5%MF 干粉（需事先溶解于水）减水剂，碎石粒径 20mm，水泥 42.5 级，试计算所需材料用量。

查《全国统一建筑工程基础定额》第 286 页，定额编号为 5-437。得出：每 10m^3 构件体积所需 C30 混凝土 10.15m^3，草袋 3.85m^2，水 10.21m^3。

C30 防水混凝土用量＝200×10.15＝2030m^3

通过配合比计算或查表，得出：每 1m^3 混凝土中，42.5 级水泥 374kg；中砂 0.45m^3，20mm 碎石 0.83m^3，水 0.18m^3。则：

水泥用量：2030×374＝759220kg

中砂用量：2030×0.45＝913.5m^3

碎石用量：2030×0.83＝1684.9m^3

MF 减水剂用量：759220×0.5＝3796.1kg

草袋用量 2030×3.85＝7815.5m^2

用水量不计算，看水表读数结算。

（2）防水卷材计算举例

有一长 40m、宽 5m 的屋面，四周女儿墙宽 0.24m、高 0.4m，采用三元乙丙橡胶防水卷材作单层防水层，铺至女儿墙压顶下。卷材规格：长为 20m、宽 1.0m。每平方米各种材料用量分别为：卷材 1.15～1.20m^2、基层处理剂 0.2～0.3kg、基层胶粘剂 0.4～0.5kg、卷材搭接胶粘剂 0.15～0.2kg。计算各材料用量（按用量上限计算）。

卷材用量：屋面平层面积 40×5＝200m^2，女儿墙立面面积 0.4×(40×2＋5×2)＝36m^2、投影面积 0.24×90＝21.6m^2，阴阳角 500mm 宽附加层面积 0.5×90＝45m^2，总铺设面积 200－21.6＋36＋45＝259.4m^2。耗用卷材 259.4×1.2＝311.28m^2，需用卷数 311.28÷(20×1.0)＝15.56≈16 卷

基层处理剂用量（扣除阴角部位 200mm 范围空铺和附加层面积）：[(200－21.6＋36)－(0.2×90)]×0.3＝58.92≈59kg

基层胶粘剂用量（扣除空铺面积）：［(200－21.6＋36＋45)－(0.2×90)］×0.5＝120.7≈121kg

卷材搭接胶粘剂用量：259.4×0.2＝51.88≈52kg

（3）防水涂料计算举例

有一地下工程，防水面积共1000m²，采用双组分聚氨酯防水涂料作防水层。每平方米材料用量：甲组分1～1.5kg、乙组分1.5～2kg，基层处理剂0.3kg。计算各材料用量（按用量上限计算，胎体增强材料计算防法与卷材相同，取下限）。

甲料用量：1000×1.5＝1500kg

乙料用量：1000×2.0＝2000kg

基层处理剂用量：1000×0.3＝300kg

8 防水施工员（工长）岗位规范

8.1 岗位职责

（1）参与投标前的准备工作，参与编写防水工程施工初步方案和实施方案

1）了解施工现场作业环境：

包括进出场交通道路，材料堆放场地、库房地点、施工作业场地，消防器具、消防通道及水源、电源等。

2）了解工程概况：

包括施工面积，结构形式和特点，防水施工部位及工期要求，（地下防水施工要了解地下水位、地质土等情况），设计、监理、工程总承包及业主方对口管理负责人基本情况等。

3）参与投标方案编写工作（主要是编写《防水工程施工方案》），内容包括：

① 工程概况（施工部位、面积、结构形式）；

② 防水材料介绍及性能（材料名称、特点、性能指标）；

③ 施工准备（材料进场的管理要求，施工机具、劳动力及施工进度计划）；

④ 施工流程（施工顺序、施工工艺要求，采用先进的施工技术手段，特殊部位施工处理大样图，保护层施工要求等）；

⑤ 质量保证措施（引用的标准，防水材料施工、防水层表面及保护层达到的技术要求）；

⑥ 各项保证措施（工期、质量、安全、文明施工、环保以及人、机、料、物管理等保证的具体措施）。

以上内容分别填入表 6-1“防水工程施工方案审批表”、表 6-2“防水施工人员组成表”、表 6-3“防水施工机具配备表”。

（2）负责按图施工，达到设计要求

1）认真接受设计方和总承包方的技术交底，审阅图纸，对施工部位不合理的节点构造，应提出修改意见，与设计、监理、总承包方达成协议，及时办理设计变更、洽商记录（填入表 6-4“设计变更、洽商记录表”）。

2）根据施工方案，编写施工作业指导书，内容包括：

① 明确安全注意事项；

② 明确施工技术要求（重点部位、特殊部位、细部构造部位应有工艺参数设计，并附施工详图）；

③ 技术组织措施，明确相关的责任人；

④ 检查防水施工人员素质，确保持证上岗人员的比例；

⑤ 明确防水施工质量检验标准，依据；

⑥ 按照所采用的技术标准，列出对防水工程质量进行控制的指标；

⑦ 施工环境条件要求。

（3）做好施工前的准备工作

1）做好劳动力使用、施工机具和材料使用计划，协调防水施工与其他工种之间交叉作业而产生的问题。

2）对进场的防水材料进行见证取样，首先进行外观检查，再根据规定检查防水材料“三证”，即产品合格证、材料出厂检验报告、材料使用说明书（应附材料出厂日期、使用年限等内容）。填写物资质量检验或试验认定记录表，经全部认定合格，方可正式投入工程使用（填入表 6-5“防水材料质量现场抽样检验认定记录”）。

（4）负责办理施工现场与防水施工相关的签证手续，进行材料用量控制，参与工程结算

1）熟悉防水施工定额，认真核实工程量，根据施工计划组织材料进场；

2）负责现场材料使用控制，降低材料损耗；

3）负责每日用工签字，提供施工情况及交工结算依据。

（5）向工人进行安全和技术交底，进行防水施工

1）安全交底：

① 防水材料现场堆放要求；

② 铺贴、喷、涂、刷、刮施工的安全项目；

③ 易燃材料存放和施工时的防火措施；

④ 消防措施；

⑤ 动用临电设备规定；

⑥ 动用明火作业规定；

⑦ 动用防护设施要求及防水材料施工过程中应注意的人、机、物料安全管理和有关规定。并填写表 6-7“安全、施工日志”

2）技术交底：

技术交底是操作者实施施工的规范性文字资料，是保证施工质量能够达到设计要求、规范要求和工艺标准的重要文字资料，在此基础上，还要对操作人员进行口头交底。交底内容有：根据工程特点的防水工艺做法、技术质量要求、规范要求、质量标准、所用材料、施工机具等有关条款，向操作人员讲解清楚后，由班、组长代表在技术交底文件上签字，（一式四份）交班组保留一份备查，发至质量检查员和安全员各一份（填写表 6-6“技术交底记录”）。

3）正式投入防水施工：

先做防水工程样板，经质量检验符合要求后，再进行大面积施工。

4）找出施工中出现的技术问题：

对施工中出现的问题，应找出原因，及时找有关部门协调解决，若协调不了要及时向上级领导汇报。负责编写处理方案，找设计、监理审查认可签字，再组织实施。

（6）施工现场管理

施工过程中应确保安全，保证施工质量和施工进度。组织文明施工，做好记录，画出

图表，积极采取措施，使施工中人、机、料、物及时按计划到位，确保防水施工全过程各项计划指标的实现。

(7) 负责施工全过程的质量监督、检查工作

1) 对施工现场生产、工期、质量、安全、文明施工等工作全面负责；随时对技术交底的执行情况进行监督、指导、检查，将施工过程的有关情况分别做好记录，对合格的工序按表6-8填写“工序合格通知单”，发现一般质量问题要发出整改通知单（表6-9“工程质量问题整改通知单”），并负责监督消项。

2) 参与预检、工程质量检验工作，并认真填写记录。坚守工作岗位，随时监督、抽检防水施工特殊部位和材料接缝部位的施工质量。填写表6-10“预检工程检查记录单”、表6-11“隐蔽工程检查记录”、表6-12“防水工程试水检查记录”。

(8) 及时认真填写施工日志，收集各种原始资料，整理竣工资料

1) 按时填写施工日志中规定的项目（表6-7）。

2) 防水工程竣工、验收文件和资料记录，参见表6-17、表6-18。

3) 负责组织竣工资料收集整理、装订成册工作，待工程交验时，转交给总包单位或业主。

(9) 负责对渗漏工程进行查勘、诊断，分析渗漏原因，提出处理措施或修缮方案

1) 工程竣工后，在保修期内，出现渗漏等情况，负责及时组织有关人员进行勘查、诊断，找出渗漏原因和责任方，确实属于施工方责任的，应及时提出处理措施，写出书面修缮方案和经费计划，待业主和有关方面人员认可后，再组织修缮施工。

2) 凡不属于工程保修责任范围的质量问题，也要提出具体的修缮措施，并说明费用由业主承担，若业主委托修缮，再组织维修工作。

8.2 岗位必备知识

(1) 掌握现行国家建筑工程防水技术规范和质量验收规范及相应的强制性条文。

(2) 掌握常用建筑防水材料、施工设备（机具）的性能、使用要求及相关规定。

(3) 掌握建筑防水工程基本构造及防水设计、施工图的表示方法。

(4) 掌握屋面、地下室、厨卫间、外墙、水池等细部节点的防水构造。

(5) 掌握建筑防水工程质量的检测方法。

(6) 掌握防水施工、堵漏修缮技术基本理论知识，熟悉施工工艺流程、施工方法。

(7) 掌握编制《防水工程施工方案》和《防水工程造价》的基本知识。

(8) 熟悉《建筑工程质量管理条例》、《建筑工程安全生产管理条例》。

(9) 熟悉计算机办公及专业软件应用知识。

(10) 了解常用建筑防水材料检测设备的使用方法。

(11) 了解项目管理基本知识。

(12) 了解建筑防水新技术、新材料、新工艺、新设备的基本知识。

8.3 岗位必备能力

(1) 具有合理使用、保管常用建筑防水材料的能力。

(2) 具有熟练识读建筑防水设计图、施工图的能力。

(3) 通过现场踏勘，分析本防水工程特点，判断是否具有防水工程施工条件的能力。

(4) 具有预控、分析和处理建筑防水施工中常见质量问题及渗漏水查勘、修缮的能力。

(5) 具有按照相关防水规范、规程，组织施工和编制专项施工方案的能力。

(6) 具有一定的语言表达能力，能进行技术交底，会对隐蔽工程、工序质量进行检查。

(7) 能参与制定安全施工措施，具备预防安全事故的能力。

(8) 具有进行防水工程量计算、工料、扣费分析的能力。

(9) 具有一定的协调能力，能正确按照防水施工图和《防水工程施工方案》组织现场施工，能保证施工质量、施工进度，能协调工程相关责任方之间的关系。

(10) 具有一定的文字表达能力，能进行工程档案中有关施工技术资料的收集整理，协助归档。

(11) 具有计算机及专业软件操作应用的能力。

附录A 现行建筑防水工程材料标准

现行建筑防水工程材料标准

类 别	标 准 名 称	标 准 号
沥青和改性沥青防水卷材	(1)石油沥青纸胎油毡	GB 326—2007
	(2)石油沥青玻璃纤维胎卷材	GB/T 14686—2008
	(3)石油沥青玻璃布胎油毡	JC/T 84—1996
	(4)铝箔面石油沥青防水卷材	JC/T 504—2007
	(5)沥青复合胎柔性防水卷材	JC/T 690—2008
	(6)自粘橡胶沥青防水卷材	JC/T 840—1999
	(7)弹性体改性沥青防水卷材	GB 18242—2008
	(8)塑性体改性沥青防水卷材	GB 18243—2008
高分子防水卷材	(1)聚氯乙烯防水卷材	GB 12952—2003
	(2)氯化聚乙烯防水卷材	GB 12953—2003
	(3)氯化聚乙烯-橡胶共混防水卷材	JC/T 684—1997
	(4)三元丁橡胶防水卷材	JC/T 645—1996
	(5)高分子防水卷材 第一部分:片材	GB 18173.1—2006
防水涂料	(1)聚氨酯防水涂料	GB/T 19250—2003
	(2)溶剂型橡胶沥青防水涂料	JC/T 852—1999
	(3)聚合物乳液建筑防水涂料	JC/T 864—2008
	(4)聚合物水泥防水涂料	JC/T 894—2001
密封材料	(1)建筑石油沥青	GB 494—1998
	(2)聚氨酯建筑密封胶	JC/T 482—2003
	(3)聚硫建筑密封胶	JC/T 483—2006
	(4)丙烯酸建筑密封胶	JC/T 484—2006
	(5)建筑防水沥青嵌缝油膏	JC/T 207—1996
	(6)聚氯乙烯建筑防水接缝材料	JC/T 798—1997
	(7)建筑用硅酮结构密封胶	GB 16776—2005
刚性防水材料	(1)砂浆、混凝土防水剂	JC 474—2008
	(2)混凝土膨胀剂	JC 476—2001
	(3)水泥基渗透结晶型防水材料	GB 18445—2001
防水材料试验方法	(1)沥青防水卷材试验方法	GB/T 328.1—2007～GB/T 328.27—2007
	(2)建筑胶粘剂通用试验方法	GB/T 12954.1—2008
	(3)建筑密封材料试验方法	GB/T 13477.1—2002～GB/T 13477.20—2002
	(4)建筑防水涂料试验方法	GB/T 16777—2008
	(5)建筑防水材料老化试验方法	GB/T 18244—2000
瓦	(1)玻纤胎沥青瓦	GB/T 20474—2006
	(2)烧结瓦	GB/T 21149—2007
	(3)混凝土瓦	JC/T 746—2007

附录B 建筑防水工程材料现场抽样复验项目

建筑防水工程材料现场抽样复验项目

序	材料名称	现场抽样数量	外观质量检查	物理性能检验
1	沥青防水卷材	大于1000卷抽5卷，每500～1000卷抽4卷，100～499卷抽3卷，100卷以下抽2卷，进行规格尺寸和外观质量检验。在外观质量检验合格的卷材中，任取一卷作物理性能检验	孔洞、硌伤、露胎、涂盖不匀、折纹、皱折、裂纹、裂口、缺边，每卷卷材的接头	纵向拉力，耐热度，柔度，不透水性
2	高聚物改性沥青防水卷材	同1	孔洞、缺边、裂口，边缘不整齐，胎体露白、未浸透，撒布材料粒度、颜色，每卷卷材的接头	拉力，最大拉力时延伸率，耐热度，低温柔度，不透水性
3	合成高分子防水卷材	同1	折痕，杂质，胶块，凹痕，每卷卷材的接头	断裂拉伸强度，扯断伸长率，低温弯折，不透水性
4	石油沥青	同一批至少抽一次	—	针入度，延度，软化点
5	沥青玛琋脂	每工作班至少抽一次	—	耐热度，柔韧性，粘结力
6	高聚物改性沥青防水涂料	每10t为一批，不足10t按一批抽样	包装完好无损，且标明涂料名称、生产日期、生产厂名、产品有效期；无沉淀、凝胶、分层	固含量，耐热度，柔性，不透水性，延伸率
7	合成高分子防水涂料	同6	包装完好无损，且标明涂料名称、生产日期、生产厂名、产品有效期	固体含量，拉伸强度，断裂延伸率，柔性，不透水性
8	胎体增强材料	每3000m² 为一批，不足3000m² 按一批抽样	均匀，无团状，平整，无折皱	拉力、延伸率
9	改性石油沥青密封材料	每2t为一批，不足2t按一批抽样	黑色均匀膏状，无结块和未浸透的填料	耐热性，低温柔性，拉伸粘结性，施工度
10	合成高分子密封材料	每1t为一批，不足1t按一批抽样	均匀膏状物，无结皮、凝胶或不易分散的固体团状	拉伸粘结性，柔性
11	平瓦	同一批至少抽一次	边缘整齐，表面光滑，不得有分层、裂纹、露砂	—
12	油毡瓦	同一批至少抽一次	边缘整齐，切槽清晰，厚薄均匀，表面无孔洞、硌伤、裂纹、折皱及起泡	耐热度，柔度
13	金属板材	同一批至少抽一次	边缘整齐，表面光滑，色泽均匀，外形规则，不得有扭翘、脱膜、锈蚀	—